Easy C

（第4版）

[日]高田美树 著　　曹中心 译

中国水利水电出版社
www.waterpub.com.cn
·北京·

EASY

内容提要

《Easy C（第 4 版）》是以 C 语言为基础的计算机编程书籍，它结合大量示例程序和教学视频，系统介绍了软件开发的基础知识及 C 语言程序设计的相关内容，既是 C 语言入门书，也是 C 语言视频教程。涵盖编程基础、数据类型、运算、变量与常量、数组、流程控制、函数、指针、结构体等 C 语言编程核心知识点，对于重点、难点采用图解的形式并录制了教学视频，对程序代码进行了详细的注释说明，方便读者快速理解。另外，读者学习时要注意示例代码中的编程思想，逐步培养自己的编程思维。

《Easy C（第 4 版）》配套资源丰富，有示例代码文件、教学视频、PPT 教学课件，方便读者自学和教学。

《Easy C（第 4 版）》是写给 C 语言初学者的第一本编程书，语言通俗易懂，内容循序渐进，特别适合作为高校 C 语言程序设计的教材或参考书，也适合零基础读者自学 C 语言。

图书在版编目（CIP）数据

Easy C : 第4版 / (日) 高田美树著 ; 曹中心译.
-- 北京 : 中国水利水电出版社, 2022.4
ISBN 978-7-5226-0320-9

Ⅰ. ①E… Ⅱ. ①高… ②曹… Ⅲ. ①C语言－程序设计 Ⅳ. ①TP312.8

中国版本图书馆CIP数据核字(2021)第263765号

北京市版权局著作权合同登记号 图字 01-2021-5841
KAITEI DAI4HAN C-GENGO START BOOK written by Miki Takata

书　　名	Easy C（第 4 版） Easy C (DI 4 BAN)
作　　者	【日】高田美树 著　曹中心 译
出版发行	中国水利水电出版社 （北京市海淀区玉渊潭南路 1 号 D 座　100038） 网址：www.waterpub.com.cn E-mail：zhiboshangshu@163.com 电话：（010）62572966-2205/2266/2201（营销中心）
经　　售	北京科水图书销售中心（零售） 电话：（010）88383994、63202643、68545874 全国各地新华书店和相关出版物销售网点
排　　版	北京智博尚书文化传媒有限公司
印　　刷	北京富博印刷有限公司
规　　格	190mm×235mm　16 开本　27.25 印张　395 千字
版　　次	2022 年 4 月第 1 版　2022 年 4 月第 1 次印刷
印　　数	0001—5000 册
定　　价	99.90 元

前言

现代社会没有计算机的生活是难以想象的。从早上起床到晚上睡觉，我们会通过各种各样的形式与计算机进行互动。轻轻一触微波炉按钮，就能让咖啡变成喜欢的温度；学习了生活方式的冰箱按节能模式运行以节省电能；智能手机会告知我们火车是否晚点；沉重的资料和书会收进平板电脑里，可以说我们没有一天能离开搭载计算机的设备。在使用这种设备时，你有没有想过“这个操作有点麻烦，能不能再简单一点？”或“要是能再这样一点就好了。”如果自己能实现这样的想法，就太棒了。当然，好玩的游戏和智能手机应用程序不是一朝一夕就能完成的。但是，无论是游戏、智能手机应用程序还是环保型家用电器，其软件的制作方法和基本思想都是相同的。那么，我们就从拥有一台计算机和这本书开始，迈出软件开发的第一步吧！

本书使用作为现代计算机语言基础的 C 语言，帮助读者打好学习软件开发的基础。学习程序设计，仅仅掌握语法知识是不够的。本书中对编程时如何思考进行了图解说明，而 C 语言则是表达思考方式的手段。请读者通过本书的学习，打下坚实的思考方式的基础。

本书目前为第 4 版，经过几次修订，其内容与第 1 版相比已经焕然一新。一开始只是显示字符的简单程序，随着功能一点点地增加，进化成用一整本书来处理成绩的程序。在此过程中，我们将介绍语法知识和基本的算法。随着学习的深入，读者一定会切身感受到自身的成长。无论多么优秀的程序员都有开始的第一步，如果本书能帮助读者迈出编程“第一步”，我将会非常高兴。

另外，本书使用 Embarcadero Technologies 公司的 C++ Compiler 和 Microsoft 公司的文本编辑器 Visual Studio Code 作为练习环境。借此机会向这些软件的著作权人表示感谢。

最后，衷心地感谢植田那美先生认真阅读内容、验证程序，并在细节方面给予了很多建议。对技术评论社的早田先生等相关人士表示深深的感谢，感谢他们给予我出版的机会，并对我写作进展缓慢及后续的出版过程进行了妥善处理。能够迎来本书的出版发行，多亏了大家。谢谢大家。

高田美树

本书的结构

本书包括 7 章内容和相应的配套资源。学习编程，实际尝试和练习是必不可少的。因此，本书将练习所需的工具收录到配套资源中。读者只要有运行 Windows 的计算机，就可以轻松开始练习。

为了让繁忙的读者可以高效地学习，配套资源中也收录了示例程序。但是，如果只是复制并运行程序的话，是无法提高编程能力的。因此，本书特意让收录的程序不完整，希望读者能自己进行思考并修改成正确的程序，以获得预期的学习效果。学编程，边思考边工作才是提高实力的捷径。

下面简单介绍一下每章的内容。

第 1 章　尝试编程

准备练习所需的环境。学习 C 语言，需要将 C 编译器安装到计算机中，待安装完毕，在正文中了解什么是编译器。

第 2 章　数据计算

计算机擅长计算。但是，它不像计算器那样只能得到一次性的结果。计算机可以将数据存储，并用易于阅读的形式进行表示。本章将学习编程最基础的知识。

第 3 章　使用数组

在处理数据时，经常有很多相同类型的数据。我们可以像在表格中填写数值一样，统一进行处理。

第 4 章　尝试控制

学习如何重复进行相同的处理，或者选择其中一个，然后根据当时的情况“自动”进行处理的方法。学完本章后，基本上就能写出像样的程序了。

第 5 章　使用函数

大的建筑物，追根溯源也是小部件的集合。程序也是如此。本章就来学习如何分解复杂的软件，并将其巧妙地组合在一起的技巧。

第 6 章　使用指针

从某种意义上说，C 语言最大的特征就是指针，如果能理解其含义，学习 C 语言就没有什么可怕的。指针与函数结合可以发挥强大的作用。

第 7 章　用结构体处理数据

结构体可以将一组数据统一进行处理。将结构体、指针和函数组合起来，实现最终目标。

以上简单介绍了本书的内容。下面就开始 C 语言的学习吧，打开程序设计之门总要迈出第一步，希望本书能帮助你顺利进入编程世界。

本书配套资源的使用方法

本书的配套资源中包括练习所需的软件和示例程序。关于编译器的安装和设置，请阅读 1–02 节 STEP 1 中的说明；关于示例程序的运行方法，请阅读 1–03 节 STEP 1 中的说明。

● 安装程序文件夹

此文件夹中包括免费版的 C++ Compiler 和 Visual Studio Code 的安装程序。

● sample 文件夹

此文件夹包括第 1 ~ 7 章的“基本示例”和“应用示例”中使用的带空白的程序及完成程序。带空白的程序用于练习使用，其中有一部分代码没写，需读者完善后再运行。完成程序是指完善空白程序后能得到正确结果的程序。文件夹中收录了本书所有基本示例和应用示例的完成程序，可作为各练习的解答示例使用。在进行完善程序的练习中，也可以作为修改前的示例程序使用。以 rei 开头的文件是带空白的文件，以 sample 开头的文件是完成文件。之后是“章编号 _ 节编号”，k 是基本示例的程序，o 是应用示例的程序。另外，扩展和专栏的程序之后是“章编号 _h”，按章顺序连续编号。

配套资源的下载方式

本书的配套资源可以按下面的方式下载。

（1）扫描右侧的二维码，或者在微信公众号中直接搜索“人人都是程序猿”，关注后输入 ccrm 并发送到公众号后台，即可获取资源下载链接。

（2）将链接复制到计算机浏览器的地址栏中，按 Enter 键即可下载资源。注意，在手机中不能下载，只能通过计算机浏览器下载。

（3）如果对本书有什么意见或建议，请直接将信息反馈到 2096558364@QQ.com 邮箱，我们将根据你的意见或建议及时做出调整。

另外，各种软件的安装程序也可以从下面的 URL 下载。

● Embarcadero C++ Compiler

https://www.embarcadero.com/cn/free-tools/ccompiler

● Visual Studio Code

https://code.visualstudio.com/Download

祝各位读者学习愉快！

注意

● 本书的界面和程序

本书的界面和程序在以下环境中截图和执行确认。

OS	Windows 10
编译器	Embarcadero C++ Compiler 10.2.3
编辑器	Visual Studio Code
运行环境	命令提示符
Visual Studio	Visual Studio 2019 16.0.0

● 程序著作权

本书配套资源中收录的程序的著作权全部归作者所有。这些程序仅限本书的读者免费使用，但是禁止转载和重新发布等二次使用。

● 软件著作权

本书配套资源中收录的 Embarcadero C++ Compiler 的著作权归 Embarcadero Technologies 公司所有。

它的使用受终端用户许可协议的约束。Visual Studio Code 的著作权归 Microsoft 公司所有。

● 本书的刊载内容

本书中刊载的内容仅以提供信息为目的。使用本书学习时，请务必根据读者自身的责任和判断进行。关于信息的运用结果，出版社和作者不承担任何责任。另外，本书刊载的内容截至 2019 年 9 月，读者学习时可能会有所变化。软件版本也可能升级，本书中所介绍的安装过程也可能会略有变化。

请读者在同意以上注意事项的基础上使用本书。

目 录 CONTENTS

第1章

尝试编程

“百闻不如一见”，无论什么都应尝试一下，这很重要。只要有一台计算机和一本书，就可以通过C语言体验学习编程。灵活运用本书及配套资源中的文件，可以高效、可靠地掌握编程技术。

01 编程概述

让我们来俯瞰一下大家将要学习的 C 语言，以及围绕它的世界吧。

STEP 1 让计算机工作是怎么回事

如今，计算机已成为人们日常生活中不可或缺的一部分。例如，无论是工作还是私事，我们都会通过电子邮件或信息进行联系；想解决一个小疑问或搜索目的地和路线等，没有一天会不需要使用浏览器的搜索引擎。工作中，不管是制作文件，还是制定预算或制作演示资料，很多人应该都是用计算机完成的；在家里，微波炉、电饭锅、电加热浴缸、冰箱，甚至连煤气灶都装有微型计算机，我们在不知不觉中深受计算机的影响，如图 1 所示。

▼ 图 1 计算机与我们的生活

搜索

像这样，计算机活跃在人们日常生活的各个场合，它的工作可以归纳为三个方面，如图 2 所示。

▼ 图 2 计算机的工作

输入
处理
输出

▶本书从头到尾将完成这样的成绩处理程序。一开始，学生的人数很少，可以通过键盘输入得分和总评，但到了第 7 章的时候，如图 3 所示，可以从输入文件中获取数据，能够将计算的结果输出到文件中。下面按本书的模式进行学习。

下面通过一个具体的例子来思考：假设有某个班级的学生成绩信息，考虑将其输入计算机，求出每个人的得分和总评，并做成一张表，同时求得班级成绩的平均分和最高分。

▼ 图 3　根据成绩信息汇总

输入

学号	课题 1	课题 2	课题 3	课题 4
A0615	16	40	10	28
A2133	4	0	0	0
A3172	12	40	10	21
B0009	20	35	10	25
B0014	20	40	10	29
B0024	18	40	10	27
B0031	8	0	0	0

处理

输出

学号	课题 1	课题 2	课题 3	课题 4	得分	评价
A0615	16	40	10	28	94	优
A2133	4	0	0	0	4	不及格
A3172	12	40	10	21	83	良
B0009	20	35	10	25	90	优
B0014	20	40	10	29	99	优
B0024	18	40	10	27	95	优
B0031	8	0	0	0	8	不及格

这可以用“输入成绩信息，求各学生的得分和评价、求班级的平均分和最高分，输出结果”来代替。不管是上网搜索，还是用电饭煲烧饭都一样，如图 4 所示。

▼ 图 4　计算机的工作

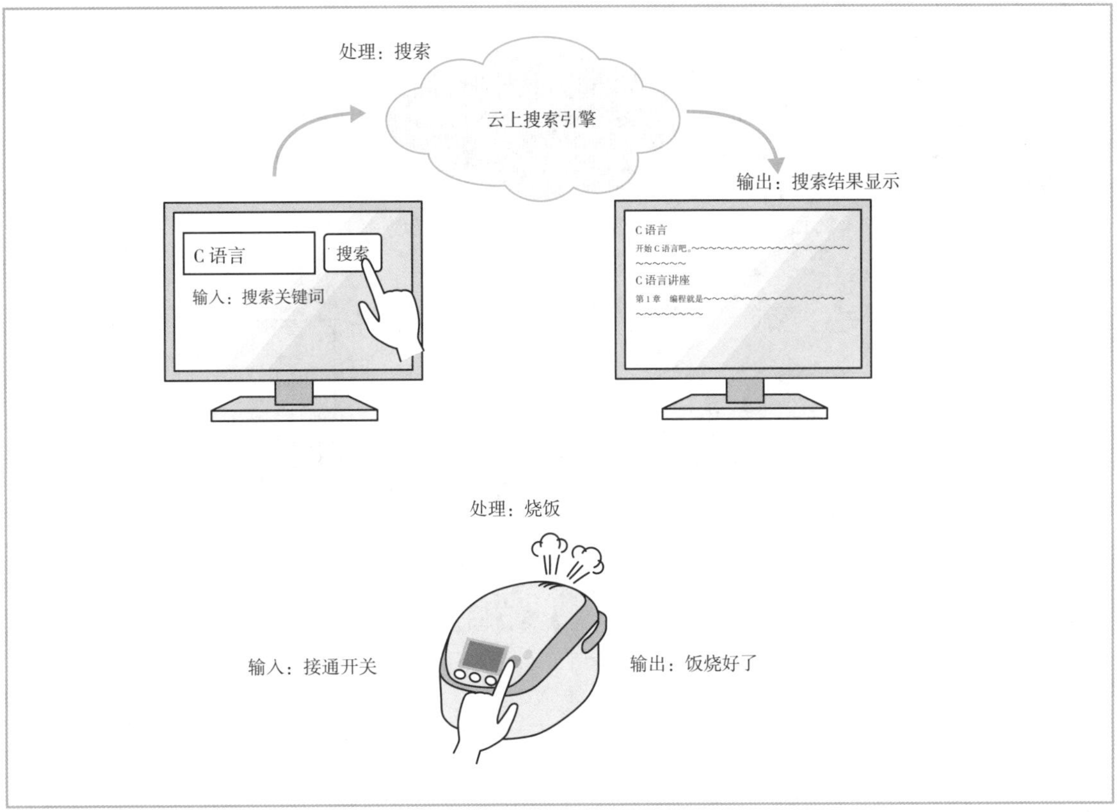
处理：搜索
云上搜索引擎
输出：搜索结果显示
C 语言
搜索
输入：搜索关键词
C 语言
开始 C 语言吧。
C 语言讲座
第 1 章　编程就是
处理：烧饭
输入：接通开关
输出：饭烧好了

计算机的工作不过就是“加工（处理）输入的信息并输出”。输入的可能是成绩文件，也可能是接通开关；输出的可能是纸张，可能是屏幕，也可能是控制燃烧的电子电路板的信号。但无论怎样，重要的是：

① 得到什么样的信息。

② 进行什么样的处理。

③ 想要什么样的结果。

这些要明确。

为了让计算机能够全自动地响应这些请求，必须首先明确计算机输入的方法、处理的过程、输出的形式等为实现请求所需的所有内容。因此，我们需要编程技术。

STEP 2 学习编程是怎么回事

称为计算机的“箱子”是忠实执行给定“命令”的电子电路的集合。

这种看得见的“箱子”，称为硬件。只有硬件是不能工作的，需要提供硬件应执行的“命令”，且必须一条一条地给予“命令”，手把手地教。这种“命令集”称为软件。那么，我们该如何“命令”计算机呢？

在计算机内部，所有的信息都用 0 和 1 表示。无论是数值还是文字，甚至是“加和”或“比较”这样的“命令”，都是用 0 和 1 的组合表示。例如：

0100 1000 1111 1101 0111 0011

如果必须这样使用 0 和 1 来命令的话，那么不仅效率低下，而且可能会错误百出，如图 5 所示。

▼ 图 5　和一堆 0 和 1 的序列打交道，饶了我吧

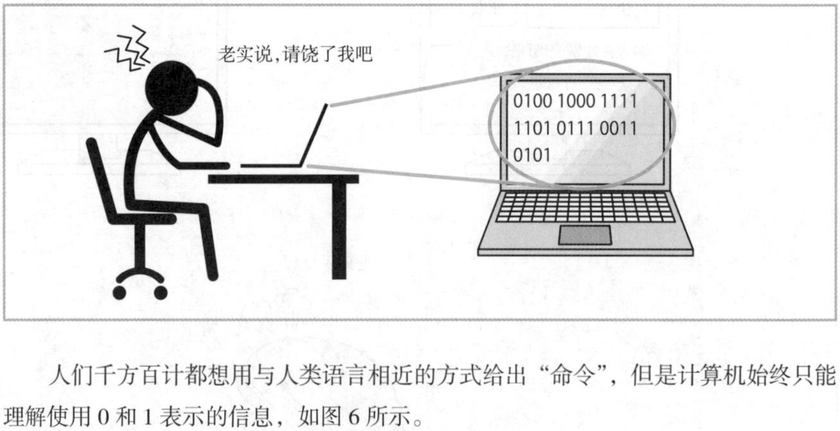
老实说，请饶了我吧
0100 1000 1111
1101 0111 0011
0101

人们千方百计都想用与人类语言相近的方式给出“命令”，但是计算机始终只能理解使用 0 和 1 表示的信息，如图 6 所示。

图 6　计算机不能理解人类的语言

计算 y = x + 2！
???

因此，我们考虑创建一种专门用于向计算机发出“命令”的人工语言，并将其自动翻译成 0 和 1 的序列。这种语言称为编程语言，而自动翻译的软件称为编译器。

为了能自动、正确地进行翻译，必须详细地制定语言规范。也就是说，如果我们稍作妥协，根据规则编写命令书，并由编译器自动翻译的话，就可以用接近人类语言的语言向计算机发出“命令”，如图 7 所示。

图 7　编译器自动翻译

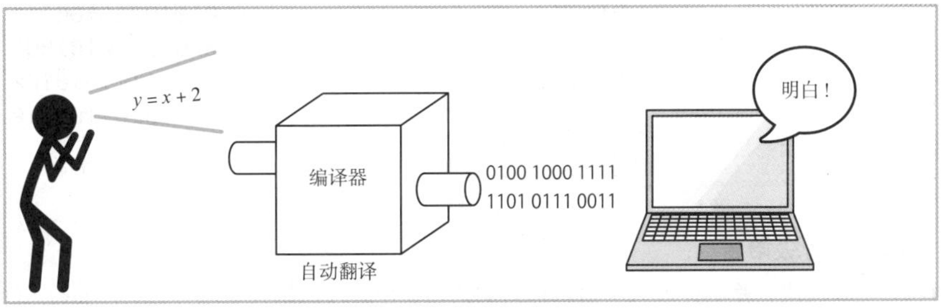
y = x + 2
编译器
自动翻译
0100 1000 1111
1101 0111 0011
明白！

▶虽然被称为“命令书”，但并不是一捆纸，而是记录了命令的文件。

希望大家通过学习编程语言，成为能为计算机创建“命令书”的人。“命令书”称为程序，而创建程序的过程称为程序设计。

正如人类有日语、英语、汉语等很多语言一样，根据用途不同，也开发了很多种编程语言。例如，如果在 Windows 环境下操作带有界面的应用程序，则通常使用 Visual C++ 和 Java 等语言；如果使用浏览器通过互联网提供服务，则可以考虑构建一个将 HTML 和 CSS，以及 JavaScript 或 PHP 组合在一起的系统；在统计分析和数据挖掘方面，R 语言和 Python 很流行；如果是智能手机应用，就需要掌握如 Swift 等面向设备的专用语言。C 语言是一种既能开发与硬件直接连接的程序，也能进行图像处理等各种应用程序开发的全方位语言，同时也是程序设计语言的基础语言。

专栏　编程语言的变迁

1. 机器语言

机器语言是计算机唯一能够理解的语言，使用 0 和 1 的序列表示所有的指令和信息。用机器语言编写的程序，直接与硬件相关联，移植性很低①，而且对我们而言，这样的程序很难阅读；但是，对于机器而言，它是唯一能够按原样理解并运行的可执行程序。

▼ Figure1　机器语言可执行程序

```
01010010100111010110101010010100111101010010010101101010
```

2. 汇编语言

汇编语言是一种用人类稍微可以理解的符号代替机器语言指令的语言，如 Figure2 所示。汇编语言的指令与机器语言的指令一一对应，将指令逐一翻译成机器语言后执行。因此，汇编语言可以编写高速处理的程序，但是和机器语言一样，移植性很低。由于汇编语言是字符，所以计算机无法按原样理解，需要将其翻译成机器语言，进行翻译的软件称为汇编器。

▼ Figure 2　汇编语言程序

```
MOV     DI,DX
ADD     DI,23C
CMP     [BX],10
JNE     $+03
```

源程序②

汇编器 →

```
01010010100111
01011010101001
01001111010100
10010101101010
```

可执行程序

3. 高级语言

高级语言是更接近人类语言形式的语言，C 语言也是其中之一，还有 Java 和 C# 等，如 Figure 3 所示。和汇编语言一样，高级语言要翻译成机器语言执行，因为更接近人类的语言，所以能高效地进行编程，并且由于语言规范不依赖于硬件，因此可以写出移植性高的程序①。把高级语言翻译成机器语言的软件称为编译器。

▼ Figure3　高级语言程序

```
if (taro > itirou)
{
    taro_rank = 'A';
    itirou_rank = 'B';
}
```

源程序②

汇编器 →

```
01010010100111
01011010101001
01001111010100
10010101101010
```

可执行程序

①即使是其他种类的计算机（特别是 CPU 不同的计算机），也几乎不用修改程序，只要重新编译就能运行，这称为移植性高。机器语言是 CPU 固有的指令，其他 CPU 的计算机完全无法理解，也就是说，机器语言是移植性低的语言。

②使用汇编语言或高级语言编写的程序称为源程序，存放源程序的文件称为源文件，有时将两者都统称为"源"。

STEP 3 怎样的指令才能让它工作呢

在继续谈论计算机之前，我们先绕点远路：如果从东京去大阪，那么会怎么去？新干线、飞机、电车、公共汽车、私家车、摩托车……自行车和步行可能不太现实，但只要道路连通，也不是不可能。你认为哪种方法最“正确”？如图 8 所示。

▶从东京去大阪，图 8 中全部都是“正确”的方法：在东京和大阪，既有去机场方便的地方，也会有离新干线车站比较近的地方；没多少钱的时候，可能会坐夜行列车或公共汽车；如果是青春的旅行，也会有骑自行车的；如果是江户时代，就只能步行或骑马了。也就是说，需要根据当时的环境和目的，从这几种方法中“选择”最合适的方法。

▼ 图 8 选择从东京去大阪的方法

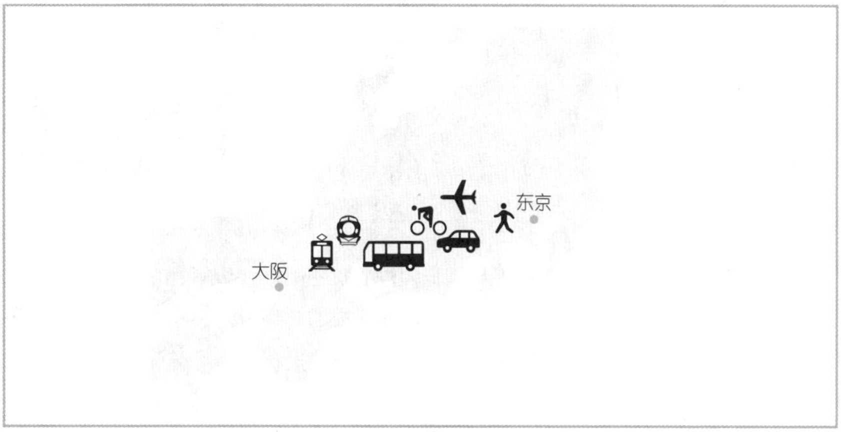
东京
大阪

再绕一条远路：来做咖喱饭吧，材料是牛肉、洋葱、胡萝卜、土豆和咖喱，怎么做？

① 将土豆切成小方块，放在水里浸泡。

② 将洋葱切成月牙形。

③ 将胡萝卜切成不规则形状。

④ 将牛肉切成小块。

⑤ 将食材和水一起放入锅中，置于火上。

⑥ 充分煮透后，放入咖喱就完成了。

是这样的吗？这里，从步骤①到步骤④，无论按哪个顺序烹饪都没有问题，先切胡萝卜也好，先切洋葱也好，结果都是一样的。但是，在煮之前最好把材料切完，虽然就算把食材整个煮，也能做咖喱饭，但是要煮熟会花很长时间，如图 9 所示。另外，如果先放咖喱，就可能会烧焦。综上所述，在做咖喱饭时，有的项目的烹调顺序很重要，也有先做哪个都可以的项目。

图 9　将菜整个煮熟要花很长时间

现在让我们进入正题吧。要编写程序，必须学习编程语言的语法，但仅此还不够，还必须考虑按怎样的顺序下达指令，计算机才会按照预期的想法去工作。这与选择从东京去大阪的方法、确定做美味咖喱饭的步骤是一样的。像这样，为了达成目的的步骤称为算法。

例如，如何从成绩信息中汇总班级成绩，不仅要求出全班平均分，还要求出最高分和最低分。想按成绩顺序排列，怎么办才好呢？关于排序，已经建立了多种方法，可以根据数据的总数和情况等，选择最合适的方法。如果想要获得满足特殊条件的结果，例如，把没有参加考试的人员排除在对象之外，就必须自己想出步骤。不管怎样，如果步骤不明确，那么无论多么熟悉编程语言的语法，都无法编写程序。语法和算法是在编写程序时缺一不可的。

STEP 4　怎样进行软件开发

计算机一旦启动，原则上就不能中途停下来重新思考。因此，程序必须考虑所有的可能性，同时包含所有对当时情况的处理、对可能发生的错误或人为操作失误等情况的应对措施。在某些情况下，可能还要处理停电、线路不通之类的事故。所有这些经过深思熟虑后，决定使用什么软件的过程称为设计。

▶纵览整个软件后，再决定细节的设计方法叫作自上而下。与此相反，也有彻底识别出每个细节的项目，然后进行总结的方法，这称为自下而上。根据场合区分使用。

设计工作大致按以下流程进行，如图 10 所示。

▶本书的学习范围是编码之后的内容。

▶编译和链接时发生的错误，主要是编写的程序违反了C语言规定的语法，为了能正确翻译，要好好学习C语言的语法。

▶得不到预期的结果是常有的事，可以说，一次就能顺利完成的情况很少，需要检查错误的原因，并解决问题。调试工作中的经验很重要，在埋头努力的过程中，会明白调试的要点，不要放弃，勇往直前。

▶如果没有得到预期的结果，程序的错误称为Bug（缺陷）。银行系统的一部分功能发挥不了作用，铁路上的自动检票无法正常工作等问题的产生，原因就是程序的错误，也就是Bug。在计算机深入到我们生活的今天，Bug也有可能导致重大的社会问题。调试是非常重要的工作，进行测试时要将所有的情况都考虑到是非常困难的。

▼ 图10　程序编写的流程

问题分析和基本设计	考虑软件具有什么样的功能和性能。
↓ 外部设计	确定要进行怎样的操作，才能得到怎样的结果。确定哪些操作和显示是人类能接触到的部分。
↓ 内部设计	确定程序和数据是怎样的结构，以及看不见的部分的构成。选择编程语言，设计算法。
↓ 编码	创建源程序。源程序是一个仅包含字符的文本文件，因此，使用文本编辑器作为程序输入的工具。所谓的文字处理软件在很多情况下不是文本文件，不适合使用。
↓ 编译，链接（生成）	将源程序翻译成机器语言（编译），与预先准备好的程序连接（链接），生成可执行程序。如果程序编写不正确，就将无法编译，并发生错误。需重新修改源程序，直到错误消失为止。
↓ 调试	编写好的程序试着运行一下，得到预期的结果了吗？真是个激动人心的时刻。如果没有获得预期的结果，那么到底是哪里错了。根据情况，可能必须从问题分析开始重新检查，重新修改内部设计和源程序，直到获得正确的结果为止。这样的工作称为调试。
↓ 完成	

STEP 5　C语言有哪些特点

▶基本软件也称为操作系统（OS），负责硬件与应用软件之间的事务。在计算机上一边听音乐，一边上网、接收邮件，时钟在走，之所以能同时完成多个工作，是因为操作系统在调度多个应用程序软件的交通。此外，从事各种外部设备的控制和内存的管理等，在背后默默支撑计算机运行的，也是操作系统。

软件分为像Windows等与硬件直接相关的基本软件，以及执行文字处理、电子表格等实际工作的应用软件。

C语言是为了开发在UNIX操作系统上运行的实用程序而设计的，完全就像是为了建造大型设施，首先要修建运送物料的道路和铁路一样，后来UNIX大部分都用C语言改写了，如图11所示。

▼ 图 11　C 语言和 UNIX 一起普及

C 语言由于其优异的特点，也被用于应用软件的开发。即使在各种编程语言诞生的今天，仍被用于图像处理和安全领域等诸多应用软件的开发。

C 语言的特点列举如下。

1. 结构化程序设计

程序并不是编写一次就结束的，有时还需要满足人类更方便、更舒适等无止境的欲望，也有不得不应对的社会需求和环境的变化。因此，“以后看程序的时候，不知道程序在做什么”“别人无法理解”，这样的程序即使得到正确的结果，也不合格。

为了保证将来性和扩展性，应该编写清晰、易懂的程序，为此，技巧之一是“结构化程序设计”。C 语言是根据结构化程序设计要求，为了能编写易于理解的程序而精心设计的。关于结构化程序设计的技巧，将在第 4 章中讲解。

2. 数据类型丰富

除了字符和数值等基本的数据，还可以用与数据相同的方式处理存储数据的位置（地址），此外，能够统一处理数据的结构也是 C 语言的一大特征。关于处理地址的指针将在第 6 章介绍；另外，作为统一处理数据的结构，将在第 3 章和第 7 章分别学习数组和结构体。

3. 基于函数的模块化

在 C 语言中，所有的程序都以“函数”的形式编写。函数就像部件一样，无论是多大、多么复杂的建筑物，如东京天空树，也都是由小部件组合构建而成的。程序也分成小部件制作，通过组装这些部件，可以高效地编写程序。能否很好地将其分为几个部件，也是程序设计改进的决定性因素。在 C 语言中，部件以函数的形式实现。具体内容将在第 5 章介绍。

4. 紧凑的语言规范

C 语言中作为“语法”定义的规则很少，必须要记住的内容也很少，但提供了很多有用的函数，称为库函数。输入 / 输出和字符串处理等常用的功能，只要调用函数就可以实现。

5.“低级”的高级语言

C 语言原本是为开发操作系统软件而创建的，因此可以编写直接与硬件连接的那部分程序，在此之前只能用汇编语言编写。本书在命令提示符界面上进行练习，只能处理字符，不能处理所谓的鼠标操作界面。

6. 移植性高

用 C 语言编写的程序，如果不是与硬件特别紧密相关的部分，几乎不用任何改变，只要重新编译，就可以在其他的硬件上执行，像这样与任何硬件兼容的程序称为移植性高的程序。因此，本书中的练习几乎可以在所有环境中通用。

STEP 6 什么是命令提示符

从现在开始，本书中要练习的程序没有 Windows 界面。即便如此，如果没有界面的话，既不能用键盘输入，也不能显示结果。在这里，为了实现人与计算机的交流，我们使用称为命令提示符的“界面”。所有的练习、源程序的创建（输入）可以在文本编辑器中进行，但像编译和程序运行的指令、运行结果的显示等，都在命令提示符界面上进行。

在命令提示符下原则上不能使用鼠标，对计算机的指令，如编译和程序的运行等，必须从键盘上以字符串的形式输入，称为命令。为了理解和体验程序设计的本质，让我们摆脱“界面”，与计算机来打交道吧。下面体验一下命令提示符的使用。

▶也可以使用微软提供的 Visual Studio 进行练习，而不是在命令提示符下输入命令。Visual Studio 在 Windows 界面上执行一系列的操作，包括源程序的输入、编译 (Visual Studio 中称为 Build) 和运行。像这样能够将与软件开发相关的所有任务一体化完成的软件称为集成开发环境（IDE）。在实际的开发环境中，为了提高工作效率，利用 Visual Studio 等集成开发环境的情况不在少数。本书附录对 Visual Studio 从安装到使用方法进行了介绍。

1. 启动命令提示符

在 Windows 10 上启动命令提示符的方法如下。

① 在左下方的搜索窗口中输入 cmd。

② 单击“命令提示符”，显示的黑色界面就是命令提示符界面，如图 12 所示。

▶在 Mac 中，终端相当于 Windows 中的命令提示符。如果是 Mac 的话，需将字符编码改为 UTF-8后再执行。

▶虽然在 Windows 7以后的版本中，还配备了称为 PowerShell 的更高级的应用程序，但是本书采用更广泛使用的命令提示符方式。

▼ 图 12　启动命令提示符

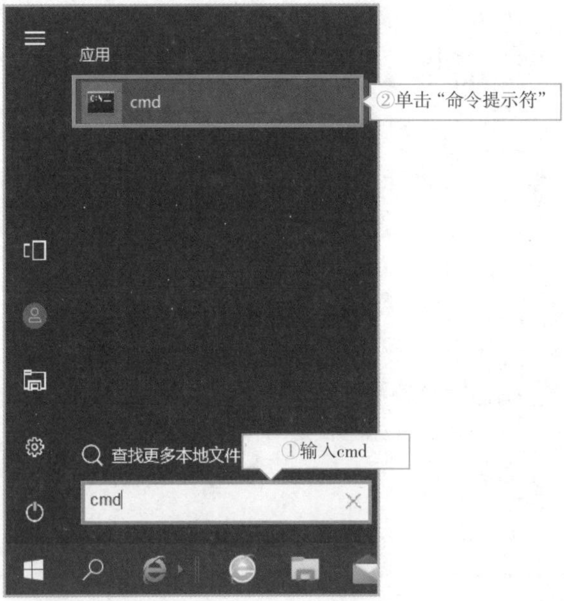
应用
cmd
②单击“命令提示符”
查找更多本地文件
①输入cmd
cmd

▶Windows 8.1 中的操作：单击左下角的“开始”按钮，显示“开始”菜单。
单击右上角的搜索图标，输入 cmd，单击“命令提示符”。

▶Windows 7 中的操作：单击左下角的“开始”按钮，在下方的搜索窗口中输入 cmd，单击程序项目中显示的 cmd。

▼ 图 13　启动后的命令提示符界面

命令提示符
Microsoft Windows [版本 10.0.18363.1679]
(c) 2019 Microsoft Corporation。保留所有权利。
C:\Users\user>

2. 命令和提示

在命令提示符界面中，如 C:\Users\user> 等这样显示，> 左边的部分称为提示，并在此界面上显示当前操作对象所在的文件夹，称为当前文件夹。

▶最右边的“\user”部分显示了登录计算机时的用户名，需根据实际使用的环境重新阅读。

在本示例中，C: 驱动器中有一个名为 Users 的文件夹，其中名为 user 的文件夹就是当前文件夹。另外，在 > 的右侧显示光标，像这样显示提示和光标的时候，就是等待用户输入命令的状态。

3. 命令提示符的操作

让我们尝试输入命令。首先，试着更改当前文件夹，输入

cd c:\

然后按 Enter 键。

```
C:\Users\user>cd c:\

C:\>
```

□表示来自键盘的输入

>的左侧改变了吗？将当前文件夹改为 C：驱动器的根目录。

接下来，在 C：驱动器的根目录下创建一个名为 Cstart 的文件夹作为练习文件夹。在命令提示符界面上输入

▶mkdir 是创建文件夹的命令，这里，在 C: 驱动器的根目录下创建一个名为 Cstart 的文件夹。

mkdir Cstart

然后按 Enter 键。

▶输入用□框起来的部分，按 Enter 键。

▶Cstart 是文件夹名，并不是说一定要用 Cstart 这个名字，使用自己喜欢的名字也不会有影响。

```
C:\>mkdir Cstart

C:\>
```

□表示来自键盘的输入

在命令提示符界面上没有任何变化，因此用资源管理器来确认是否已经创建了一个名为 Cstart 的文件夹，如图 14 所示。

▶要显示资源管理器，可以单击 Windows 界面下方任务栏中的▭。

▼ 图 14　确认创建的文件夹

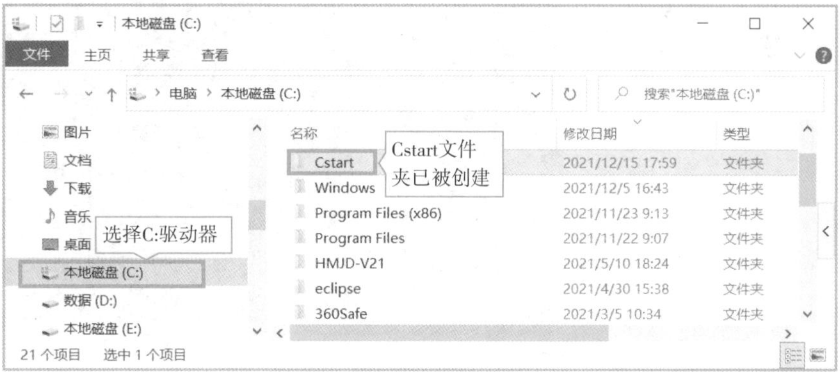
本地磁盘 (C:)
文件
主页
共享
查看
电脑 > 本地磁盘 (C:)
搜索"本地磁盘 (C:)"
图片
文档
下载
音乐
桌面
本地磁盘 (C:)
数据 (D:)
本地磁盘 (E:)
选择C:驱动器
名称
修改日期
类型
Cstart
Windows
Program Files (x86)
Program Files
HMJD-V21
eclipse
360Safe
2021/12/15 17:59
2021/12/5 16:43
2021/11/23 9:13
2021/11/22 9:07
2021/5/10 18:24
2021/4/30 15:38
2021/3/5 10:34
文件夹
Cstart文件夹已被创建
21 个项目　选中 1 个项目

将当前文件夹变更为 Cstart，就用一开始尝试更改当前文件夹的命令。

```
C:\>cd Cstart

C:\Cstart>
```

□表示来自键盘的输入

这个文件夹是空的，没有保存任何文件，请用资源管理器确认，如图 15 所示。

▼ 图 15　创建的文件夹为空

Cstart
文件
主页
共享
查看
电脑 › 本地磁盘 (C:) › Cstart
搜索"Cstart"
图片
文档
下载
音乐
桌面
本地磁盘 (C:)
数据 (D:)
本地磁盘 (E:)
名称
修改日期
类型
此文件夹为空。
0 个项目

在命令提示符界面上也可以确认文件夹内的文件列表。

输入以下命令，然后按 Enter 键。

dir

```
C:\Cstart>dir
驱动器 C中的卷 没有标签
卷的序列号是 ****-****

C:\Cstart 的目录


2017/03/12  00:13    <DIR>          .
2017/03/12  00:13    <DIR>          ..
               0 个文件              0 字节
               2 个目录  **,***,***,*** 可用字节


C:\Cstart>
```

□表示来自键盘的输入

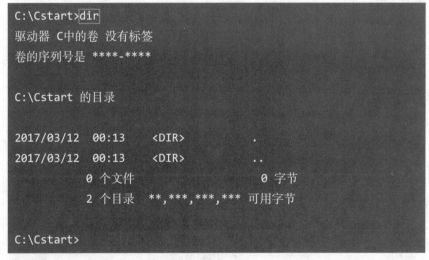

将当前文件夹恢复到 C: 驱动器的根目录，可以使用 cd 命令。

▶“..”的含义请参考 P16的专栏。

```
C:\Cstart>cd ..

C:\>
```

当前文件夹回到了C: 根目录

□表示来自键盘的输入

本次使用的命令为

cd

dir

在接下来的练习中会经常使用，请务必要记住。

4. 固定到任务栏

命令提示符在进行 C 语言的练习时很有帮助，因此，为了方便启动，可以将其锁定到任务栏上。命令提示符界面显示时，任务栏上会有一个命令提示符图标，右击此图标，单击“固定到任务栏”。这样，即使关闭了命令提示符界面，该图标仍保留在任务栏上，下次单击一下就可以轻松启动命令提示符界面，如图 16 所示。

▶对于Windows 8.1：右击任务栏上的图标，单击“固定到任务栏”。

▶对于Windows 7：右击任务栏上的图标，单击“将此程序固定到任务栏”。

▼ 图 16 锁定命令提示符界面

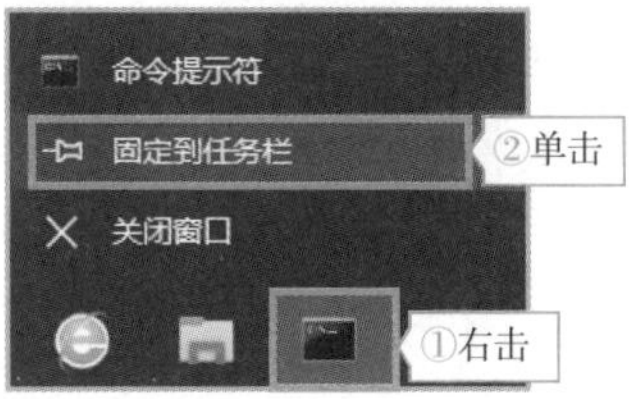
命令提示符
固定到任务栏
②单击
关闭窗口
①右击

专栏　文件与文件夹

我想大家平常都会将文字处理软件制作的文档、照片、音乐文件等保存在硬盘上，不仅是文档，照片和音乐也是文件。另外，文字处理软件和今后大家要使用的编译器也是文件，Windows 本身就是非常大的文件的集合体，具备大容量的硬盘，把所有文件都存储在硬盘里是理所当然的。如果向这样的大房间（硬盘）里不断地放入行李（文件）的话，则很难找到东西在哪里。于是，决定把巨大的硬盘分成几个房间，这些分开的房间称为文件夹（或目录）。如果要将一个文件夹再分成几个房间，可以在文件夹中创建文件夹，文件夹的这种嵌套称为层次结构。

在 Windows 中，可以使用多个硬盘或 USB 存储器，每一个都称为驱动器，附加了"字母 + ："的标识符。在大多数计算机中，保存 Windows 的主硬盘都是"C 驱动器"，用"C:"表示，这个直接的文件夹称为根目录，表示为

C:\

有时也称为"正下方"。在命令提示符的练习中，在 C: 驱动器的根目录创建了一个名为 Cstart 的文件夹。

表示硬盘（C: 驱动器）中保存了文件和文件夹的层次结构的示意图如 Figure 4 所示。

Figure 4　文件和文件夹的层次结构（Windows）

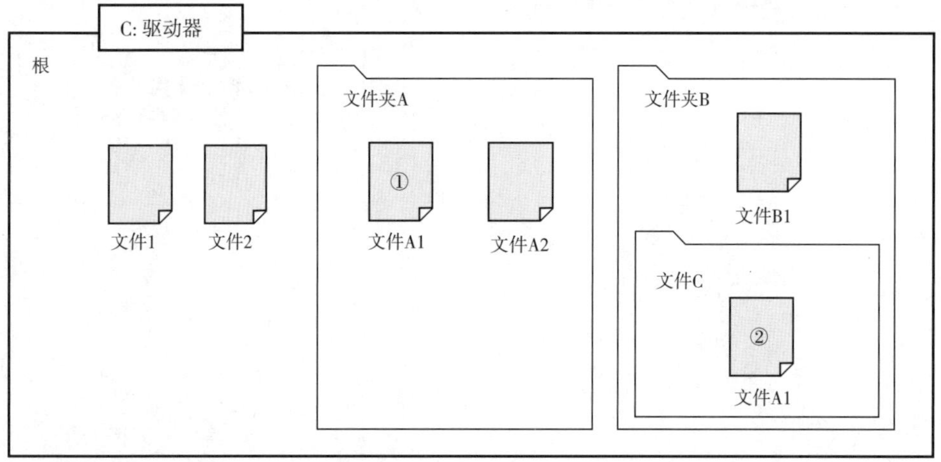
C: 驱动器
根
文件1
文件2
文件夹A
①
文件A1
文件A2
文件夹B
文件B1
文件C
②
文件A1

每个文件或文件夹如下所示。

根目录下存在两个文件，在根目录的符号"C:\"之后指定文件名。

C:\ 文件 1

C:\ 文件 2

文件夹也有两个，以相同的方式指定文件夹名称。

C:\ 文件夹 A

C:\ 文件夹 B

在文件夹 A 中，保存了两个文件 A1 和 A2，从根目录到文件夹逐次标记为

C:\ 文件夹 A\ 文件 A1……①

C:\ 文件夹 A\ 文件 A2

另外，文件夹 B 中的文件是文件 B1 和文件夹 C。此外，文件夹 C 中还存在名为文件 A1 的文件。这些文件也一样标记为

C:\ 文件夹 B\ 文件 B1

C:\ 文件夹 B\ 文件夹 C\ 文件 A1……②

像这样带有地址（文件在哪个文件夹里）的文件名称为路径。

如上所示，从根目录开始按文件夹顺序逐次标记的路径称为绝对路径。Figure 4 中的①和②，虽然文件名相同，但存放的路径不同，也许内容是一样的，但是会被当作不同的文件来处理。给人的印象就像是，三年级 A 班的铃木一郎和二年级 C 班的铃木一郎，虽然名字一样，却是不同的人。

绝对路径的标记方法总是以驱动器的根目录为基准，与此相对，以根目录以外的文件夹为基准进行标记的方法称为相对路径。例如，要从文件夹 B 表示文件夹 C 中的文件 A1，标记为

文件夹 C\ 文件 A1

相对路径的开头不带驱动器号，要表示相对路径中基准文件夹之上（外部）的层次结构，写成“..”。

例如，要从文件夹 B 表示文件 1，写成

..\ 文件 1

从文件夹 B 指定文件夹 A 中的文件 A1，标记为

..\ 文件夹 A\ 文件 A1

使用命令提示符下的 cd 命令可以指定绝对路径和相对路径。

● 相对路径

```
C:\>cd Cstart

C:\Cstart>
```

将当前文件夹移到内层

```
C:\Cstart>cd ..

C:\>
```

将当前文件夹移到外层

● 绝对路径

```
C:\Cstart>cd c:\

C:\>
```

将当前文件夹移到根目录

□ 表示来自键盘的输入

1 02 练习环境的准备

从本书附带的配套资源中安装编译器，设置好练习环境吧，请先根据前言中的提示将配套资源下载到计算机中。

C 语言的编译器有很多种，包括付费的和免费的。另外，利用扩展了 C 语言的 C++ 编译器，也可以编译 C 语言源程序。无论使用哪个编译器，都可以同样进行练习，因此，如果已经有一个编译器，就使用它。

这里，以使用配套资源中收录的 C++ Compiler 情况为例，说明编译器的安装方法。

▶所谓安装，就是使软件达到在计算机上可以使用的状态。

▶ C++ Compiler 是可以免费使用的 C 编译器，有关使用条件等，请仔细阅读附带的手册。

STEP 1 准备好编译器

本书将 C++ Compiler 收录在配套资源的安装程序文件夹中，请将 BCC102.zip 放到之前创建的 Cstart 文件夹中，如图 17 所示。

▶要复制到的文件夹也可以不是 Cstart，可以复制到自己认为合适的文件夹，在这种情况下，请将 Cstart 替换为复制文件夹的名称。

▶有几种复制方法：右击要复制的文件图标在弹出的快捷菜单中选择“复制”选项，再右击复制到的目标文件夹进行粘贴，或者使用快捷键等，用自己熟悉的方法复制即可。

▼ 图 17　将 BCC102.zip 放到 Cstart 文件夹中

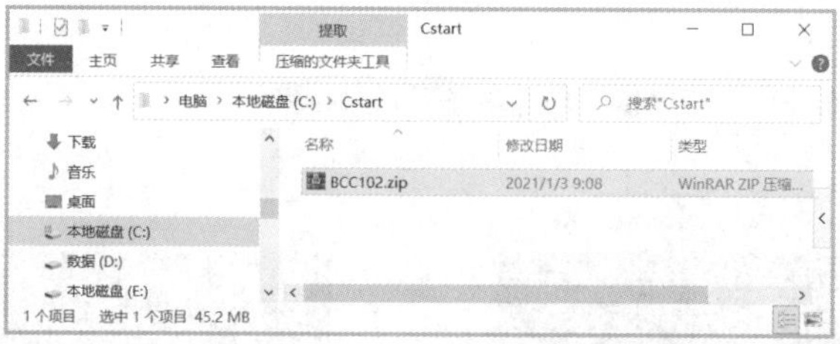
提取
Cstart
文件
主页
共享
查看
压缩的文件夹工具
电脑 › 本地磁盘 (C:) › Cstart
搜索"Cstart"
下载
音乐
桌面
本地磁盘 (C:)
数据 (D:)
本地磁盘 (E:)
名称
修改日期
类型
BCC102.zip
2021/1/3 9:08
WinRAR ZIP 压缩...
1 个项目　选中 1 个项目 45.2 MB

STEP 2 安装编译器

配套资源中收录的（或下载的）编译器是经过压缩的，请将其解压缩。

选择 BCC102.zip 文件，右击，在弹出的快捷菜单中选择“解压到 'BCC102\'”选项，如图 18 所示，文件开始解压，如图 19 所示。

▼ 图 18 在文件上右击 BCC102.zip

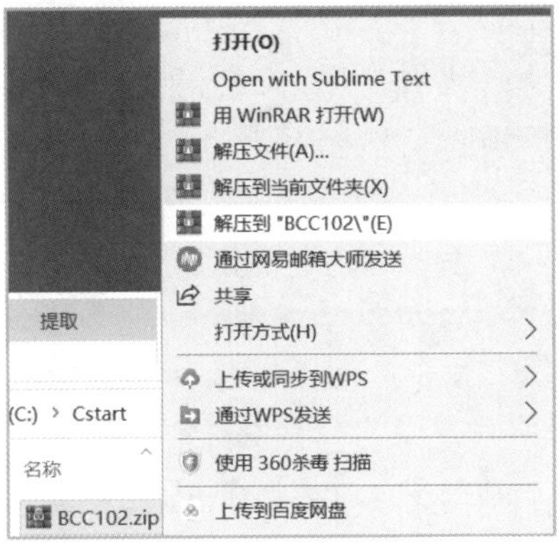
打开(O)
Open with Sublime Text
用 WinRAR 打开(W)
解压文件(A)...
解压到当前文件夹(X)
解压到 "BCC102\"(E)
通过网易邮箱大师发送
共享
打开方式(H)
上传或同步到WPS
通过WPS发送
使用 360杀毒 扫描
上传到百度网盘
提取
(C:) › Cstart
名称
BCC102.zip

如图 19 所示为解压缩过程。

▼ 图 19 解压缩中

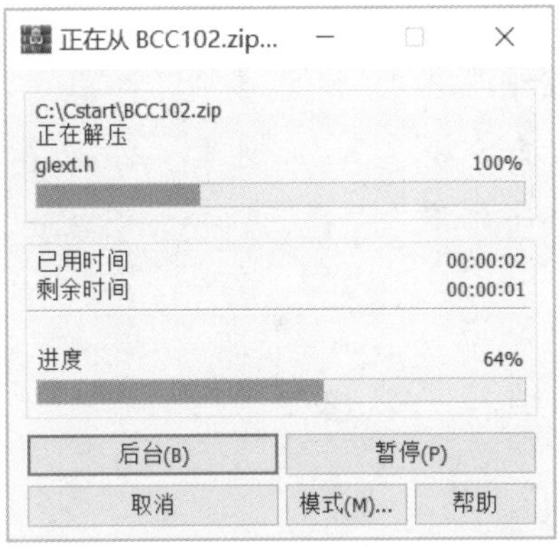
正在从 BCC102.zip...
C:\Cstart\BCC102.zip
正在解压
glext.h
100%
已用时间
00:00:02
剩余时间
00:00:01
进度
64%
后台(B)
暂停(P)
取消
模式(M)...
帮助

解压缩结束后，将在 Cstart 文件夹中显示解压缩后的文件夹，如图 20 所示。

▶解压缩的位置也可以不在桌面上，可以移动到任何方便的地方。

▼ 图 20 解压缩后的文件夹图标

BCC102

如果文件夹内容如图 21 所示，则编译器解压缩成功。

图 21　解压缩文件夹中的内容

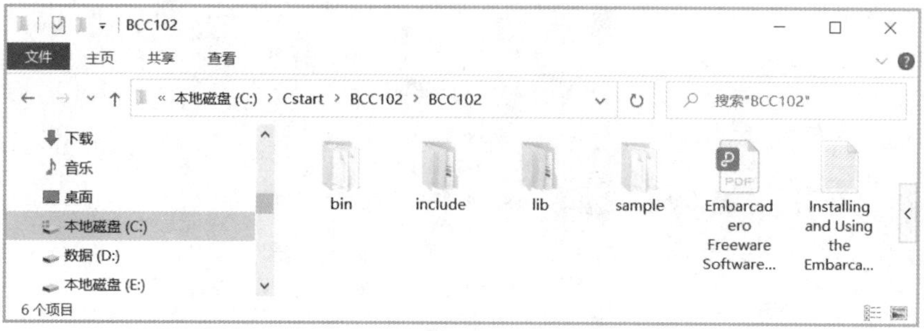
BCC102
文件
主页
共享
查看
« 本地磁盘 (C:) › Cstart › BCC102 › BCC102
搜索"BCC102"
下载
音乐
桌面
本地磁盘 (C:)
数据 (D:)
本地磁盘 (E:)
bin
include
lib
sample
Embarcadero Freeware Software...
Installing and Using the Embarca...
6 个项目

图 21 中文件夹的内容，对于今后使用 C++ Compiler 进行 C 语言的练习，都是不可或缺的（请不要删除）。另外，看一下 bin 文件夹中的内容，如图 22 所示。

图 22　bin 文件夹的内容

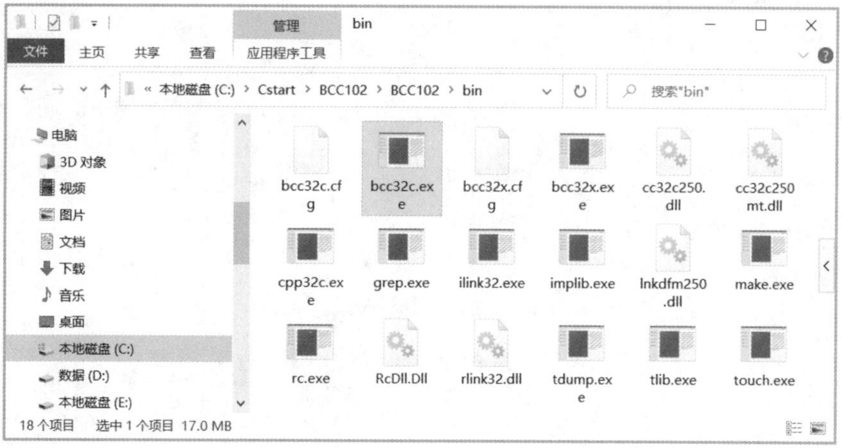
管理
bin
文件
主页
共享
查看
应用程序工具
« 本地磁盘 (C:) › Cstart › BCC102 › BCC102 › bin
搜索"bin"
电脑
3D 对象
视频
图片
文档
下载
音乐
桌面
本地磁盘 (C:)
数据 (D:)
本地磁盘 (E:)
bcc32c.cfg
bcc32c.exe
bcc32x.cfg
bcc32x.exe
cc32c250.dll
cc32c250mt.dll
cpp32c.exe
grep.exe
ilink32.exe
implib.exe
lnkdfm250.dll
make.exe
rc.exe
RcDll.Dll
rlink32.dll
tdump.exe
tlib.exe
touch.exe
18 个项目　选中 1 个项目 17.0 MB

请记住，这里有一个名为 bcc32c.exe 的文件。

专栏 显示扩展名的方法

资源管理器中也可能不显示文件的扩展名。扩展名表明了文件的类型，因此建议预先设置显示。单击资源管理器界面上的“查看”选项卡，选中“文件扩展名”复选框，如 Figure 5所示。

▼ Figure 5 显示文件扩展名

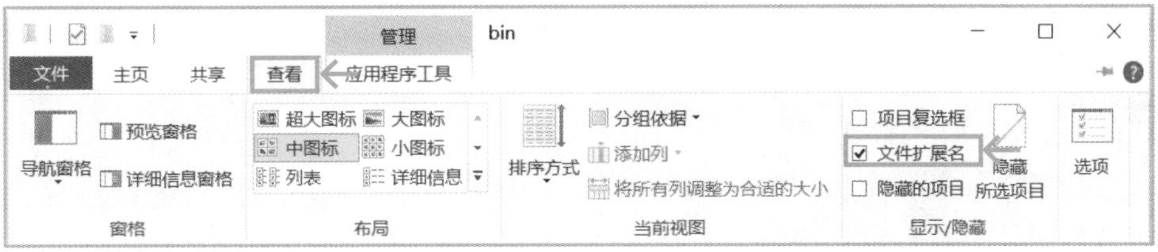
管理
bin
文件
主页
共享
查看
应用程序工具
导航窗格
预览窗格
详细信息窗格
超大图标
大图标
中图标
小图标
列表
详细信息
排序方式
分组依据
添加列
将所有列调整为合适的大小
项目复选框
文件扩展名
隐藏的项目
隐藏
所选项目
选项
窗格
布局
当前视图
显示/隐藏

Windows 8.1的设置与 Windows 10相同；对于 Windows 7，请按照以下步骤进行设置。

在资源管理器的“组织”下拉菜单（①）中选择“文件夹和搜索选项”（②），如 Figure 6所示。

▼ Figure 6 显示文件夹选项（Windows 7）

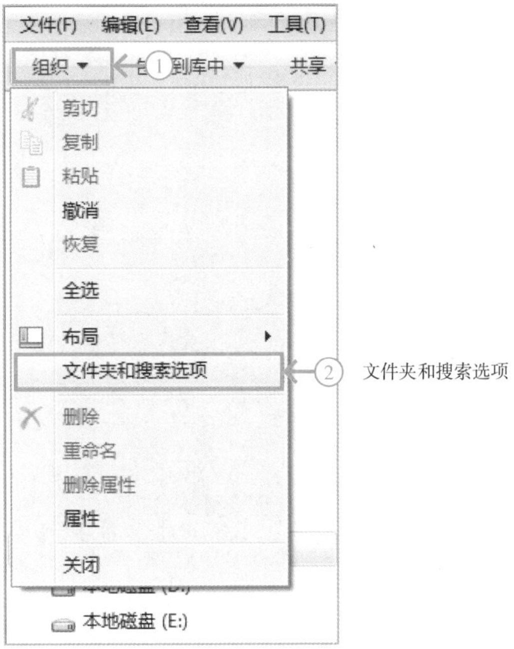
文件(F)
编辑(E)
查看(V)
工具(T)
组织
到库中
共享
剪切
复制
粘贴
撤消
恢复
全选
布局
文件夹和搜索选项
删除
重命名
删除属性
属性
关闭
本地磁盘 (E:)
文件夹和搜索选项

单击“查看”选项卡（③），如 Figure 7所示。

▼ Figure 7　文件夹选项画面 1（Windows 7）

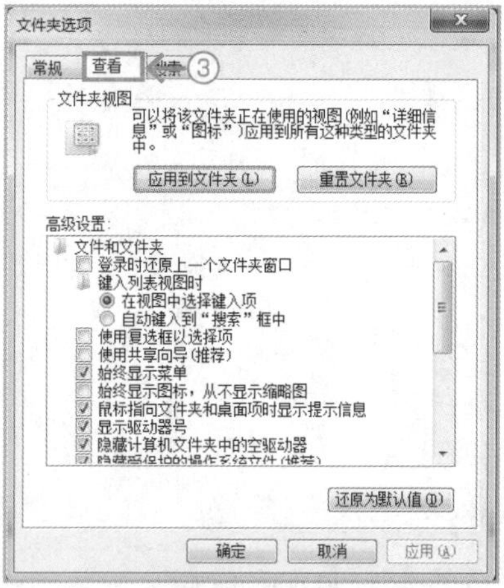
文件夹选项
常规
查看
搜索
③
文件夹视图
可以将该文件夹正在使用的视图(例如“详细信息”或“图标”)应用到所有这种类型的文件夹中。
应用到文件夹(L)
重置文件夹(R)
高级设置:
文件和文件夹
登录时还原上一个文件夹窗口
键入列表视图时
在视图中选择键入项
自动键入到“搜索”框中
使用复选框以选择项
使用共享向导(推荐)
始终显示菜单
始终显示图标，从不显示缩略图
鼠标指向文件夹和桌面项时显示提示信息
显示驱动器号
隐藏计算机文件夹中的空驱动器
还原为默认值(D)
确定
取消
应用(A)

向下滚动高级设置（④），取消选中“隐藏已知文件类型的扩展名”复选框（⑤）。单击“应用”（⑥）和“确定”（⑦）按钮。

▼ Figure 8　文件夹选项画面 2（Windows 7）

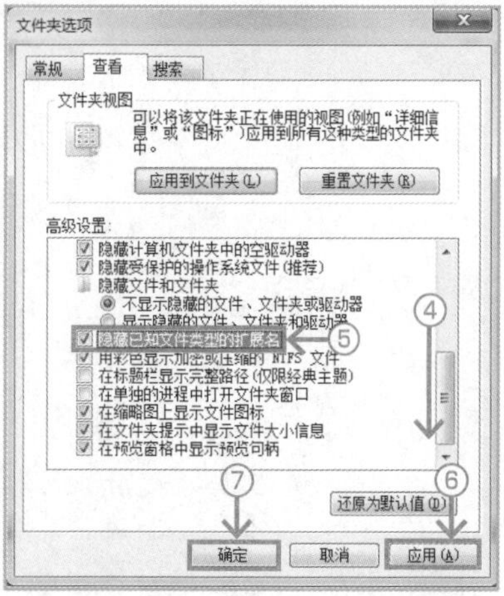
文件夹选项
常规
查看
搜索
文件夹视图
可以将该文件夹正在使用的视图(例如“详细信息”或“图标”)应用到所有这种类型的文件夹中。
应用到文件夹(L)
重置文件夹(R)
高级设置:
隐藏计算机文件夹中的空驱动器
隐藏受保护的操作系统文件(推荐)
隐藏文件和文件夹
不显示隐藏的文件、文件夹或驱动器
隐藏已知文件类型的扩展名
⑤
④
在标题栏显示完整路径(仅限经典主题)
在单独的进程中打开文件夹窗口
在缩略图上显示文件图标
在文件夹提示中显示文件大小信息
在预览窗格中显示预览句柄
⑦
⑥
还原为默认值(D)
确定
取消
应用(A)

STEP 3　认识编译器

必须事先告知计算机，刚才安装的 C++ Compiler 保存在哪个文件夹中，这样的操作称为路径设置，步骤如下。

如图 23 所示，在屏幕左下方的搜索框中输入“控制面板”（①）后，出现“控制面板”选项，单击它（②）即可。

▼ 图 23　显示控制面板

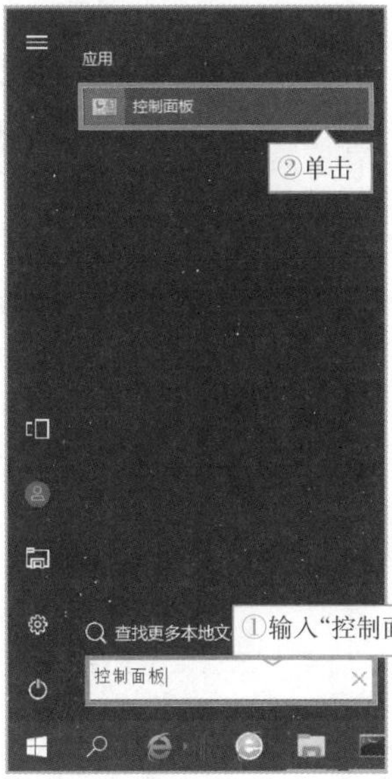
应用
控制面板
②单击
查找更多本地文
①输入“控制面板”
控制面板

当“查看方式”为“大图标”或“小图标”(③)时，会显示如图 24 所示的页面，单击“系统”(④)。

▼ 图 24　控制面板 1

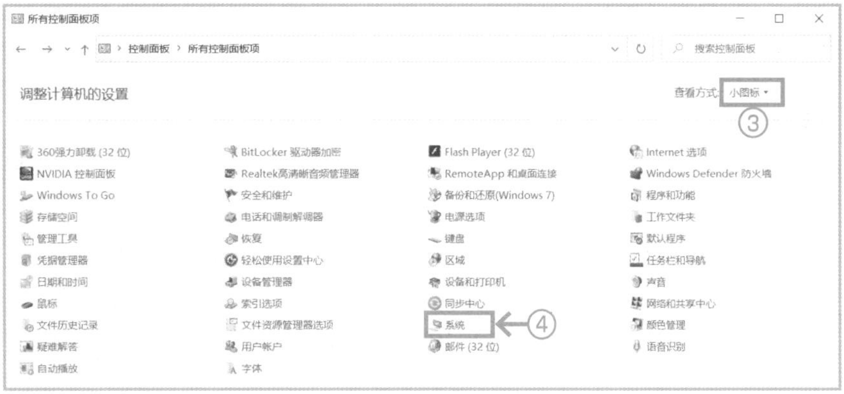
所有控制面板项
控制面板 › 所有控制面板项
搜索控制面板
调整计算机的设置
查看方式: 小图标
③
360强力卸载 (32 位)
NVIDIA 控制面板
Windows To Go
存储空间
管理工具
凭据管理器
日期和时间
鼠标
文件历史记录
疑难解答
自动播放
BitLocker 驱动器加密
Realtek高清晰音频管理器
安全和维护
电话和调制解调器
恢复
轻松使用设置中心
设备管理器
索引选项
文件资源管理器选项
用户帐户
字体
Flash Player (32 位)
RemoteApp 和桌面连接
备份和还原(Windows 7)
电源选项
键盘
区域
设备和打印机
同步中心
系统
④
邮件 (32 位)
Internet 选项
Windows Defender 防火墙
程序和功能
工作文件夹
默认程序
任务栏和导航
声音
网络和共享中心
颜色管理
语音识别

当“查看方式”为“类别”(⑤)时，会显示如图 25 所示的页面，单击“系统和安全”(⑥)。

图 25　控制面板 2

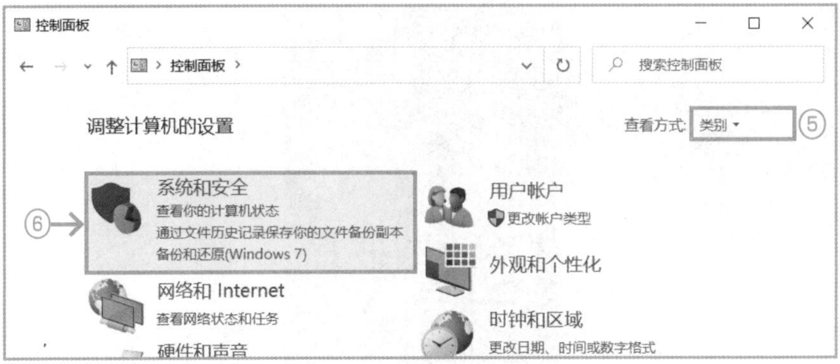
控制面板
控制面板
搜索控制面板
调整计算机的设置
查看方式: 类别
⑤
系统和安全
查看你的计算机状态
通过文件历史记录保存你的文件备份副本
备份和还原(Windows 7)
⑥
网络和 Internet
查看网络状态和任务
硬件和声音
用户帐户
更改帐户类型
外观和个性化
时钟和区域
更改日期、时间或数字格式

单击“系统”（⑦），如图 26 所示。

图 26　系统属性

系统和安全
控制面板 › 系统和安全
搜索控制面板
控制面板主页
系统和安全
网络和 Internet
硬件和声音
程序
用户帐户
外观和个性化
时钟和区域
轻松使用
安全和维护
检查计算机的状态并解决问题
更改用户帐户控制设置
常见计算机问题疑难解答
Windows Defender 防火墙
检查防火墙状态
允许应用通过 Windows 防火墙
⑦
系统
查看 RAM 的大小和处理器速度
允许远程访问
启动远程协助
查看该计算机的名称
电源选项
更改电源按钮的功能
更改计算机睡眠时间

无论是哪一种查看方式，都会显示如图 27 所示的页面，单击左侧的“高级系统设置”（⑧）。

图 27　系统

系统
控制面板 › 系统和安全 › 系统
搜索控制面板
控制面板主页
设备管理器
远程设置
系统保护
高级系统设置
⑧
查看有关计算机的基本信息
Windows 版本
Windows 10 教育版
© 2019 Microsoft Corporation。保留所有权利。
Windows 10
系统
处理器:
Intel(R) Core(TM) i5-7500 CPU @ 3.40GHz 3.41

显示“系统属性”页面，单击“环境变量”按钮（⑨），如图 28 所示。

▼ 图 28　系统属性

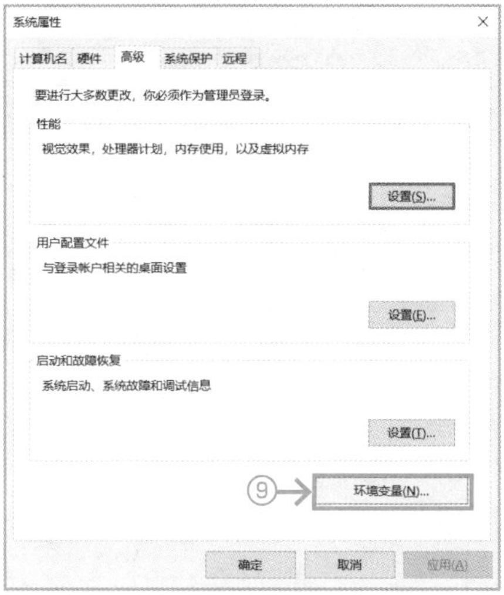
系统属性
计算机名 硬件 高级 系统保护 远程
要进行大多数更改，你必须作为管理员登录。
性能
视觉效果，处理器计划，内存使用，以及虚拟内存
设置(S)...
用户配置文件
与登录帐户相关的桌面设置
设置(E)...
启动和故障恢复
系统启动、系统故障和调试信息
设置(T)...
⑨
环境变量(N)...
确定
取消
应用(A)

显示“环境变量”页面，在此页面上进行设置，使计算机知道 C++ Compiler 在哪里。

如果只想将此设置应用于当前登录的用户，则使用图 29 的上半部分（×× 的用户变量），如果想要应用于可以登录到计算机的所有用户，则使用下半部分（系统变量）。无论是上半部分的用户环境变量，还是下半部分的系统环境变量，都单击 Path 所在行（⑩），然后单击“编辑”按钮（⑪）。如果没有 Path 项目，则请单击“新建”按钮，进入如图 34 所示的页面。

▶在这里，编辑上半部分的“用户环境变量”。不熟悉的读者建议这样做。

▼ 图 29　环境变量

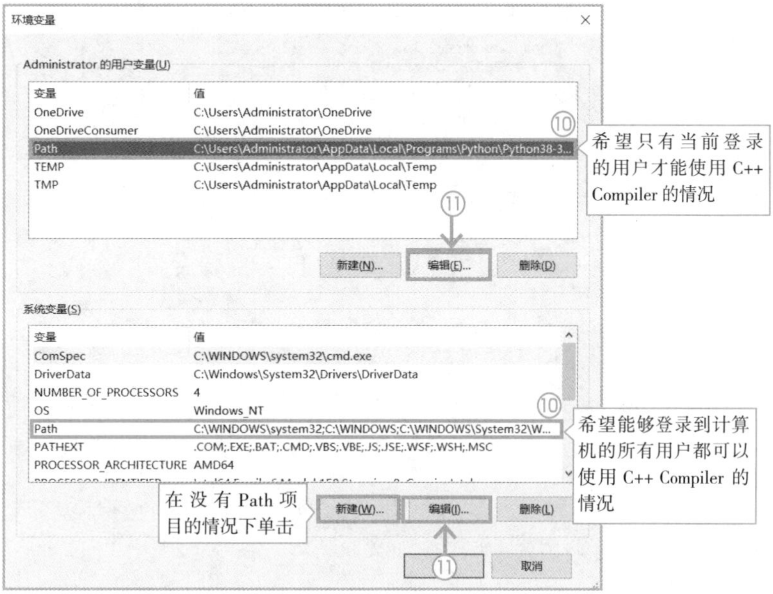
环境变量
Administrator 的用户变量(U)
变量 值
OneDrive C:\Users\Administrator\OneDrive
OneDriveConsumer C:\Users\Administrator\OneDrive
Path C:\Users\Administrator\AppData\Local\Programs\Python\Python38-3...
TEMP C:\Users\Administrator\AppData\Local\Temp
TMP C:\Users\Administrator\AppData\Local\Temp
⑩
希望只有当前登录的用户才能使用 C++ Compiler 的情况
⑪
新建(N)... 编辑(E)... 删除(D)
系统变量(S)
变量 值
ComSpec C:\WINDOWS\system32\cmd.exe
DriverData C:\Windows\System32\Drivers\DriverData
NUMBER_OF_PROCESSORS 4
OS Windows_NT
Path C:\WINDOWS\system32;C:\WINDOWS;C:\WINDOWS\System32\W...
PATHEXT .COM;.EXE;.BAT;.CMD;.VBS;.VBE;.JS;.JSE;.WSF;.WSH;.MSC
PROCESSOR_ARCHITECTURE AMD64
⑩
希望能够登录到计算机的所有用户都可以使用 C++ Compiler 的情况
在没有 Path 项目的情况下单击
新建(W)... 编辑(I)... 删除(L)
⑪
取消

▶特别地，下半部分“系统环境变量”编辑失败的话，最坏的情况下，可能导致无法正常启动 Windows。

▶变量值所显示的内容因计算机而异，和图 30 中不一样也完全没问题，请继续操作。

环境变量记录了对于计算机系统非常重要的信息，请谨慎操作。

如果已经存在 Path 项目，单击“编辑”按钮，显示图 30 所示的页面时，从这里继续。

如果选择了第一行，则通过单击空白区域可以取消选择（⑫）。

图 30　路径和添加画面

编辑环境变量
C:\Users\Administrator\AppData\Local\Programs\Python\Python3...
C:\Users\Administrator\AppData\Local\Programs\Python\Python3...
%USERPROFILE%\AppData\Local\Microsoft\WindowsApps;
F:\程序安装\tex\miktex\bin\x64\
⑫单击此处取消选择
新建(N)
编辑(E)
浏览(B)...
删除(D)
上移(U)
下移(O)
编辑文本(T)...
确定
取消

然后单击“浏览”按钮（⑬），如图 31 所示。

图 31　添加环境变量

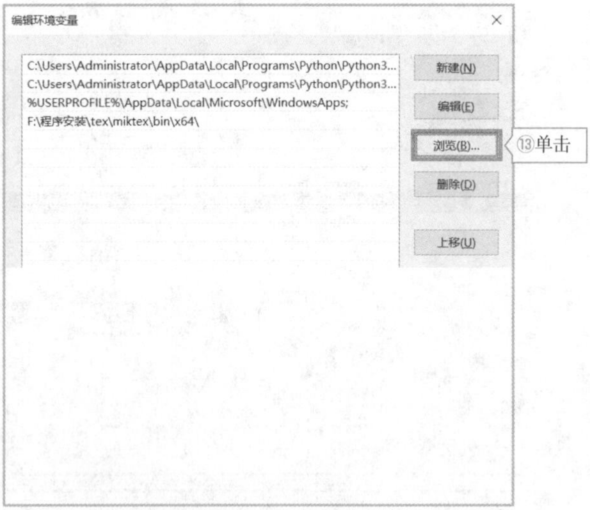
编辑环境变量
C:\Users\Administrator\AppData\Local\Programs\Python\Python3...
C:\Users\Administrator\AppData\Local\Programs\Python\Python3...
%USERPROFILE%\AppData\Local\Microsoft\WindowsApps;
F:\程序安装\tex\miktex\bin\x64\
新建(N)
编辑(E)
浏览(B)...
⑬单击
删除(D)
上移(U)

在编译器解压缩后的文件夹中选择 bin 文件夹（⑭），然后单击“确定”按钮关闭页面（⑮），如图 32 所示。

▼ 图 32 浏览文件夹

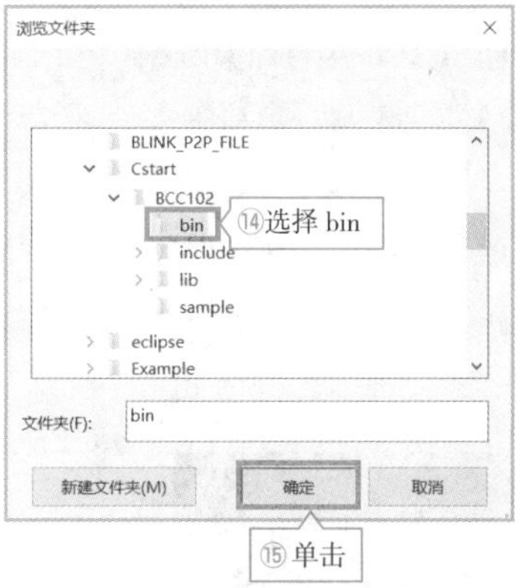
浏览文件夹
BLINK_P2P_FILE
Cstart
BCC102
bin
⑭选择 bin
include
lib
sample
eclipse
Example
文件夹(F):
bin
新建文件夹(M)
确定
取消
⑮单击

请确认添加了编译器的路径，如图 33 所示。

▼ 图 33 添加编译器的路径

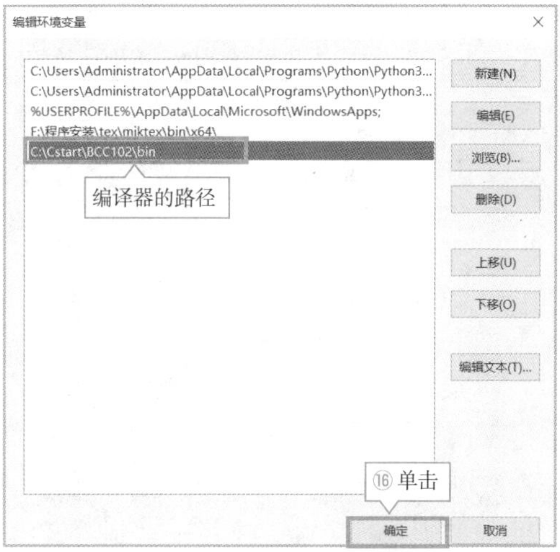
编辑环境变量
C:\Users\Administrator\AppData\Local\Programs\Python\Python3...
C:\Users\Administrator\AppData\Local\Programs\Python\Python3...
%USERPROFILE%\AppData\Local\Microsoft\WindowsApps;
F:\程序安装\tex\miktex\bin\x64\
C:\Cstart\BCC102\bin
编译器的路径
新建(N)
编辑(E)
浏览(B)...
删除(D)
上移(U)
下移(O)
编辑文本(T)...
⑯单击
确定
取消

单击图 33 中的“确定”按钮关闭页面（⑯），按环境变量页面、系统属性页面的顺序单击“确定”按钮关闭页面，这样就完成了路径设置。请继续测试设置是否正确。

如果没有 Path 项目，则单击“新建”按钮，显示图 34 所示的页面时，从这里继续。

请在变量名中输入 path，然后单击“浏览目录”按钮。

▼ 图 34 没有 Path 项目时

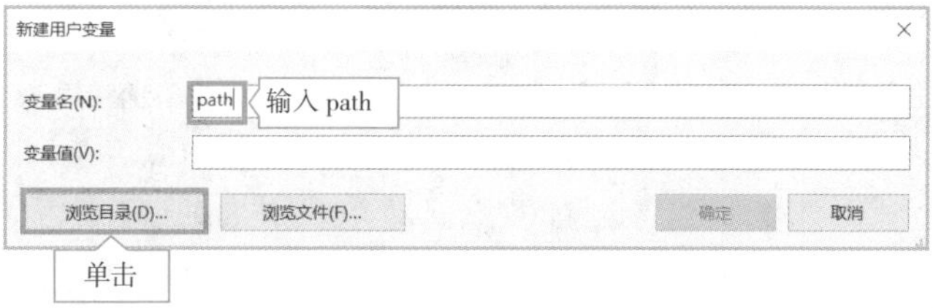
新建用户变量
变量名(N):
path
输入 path
变量值(V):
浏览目录(D)...
浏览文件(F)...
确定
取消
单击

同样，在编译器解压缩后的文件夹中选择 bin 文件夹，然后单击“确定”按钮关闭页面，这样就可以指定 Path 项目和编译器路径了，请按顺序关闭页面。

来测试一下路径设置是否正确，启动命令提示符界面，输入

bcc32c

然后按 Enter 键，如果显示如图 35 所示的内容，则路径设置成功。

▶命令提示符界面中显示的当前文件夹无论是哪个文件夹，都将获得相同的结果。无论是 C: 驱动器的根目录，还是登录用户的文件夹都一样。

▶虽然显示了没有指定要编译的源文件的错误信息，但是出现该错误，意味着编译器正在正常运行。下一步将指定源程序，进行实际编译。

▶如果路径设置失败，则显示 bcc32c 不是内部或外部命令，也不是可运行的程序或批处理文件”，那就重新设置路径。

▼ 图 35　编译器的测试

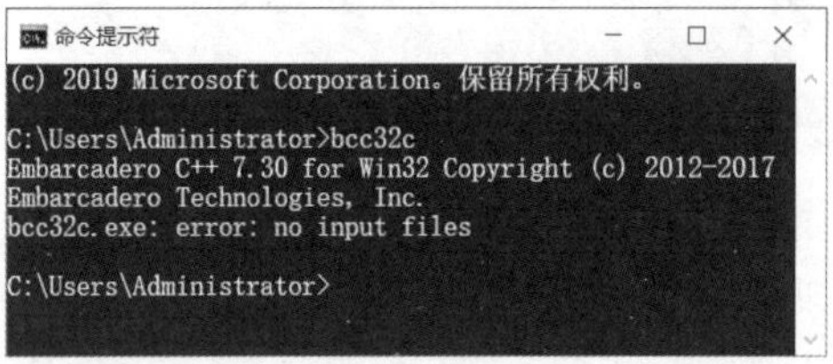
命令提示符
(c) 2019 Microsoft Corporation。保留所有权利。
C:\Users\Administrator>bcc32c
Embarcadero C++ 7.30 for Win32 Copyright (c) 2012-2017
Embarcadero Technologies, Inc.
bcc32c.exe: error: no input files
C:\Users\Administrator>

现在，在命令提示符界面中输入 bcc32c，只是执行了 bin 文件夹中名为 bcc32c.exe 的文件，如图 36 所示。请回顾在图 22 中确认过的内容。

▼ 图 36　bin 文件夹中的内容

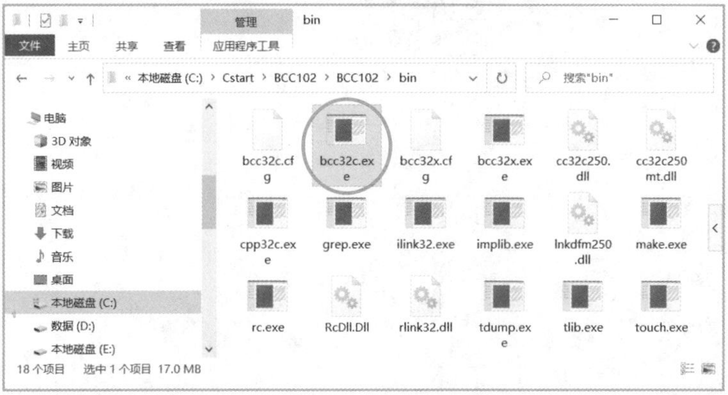
管理
bin
文件
主页
共享
查看
应用程序工具
本地磁盘 (C:) › Cstart › BCC102 › BCC102 › bin
搜索"bin"
电脑
3D 对象
视频
图片
文档
下载
音乐
桌面
本地磁盘 (C:)
数据 (D:)
本地磁盘 (E:)
bcc32c.cfg
bcc32c.exe
bcc32x.cfg
bcc32x.exe
cc32c250.dll
cc32c250mt.dll
cpp32c.exe
grep.exe
ilink32.exe
implib.exe
lnkdfm250.dll
make.exe
rc.exe
RcDll.Dll
rlink32.dll
tdump.exe
tlib.exe
touch.exe
18 个项目　选中 1 个项目 17.0 MB

像这样为了执行应用程序而输入的就是命令，告诉计算机应用程序在哪里进行的操作就是路径的设置。

现在编译器已准备就绪。

STEP 4　准备文本编辑器

▶只要是文本编辑器，无论哪个软件都可以正常练习，如果有已经用习惯的编辑器，就请使用该编辑器。

最后，准备一个用于编写源程序的文本编辑器。源程序只包含字符，所以不适合使用 Word 之类的文字处理软件。在 Windows 中，可以使用默认的文本编辑器“记事本”，但是也可以免费获得功能更丰富的编辑器。在这里，介绍一款名为 Visual Studio Code（也简称为 VS Code）的文本编辑器的安装方法。

▶读者也可以在以下网址下载：https://code.visualstudio.com/Download

将本书配套资源中收录的 VSCodeUserSetup-x64-1.63.2.exe 文件复制到 Cstart 文件夹中，在资源管理器中双击该文件①，如图 37 所示。

图 37　开始安装 Visual Studio Code

在弹出的“许可协议”对话框中选中“我同意此协议”复选框（见图 38），单击“下一步”按钮②，然后在弹出的“选择目标位置”对话框中可以指定软件要安装在哪个位置，如果不需要改动，请直接单击“下一步”按钮③，如图 39 所示。

图 38　“许可协议”对话框

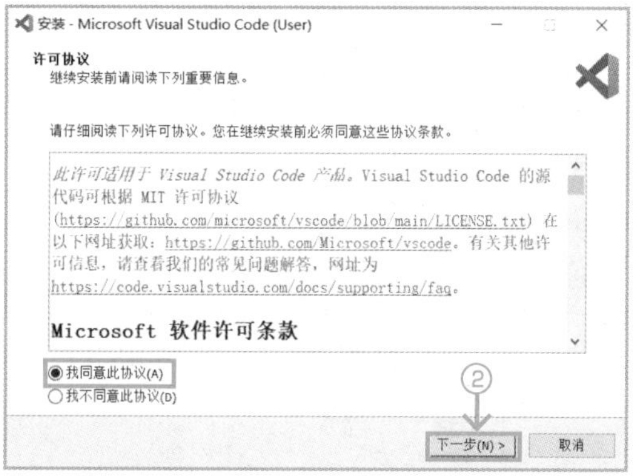

图 39　“选择目标位置”对话框

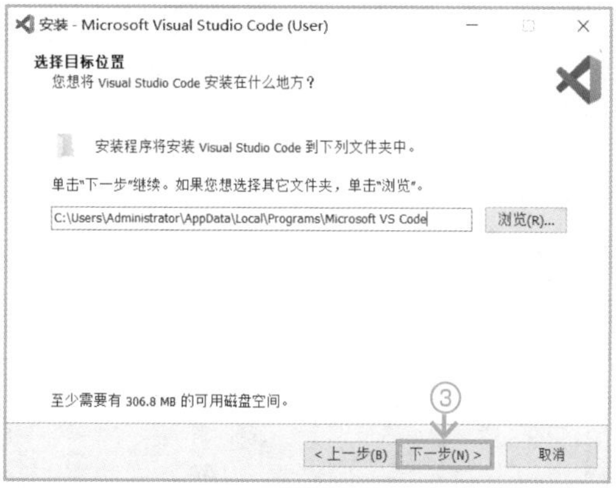

在弹出的对话框中直接单击“下一步”按钮④，如图 40 所示。

图 40 “选择开始菜单文件夹”对话框

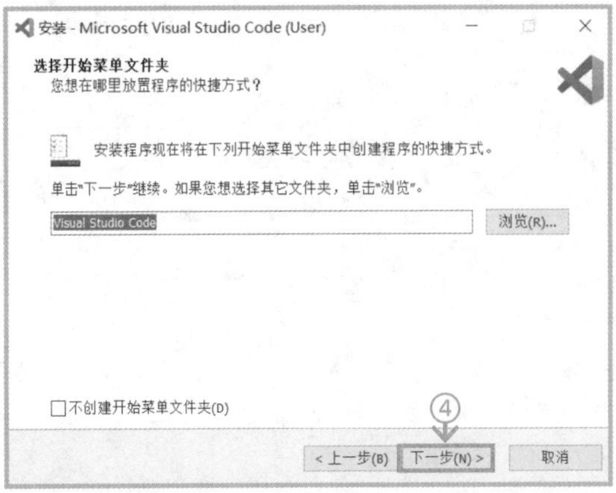
安装 - Microsoft Visual Studio Code (User)
选择开始菜单文件夹
您想在哪里放置程序的快捷方式？
安装程序现在将在下列开始菜单文件夹中创建程序的快捷方式。
单击"下一步"继续。如果您想选择其它文件夹，单击"浏览"。
Visual Studio Code
浏览(R)...
不创建开始菜单文件夹(D)
④
< 上一步(B)
下一步(N) >
取消

在弹出的对话框中选择想要程序执行的附加任务，单击“下一步”按钮⑤，如图 41 所示。

图 41 “选择附加任务”对话框

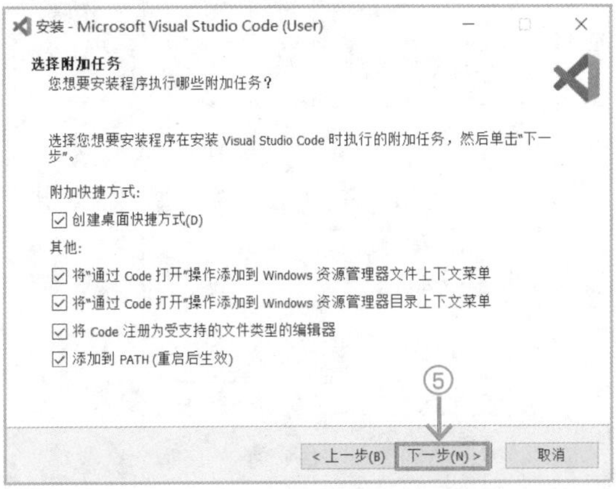
安装 - Microsoft Visual Studio Code (User)
选择附加任务
您想要安装程序执行哪些附加任务？
选择您想要安装程序在安装 Visual Studio Code 时执行的附加任务，然后单击"下一步"。
附加快捷方式:
创建桌面快捷方式(D)
其他:
将"通过 Code 打开"操作添加到 Windows 资源管理器文件上下文菜单
将"通过 Code 打开"操作添加到 Windows 资源管理器目录上下文菜单
将 Code 注册为受支持的文件类型的编辑器
添加到 PATH (重启后生效)
⑤
< 上一步(B)
下一步(N) >
取消

在弹出的“准备安装”对话框中单击“安装”按钮⑥，如图 42 所示。

软件开始安装，并显示进度条，安装完成后显示图 43 所示的界面。单击“完成”按钮，显示图 44 所示的 Visual Studio Code 文本编辑器界面。

也可以双击在桌面上创建的快捷方式（ ）来启动 Visual Studio Code。

▼ 图 42 “准备安装”对话框

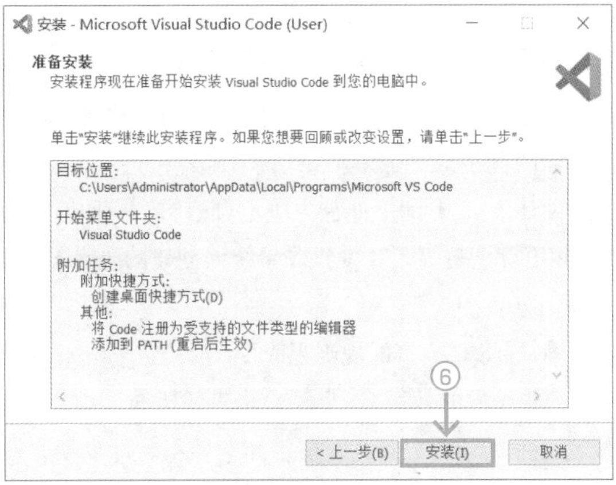
安装 - Microsoft Visual Studio Code (User)
准备安装
安装程序现在准备开始安装 Visual Studio Code 到您的电脑中。
单击"安装"继续此安装程序。如果您想要回顾或改变设置，请单击"上一步"。
目标位置:
C:\Users\Administrator\AppData\Local\Programs\Microsoft VS Code
开始菜单文件夹:
Visual Studio Code
附加任务:
附加快捷方式:
创建桌面快捷方式(D)
其他:
将 Code 注册为受支持的文件类型的编辑器
添加到 PATH (重启后生效)
⑥
< 上一步(B)
安装(I)
取消

▼ 图 43 Visual Studio Code 的页面

安装 - Microsoft Visual Studio Code (User)
Visual Studio Code 安装完成
安装程序已在您的电脑中安装了 Visual Studio Code。此应用程序可以通过选择安装的快捷方式运行。
单击"完成"退出安装程序。
运行 Visual Studio Code
完成(F)

▼ 图 44 Visual Studio Code 的页面

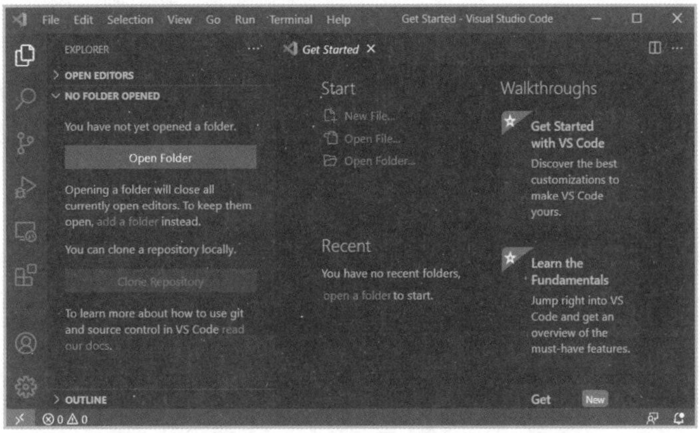
File Edit Selection View Go Run Terminal Help
Get Started - Visual Studio Code
EXPLORER
OPEN EDITORS
NO FOLDER OPENED
You have not yet opened a folder.
Open Folder
Opening a folder will close all currently open editors. To keep them open, add a folder instead.
You can clone a repository locally.
Clone Repository
To learn more about how to use git and source control in VS Code read our docs.
OUTLINE
Get Started
Start
New File...
Open File...
Open Folder...
Recent
You have no recent folders, open a folder to start.
Walkthroughs
Get Started with VS Code
Discover the best customizations to make VS Code yours.
Learn the Fundamentals
Jump right into VS Code and get an overview of the must-have features.
Get
New

▶开始，是一艘看似将要沉没的小船，渐渐成长为一艘大船吧。

准备工作已经完成，终于可以划向 C 语言的茫茫大海了。

专栏 C语言的历史

1972年，C 语言诞生于美国的 AT&T 贝尔实验室，创作者是该实验室的研究员 Dennis M.Ritchie。当时，他正在开发一个小型计算机操作系统（基本软件）。操作系统是驱动计算机硬件的核心软件，因此希望可以编写像机器语言那样直接连接到机器的程序，又可以像高级语言那样接近人类语言，甚至是即使改变了硬件，也不需要太多重写的便捷的程序设计语言。因此，他首先决定自己制作一种编程语言和翻译它的编译器，然后改良了被称为 B 语言的语言（B 语言也是为了开发操作系统而创建的语言）。因为这种语言是继 B 语言之后开发的，所以被命名为“C 语言”。

Ritchie 与 Brian W.Kernighan 一起将 C 语言的规则写成了 *The C Programming Language*①，这本书的别名为 *K&R*，它既是有志于 C 语言的程序员的教科书，也是 C 语言的标准。

C 语言最初是为操作系统而开发的语言，但试着用于开发应用软件也很方便，因此，它不仅可以在小型计算机上使用，而且可以运行在更小的个人计算机和更大的大型计算机上的 C 编译器也已经被开发出来。随着大家的使用，添加了新的功能，并且原本在 *K & R* 中存在着一些含糊之处，根据编译器的不同，产生了语法有一点点微妙不同的“方言”。因此，1989 年美国国家标准协会（American National Standards Institute，ANSI）编制了详细的标准。此外，1990 年制定了国际标准化组织（International Organization for Standardization，ISO）标准。这样一来，C 语言也成了优秀的国际语言。日本也在 1993 年制定了 JIS X3010（中国在 1994年制定了 GB/T 15272–1994程序设计语言 C）。此后，ISO 标准在 1999 年和 2011 年经历了两次修订②，并一直延续至今。大多数编译器都遵循 ISO 标准，但由于开发进度等因素，并非一定是最新的标准。本书所收录的 C++ Compiler 符合 1999 年的标准，因此本书原则上也遵循 1999 年的标准③。

① 此书的中文译本书名为《C 程序设计语言》。

② 1999 年制定的标准为 C99，2011 年制定的标准为 C11。

③ 即使不是最新的版本，在学习编程方面也没有任何问题。

03 编译器测试

在编程之前，先体验一下从编译到执行的工作过程，同时确认编译器的操作。

STEP 1 准备测试用的源文件

将配套资源中“安装程序”→ source 文件夹中的 test.c 文件复制到 C:\Cstart，如图 45 所示。

▶文件复制还有其他多种方法，请用自己习惯的方法进行。

图 45 测试用的源文件的复制

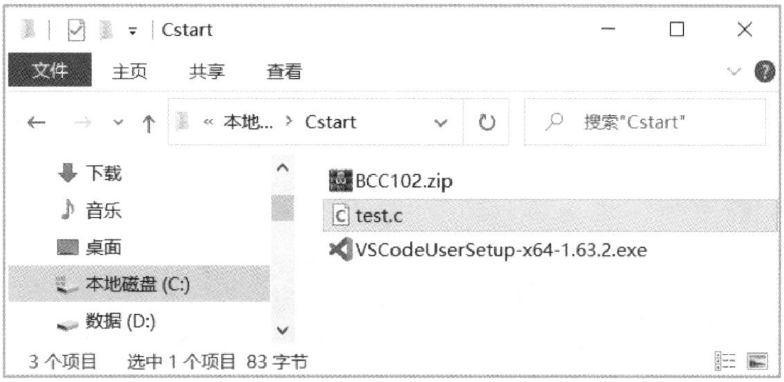
Cstart
文件
主页
共享
查看
« 本地... › Cstart
搜索"Cstart"
下载
音乐
桌面
本地磁盘 (C:)
数据 (D:)
BCC102.zip
test.c
VSCodeUserSetup-x64-1.63.2.exe
3 个项目 选中 1 个项目 83 字节

首先，让我们试着用文本编辑器显示 test.c 的内容。拖曳 test.c 文件，将其重叠到 Visual Studio Code 的图标上，Visual Studio Code 就会启动，并显示 test.c 文件的内容，如图 46 和图 47 所示。

▶在诸如 Visual Studio Code 这样的文本编辑器中显示文本文件的方法也有多种，请用自己习惯的方法操作。

图 46 用 Visual Studio Code 显示 test.c

+ 用 Visual Studio Code 打开

在资源管理器页面中，将 test.c 文件拖到 Visual Studio Code 的图标上

注意，第一次启动 Visual Studio Code 时，会询问是否将显示语言更改为中文简体，此时若需要修改，单击“安装并重启（Install and Restart）”即可。

▼ 图 47　test.c 的内容

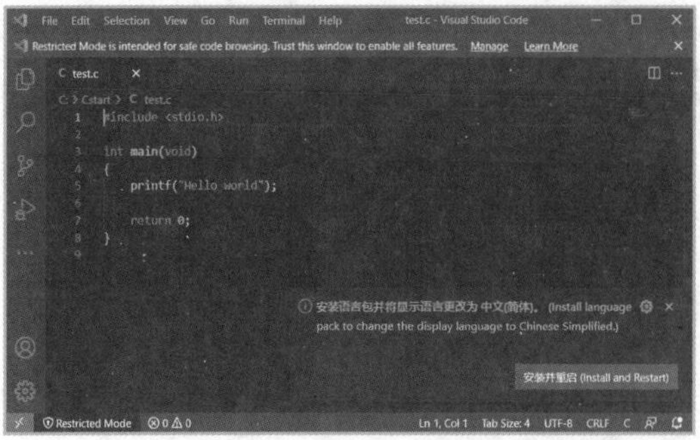
File Edit Selection View Go Run Terminal Help
test.c - Visual Studio Code
Restricted Mode is intended for safe code browsing. Trust this window to enable all features. Manage Learn More
test.c
#include <stdio.h>
int main(void)
{
printf("Hello world");
return 0;
}
安装并重启 (Install and Restart)
Restricted Mode
Ln 1, Col 1 Tab Size: 4 UTF-8 CRLF C

这是用 C 语言编写的源程序。接下来，我们将开始编写这样的程序。

STEP 2　编译并生成可执行文件

准备好源文件后，接下来，启动命令提示符界面，试一下编译该源程序。为此，首先需要将命令提示符界面中的当前文件夹切换到 Cstart，如图 48 所示。在命令提示符下输入以下命令，然后按 Enter 键。

cd c:\Cstart

▼ 图 48　更改当前文件夹

命令提示符
Microsoft Windows [版本 10.0.18363.1679]
(c) 2019 Microsoft Corporation。保留所有权利。
C:\Users\Administrator>cd c:\Cstart
c:\Cstart>

□ 表示来自键盘的输入

这里，我们来确认一下当前文件夹的内容。输入

dir

然后按 Enter 键，如图 49 所示。

▼ 图 49　当前文件夹的内容

命令提示符
Microsoft Windows [版本 10.0.18363.1679]
(c) 2019 Microsoft Corporation。保留所有权利。
C:\Users\Administrator>cd c:\Cstart
c:\Cstart>dir
源程序已保存

□ 表示来自键盘的输入

确认测试用的源程序 test.c 已经保存了吗?

那么，终于进行编译了，通过

bcc32c 文件名

编译指定的源文件。这里，我们要编译保存在当前文件夹中的名为 test.c 的源文件，输入

▶请像 test.c 那样带扩展名输入文件名。

bcc32c test.c

然后按 Enter 键，运行结果如图 50 所示。

▼ 图 50 编译 test.c

▶根据编译器版本的不同，可能不是 7.30 或 6.90，请不要在意数字。

▶此时请确保 Cstart 文件夹中的 BCC102 文件夹只有一个。

```
c:\Cstart>bcc32c test.c
Embarcadero C++ 7.30 for Win32 Copyright (c) 2012-2017 Embarcadero Technologies, Inc.

test.c:
Turbo Incremental Link 6.90 Copyright (c) 1997-2017 Embarcadero Technologies, Inc.

c:\Cstart>
```

□ 表示来自键盘的输入

在这里，输入 dir 再次显示文件夹中的文件列表，如图 51 所示。

▼ 图 51 编译后当前文件夹的内容

```
命令提示符
c:\Cstart>dir
 驱动器 C 中的卷没有标签。
 卷的序列号是 2AFB-198D

 c:\Cstart 的目录

2022/01/11  20:30    <DIR>          .
2022/01/11  20:30    <DIR>          ..
2022/01/11  20:28    <DIR>          BCC102
2021/01/03  09:08        47,420,607 BCC102.zip
2019/09/13  09:35                83 test.c
2022/01/11  20:30            62,464 test.exe
2022/01/11  20:30            65,536 test.tds
2022/01/11  18:43        79,933,432 VSCodeUserSetup-x64-1.63.2.exe
               5 个文件    127,482,122 字节
               3 个目录 16,375,648,256 可用字节

c:\Cstart>
```

文件增加了

□ 表示来自键盘的输入

此时发现文件增加了。各个文件的内容如表 1 所示。

▼ 表 1 文件内容

文件名	文件类型	说　明
test.c	源文件	编写的程序。因为是文本文件，所以可以在文本编辑器中确认内容
test.tds	符号表	带有编译器和调试器（调试用的工具）所使用的信息的文件，无法确认内容
test.exe	可执行文件	是翻译成机器语言的文件，可以直接在计算机上运行

STEP 3 运行编译后的程序

下面运行刚生成的可执行文件 test.exe。在命令提示符下输入

test.exe

然后按 Enter 键。运行状态如图 52 所示。

Hello world

显示了吗?

▼ 图 52 运行状态

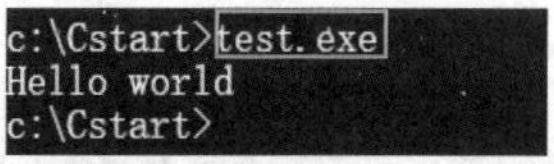
c:\Cstart>test.exe
Hello world
c:\Cstart>

□ 表示来自键盘的输入

编译器测试到此结束。

▶运行时，可以省略扩展名“.exe”，只输入 test。

▶该测试程序是在命令提示符界面上显示 Hello world 的程序。

编程助手 致没有显示 Hello world 者

这次，我们从配套资源中复制正确的程序，并尝试了从编译到运行的过程。由于程序是正确的，因此无法显示 Hello world 的原因仅限于安装方法或命令的指定方法，让我们根据错误寻找原因吧。

错误 1

尝试编译时，出现“'**' 不是内部或外部命令，也不是可运行的程序或批处理文件。”的错误信息。

原因 1

命令正确输入了吗？在 bcc32c 之后的文件名之前需要有半角空格。检查显示在错误信息中 ** 位置上输入的命令（见图 50）。

原因 2

路径设置正确吗？参考 P22 中的 STEP 3。

错误 2

尝试编译时，出现“bcc32c.exe ：error:no such file or directory:'test'”错误信息。

原因是在命令提示符下输入编译命令时，是否正确指定了直至扩展名的文件名（见图 50）。

错误 3

尝试编译时，出现“bcc32c.exe ：error:no such file or directory:'test.c'”错误信息。

原因是命令提示符的当前文件夹可能没有切换到包含源程序的文件夹，用 dir 命令确认当前文件夹中是否有源程序（见图 48 和图 49）。

错误 4

尝试运行时，出现“'test.exe' 不是内部或外部命令，也不是可运行的程序或批处理文件。”错误信息。

原因 1

编译完成了吗？用 dir 命令确认 test.exe 有没有生成（见图 51）。

原因 2

命令（编译后的可执行文件名）的输入有没有错误？文件名输错的例子包括全角和半角字符、“.”（句点）过多或不足、半角空格的遗漏等。另外，在命令提示符中不区分大写字母和小写字母，因此像 TEST.EXE 这样的大写字母也没有问题（见图 52）。

专栏 文件名的构成

在 Windows 中，文件名分为两部分处理，即“.”前面的部分和后面的部分。前面的部分为文件指定了唯一的名称，即狭义上的文件名，后面的部分是定义文件类型的扩展名。两部分合起来，构成正式的文件名，如 Figure 9 所示。

▼ Figure 9　正式文件名

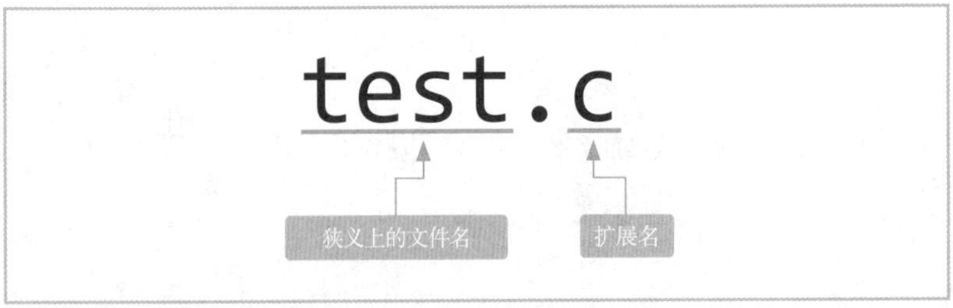
test.c
狭义上的文件名
扩展名

因此，看到扩展名，就能知道这个文件是什么类型的文件。例如，系统知道名为“运动会通知 .docx”的文件是 Word 创建的文档，如果要打开这个文件，则需要启动 Word，这称为文件关联。

注：在资源管理器中，文件以关联软件的图标显示，这个图标代表了扩展名，因此，有时会设置成不显示扩展名。但是，扩展名对于文件来说是重要的元素之一，因此建议更改设置以使其显示，参考 P21 中的专栏。

如图 50 所示，为了编译输入的命令：

bcc32c test.c

是启动名为 bcc32c.exe 的可执行程序的命令。在命令提示符下，能够指定为命令仅限于可执行文件 (.exe)、批处理文件 (.bat) 等。

因此，如果省略了扩展名，将查找并执行带有可执行扩展名的文件。然后，如果编译成功，则生成一个与源文件同名的可执行文件 test.exe。参考 P36 中的 STEP 3。

test.exe

指定了包括扩展名的文件名，即使只指定

test

也可以运行。命令提示符将查找可执行文件 test.exe 并运行它，在屏幕上显示

Hello world

扩展名有各种各样的含义，如表 A 所示。

▼ 表A 扩展名示例

扩展名	文件类型
c	C 语言编写的源文件
exe	可执行文件
dll	exe 文件所需的可执行文件,dll 文件无法单独运行
bat	命令序列的文本文件
cpp	用 C++ 语言编写的源文件
txt	文本文件
docx	Word 创建的文档文件
xlsx	用 Excel 制作的电子表格文件
bmp	图像文件
jpg	
png	

1

04 编写第一个 C 语言程序

尝试编写第一个 C 语言程序。

基础示例 1-4

用 C 语言创建一个源程序，编译并运行它。

学习

STEP 1 C 语言程序编写的格式

C 语言是一种规则（语法）相对较少的语言，但有应该遵循的格式，大致如图 53 所示。

▶左边的数字是行号，无须输入。

▶由于它是对“标准输入输出”的描述，因此如果程序不用在屏幕上显示，也不从键盘或文件输入，就无须进行描述。但是，为了确认运行结果是否正确，在屏幕上显示是必不可少的，事实上，几乎所有的程序都是必需的。详细内容将在第 5 章学习。

▼ 图 53　C 语言程序格式

```
1  #include <stdio.h>
2
3  int main(void)
4  {
5
6      return 0;
7  }
```

▶一个常见的错误是将 stdio 输入为 studio，请注意，不是“工作室”，是“标准输入输出”。另外，stdio 和 h 之间的是“.”（句号），不要将其误认为是“,”（逗号）。

原则上，使用半角英文字母和数字字符，区分大写字母和小写字母。首先，一行一行地看。

第 1 行：在这里将其视作向屏幕上显示内容，或者从键盘输入必需的部分。stdio 是 Standard Input Output 的缩写，即“标准输入 / 输出”的意思。现在，无论如何像“咒语”一样原样写在程序开头。

▶除了 int main（void）的写法以外，还可以写成 int main(int argc, char[]argv)。详细内容将在第 5 章介绍。

▶在某些情况下，也可以在 {} 之外添加描述，这将在第 5 章学习。

▶详细内容在第 5 章学习。

第 3 行：告诉编译器程序从此处开始的语句。无论是多么大的程序，还是多么小的程序，都必须只写一个。

第 4 行和第 7 行：表示“从这里开始”“到这里为止”，是程序的标志，在两者之间编写指令。今后，这之间的指令会越来越多。

第 6 行：该语句表示该程序的结果是“返回”0 的意思。根据编译器的不同，也可以将其省略。现在，就请将其当作程序最后的结束。

STEP 2 创建源程序

试着在文本编辑器中输入源程序，这个程序都是小写字母，如图 54 所示。

图 54 用 Visual Studio Code 输入的界面

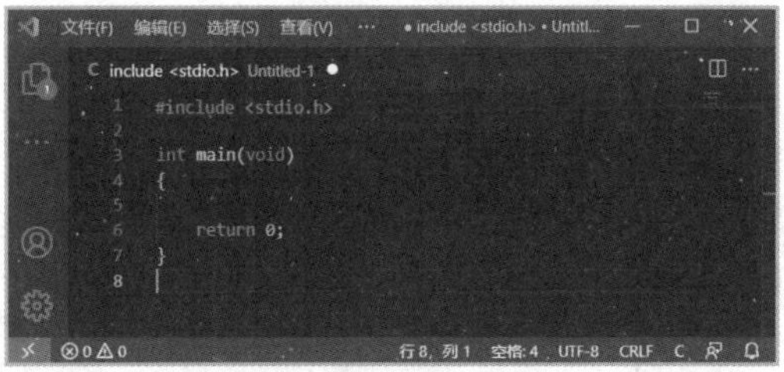
文件(F) 编辑(E) 选择(S) 查看(V) ··· ● include <stdio.h> • Untitl...
C include <stdio.h> Untitled-1 ●
#include <stdio.h>
int main(void)
{
return 0;
}
行 8, 列 1 空格: 4 UTF-8 CRLF C

▶文件名可以是自己喜欢的任何名字，但是扩展名必须是“.c”。

▶建议在保存上下些功夫，如按章节保存文件夹等。

▶图 54 中，Visual Studio Code 的标题栏上默认文件名 Untitled-1 的左侧和标签栏文件名的右侧显示一个“●”标记，表示该文件尚未保存或已保存过的文件又经过修改。执行保存操作后，“●”标记消失。

保存输入的源文件。本书按章节号为程序编号，在这里，将其保存在先前创建的 Cstart 文件夹中，文件名为 sample1_4k.c，如图 55 所示。从“文件”菜单中选择“另存为”选项，然后进行保存，如图 56 所示。

图 55 另存为

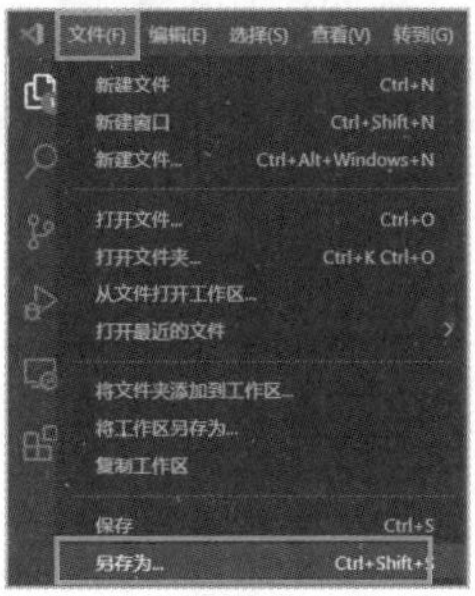
文件(F) 编辑(E) 选择(S) 查看(V) 转到(G)
新建文件 Ctrl+N
新建窗口 Ctrl+Shift+N
新建文件... Ctrl+Alt+Windows+N
打开文件... Ctrl+O
打开文件夹... Ctrl+K Ctrl+O
从文件打开工作区...
打开最近的文件
将文件夹添加到工作区...
将工作区另存为...
复制工作区
保存 Ctrl+S
另存为... Ctrl+Shift+S

图 56 用 Visual Studio Code 保存源文件

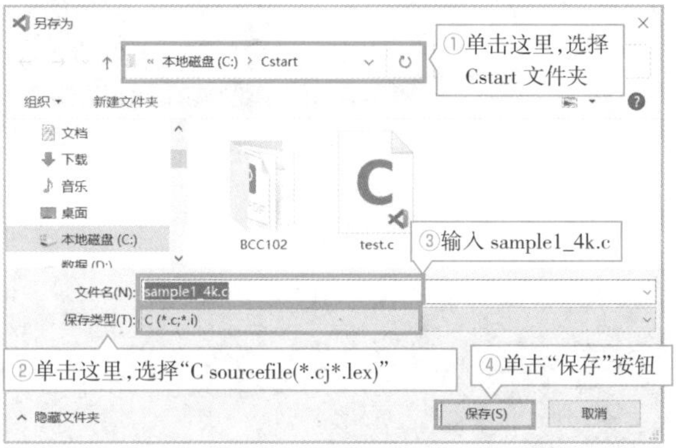
另存为
本地磁盘 (C:) › Cstart
①单击这里，选择 Cstart 文件夹
组织 新建文件夹
文档
下载
音乐
桌面
本地磁盘 (C:)
BCC102
test.c
③输入 sample1_4k.c
文件名(N): sample1_4k.c
保存类型(T): C (*.c;*.i)
②单击这里，选择“C sourcefile(*.cj*.lex)”
④单击“保存”按钮
隐藏文件夹
保存(S)
取消

▶本书根据章节号为源文件命名，这里，因为是第 1 章 04 的基础示例的程序，所以是 sample1_4k.c，在应用示例中，把 k 替换为 o。文件名可以加上自己喜欢的名字，在这种情况下请适当替换。

这样就创建源文件了。

STEP 3 编译并生成可执行文件

启动命令提示符，将当前文件夹更改为 Cstart，然后确认保存的文件，如图 57 所示。

▼ 图 57　在命令提示符界面确认文件

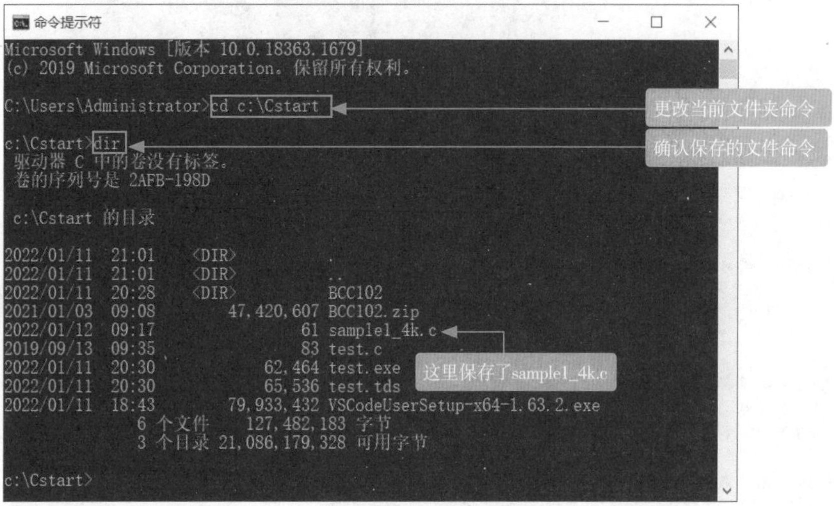
命令提示符
Microsoft Windows [版本 10.0.18363.1679]
(c) 2019 Microsoft Corporation。保留所有权利。
C:\Users\Administrator>cd c:\Cstart
更改当前文件夹命令
c:\Cstart>dir
确认保存的文件命令
驱动器 C 中的卷没有标签。
卷的序列号是 2AFB-198D
c:\Cstart 的目录
2022/01/11 21:01 <DIR> .
2022/01/11 21:01 <DIR> ..
2022/01/11 20:28 <DIR> BCC102
2021/01/03 09:08 47,420,607 BCC102.zip
2022/01/12 09:17 61 sample1_4k.c
2019/09/13 09:35 83 test.c
2022/01/11 20:30 62,464 test.exe
2022/01/11 20:30 65,536 test.tds
2022/01/11 18:43 79,933,432 VSCodeUserSetup-x64-1.63.2.exe
6 个文件 127,482,183 字节
3 个目录 21,086,179,328 可用字节
这里保存了sample1_4k.c
c:\Cstart>

□表示来自键盘的输入

文件确认后，就可以编译了，但是在此之前，需再次确认源文件是否正确保存，如果依然带有“●”标记，则请进行覆盖保存，如图 58 所示。

▼ 图 58　保存未保存的源程序

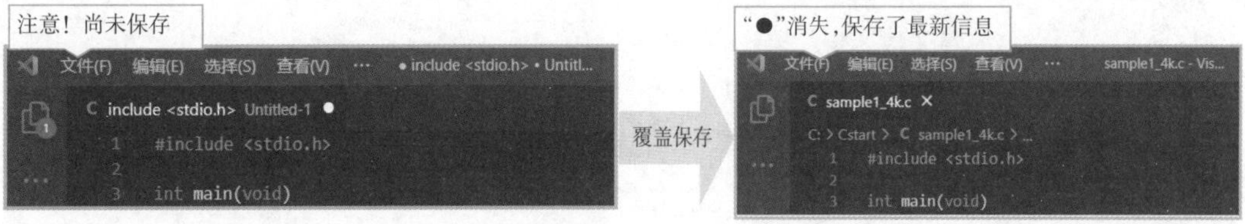
注意！尚未保存
文件(F) 编辑(E) 选择(S) 查看(V) ··· ● include <stdio.h> • Untitl...
C include <stdio.h> Untitled-1 ●
1 #include <stdio.h>
2
3 int main(void)
覆盖保存
“●”消失，保存了最新信息
文件(F) 编辑(E) 选择(S) 查看(V) ··· sample1_4k.c - Vis...
C sample1_4k.c ×
C: > Cstart > C sample1_4k.c > ...
1 #include <stdio.h>
2
3 int main(void)

现在，终于开始编译了，如图 59 所示。

▼ 图 59　编译源程序

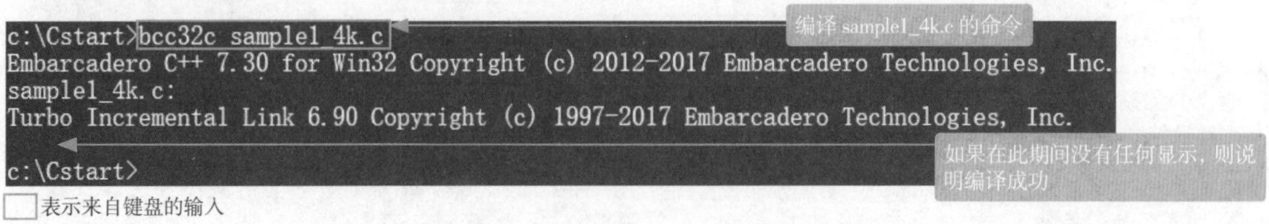
c:\Cstart>bcc32c sample1_4k.c
编译 sample1_4k.c 的命令
Embarcadero C++ 7.30 for Win32 Copyright (c) 2012-2017 Embarcadero Technologies, Inc.
sample1_4k.c:
Turbo Incremental Link 6.90 Copyright (c) 1997-2017 Embarcadero Technologies, Inc.
c:\Cstart>
如果在此期间没有任何显示，则说明编译成功

□表示来自键盘的输入

▶如果代码有错误，在进行图59所示的编译时，将会出现错误提示，此时需返回Visual Strdio Code检查代码。

再次检查 Cstart 文件夹中是否生成了可执行文件 sample1_4k.exe，如图 60 所示。

▼ 图 60　确认可执行文件

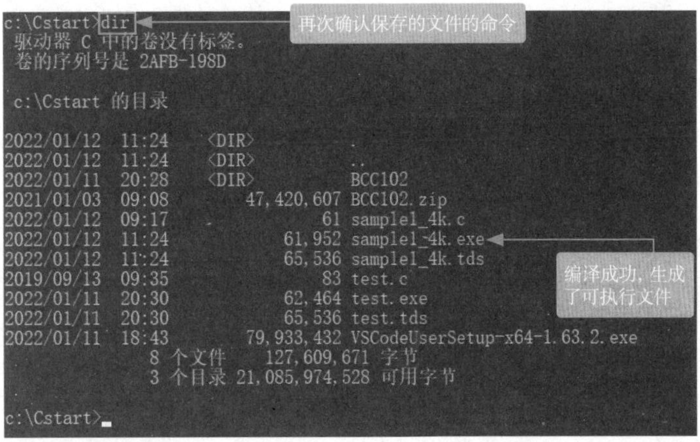
c:\Cstart>dir
再次确认保存的文件的命令
驱动器 C 中的卷没有标签。
卷的序列号是 2AFB-198D
c:\Cstart 的目录
2022/01/12 11:24 <DIR> .
2022/01/12 11:24 <DIR> ..
2022/01/11 20:28 <DIR> BCC102
2021/01/03 09:08 47,420,607 BCC102.zip
2022/01/12 09:17 61 sample1_4k.c
2022/01/12 11:24 61,952 sample1_4k.exe
2022/01/12 11:24 65,536 sample1_4k.tds
2019/09/13 09:35 83 test.c
2022/01/11 20:30 62,464 test.exe
2022/01/11 20:30 65,536 test.tds
2022/01/11 18:43 79,933,432 VSCodeUserSetup-x64-1.63.2.exe
8 个文件 127,609,671 字节
3 个目录 21,085,974,528 可用字节
编译成功，生成了可执行文件
c:\Cstart>

□表示来自键盘的输入

编译成功并生成可执行文件后，马上运行它，生成的可执行文件名就是命令，如图 61 所示。

▼ 图 61　运行

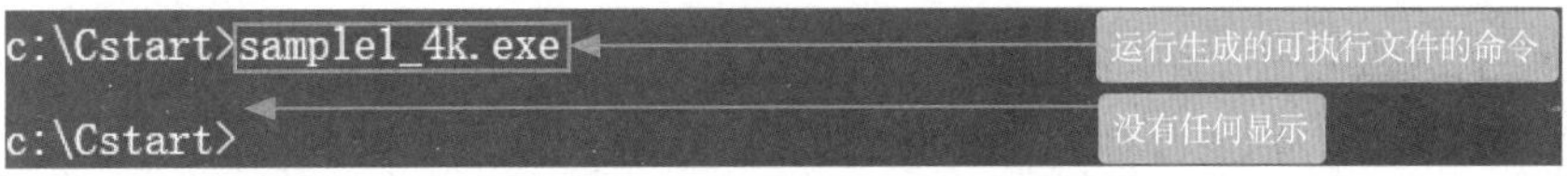
c:\Cstart>sample1_4k.exe
运行生成的可执行文件的命令
c:\Cstart>
没有任何显示

□表示来自键盘的输入

运行后没有显示任何内容，那是理所当然的，因为还没有写入任何命令，计算机不会执行任何操作。但是，以上的操作，始终是今后学习 C 语言的基础，要牢固掌握从创建源程序到编译、运行的流程。

练习过程包括以下三个步骤，如图 62 所示。

▶在创建新程序时，如果还不熟悉，建议先创建图 54 所示的程序，编译并运行一次后，再学习新的内容。

▼ 图 62　练习步骤

① 使用文本编辑器（如 Visual Studio Code）创建源程序，扩展名是“.c”。

⬇

② 在命令提示符下编译（命令为 bcc32c 文件名 .c）。

⬇

③ 如果编译发生错误，则返回步骤①修改源程序，然后再次进行步骤②的编译，重复以上操作直到没有错误为止。如果没有错误，生成了可执行文件（扩展名为“.exe”的文件），则运行程序（命令是可执行文件的文件名）。

专栏 如何阅读错误信息

关于编译器的设置已经在P36中测试完成，因此，这里针对无法正确编译和运行的情况，从源程序错误方面来考虑。为了消除编译时发生的错误，可以有效地利用编译器提供的错误信息作为提示。

发生编译错误时，很多编译器都会显示错误信息，显示发生错误的源程序名称、可能有错误的行号、错误或警告，以及错误的内容。如 Figure 10所示为 C++ Compiler 的情况。

▼ Figure 10　错误信息

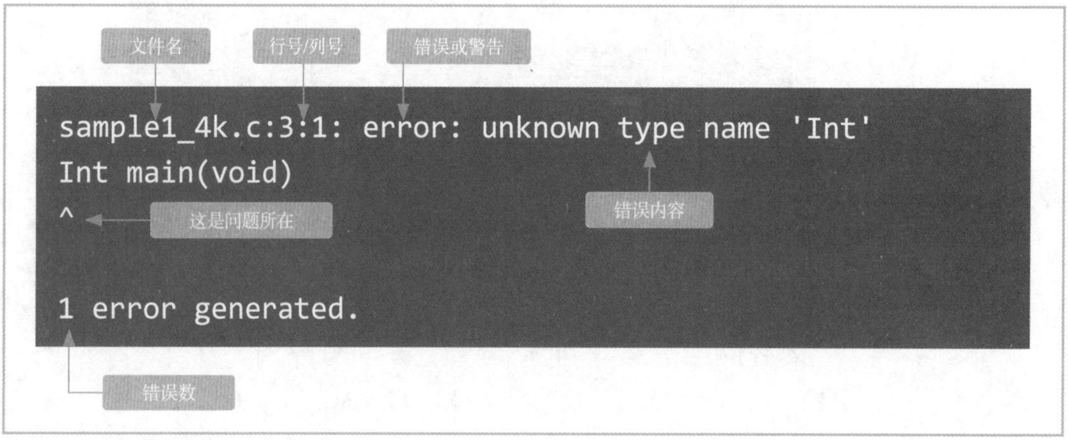
文件名
行号/列号
错误或警告
sample1_4k.c:3:1: error: unknown type name 'Int'
Int main(void)
^
这是问题所在
错误内容
1 error generated.
错误数

错误信息大致分为“错误”和“警告”两类。错误使编译器处于束手无策的状态，无法生成可执行文件；另外，警告虽然存在问题，但是可以生成可执行文件。由于警告内容的不同，有可能会毫无问题地顺利运行，但是也有可能无法得到正确的运行结果。因此，即使是警告，也要把握其原因，加以应对。

在上述错误的示例中，sample1_4k.c 的第 3 行第 1 列的 Int 中的 I 为大写字母，因此是 unknown type name，也就是“编译器不知道的类型名称①”。接下来会遇到各种各样的错误消息，在这里，先了解一下错误信息是怎么回事，是以怎样的格式显示的。关于各个错误的原因，在今后学习的过程中，每次都会介绍。

程序是一系列指令的集合，因此有时可能会因为一个错误导致显示许多错误消息，也不一定是显示行号的地方有错误。在什么样的情况下，又该采取什么样的对策呢？从现在开始积累这些技巧吧。

① 关于类型名称，将在第 2 章中学习。

编程助手 致编译/生成未成功者

对于常见的错误，将举例说明错误信息以及原因和应对方法。

错误 1

```
bcc32c.exe: error: no such file or directory: 'sample1_4k.c'
bcc32c.exe: error: no input files
```

准备编译时，提示未找到文件 sample1_4k.c。下面需要确认几点。

确认 1

命令提示符的当前文件夹与保存源文件的文件夹是否一致，如 Figure 11 所示。

Figure 11　确认保存源文件的文件夹

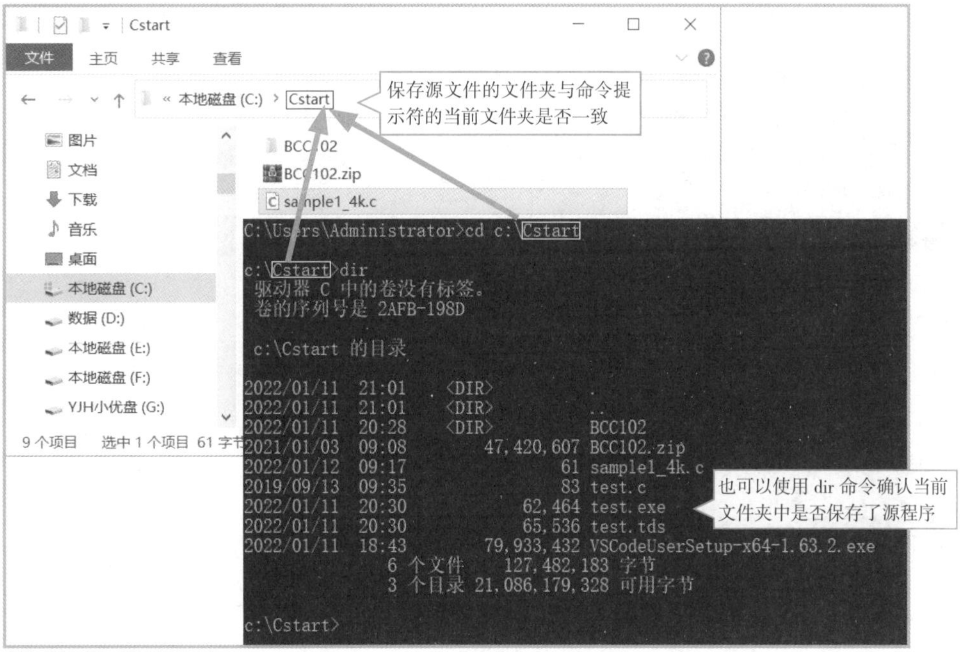
Cstart
文件
主页
共享
查看
本地磁盘 (C:) › Cstart
保存源文件的文件夹与命令提示符的当前文件夹是否一致
图片
文档
下载
音乐
桌面
本地磁盘 (C:)
数据 (D:)
本地磁盘 (E:)
本地磁盘 (F:)
YJH小优盘 (G:)
9 个项目　选中 1 个项目 61 字节
BCC102
BCC102.zip
sample1_4k.c
C:\Users\Administrator>cd c:\Cstart
c:\Cstart>dir
驱动器 C 中的卷没有标签。
卷的序列号是 2AFB-198D
c:\Cstart 的目录
2022/01/11 21:01 <DIR> .
2022/01/11 21:01 <DIR> ..
2022/01/11 20:28 <DIR> BCC102
2021/01/03 09:08 47,420,607 BCC102.zip
2022/01/12 09:17 61 sample1_4k.c
2019/09/13 09:35 83 test.c
2022/01/11 20:30 62,464 test.exe
2022/01/11 20:30 65,536 test.tds
2022/01/11 18:43 79,933,432 VSCodeUserSetup-x64-1.63.2.exe
6 个文件 127,482,183 字节
3 个目录 21,086,179,328 可用字节
c:\Cstart>
也可以使用 dir 命令确认当前文件夹中是否保存了源程序

确认2

文件名和扩展名是否正确。

如果在使用 Visual Studio Code 保存时忘记选择“文件类型”，则扩展名将会变成“.txt”。另外，检查指定的文件名有没有错误。在命令提示符下使用 dir 命令确认，如 Figure 12 所示。

▼ Figure 12　确认文件名

```
c:\Cstart>dir
 驱动器 C 中的卷没有标签。
 卷的序列号是 2AFB-198D

 c:\Cstart 的目录

2022/01/12  13:04    <DIR>          .
2022/01/12  13:04    <DIR>          ..
2022/01/11  20:28    <DIR>          BCC102
2021/01/03  09:08        47,420,607 BCC102.zip
2022/01/12  13:01                61 sample1_4k.txt
2019/09/13  09:35                83 test.c
2022/01/11  20:30            62,464 test.exe
2022/01/11  20:30            65,536 test.tds
2022/01/11  18:43        79,933,432 VSCodeUserSetup-x64-1.63.2.exe
               6 个文件    127,482,183 字节
               3 个目录 21,313,724,416 可用字节

c:\Cstart>
```

文件名的最后是否多出了.txt?
文件名有没有错误

□表示来自键盘的输入

● **确认3**

命令名称有没有弄错。

回到命令提示符界面，确认编译时的命令，确认扩展名是否被正确指定，如 Figure 13 所示。

▼ Figure 13　没有扩展名

```
c:\Cstart>bcc32c sample1_4k
```

没有指定扩展名

□表示来自键盘的输入

对策

指定正确的源文件名，包括扩展名，然后再次编译，如 Figure 14 所示。

▼ Figure 14　加上扩展名

```
c:\Cstart>bcc32c sample1_4k.c
```

□表示来自键盘的输入

错误 2

如果源程序中有错误（大多数是输入错误），则会发生错误，常见的错误如 Figure 15 所示。下面再次确认有没有错误。

▼ Figure 15　源程序错误和错误信息

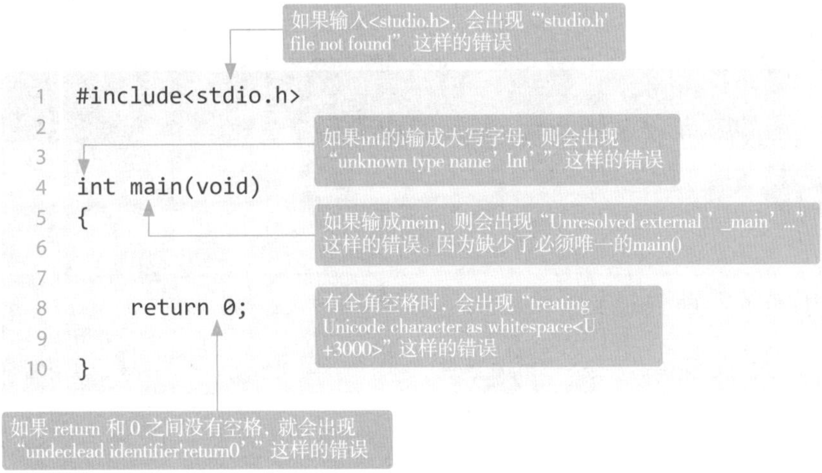
如果输入<studio.h>，会出现“'studio.h' file not found”这样的错误
#include<stdio.h>
如果int的i输成大写字母，则会出现“unknown type name 'Int'”这样的错误
int main(void)
{
如果输成mein，则会出现“Unresolved external '_main' ...”这样的错误。因为缺少了必须唯一的main()
return 0;
有全角空格时，会出现“treating Unicode character as whitespace<U+3000>”这样的错误
}
如果 return 和 0 之间没有空格，就会出现“undeclead identifier'return0'”这样的错误

特别指出，由于看不到全角的空格，所以很难发现这个错误，它是“看不见的敌人”。

错误3

虽然修改了源程序，但仍然无法消除错误时，是不是忘记保存了呢？确认 Visual Studio Code 的标题栏上是否显示“●”。此外，在命令提示符下使用 type 命令，也可以确认源程序的内容，如 Figure 16所示。

▼ Figure 16　在命令提示符下显示源程序

```
c:\Cstart>type sample1_4k.c
#include <stdio.h>

int main(void)
{

        return 0;
}

c:\Cstart>
```

□ 表示来自键盘的输入

由于显示的内容与编译器读取的内容完全相同，因此能注意到可能是忘记覆盖保存，或者保存的文件夹有误。此外，全角字符以两个半角字符的宽度显示，从而使在文本编辑器中难以发现的错误变得更加直观，如 Figure 17所示。

▼ Figure 17　在命令提示符下显示源程序以发现错误

```
C:\Cstart>type sample1_4k.c
＃include <stdio.h>
```

全角以两倍宽度显示

□ 表示来自键盘的输入

应用示例 1–4

在命令提示符界面上显示姓名和年龄。

▼ 运行结果

```
我的名字是紫式部
年龄是28岁
```

学习

1 尝试编程

STEP 4 如何在界面上显示

终于，来编写命令吧。在 C 语言中，必须在末尾添加“;”（分号）以明确表示命令的结束，如图 63 所示。

▼ 图 63　命令结束

```
语句; ◀──────────── 语句结束必须有“;”
```

▶注意：“"”必须是半角英数字字符，全角符号会出错。

▶请用半角输入“\”和 n。关于“\”的作用，详细内容将在第 2 章学习。

▶按标准规定为“\”（反斜杠），但在日本（译者注）很多计算机上都显示为 ¥，第 2 章给出了详细介绍。“\”和“¥”是一样的，在本书中，写作“\”。

▶在 Mac 和 Linux 上显示为“\”。

在 C 语言中，带有“;”的一条命令称为语句。

学习的第一条语句是在界面上显示字符。代码如下所示：

```
printf(" 要显示的字符 \n");
```

如果在“"”和“"”之间书写字符，运行时就会在命令提示符界面上显示这些字符。仅限于 □ 内可以写全角字符或汉字。

这里，“\n”是表示换行的符号，由两个字符“\”和“n”表示一个称为“换行”的符号。

STEP 5 如何写多条语句

写两条以上的语句时，要将用“;”分隔的语句排列好。把多条语句用 {} 括起来，称为语句块或复合语句。

```
printf(" 要显示的字符 1 \n");
printf(" 要显示的字符 2 \n");
```

▶也有不从上面按顺序执行的情况，这将在第 4 章学习。

通常，程序从上到下依次执行。在这种情况下，按图 64 所示的顺序显示。

▼ 图 64　显示顺序

```
要显示的字符1
要显示的字符2
```

STEP 6 加上注释（解释）

编程语言说到底是和计算机对话的语言，所以从人类的角度来看，它是一组“符号”。这条语句是做什么的，加上注释（解释）的话，可以使程序更具可读性。注释部分也称为注释语句。有以下两种类型的注释语句。

用“/*”和“*/”包围

被“/*”和“*/”包围的部分为注释语句，可以在多行中描述注释语句。

写在“//”右边

从“//”的右边到行尾是一条注释语句。

注释语句可以写在任何地方，也可以写任何内容，甚至可以使用假名汉字字符。注释语句不参与编译，因此在程序运行时不会产生任何影响。

▶假名汉字字符只能在“"”和“"”之间以及注释语句中使用，除此之外的所有其他情况均使用半角字符。

程序示例

为了尽可能减少由于程序输入错误而导致的问题，本书在附带的配套资源中准备了程序示例。但是，如果只是编译并执行准备好的程序，那就会什么也学不到。因此，配套资源中准备的是不完整的程序。如果保持原样，则在编译期间可能会出错，或者可能无法获得正确的结果。尝试去改正错误，完善不完整的部分。“发现错误”是一种很好的学习。

首先，将配套资源中 sample 文件夹中的 rei1_4o.c 复制到练习用的文件夹中（本书为 Cstart），并确认该文件的内容，如图 65 所示。

配套资源 》

原始文件……rei1_4o.c
完成文件……sample1_4o.c

▶源程序请根据前言中的相关提示下载。

▶在学校等地方学习编程时，自己从零开始编写源程序，可能会通过反复尝试以获得运行结果。但是，对于在没有老师或朋友帮助的自学环境中的初学者来说，通常很难发现一些错误的输入，因此在编程的学习上受挫的情况也不少。如果能善于利用不完善的程序，来帮助完成学习就太好了。

▼ 图 65　显示源程序

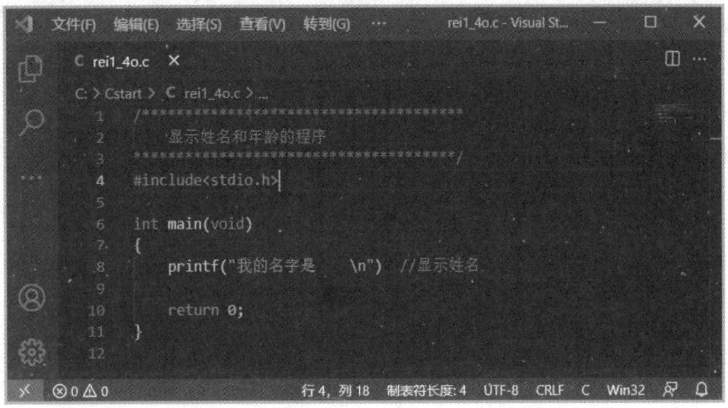
文件(F) 编辑(E) 选择(S) 查看(V) 转到(G) ··· rei1_4o.c - Visual St...
C rei1_4o.c ×
C: > Cstart > C rei1_4o.c > ...
/**
显示姓名和年龄的程序
**/
#include<stdio.h>
int main(void)
{
printf("我的名字是 \n") //显示姓名
return 0;
}
⊗0 ⚠0 行 4，列 18 制表符长度: 4 UTF-8 CRLF C Win32

首先，请尝试按原样进行编译。编译如果没有正常结束，就会出现如图 66 所示的错误。

▼ 图 66　编译结果

```
c:\Cstart>bcc32c reil_4o.c
Embarcadero C++ 7.30 for Win32 Copyright (c) 2012-2017 Embarcadero Technologies, Inc.
reil_4o.c:
reil_4o.c:8:33: error: expected ';' after expression
        printf("<U+6211><U+7684><U+540D><U+5B57><U+662F>     \n") //<U+663E>...


1 error generated.

c:\Cstart>
```

□表示来自键盘的输入

错误信息显示似乎是在第 8 行的语句后面缺少“;”。那么应该修改哪里呢？请参考迄今为止所学的内容并尝试进行修改。然后，在空白处加上名字。

▶这里以紫式部先生为例。

请把第 8 行修改成下面这样。

添加名字

```
printf("我的名字是紫式部\n");
```

添加半角字符“;”

试着再编译一下。如果能正常结束，请试着运行它，界面上显示名字了吗？如图 67 所示。

▼ 图 67　编译正确了

```
c:\Cstart>bcc32c reil_4o.c
Embarcadero C++ 7.30 for Win32 Copyright (c) 2012-2017 Embarcadero Technologies, Inc.
reil_4o.c:
Turbo Incremental Link 6.90 Copyright (c) 1997-2017 Embarcadero Technologies, Inc.

c:\Cstart>reil_4o
我的名字是紫式部

c:\Cstart>
```

□表示来自键盘的输入

如果能显示一行文字，请添加第 2 行文字，然后编译并运行它。此时，如果在 printf 语句前使用 Tab 键输入空白，则程序的流程将变得很清晰，如图 68 和图 69 所示。

▶像这样，建议不要一次同时对源程序进行多处修改，而是一个一个地修改，然后编译、运行、确认，按这样的步骤反复进行练习。

▼ 图 68　完成的源程序

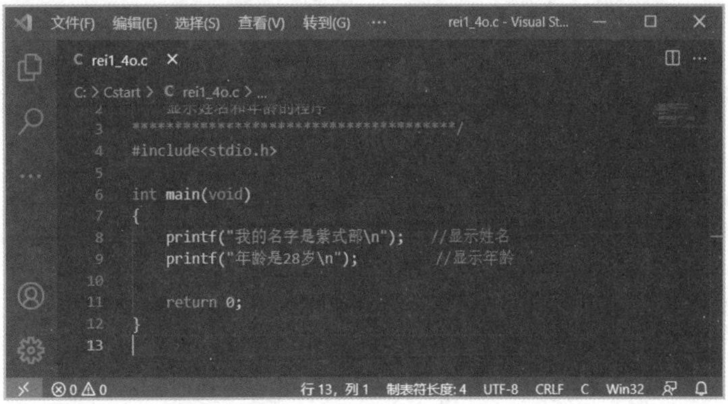
文件(F) 编辑(E) 选择(S) 查看(V) 转到(G) ···
rei1_4o.c - Visual St...
rei1_4o.c
C: > Cstart > C rei1_4o.c > ...
***************************************/
#include<stdio.h>
int main(void)
{
printf("我的名字是紫式部\n"); //显示姓名
printf("年龄是28岁\n"); //显示年龄
return 0;
}
⊗0 ⚠0
行 13，列 1 制表符长度: 4 UTF-8 CRLF C Win32

▼ 图 69　运行结果

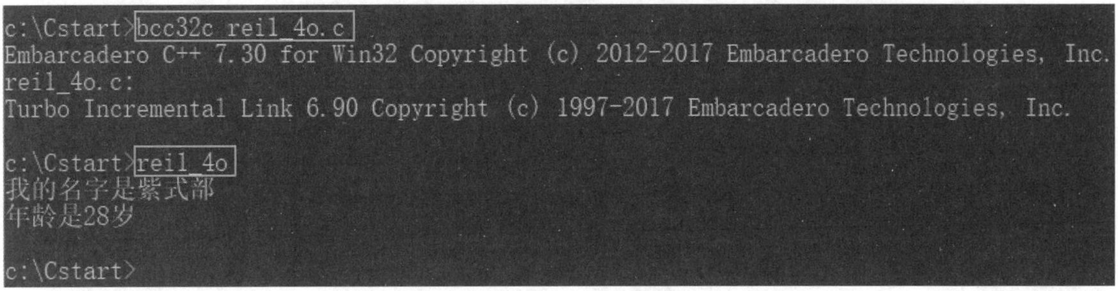
c:\Cstart>bcc32c rei1_4o.c
Embarcadero C++ 7.30 for Win32 Copyright (c) 2012-2017 Embarcadero Technologies, Inc.
rei1_4o.c:
Turbo Incremental Link 6.90 Copyright (c) 1997-2017 Embarcadero Technologies, Inc.
c:\Cstart>rei1_4o
我的名字是紫式部
年龄是28岁
c:\Cstart>

□表示来自键盘的输入

专栏 为了使程序易于阅读(1)……程序格式

在 C 语言的规则中，程序的书写位置是没有规则的。只要顺序没有错，怎么写都可以。即使编写成如下的样子，应用示例 sample1_4o.c 的程序也能得到正确的结果。

```
#include <stdio.h>
int main(void){    printf("我的名字是紫式部\n");printf("年龄是28岁\n");return 0;}
```

请将上面的程序与应用示例 sample1_4o.c 的程序进行比较，哪个更容易读呢？

编写程序时虽然知道，但是随着时间的流逝，会忘记当时如何思考才这么写程序；或者其他人看了程序，无法理解，这都是常有的事。尽管 C 语言没有规则，但是建议按照如 Figure 18 所示的格式编写程序。

▼ Figure 18　为了使程序易于阅读

```
/*********************************
显示名字和年龄的程序
*********************************/
#include <stdio.h>

int main(void)
{
	printf("我的名字是紫式部\n");		//显示姓名
	printf("年龄是28岁\n");		//显示年龄

	return 0;

}
```

首先写注释说明程序的功能（名称），有时也写制作日期和作者

空一行

说明各语句的内容，添加简单的注释

每行只写一条语句

在语句块中使用 Tab 键进行文字缩进

{和}对齐

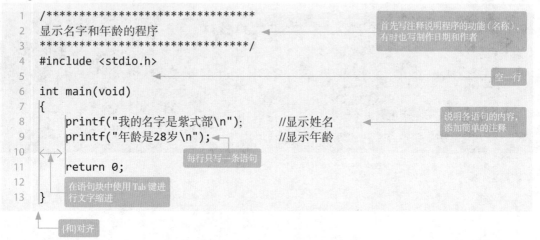

所谓缩进，是指不从最左边缘开始写语句，而是空一个 Tab 键的空白。通过缩进使程序块的范围变得清晰。即使没有缩进，程序也能毫无问题地编译和运行。但是，通过缩进，语句块的可视性会显著增加。随着学习的深入，程序的结构变得更为复杂时，它将发挥巨大的作用，所以从现在开始养成良好的习惯。使用 Tab 键而不是空格键的理由有以下两个。

① 通过 Tab 键使语句的开头容易对齐。

② 即使是在全角模式下，Tab 键也会变成半角，这降低了意外输入全角空白的风险。不管怎么说，因为空白不可见，所以很麻烦。

为了使程序更易于阅读，请务必进行缩进。

总　结

文件和文件夹

	说　明	例　子
绝对路径	以根目录为基准进行描述	c:\Cstart\sample1_4k.c
相对路径	以非根目录为基准进行描述	当前文件夹是c:\Cstart\sample1_4k.c

C语言的格式和易懂的方法

```
/*************************
程序名称（可用汉字）
*************************/
#include <stdio.h>

int main(void)
{
Tab     程序语句
        //加上适当的注释
}
```

通过Tab键缩进

应该记住的命令提示符指令

dir	显示保存在当前文件夹中的文件和文件夹的列表
cd	更改当前文件夹(可以使用绝对路径或相对路径) 例如： 移到内部文件夹：cd 文件夹名称 移到上一层文件夹：cd ..
type	显示文本文件内容
bcc32c	编译C语言的源文件

执行的步骤

执行的步骤如图 62 所示。

sample1_x.c

Let's challenge 把字符组合起来画画吧

试着在屏幕上显示字符组合的图画吧。

▼ 运行结果

```
c:\Cstart>sample1_x
    *
   ***
  *****
 *******
*********

c:\Cstart>
```

注：Let's challenge 的答案收录在 sample 文件夹中。

第2章

数据计算

不管怎么说，计算机最擅长的就是计算。如果预先对计算公式进行编程，大量的数据就会不断地被计算出来。下面体验一下与计算器不同的世界。

01 数据类型

如今，计算机已经成为生活中各个方面不可缺少的一部分，处理的数据涉及很多方面。计算机是如何存储和处理各种各样的数据的呢？让我们试着研究一下计算机的内部吧！

STEP 1 计算机内部数据的表示方法

请想象一下健康检查。姓名和血型是字符数据，而年龄和身高是数值数据。如果进一步细分数值数据，则年龄是整数，身高和体重是带小数点的实数。在进入 C 语言学习之前，先学习一下在计算机内部是如何表示这些数据的。

在计算机内部，所有信息都用 0 和 1 的组合表示。计算机处理的所有内容，无论是整数数据、实数数据、字符数据，甚至是对计算机的指令，都仅由 0 和 1 构成，表示方式根据数据的种类而不同。

1. 整数用二进制数表示

0 和 1 只有两种状态，但是如果将这两个数字进行排列，则可以表示为

00 01 10 11

4 种状态（2^2 种状态），也就是可以表示整数的 0 ～ 3。如果用 3 个数字进行排列，则为

000 001 010 011 100 101 110 111

可以表示 0 ～ 7 的 8 种状态（2^3 种状态）。同样，用 4 个数排列的话，可以表示 0 ～ 15 的 16 种状态（2^4 种状态）…… 如果增加排列的 0 或 1 的数量，就可以用来处理较大的整数。这里，一个 0 或 1 称为一位（bit），两个称为两位，4 个称为 4 位。位数所能表示的最大整数值如表 1 所示。

▼ 表 1　位数及其所能表示的最大值

位　数	可表示范围的最大值		
	十进制数	二进制数	2的幂
1	1	1	2^1-1
2	3	11	2^2-1
3	7	111	2^3-1
4	15	1111	2^4-1
8	255	1111 1111	2^8-1
16	65535	1111 1111　1111 1111	$2^{16}-1$

每一位表示 2 的幂，幂次对应于位号。通过对每一位使用 2 的幂，可以将二进制数转换为十进制数。

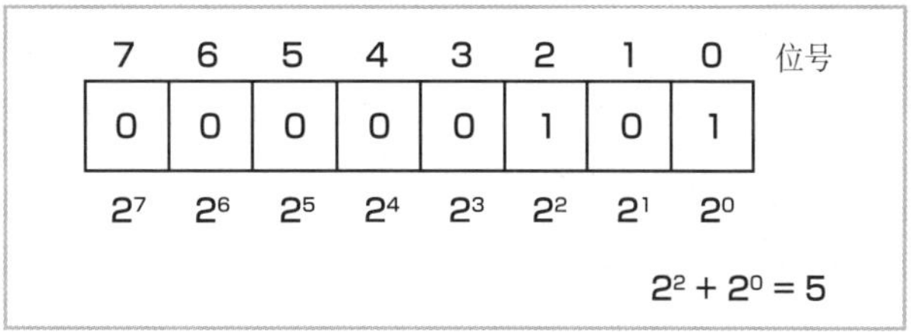
7 6 5 4 3 2 1 0 位号
0 0 0 0 0 1 0 1
2^7 2^6 2^5 2^4 2^3 2^2 2^1 2^0
$2^2+2^0=5$

▶在十六进制数中，一位数字表示16个不同的数值，但是如果数字大于9，则数字就不够用了，所以使用A～F或a～f。二进制数需要8位表示的数值，十六进制数只要两位，可以说对于人类，十六进制数更容易处理。

▶8位一组称为1个字节(byte)。1byte = 8bit，字节和位是计算机的基本单位。

255 在十进制中位数是 3，而在二进制中位数是 8，位数变多了。对于计算机来说，这是独一无二的表示方法，但是对于人类而言却有点痛苦。因此，面向人类，也经常以 4 位为一组的十六进制书写表示。在 C 语言中，为了与十进制数相区分，在十六进制数的数值前加上“0x”，如表 2 所示。

▼ 表 2　整数的表示

十进制数	二进制数（内部表示）	十六进制数	十进制数	二进制数（内部表示）	十六进制数
0	0000 0000	0x00	8	0000 1000	0x08
1	0000 0001	0x01	9	0000 1001	0x09
2	0000 0010	0x02	10	0000 1010	0x0a
3	0000 0011	0x03	11	0000 1011	0x0b
4	0000 0100	0x04	12	0000 1100	0x0c
5	0000 0101	0x05	13	0000 1101	0x0d
6	0000 0110	0x06	14	0000 1110	0x0e
7	0000 0111	0x07	15	0000 1111	0x0f

续表

十进制数	二进制数（内部表示）	十六进制数	十进制数	二进制数（内部表示）	十六进制数
16	0001 0000	0x10	24	0001 1000	0x18
17	0001 0001	0x11	25	0001 1001	0x19
18	0001 0010	0x12	26	0001 1010	0x1a
19	0001 0011	0x13	27	0001 1011	0x1b
20	0001 0100	0x14	28	0001 1100	0x1c
21	0001 0101	0x15	29	0001 1101	0x1d
22	0001 0110	0x16	30	0001 1110	0x1e
23	0001 0111	0x17	31	0001 1111	0x1f

2. 负整数以补码表示

那么，负数怎么办呢？在表示数值的一连串的位中，最左边的位（最高位）具有特殊的含义。也就是说，如果最高位为 0，则表示正数；如果最高位为 1，则表示负数，这称为符号位，如图 1 所示为 8 位的情况。

图 1　位数据中的符号位

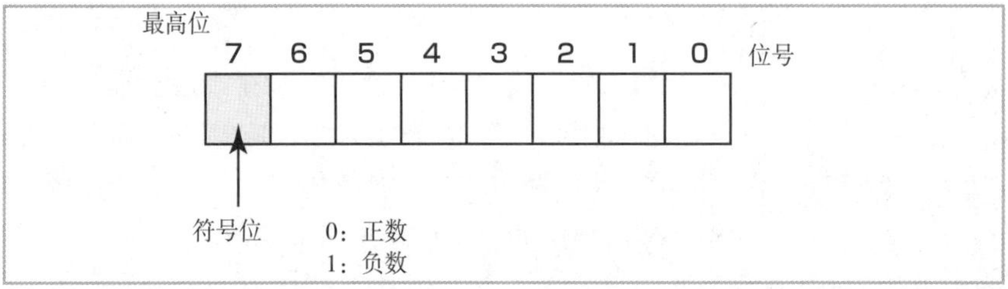
最高位
7 6 5 4 3 2 1 0
位号
符号位
0：正数
1：负数

如图 2 所示，以 8 位的二进制数进行 0–1 的计算。十进制数从 0 减去 1 时会发生高位递减，所以计算 10–1。二进制数也是如此。但是，二进制数的 10–1 等同于十进制数的 2–1。也就是说，二进制数的 10–1 = 1。

图 2　8 位二进制减法

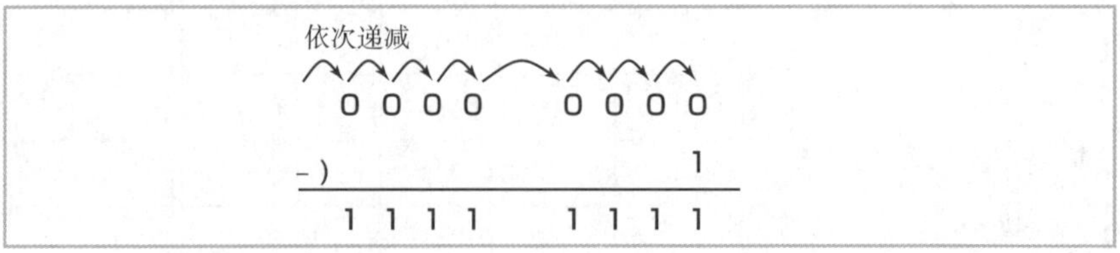
依次递减
0 0 0 0　0 0 0 0
–)　1
1 1 1 1　1 1 1 1

如图 2 所示，从左边（高位）开始依次发生递减，答案都是 1。这就是用二进制表示的 –1。 –2、–3 也可以用同样的方式表示，请参考表 3。

▼ 表 3　负整数的表示

十进制数	二进制数（内部表示）	十六进制数
–1	1111 1111	0xff
–2	1111 1110	0xfe
–3	1111 1101	0xfd
–4	1111 1100	0xfc

3. 通过移动小数点来表示实数

实数也可以用二进制表示。例如，十进制的 0.5，分数是 $\frac{1}{2}$，所以如果用幂表示，则是 2^{-1}，在二进制中表示为 0.1。同样，十进制的 5.75 是

$$5.75 = 4 + 1 + \frac{1}{2} + \frac{1}{4} = 2^2 + 2^0 + 2^{-1} + 2^{-2}$$

二进制数为 101.11。此外，它也可以表示为 1.0111×2^2。

在此，虽然省略了细节，但可以分为上述求出的 1 和 0 的排列顺序、2 的幂的值以及符号这 3 个信息来表现。由于实数是通过移动小数点表示的，所以称为浮点数。浮点数的构成如图 3 所示。

▶浮点数有多种表示形式，这里介绍的是 IEEE754 格式。

▼ 图 3　浮点数的构成

0
2
10111
符号部分
指数部分
尾数部分

▶这里为了理解概念而采用了这种表示法，但实际上有“在指数部分加127”“不写尾数部分的前导1”等规则。

综上所述，一个数值用多少位表示是非常重要的。如果不知道整体上有多少位，就不知道符号位在哪里。最重要的是，如果不知道从哪里到哪里是一个数据，就无法理解数值。

4. 字符用字符编码表示

字符也用 0 和 1 的组合来表示。根据规则，我们可以按表 4 中的 ASCII 字符编码来表示字符。

表 4　字符表示

字 符	二进制数	十进制数
NUL	0000 0000	0
SOH	0000 0001	1
STX	0000 0010	2
ETX	0000 0011	3
EOT	0000 0100	4
ENQ	0000 0101	5
ACK	0000 0110	6
BEL	0000 0111	7
BS	0000 1000	8
HT	0000 1001	9
LF	0000 1010	10
VT	0000 1011	11
NP	0000 1100	12
CR	0000 1101	13
SO	0000 1110	14
SI	0000 1111	15
DLE	0001 0000	16
DC1	0001 0001	17
DC2	0001 0010	18
DC3	0001 0011	19
DC4	0001 0100	20
NAK	0001 0101	21
SYN	0001 0110	22
ETB	0001 0111	23
CAN	0001 1000	24
EM	0001 1001	25
SUB	0001 1010	26
ESC	0001 1011	27
FS	0001 1100	28
GS	0001 1101	29
RS	0001 1110	30
US	0001 1111	31
SP	0010 0000	32
!	0010 0001	33
"	0010 0010	34
#	0010 0011	35
$	0010 0100	36
%	0010 0101	37
&	0010 0110	38
'	0010 0111	39
(	0010 1000	40
)	0010 1001	41
*	0010 1010	42
+	0010 1011	43
,	0010 1100	44
-	0010 1101	45
.	0010 1110	46
/	0010 1111	47
0	0011 0000	48
1	0011 0001	49
2	0011 0010	50
3	0011 0011	51
4	0011 0100	52
5	0011 0101	53
6	0011 0110	54
7	0011 0111	55
8	0011 1000	56
9	0011 1001	57
:	0011 1010	58
;	0011 1011	59
<	0011 1100	60
=	0011 1101	61
>	0011 1110	62
?	0011 1111	63
@	0100 0000	64
A	0100 0001	65
B	0100 0010	66
C	0100 0011	67
D	0100 0100	68
E	0100 0101	69
F	0100 0110	70
G	0100 0111	71
H	0100 1000	72
I	0100 1001	73
J	0100 1010	74
K	0100 1011	75
L	0100 1100	76
M	0100 1101	77
N	0100 1110	78
O	0100 1111	79
P	0101 0000	80
Q	0101 0001	81
R	0101 0010	82
S	0101 0011	83
T	0101 0100	84
U	0101 0101	85
V	0101 0110	86
W	0101 0111	87
X	0101 1000	88
Y	0101 1001	89
Z	0101 1010	90
[	0101 1011	91
\	0101 1100	92
]	0101 1101	93
^	0101 1110	94
_	0101 1111	95
`	0110 0000	96
a	0110 0001	97
b	0110 0010	98
c	0110 0011	99
d	0110 0100	100
e	0110 0101	101
f	0110 0110	102
g	0110 0111	103
h	0110 1000	104
i	0110 1001	105
j	0110 1010	106
k	0110 1011	107
l	0110 1100	108
m	0110 1101	109
n	0110 1110	110
o	0110 1111	111
p	0111 0000	112
q	0111 0001	113
r	0111 0010	114
s	0111 0011	115
t	0111 0100	116
u	0111 0101	117
v	0111 0110	118
w	0111 0111	119
x	0111 1000	120
y	0111 1001	121
z	0111 1010	122
{	0111 1011	123
|	0111 1100	124
}	0111 1101	125
~	0111 1110	126
DEL	0111 1111	127

5. 每种数据类型的表示不同

例如，假设存储器中存放了 0100 0001。如果认为这是字符，从字符编码表可以知道表示的是 A。但是，如果认为是整数值，那就是十进制的 65。也就是说，即使是相同的内部表示形式，数据的含义也会有所不同，具体取决于将其视为数值还是字符。因此，必须事先弄清楚这是字符还是整数值，以及使用多少位表示一个数值或字符。这样的数据的种类称为数据类型。

专栏 计算机内部的样子

在计算机内部，不仅所有信息、字符和数字，甚至对计算机的指令，总之全部都用 0 或 1 的数字序列表示。将 8 个 0 或 1 的组合确定为一个字节单位。

1 字节＝8 位

在计算机的内存中，每个字节都有一个编号(地址)，如 Figure 1 所示。

▼ Figure 1　内存中每 8 位分配一个地址编号示意

地址单元 1000		地址单元 1001		地址单元 1002		地址单元 1003		…					
0000	0000	0000	0000	0000	0000	0000	0000	0000	0000	0000	0000	0000	0000
0000	0000	0000	0000	0000	0000	0000	0000	0000	0000	0000	0000	0000	0000
0000	0000	0000	0000	0000	0000	0000	0000	0000	0000	0000	0000	0000	0000
0000	0000	0000	0000	0000	0000	0000	0000	0000	0000	0000	0000	0000	0000

至于数据，并不总是将一个数据存储在一个字节中。例如，如果想要用一个字节表示正整数，则只能表示 0 ~ 255 范围内的值。若想要表示更大的数值或负数时，可以将多个字节组合起来。例如，当处理 2 个字节组合的数据时，在 Windows 系统中，小地址编号代表低位数，大地址编号代表高位数，如 Figure 2 所示。最高有效位称为 MSB(Most Significant Bit)，最低有效位称为 LSB(Least Significant Bit)[①]。

▼ Figure 2　2 个字节(16位)一起处理的例子

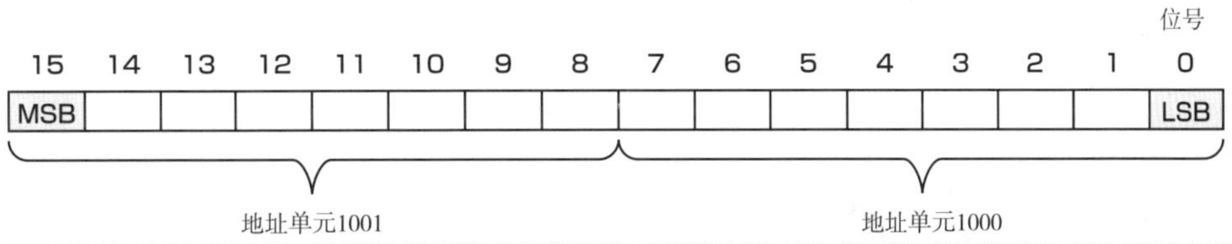
位号
15 14 13 12 11 10 9 8 7 6 5 4 3 2 1 0
MSB
LSB
地址单元1001
地址单元1000

① 根据计算机不同，也有小地址编号表示高位数，而大地址编号表示低位数的。

STEP 2 C 语言中的处理类型

C 语言处理的数据大致可分为三种。如表 5 所示为具有代表性的类型。

▼ 表 5 C 语言处理的有代表性的类型

分 类	类型名称	说 明
整数类型	int	存放整数
浮点类型	double	存放带小数点的实数
字符类型	char	存放字符

1. 整数类型有两种

处理整数的类型。在 C 语言中，一个整数按计算机的自然大小处理。如果计算机处理器是 32 位的，32 位（4 个字节）表示一个整数；如果计算机处理器是 64 位的，则 64 位（8 个字节）表示一个整数。

这里，我们来考虑一下可以表示的整数范围。为了简单起见，我们以 16 位的情况为例。正如表 1 中所学的，16 位可以表示的最大值为

$$2^{16}-1 = 65535$$

因此，表示范围是 0 ~ 65535。但是，这只是处理正数的情况。当处理负数时，最高位被赋予符号位的特殊含义，作为数值使用的只有 15 位。因此，在处理负数时，16 位可以表示的范围为

$$-2^{15} \sim 2^{15}-1 \qquad (-32768 \sim 32767)$$

C 语言为整数类型提供了以下两种类型，如表 6 所示。

▼ 表 6 C 语言中的整数类型

类 型	说 明
int	最高有效位作为符号位，也可以处理负数
unsigned int	最高有效位也视作数值的一部分，只处理0以上的整数

在 C 语言的程序中，可能会想要描述一个整数。十进制数值可以按原样描述，如果描述十六进制数值，就要在数值前加上 0x 。此外，如果想描述由三个二进制位组合的八进制数时，就要在数值前加上 0，如表 7 所示。

▶程序中直接标记的数值和字符等，称为常量值。

▶关于十六进制数，请参考 STEP 1 中的表2。

▼ 表 7 整数类型的常量值举例

常量值	基 数	十进制值
100	十进制数	100
0144	八进制数	100
0x64	十六进制数	100

2. 浮点类型有两种表示方式

浮点类型是处理实数的类型。C 语言根据整体的位数，提供了以下两种类型，如表 8 所示。

▶最初，float 类型是标准型，与之相对，提供了具有两倍精度的 double 类型，但如今随着可以大量使用内存，double 类型成了标准。

▼ 表 8　C 语言中的浮点型

类　型	说　明
float	单精度浮点数
double	双精度浮点数

浮点类型数值在程序中以十进制数表示，也可以如表 9 所示用 10 的幂的形式来描述。

▼ 表 9　浮点类型常量值举例

常量值	数　值
10.23	10.23
1.23e-3	0.00123

3. 有些字符无法表示

▶日语汉字和平假名的每个文字为16位，因此日语不能被视为一个字符处理。在第3章将学习处理日语文字的方法。

字符类型是一种按字面意义处理字符的类型，它按表 4 中介绍的 ASCII 码进行处理。字符类型是 C 语言中唯一由标准定义大小的类型，大小为 8 位（1 个字节）。

字符常量包含在“'”和“'”中。

▼ 例如

```
'A'    'a'
```

但是，表 4 中的 ASCII 码还包含了一些不能表示为字符的代码。另外，字符“'”赋予了字符常量分隔符的特殊含义，因此无法描述字符“'”。这样，不能用简单字符表示的字符通过与“\”组合来表示，称为扩展符号（转义序列），主要的扩展符号如表 10 所示。

▶第 1 章中使用的“\n”就是使用了这种扩展符号。

▶扩展符号是“\”和其他字符的组合，因此看起来像两个字符，但是此组合表示一个字符（或符号），分配了一个ASCII码。

▶字符类型被定义为整数类型的一部分，并且 8 位二进制位表示范围内的整数可以作为char类型进行处理。

▼ 表 10 主要的扩展符号

符 号	含 义
\'	字符 '
\"	字符 "
\?	字符 ?
\\	字符 \
\a	响铃
\b	退格（Back Space）
\f	换页
\n	换行（定位到下一行的开头位置）
\r	回车（定位到当前行的开头位置）
\t	水平制表符（定位到下一个水平制表符的位置）
\v	垂直制表符（定位到下一个垂直制表符的位置）
\ooo	八进制数
\xhh	十六进制数

扩 展 C语言中处理的数据类型

在 C 语言中，把包含字符类型的整数类型和浮点类型统称为基本类型。根据是否有符号及大小，有以下几种，如表 A 所示。

▼ 表A C语言中数据类型一览表

分 类	类型名	说 明
字符类型	char	字符
带符号整数类型	signed char	与 char 类型相同大小（位数）的带符号整数
	short int	小于 int 类型大小（位数）的带符号整数
	int	带符号整数
	long int	大于 int 类型大小（位数）的带符号整数
	long long int	大于 long int 类型大小（位数）的带符号整数
无符号整数类型	unsigned char	与 char 类型大小相同（位数）的 0 或正整数
	unsigned short int	与 short int 类型大小相同（位数）的 0 或正整数
	unsigned int	与 int 类型大小相同（位数）的 0 或正整数
	unsigned long int	与 long int 类型大小相同（位数）的 0 或正整数
	unsigned long long int	与 long long int 类型大小相同（位数）的 0 或正整数
浮点类型	float	单精度浮点数
	double	双精度浮点数
	long double	扩展精度的浮点数

STEP 3 变量是存储数据的“箱子”

▶参考P61中的专栏。

计算机将数据全部存储在内存中。我们已经学习过，对内存中的每个字节都分配了一个地址，但是，我们不知道内存的哪个地址单元是空闲的，使用哪个地址单元对计算机来说比较合适，而且哪个时候内存的空白空间正在变化。也就是说，在程序中，几乎不可能编写一条指令将该数据存储在指定的地址单元。

▶在规模较小的嵌入式专用系统中，可以预先分配内存地址，但是在具有Windows之类的OS(操作系统)的系统中，由OS进行内存管理，人们通常不知道具体的地址。

因此，需要把数据存储在内存中时，提供一个让人易于理解的名称，而不是指定一个具体的地址。这个名称叫作变量名。将计算机最合适的地址进行分配的工作，交由计算机来处理。将变量名称转换成地址的操作，是在程序执行的瞬间完成的。

现在，假设想根据 3 名学生的分数进行某些处理。首先必须把分数存储在计算机内存中。因为分数是整数，所以准备 int 类型的箱子(变量)，分别命名为 hyouten1、hyouten2、hyouten3。另外，如果想求 3 人的实数平均分、每个人的字符成绩评价，则也要准备好 double 类型的 heikin 变量和 char 类型的 hyouka1、hyouka2、hyouka3 变量，如图 4 所示。

▼ 图 4 变量的准备

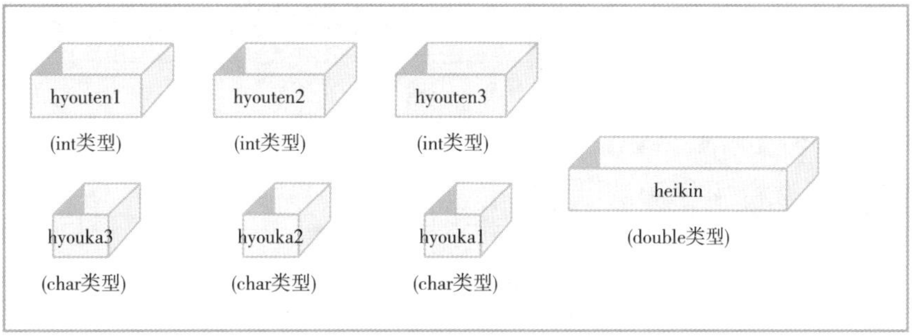
hyouten1
(int类型)
hyouten2
(int类型)
hyouten3
(int类型)
heikin
(double类型)
hyouka3
(char类型)
hyouka2
(char类型)
hyouka1
(char类型)

人们通过箱子的名称进行识别，但是计算机会在运行之前确定地址，给人一种将准备好的箱子放在对计算机而言合适的地址上的印象，如图 5 所示。

▼ 图 5 将变量放入内存

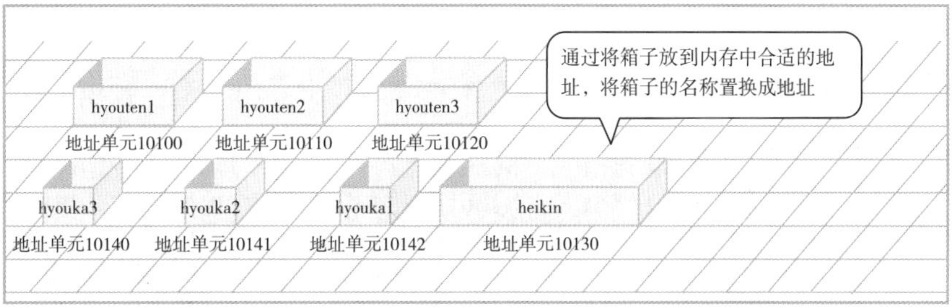
通过将箱子放到内存中合适的地址，将箱子的名称置换成地址
hyouten1
地址单元10100
hyouten2
地址单元10110
hyouten3
地址单元10120
hyouka3
地址单元10140
hyouka2
地址单元10141
hyouka1
地址单元10142
heikin
地址单元10130

▶将变量名视为分配了内存中地址的名称，与此相对，将常量名视为分配了值的名称。

这样的箱子称为变量。变量是“箱子”，可以在程序中更改其内容。与此相对，给常量值本身进行的命名称为常量名。

2

02

使用变量

即使将数据存储在内存中，我们也无法直接查看和确认。下面学习如何在界面上显示和确认的方法。

基本示例 2–2

把 3 个人的得分(分数)、3 个人的平均分、3 个人的评价存储在变量中，然后将它们显示在界面上，以确认是否正确存放。

运行结果

```
          得分    评价
学生1 ：94分      S
学生2 ：4分       D
学生3 ：83分      A
平均点：60.300000分
学生数：3名
```


学 习

STEP 1

变量声明后的使用

因为变量名是根据具体情况而使用的，所以必须提前告知“这是变量”。这称为变量声明，用于声明的语句称为声明语句。在声明语句中，将明确变量名以及要存储在该变量中的数据类型。

▶与声明语句相对应，如第 1 章中学习的printf等进行实际处理或输出的语句，称为可执行语句。

语法：

```
类型名  变量名;
```

▶变量类型是本节扩展中表 A（P64）所示的类型名称之一。

▶在早期标准中，所有声明语句必须在执行语句前描述。因此，声明语句统一写在程序的开始处。但是，在1999年修订版中，变更为只要在使用变量之前，可以写在程序中的任何位置。现在，许多编译器都支持此标准变更，但是在程序开始处声明变量的习惯仍然存在。

在基本示例 2–2 中，需要 3 个人的得分、平均分和 3 个人的评价共 7 个变量。

```
int    hyouten1;     //学生1的得分
int    hyouten2;     //学生2的得分
int    hyouten3;     //学生3的得分
double heikin;       //得分的平均分
char   hyouka1;      //学生1的评价
char   hyouka2;      //学生2的评价
char   hyouka3;      //学生3的评价
```

扩 展 变量名的命名规则

变量命名须遵循以下语法规则：

① 变量名只能使用大写字母、小写字母、数字和下划线(_),不能包含空白字符和连字符。

② 开头必须为字母或下划线(_),数字不能开头。

③ 不能与C语言中预定的关键字完全一致。

④ 区分大小写字母(如 name 和 Name 不同)。

⑤ 长度没有限制,但是不能识别超过 31 个字符。

关键字是指C语言中预先确定含义的单词,关键字一览表如表 B 所示。

表B 关键字一览表

auto	double	long	typedef
break	else	register	union
case	enum	return	unsigned
char	extern	short	void
const	float	signed	volatile
continue	for	sizeof	while
default	goto	static	_Bool
defined	if	struct	_Complex
do	int	switch	_Imafinary

STEP 2 将数据赋值给变量

变量是存放数据的“箱子”, 因此如果只是声明的话, 则其内容是空的。将数据提供给变量称为赋值, 一个值赋给一个变量。

```
变量名 = 值;
```

▶在C语言中, “赋值”处理与下一节将要学习的四则运算一样, 被定位为“运算”, “=”称为赋值运算符。

赋值使用“=”。在数学中, “=”表示右侧与左侧相等的意思, 但在 C 语言中, 请注意, 它表示“处理(指令)”, 即将右侧的值“放入”左侧的箱子中, 如图 6 所示。

得分、3 个人的平均分以及为评价准备的变量赋值语句如下。

▶将字符赋给存放评价的变量。字符常量值包含在“'”和“'”中。参见P63。

```
//赋值
hyouten1 = 94;      //学生1的得分赋值
hyouten2 = 4;       //学生2的得分赋值
hyouten3 = 83;      //学生3的得分赋值
heikin   = 60.3;    //得分的平均分赋值
hyouka1  = 'S';     //学生1的评价赋值
hyouka2  = 'D';     //学生2的评价赋值
hyouka3  = 'A';     //学生3的评价赋值
```

▼ 图 6　为变量赋值

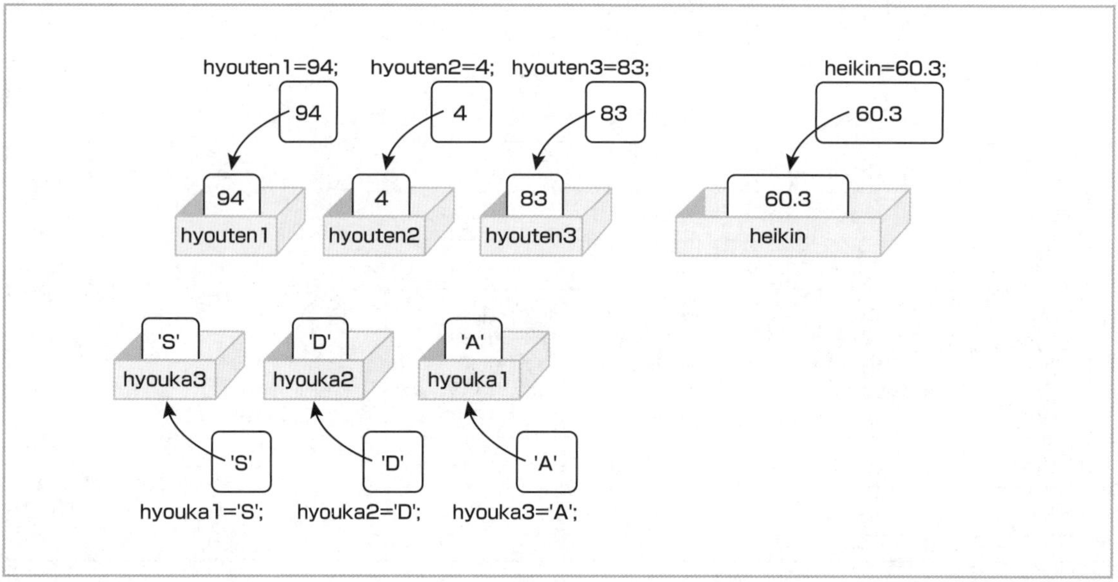

hyouten1=94;
hyouten2=4;
hyouten3=83;
heikin=60.3;
94
4
83
60.3
hyouten1
hyouten2
hyouten3
heikin
'S'
'D'
'A'
hyouka3
hyouka2
hyouka1
hyouka1='S';
hyouka2='D';
hyouka3='A';

STEP 3 用格式说明显示变量的内容

▶在第 1 章中只学习了 printf 语句的“格式”。

在第 1 章中，可以使用 printf 语句在界面上显示字符。显示变量的内容，也使用相同的 printf 语句。代码如下所示。

```
printf("格式",表列);
```

“格式”包括要显示的字符串和换行符等。如果要在格式中包含变量内容，并不是直接在格式中书写变量名，而是要指定格式，说明变量内容以什么格式显示，这称为转换说明符。通过转换说明符可以详细地指定格式，表 11 汇总了最基础的格式的内容。

▶有关转换说明符的详细内容，请参考P78扩展部分表 C。

▶在这里，将重点介绍P62表5中列出的代表性类型。

表 11 printf 语句的输出格式

输出格式	转换说明符	适用的类型
字符	%c	char , int
十进制数	%d	char , int
浮点数	%f	double

下面来看一个具体的例子。在基本示例 2-2 中，想要显示以下内容：

运行结果

```
学生1 :94分      S
```

94 是变量 hyouten1 的值。学生 1 的得分刚好是 94 分，不过，其他学生的得分可能有所不同。S 是学生 1 的评价。无论得分多少，无论评价是什么，都需要正确显示变量的值。要格式化需要显示的值，请按如图 7 所示的方法进行考虑。

图 7 格式描述方法

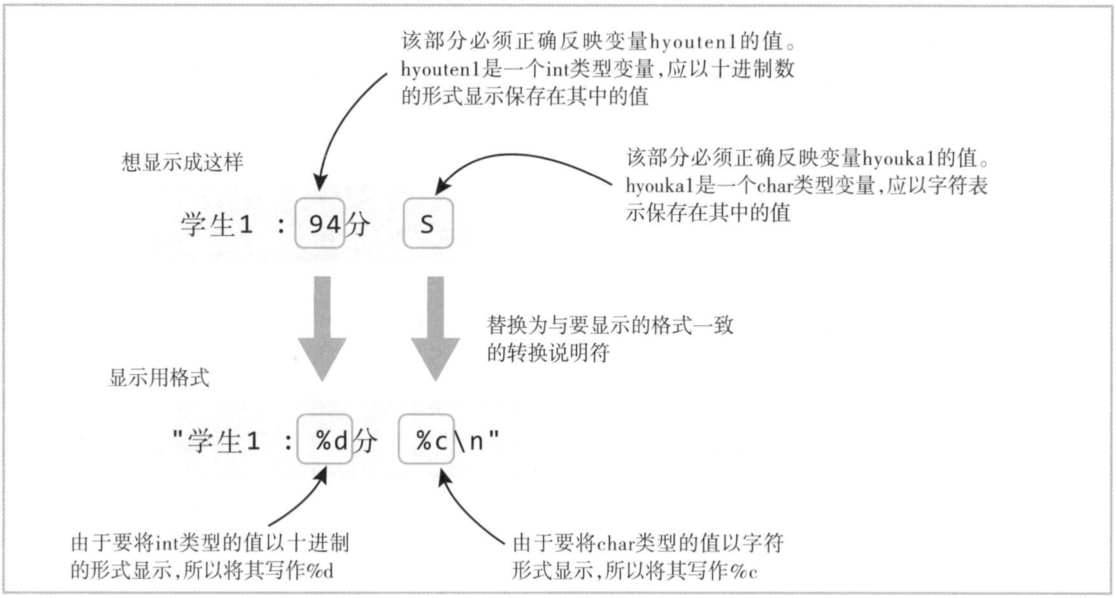

该部分必须正确反映变量hyouten1的值。hyouten1是一个int类型变量，应以十进制数的形式显示保存在其中的值
想显示成这样
学生1 : 94分 S
该部分必须正确反映变量hyouka1的值。hyouka1是一个char类型变量，应以字符表示保存在其中的值
替换为与要显示的格式一致的转换说明符
显示用格式
"学生1 : %d分 %c\n"
由于要将int类型的值以十进制的形式显示，所以将其写作%d
由于要将char类型的值以字符形式显示，所以将其写作%c

转换说明符说到底仅指定了格式。那么，要以% d 的格式显示的值是什么？在格式之后描述的“表列”清楚地表明了这一点，如图 8 所示。

图 8　以指定格式显示变量内容

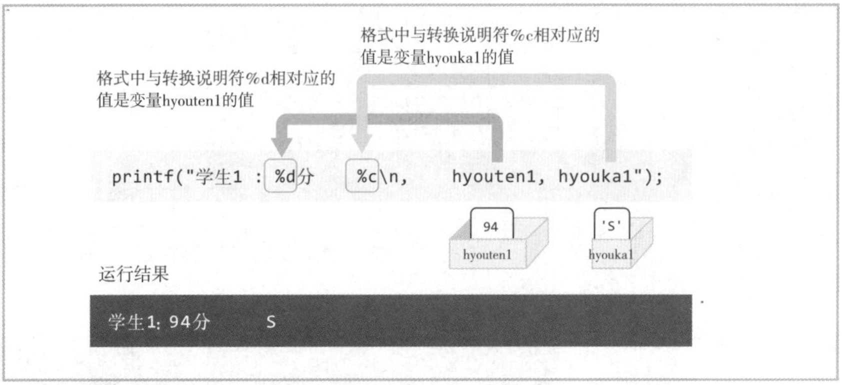
格式中与转换说明符%c相对应的
值是变量hyouka1的值
格式中与转换说明符%d相对应的
值是变量hyouten1的值
printf("学生1 : %d分 %c\n, hyouten1, hyouka1");
94
hyouten1
'S'
hyouka1
运行结果
学生1: 94分 S

“表列”中不仅可以是变量名，也可以是常量值。

▶如果与转换说明符相对应的不是变量，而是常量值，则可能会认为，没有必要特意使用转换说明符，直接在格式中描述值不就可以了吗？使用转换说明符的优点是可以指定详细格式。详细内容请参考P74扩展部分的内容。

示例

```
//在命令提示符界面上显示学生人数
printf("学生数:%d名\n", 3);
```

运行结果

```
学生数:3名
```

STEP 4　通过常量名使值有意义

▶“#define”是在程序编译之前进行字符串替换的语句。在本示例中，用字符串 3 替换程序中出现的字符串 N。

▶以“#”开头的语句称为预处理器，与普通语句不同。请注意，预处理器不会以“;”结束句子。

在常量值上加上名称，可以使数值和字符具有意义。

```
#define    常量名  值
```

将人数 3 赋给一个常量，可以按如下格式书写：

```
#define    N    3    //将学生的人数定义为一个常量
```

▶按照惯例，常量名全部大写。这不是语法上的制约，可以说像是绅士协定，它表明了与变量不同，不能在程序中更改它的值。

使用常量名有两个优点。第一个优点是让数值有意义，单纯的数字 3 被赋予了“学生人数”的含义。随着程序变得越来越复杂，它可能会成为提示程序实现什么功能的线索。第二个优点是可以方便应对因实际情况变化而需要进行的程序修改。在程序开发之初，学生人数可能是 3，但人数会发生变化。如果在程序中的多个地方使用表示人数的数值，则一旦人数发生改变，必须修改所有地方的人数值。如果将其设置为常量名，则只需修改定义的一处地方就可以完成对应。

在程序中，应积极使用常量名，尽量避免书写常数值。

配套资源 ≫

原始文件……rei2_2k.c
完成文件……sample2_2k.c

程序示例

从配套资源中复制 rei2_2k.c，并使用文本编辑器确认文件的内容。

```
/*********************************************
    使用变量  基本示例2-2
*********************************************/
#include <stdio.h>
#define    N    3                 //将学生人数定义为常量

int main(void)
{
    //声明变量
    int      hyouten1;            //学生1的得分
    int      hyouten2;            //学生2的得分
    double   heikin;              //得分的平均分
    char     hyouka1;             //学生1的评价
    char     hyouka2;             //学生2的评价

    //赋值
    hyouten1 = 94;                //学生1的得分赋值
    hyouten2 = 4;                 //学生2的得分赋值
    hyouten3 = 83;                //学生3的得分赋值
    heikin = 60.3;                //得分的平均分赋值
    hyouka1 = S;                  //学生1的评价赋值
    hyouka2 = D;                  //学生2的评价赋值
    hyouka3 = A;                  //学生3的评价赋值

    //显示到命令提示符界面上
    printf("       得分    评价\n");
    printf("学生1 :%d分    %d\n", hyouten1, hyouka1);
    printf("学生2 :%d分    %d\n", hyouten2, hyouka2);
    printf("学生3 :%d分    %d\n", hyouten3, hyouka3);
    printf("平均分:%d分\n", heikin);
    printf("学生数:%d名\n");

    return 0;
}
```

如果按原样操作，则不仅得不到正确的结果，甚至无法编译。应该修改哪里呢？大家一起修改并运行吧。

▼ 列表　正确的程序

```
/*********************************************
      使用变量　基本示例2-2
*********************************************/
#include <stdio.h>
#define    N    3      //将学生人数定义为常量

int main(void)
{
      //变量声明
      int     hyouten1;  //学生1的得分
      int     hyouten2;  //学生2的得分
      int     hyouten3;  //学生3的得分
      double  heikin;    //得分的平均分
      char    hyouka1;   //学生1的评价
      char    hyouka2;   //学生2的评价
      char    hyouka3;   //学生3的评价

      //赋值
      hyouten1 = 94;     //学生1的得分赋值
      hyouten2 = 4;      //学生2的得分赋值
      hyouten3 = 83;     //学生3的得分赋值
      heikin = 60.3;     //得分的平均分赋值
      hyouka1 = 'S';     //为学生1的评价赋值
      hyouka2 = 'D';     //为学生2的评价赋值
      hyouka3 = 'A';     //为学生3的评价赋值

      //显示到命令提示符界面上
      printf("      得分    评价\n");
      printf("学生1 :%d分    %c\n", hyouten1, hyouka1);
      printf("学生2 :%d分    %c\n", hyouten2, hyouka2);
      printf("学生3 :%d分    %c\n", hyouten3, hyouka3);
      printf("平均分:%f分\n", heikin);
      printf("学生数:%d名\n", N);

      return 0;
}
```

所有的变量都必须声明

字符常量值括在“'”和“'”中

使用合适的转换说明符

指定常量名，而非常数值

编程助手 致未能正确编译者

```
int main(void)
{
    //变量声明
    int     hyouten1;   //学生1的得分
    int     hyouten2;   //学生2的得分
    double  heikin;     //得分的平均分
    char    hyouka1;    //学生1的评价
    char    hyouka2;    //学生2的评价

    //赋值
    hyouten1 = 94;      //学生1的得分赋值
    hyouten2 = 4;       //学生2的得分赋值
    hyouten3 = 83;      //学生3的得分赋值
    heikin = 60.3;      //得分的平均分赋值
    hyouka1 = S;        //学生1的评价赋值
    hyouka2 = D;        //学生2的评价赋值
    hyouka3 = A;        //学生3的评价赋值
    ...
```

```
int     hyouten3;    //学生3的得分
```

```
char    hyouka3;    //学生3的评价
```

这里，出现 use of undeclared identifier 'hyouten3' 的错误，并不是这一行的错误，而是缺少了 hyouten3 这个变量的声明

这里，出现 use of undeclared identifier 'S'、'D'、'A' 的错误，编译器误认为 S、D、A 是未声明的变量名。为了让编译器知道是字符常量值，需要用 "'" 和 "'" 括起来

```
hyouka1 = 'S';
hyouka2 = 'D';
hyouka3 = 'A';
```

这里，出现 use of undeclared identifier 'hyouka3' 的错误，并不是这一行的错误，而是缺少了hyouka3这个变量的声明

```
#include <stdio.h>
#define    N    3;    //将学生的人数定义为常量
                3
int main(void)
{

    ...

    printf("学生数：%d名\n", N);

    return 0;
}
```

这里，expected ')' to match this '(' expected expression等错误发生时，只看这一行，没有错误的地方。错误在程序开头定义N的语句中

以 "#" 开头的语句称为预处理器，在编译之前进行处理。这句用于替换字母N，但请记住，预处理不需要最后的 ";"。这里书写在最后的 ";" 和 3 一起将N替换了。结果成了
printf("学生数：%d名\n",3;);
于是发生了错误。
不单是错误发生的地方，之前的描述也可能是错误的原因，所以请注意要开阔视野

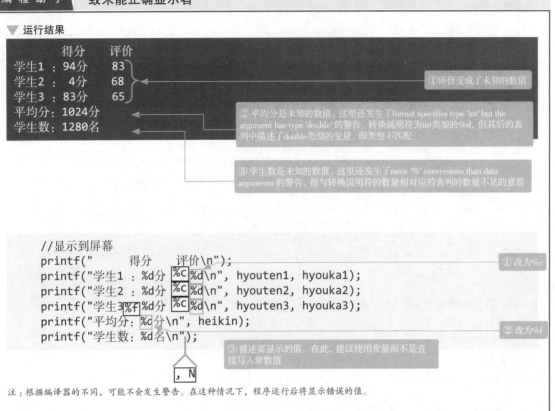

编程助手　致未能正确显示者

▼ 运行结果

```
        得分    评价
学生1 ：94分    83
学生2 ：  4分    68
学生3 ：83分    65
平均分：1024分
学生数：1280名
```

①评价变成了未知的数值

②平均分是未知的数值。这里还发生了format specifies type 'int' but the argument has type 'double' 的警告。转换说明符为int类型的%d，但其后的表列中描述了double类型的变量，即类型不匹配

③学生数是未知的数值。这里还发生了more '%' conversions than data arguments 的警告。指与转换说明符的数量相对应的表列的数量不足的意思

```
//显示到屏幕
printf("       得分    评价\n");
printf("学生1 ：%d分 %c %d\n", hyouten1, hyouka1);
printf("学生2 ：%d分 %c %d\n", hyouten2, hyouka2);
printf("学生3 %f %d分 %c %d\n", hyouten3, hyouka3);
printf("平均分：%d分\n", heikin);
printf("学生数：%d名\n");
                  , N
```

① 改为%c

② 改为%f

③ 描述要显示的值。在此，建议使用常量而不是直接写入常数值

注：根据编译器的不同，可能不会发生警告。在这种情况下，程序运行后将显示错误的值。

扩　展　字符用%d格式显示

在使用 printf 语句显示变量时，很容易固定地记住int类型为%d，字符类型为%c。但是，实际上可以用%d显示char类型的变量。在基本示例2-2中，对于字符类型变量，被“错误地”写作%d，但是却没有发出警告。运行结果的83、68、65的数值到底是什么？

在这里请回想一下表 4，字符在计算机内部也是用 0 和 1 的序列表示的。S 是 0101 0011，用十进制数表示就是 83；同样，D 为 0100 0100，用十进制数表示是 68，A 是 0100 0001，用十进制数表示是 65。和错误的运行结果是一致的。如果用 %d 显示 char 类型的变量，则会显示该字符相应字符编码的十进制数。char 类型被归类为整数类型。

▼ 列表　程序示例(sample2_h1.c)

```
/**********************************************
    扩展　变量的类型及显示格式
**********************************************/
#include <stdio.h>

int main(void)
{
    char moji = 'A';

    printf("作为字符 %c\n", moji);
    printf("作为数值 %d\n", moji);

    return 0;
}
```

▼ 运行结果

```
作为字符  A
作为数值  65
```

应用示例 2-2

在声明变量的同时赋初值。另外，在显示上下功夫，如对位等。

▼ 运行结果

```
          得分     评价
学生1 :  94分      S
学生2 :   4分      D
学生3 :  83分      A
平均点:  60.3分
学生数:  3名
```

学习

STEP 5　变量的初始化

声明变量时，可以同时给它一个初始值。

在基本示例 2-2 中，声明了 7 个变量，随后对变量进行赋值，但声明的同时赋初值的语句描述如下：

```
//声明变量
int     hyouten1 = 94;      //学生1的得分
int     hyouten2 = 4;       //学生2的得分
int     hyouten3 = 83;      //学生3的得分
double  heikin   = 60.3;    //得分的平均分
char    hyouka1  = 'S';     //学生1的评价
char    hyouka2  = 'D';     //学生2的评价
char    hyouka3  = 'A';     //学生3的评价
```

这里，将其与基本示例 2-2 中介绍的语句相比较，如表 12 所示。

▼ **表 12** 基本示例与应用示例

基本示例	应用示例
`int  hyouten1;` ① `hyouten1 = 73;` ②	`int hyouten1 = 73;` ③

①是声明变量的语句。在②中，由于变量 hyouten1 已经被声明，因此不需要写 int。③是在声明变量的同时进行初始化，说到底，这是一条声明语句。如果像③那样在②中添加一个 int，则意味着声明了新变量 hyouten1，会导致“变量名重复”的错误。②和③非常相似，但是②是可执行语句，③是声明语句，语句的类型也不同，请注意。

▶初始化中的“=”不是“赋值”，而是“设置”，它是仅在声明变量的声明语句中被允许的描述。

STEP 6 显示数值时指定位数和精度

在基本示例 2-2 的运行结果中，各课题的得分的数位没有对齐，并且平均分的小数点后显示了无用的 0，因此很难看清。显示也是程序的外观。下面通过在 printf 语句的转换说明符中添加指定来调整显示。

1. 指定字段宽度

显示一个值的位数称为字段宽度。指定字段宽度后，该值将右对齐。小数点和符号也以一位计数，如图 9 所示。

▼ **图 9** 指定字段宽度

```
printf("%3d分\n, hyouten1");          _ 9 4
```

在3个数位的区域中以右对齐的方式显示数值

为了显示hyouten1的值，确保3个数位，以右对齐方式显示

2. 指定浮点数小数点后的位数

使用转换说明符 %f 显示浮点数时，可以指定要显示到小数点后第几位。指定小数点后的数值，必须考虑到符号和小数点也以一位计数来确定整体的字段宽度，如图 10 所示。

图 10　指定小数的位数

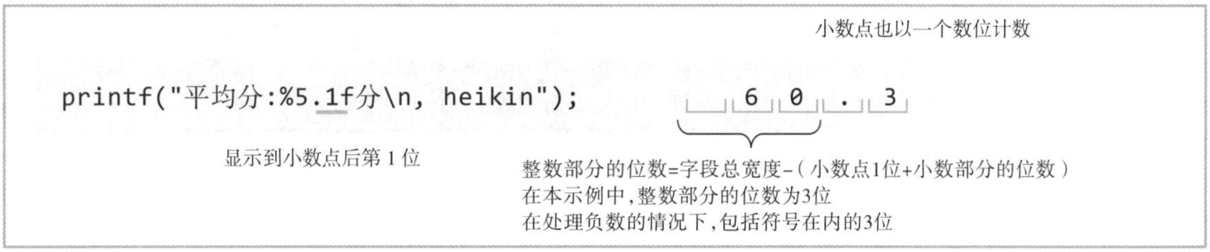
小数点也以一个数位计数
printf("平均分:%5.1f分\n, heikin");
6 0 . 3
显示到小数点后第 1 位
整数部分的位数=字段总宽度-（小数点1位+小数部分的位数）
在本示例中，整数部分的位数为3位
在处理负数的情况下，包括符号在内的3位

配套资源
原始文件……sample2_2k.c
完成文件……sample2_2o.c

程序示例

请使用初始化重写基本示例 2-2 的程序。此外，也可以尝试指定字段宽度和小数点后的位数。

```
/********************************************
    使用变量　应用示例2-2
********************************************/
#include <stdio.h>
#define    N    3                 //将学生人数定义为常量

int main(void)
{
    //声明变量
    int     hyouten1 = 94;      //学生1的得分
    int     hyouten2 = 4;       //学生2的得分
    int     hyouten3 = 83;      //学生3的得分
    double  heikin = 60.3;      //得分的平均分
    char    hyouka1 = 'S';      //学生1的评价
    char    hyouka2 = 'D';      //学生2的评价
    char    hyouka3 = 'A';      //学生3的评价


    //显示到命令提示符界面上
    printf("          得分    评价\n");
    printf("学生%d :%3d分    %c\n", 1, hyouten1, hyouka1);
    printf("学生%d :%3d分    %c\n", 2, hyouten2, hyouka2);
    printf("学生%d :%3d分    %c\n", 3, hyouten3, hyouka3);
    printf("平均分:%5.1f分\n", heikin);
    printf("学生数:%2d名\n", N);

    return 0;
}
```

设定初值

删除赋值语句

将转换说明符应用于常数值

向转换说明符添加了字段宽度和小数位数

扩 展 printf 语句的格式

除了%d、%c、%f 外，还有许多其他转换说明符，可以用于指定详细的格式，如表 C 所示。

▼ 表C 转换说明符一览表

转换说明符	含 义	程序示例	运行结果
%d %i	将int类型的数据，以带符号的十进制数的形式，按[−] dddd的格式输出	printf("%d\n",10); printf("%i\n",10);	10 10
%o	将unsigned int类型的数据，以无符号八进制数的形式，按dddd的格式输出	printf("%o\n",10);	12
%u	将unsigned int类型的数据，以无符号十进制数的形式，按dddd的格式输出	printf("%u\n",10); printf("%u\n",-1);	10 4294967295[①]
%x %X	将unsigned int类型的数据，以无符号十六进制数的形式，按dddd的格式输出。%x为abcdef；%X为ABCDEF	printf("%x\n",10); printf("%X\n",10);	a A
%f	将double类型的数据，以十进制数的形式，按[−]ddd.ddd的格式输出。小数点前的整数部分至少输出一个数字	printf("%f\n",0.5); printf("%f\n",10.0);	0.500000 10.000000

%e
%E
	将double类型的数据，在e%的情况下，按[−]d.ddde ± dd的格式输出，在E%的情况下，按[−]d.dddE ± dd的格式输出。小数点前的整数部必须输出一位数字，指数部分总是输出两位以上的数字	printf("%e\n",10.0);
		printf("%E\n",10.0);
		printf("%e\n",0.03);
		printf("%e\n",0.0);
			1.000000e+01
			1.000000E+01
			3.000000e-02
			0.000000e+00

%g
%G
	以f或e（G%时为E）的格式输出double类型的数据。指数部分小于−4时，按e（E）的格式输出。仅在小数部分不为0时输出小数点	printf("%g\n",1.5);
		printf("%g\n",0.00009);
		printf("%G\n",0.00009);
		printf("%g\n",1.0);
			1.5
			9e-05
			9E-05
			1

%c	将int类型数据转换为unsigned char类型，并输出该字符	printf("%c\n",'r');	r
%s	输出字符数组中的字符串[②]	printf("%s\n","Hello!");	Hello!
%%	输出字符%	printf("%%\n");	%

① 32位时的数值。
② 关于字符数组、字符串，请参考第3章。

可以指定字段宽度，如表 D 所示。

▼ 表D　字段宽度一览表

字段宽度的含义	程序示例	运行结果

可以通过在%和转换说明符之间写一个十进制数或星号(＊)指定最小的位数。如果输出位数小于此宽度，则在左侧填充空白。当字符数很多，超出该宽度时，将输出所有字符。如果指定了星号(＊)，则格式后面的值将替换到格式中	printf("%10d\n",1234);
	printf("%5d\n",1234);
	printf("%3d\n",1234);
	printf("%*d\n",10,1234);
	（10：字段宽度的值）
		1234
		1234
		1234
		1234

可以通过在句点(.)之后写一个十进制数或星号(＊)指定精度。精度的含义取决于转换类型，如表 E 所示。

▼ 表E　精度一览表

转换说明符	含　义	程序示例	运行结果

%d %i
%o %u
%x %X
	表示必须输出的最小字符数。如果输出的字符小于精度，则在左侧插入0；如果没有指定，则视为1；如果输出值为0且精度为0，则输出空白	printf("%10.5d\n",10);
		printf("%10.0d\n",0);
		printf("%10.5x\n",10);
			00010
			（显示空白）
			0000a

%e
%E
%f
	小数点后输出的小数位数。该值将四舍五入到指定的位数。如果没有指定，则视为6；如果指定为0，则不输出小数点	printf("%10.5f\n",10.538);
		printf("%10.5e\n",10.538);
		printf("%6.1f\n",10.538);
		printf("%5.0f\n",10.538);
			10.53800
			1.05380e+01
			10.5
			11

%g
%G
	表示输出的最大有效位数。指定为0时，将其视为1	printf("%10.4g\n",1.59567);
		printf("%10.8g\n",1.59567);
		printf("%10.8g\n",0.00009345);
		printf("%10.0g\n",1.59567);
			1.596
			1.59567
			9.345e-05
			2

%s	表示输出的最大字符数	printf("%10.10s\n","Hello !!"); printf("%10.3s\n","Hello !!");	Hello !! Hel

如果指定了星号(＊)，则将被格式后面的值替换		printf("%10.*f\n",5,10.538);
		printf("%*.*f\n",10,5,10.538);
		（10,5：字段宽度为 10、精度为5）
		printf("%10.*s\n", 5,"Hello !!");
		printf("%*.*s\n",10,5,"Hello !!");
			10.53800
			10.53800
			
			Hello
			Hello

如果指定如表 F 所示的标志，则输出格式会发生变化。可以按顺序指定多个。

▼ **表F** 标志一览表

标 志	含 义		程序示例	运行结果
-	字段中左对齐		printf("%10d\n",10); printf("%-10d\n",10);	10 10
+	一律输出数值的符号		printf("%10d\n",10); printf("%+10d\n",10);	10 +10
空白	输出带符号的数值时，如果第一个字符不是符号或字母，则在数字之前输出一个空格		printf("%d\n",123); printf("% d\n",123);	123 123
#	%o	增加精度，以使第一个输出的数字为0	printf("%2o\n",10); printf("%#2o\n",10);	12 012
	%x %X	输出的数值不是0时，在数字前加0x或0X	printf("%#5x\n",10); printf("%#5x\n",0);	0xa 0
	%e %E %g %G %f	即使小数点后面没有数字，也总是输出小数点	printf("%5.0f\n",10.538); printf("%#5.0f\n",10.538);	11 11.
	%g %G	小数点以下的0也输出	printf("%g\n",0.00009); printf("%#g\n",0.00009);	9e-05 9.00000e-05
0	输出数值时，输出字符的左侧用0填充		printf("%5d\n",10); printf("%05d\n",10);	10 00010

对应的变量类型是表示数值的类型，如short型或long型时，可以添加如表 G 所示的符号。

▼ **表G** 符号一览表

符 号	转换字符	类 型
l	%d %i %o %u %x %X	long int unsigned long int
ll	%d %i %o %u %x %X	long long int unsighed long long int
	%n	long long int
L	%e %E %f %g %G	long double

符 号	转换字符	类 型
h	%d %i %o %u %x %X	short int unsigned short int
hh	%d %i %o %u %x %X	signed char unsigned char

03 运算

终于要进行计算了。

基本示例 2-3

显示 3 个人的得分并求平均分。

▼ 运行结果

```
            得分  评价
学生1 :  94分    S
学生2 :   4分    D
学生3 :  83分    A
平均点:  60.3分
学生数:  3名
```

学习

STEP 1 使用算术运算符进行四则运算

对数值数据进行四则运算的算术运算符如表 13 所示。

▼ 表 13 算术运算符

算术运算符	运算类型	一般形式	举 例	结 果
单目+	原样值	+操作数	10	10
单目-	负值	-操作数	-10	-10
+	加法	操作数 1 +操作数 2	10 + 20	30
-	减法	操作数 1 -操作数 2	10 - 20	-10
*	乘法	操作数 1 * 操作数 2	10 * 2	20
/	除法	操作数 1 /操作数 2	10 / 3	3
			10.0/3	3.3333…
%	求余数	操作数 1 % 操作数 2 （操作数只能是整数）	10 % 3	1

▶操作数是在运算符左侧或右侧，并在其上执行操作的数据。例如，在 x + y 中，x 和 y 是操作数。

▶单目运算符是只有一个操作数的运算符。

运算顺序与数学运算相同，乘法和除法在加法和减法之前执行。相比而言，“( )”更优先，这也与数学运算相同。

```
2  + 3 * 4 = 14
(2 + 3) * 4 = 20
```

▶将 int 类型数值转换为 double 类型时，数值没有变化。但是，如果将 double 类型数值转换为 int 类型，则小数点后的数字将被四舍五入，数值将发生变化。也就是说，从 int 类型到 double 类型的转换没有问题，但是从 double 类型到 int 类型的转换是有问题的。因此，如果要用 int 类型和 double 类型进行运算，将 int 类型转换为 double 类型，并使用 double 类型进行运算，结果也是 double 类型。

只能在相同类型之间进行运算。在不同类型之间进行运算时，将进行自动产生的类型转换，统一类型后再进行运算，结果也是该类型，称此为隐式类型变换。

如果对整数进行除法运算，则结果也将是整数，小数部分会被舍去。即使将其赋给 double 类型变量，被舍去的小数部分也依然会被舍去，小数点后的部分将变成 0，如图 11 所示。

▼ 图 11　int 类型数据的运算

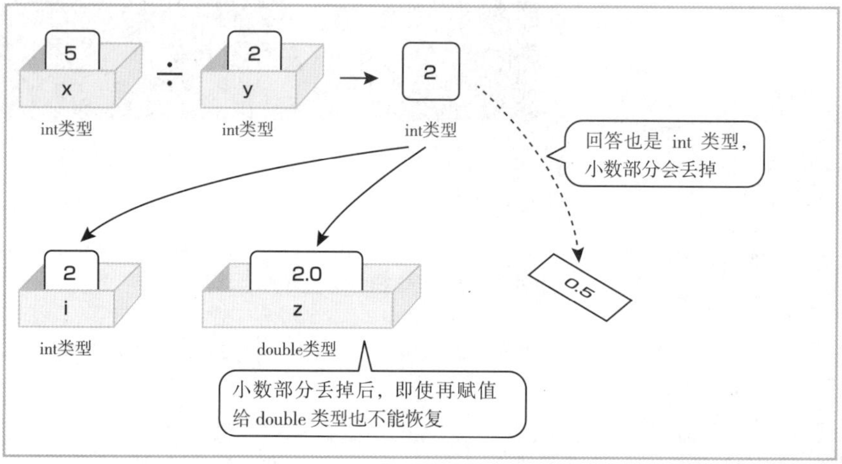
5
x
÷
2
y
2
int类型
int类型
int类型
回答也是 int 类型，
小数部分会丢掉
2
i
2.0
z
0.5
int类型
double类型
小数部分丢掉后，即使再赋值
给 double 类型也不能恢复

▶在计算器上，即使进行整数除以整数的运算，结果也将显示为实数。但是，在 C 语言中，运算结果取决于操作数的类型。

STEP 2　使用强制转换运算符进行即时转换

那么，怎样才能在 int 类型之间进行除法，得到 double 类型的结果呢？为了得到 double 类型的结果，至少有一个操作数必须是 double 类型。它不必始终保持为 double 类型，只要在进行运算时是 double 类型就能解决问题。因此，C 语言提供了运算符，将本来的 int 类型数据，在进行运算时，临时进行了类型转换，称其为强制转换运算符，语法如下所述。

```
（仅在进行运算时转换的类型）变量名
```

▼ 例

```
int x = 5;
int y = 2;
double    z1 , z2;
z1 = x / y;            //z1的值是2.0
z2 = (double)x / y;    //z2的值是2.5
```

程序举例

配套资源
原始文件……sample2_2o.c
完成文件……sample2_3k.c

到目前为止，平均分都是自己计算后再进行赋值的，终于要让计算机进行计算了。需要添加表达式，也要添加应用示例 2-2 中没有的用于存放总分的变量。

```
/*********************************************
    运算        基本示例2-3
*********************************************/
#include <stdio.h>
#define    N    3                    //将学生人数定义为常量

int main(void)
{
    //声明变量
    int        hyouten1 = 94;        //学生1的得分
    int        hyouten2 = 4;         //学生2的得分
    int        hyouten3 = 83;        //学生3的得分
    int        gokei;                //得分的总分
    double     heikin;               //得分的平均分
    char       hyouka1 = 'S';        //学生1的评价
    char       hyouka2 = 'D';        //学生2的评价
    char       hyouka3 = 'A';        //学生3的评价

    //计算得分的总分和平均分
    gokei = hyouten1 + hyouten2 + hyouten3;
    heikin = (double)gokei / N;   //计算平均分

    //显示到命令提示符界面上
    printf("       得分    评价\n");
    printf("学生%d :%3d分    %c\n", 1, hyouten1, hyouka1);
    printf("学生%d :%3d分    %c\n", 2, hyouten2, hyouka2);
    printf("学生%d :%3d分    %c\n", 3, hyouten3, hyouka3);
    printf("平均分:%5.1f分\n", heikin);
    printf("学生数:%2d名\n", N);

    return 0;
}
```

添加存放总分的变量

删除平均分的初始化

求 3 个人得分的总分，计算平均分数
需要使用强制转换运算符，以能求得带小数的平均分

编程助手 致遇到编译错误者

```
int main(void)
{
    //声明变量
    int      hyouten1 = 94;    //学生1的得分
    int      hyouten2 = 4;     //学生2的得分
    int      hyouten3 = 83;    //学生3的得分
    double   heikin;           //得分的平均分
    char     hyouka1 = 'S';    //学生1的评价
    char     hyouka2 = 'D';    //学生2的评价
    char     hyouka3 = 'A';    //学生3的评价

    //计算总分和平均分
    gokei = hyouten1 + hyouten2 + hyouten3;
    heikin = (double)gokei / N;
        ...
```

```
int    gokei;    //得分的总分
```

这里，如果出现了 use of undeclared identifier 'gokei' 的错误，则请确认变量 gokei 是否已经声明，这种情况下，仅查看发生错误的语句是无法解决的

编程助手 致结果未能正确显示者

▼ 运行结果

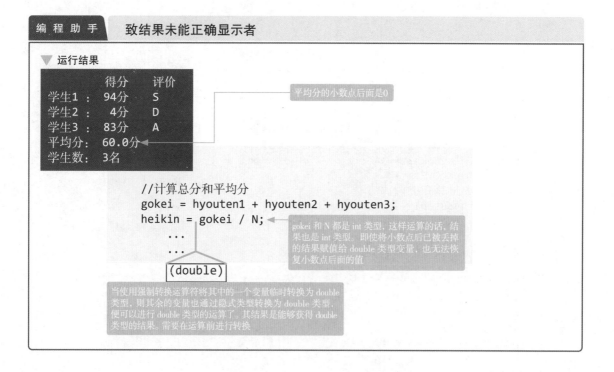

```
          得分    评价
学生1 ：  94分    S
学生2 ：   4分    D
学生3 ：  83分    A
平均分：  60.0分
学生数：  3名
```

平均分的小数点后面是0

```
    //计算总分和平均分
    gokei = hyouten1 + hyouten2 + hyouten3;
    heikin = gokei / N;
        ...
        ...
```

gokei 和 N 都是 int 类型，这样运算的话，结果也是 int 类型。即使将小数点后已被丢掉的结果赋值给 double 类型变量，也无法恢复小数点后面的值

(double)

当使用强制转换运算符将其中的一个变量临时转换为 double 类型，则其余的变量也通过隐式类型转换为 double 类型，便可以进行 double 类型的运算了。其结果是能够获得 double 类型的结果。需要在运算前进行转换

专栏 为了使程序易于阅读（2）……命名方法

在基本示例 2-3 的程序中，使用了如 hyouten1、gokei 和 heikin 之类的变量名称，使用这些名称，可以容易地想象到变量中包含了怎样的数据。如果这里用x1、x2、x3 等会怎么样？就不知道哪个是得分，哪个是总分，哪个是平均分了。从根本上说，是分数还是出勤天数，无法判断。在开始编写程序的时候，编写的人可能会知道，但是随着时间的流逝就会忘记，向其他人展示的时候，必须要一个一个地进行说明“x1是学生1的分数，x2是总分……”。

当然，即使变量名是x1或x2，只要程序正确，也能获得正确的结果。但是，为了使程序更易于阅读，提高工作效率，让变量的名称易于理解是非常重要的。

表示学生人数的常数 3 加上了 N 这个名字。这样做不仅可以很好地理解式子的含义，而且可以在人数变化时，只要修改

```
#define N 5
```

这部分就可以了，面向将来是具有灵活性的程序。

在公元 2000 年发生的 Y2K・2000 问题中，实际上是无意义的变量名导致故障的案例。20 世纪 90年代的旧程序使用年份的最后两位数字。换句话说，使用了1990 年的 90 和 1995 年的 95 的数据。在许多程序中，通过进行

90 + 1900 = 1990

的计算，求得 4 位数字的公元年份。但是，在公元 2000 年，后两位数字是 00，因此，

0 + 1900 = 1900

不是 2000 年而是 1900 年，日期计算错误，这就是 2000 年问题。作为修改有2000年问题的程序的一种方法，根据变量名搜索了修改的地方。例如，搜索了 date、year、hizuke 等与日期可能有关的变量名称，彻底调查它们在2000年是否可以正常工作，并进行了修复。但是，因为保存日期的变量名是 moji，所以漏查了，实际发生了印着“平成 88 年”的票被发售的情况（译者注：日本平成年号只到平成31年）。仅仅是由于变量名，因为程序员的考虑不周，就成了社会问题的实例。

如何确定变量名以及如何使用常量名不是程序的本质。但是，一定会对程序的可维护性、可扩展性和可扩充性产生重大影响。

应用示例 2–3

试着一边对科目数计数，一边逐次按科目累加求合计值吧。另外，除了学生数N，还要计数显示的次数，以作为考生数显示。

▼ 运行结果

```
            得分     评价
学生1 ：  94分     S
学生2 ：   4分     D
学生3 ：  83分     A
平均分：  60.3分
学生数：  3名
考生数：  3名
```


学习

STEP 3 用自增 / 自减运算符计数

C 语言拥有专用的运算符，用于加 1 和减 1，可用于计算次数或数据的递增或倒计时。自增 / 自减运算符如表 14 所示。

▼ 表 14 自增 / 自减运算符

运算种类	运算种类	相同含义表达式	表达式的值
前置自增	++E	E = E + 1	对变量值加1。使用变量值时，使用的是加操作以后的值
后置自增	E++	E = E + 1	对变量值加1。使用变量值时，使用的是加操作以前的值
前置自减	--E	E = E - 1	对变量值减1。使用变量值时，使用的是减操作以后的值
后置自减	E--	E = E - 1	对变量值减1。使用变量值时，使用的是减操作以前的值

注：E 为操作数。

▼ 例

```
int  i = 0;
i++;
```

本例中 i 的值为 1。

扩展 前置运算符和后置运算符的区别

表达式的值和操作数的值不同。表达式的值是指当该表达式是另一个运算符的操作数时，该表达式将以怎样的值进行运算。例如

```
int i = 2;
int j = i++;
```

执行 i++，变量 i 的值变为 3，但是，赋值的 i 是自增操作前的，所以 j 的值是 2。

另一方面，在

```
int i = 2;
int j = ++i;
```

的情况下，赋值的 i 是自增操作后的，所以 j 的值为 3。

这样的自增和自减运算符的使用方法很容易混淆，不太推荐使用。建议单独使用自增和自减运算符。在这种情况下，前置运算符（++i;）和后置运算符（i ++;）的结果是一样的。

STEP 4 使用复合赋值运算符一次完成运算和赋值

已经学习过 C 语言中“=”是赋值的意思。因此，在数学中不可能存在以下的式子：

i = i + 2;

但是该式在 C 语言中是存在的，其操作过程如图 12 所示。

▼ 图 12　i = i + 2 的操作

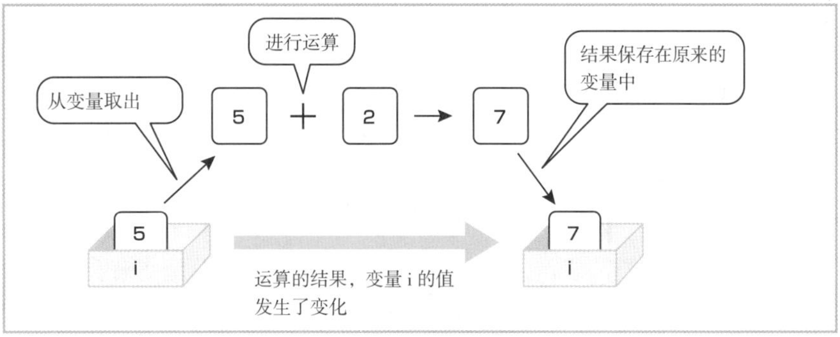
进行运算
结果保存在原来的变量中
从变量取出
5
+
2
7
5
i
7
i
运算的结果，变量 i 的值发生了变化

在这种情况下，提供了将赋值和运算组合起来的运算符，如表 15 所示。

▶复合赋值运算符将两个运算符用一个来表示。因此，不能像“=+”那样倒序书写，也不能像“+ =”那样在中间有空格，编译都会出错。

▼ 表 15　复合赋值运算符

复合赋值运算符	运算种类	一般形式	相同含义表达式
+=	将加法结果进行赋值	E1+=E2	E1=E1＋E2
-=	将减法结果进行赋值	E1-=E2	E1=E1-E2
*=	将乘法结果进行赋值	E1*=E2	E1=E1*E2
/=	将除法结果进行赋值	E1/=E2	E1=E1/E2
% =	将求余结果进行赋值	E1%=E2	E1=E1% E2

注：E1 和 E2 为操作数。

STEP 5　求和该如何思考

在基本示例 2-3 的程序中，计算总分是通过

gokei = hyouten1 + hyouten2 + hyouten3;

这样的语句实现的。随着人数的增多，语句会变得越来越长。因此，请进行如下考虑：

① 准备一个容器并清空。

② 把学生 1 的得分加入这个容器中。

③ 将学生 2 的得分加入同一容器中。

④ 将学生 3 的得分加入同一容器中。

⑤ 容器里有 3 个人的总分。

▶这样的方法，在第 3 章学习的数组和第 4 章学习的程序控制相结合的时候，会变得非常有效，因此要充分理解其思考方式。

这里的重点是，最初容器必须是空的。如果在有垃圾的状态下开始，就不能求得正确的总分值。总分的计算方法如图 13 所示。

▼ 图 13　总分的计算方法

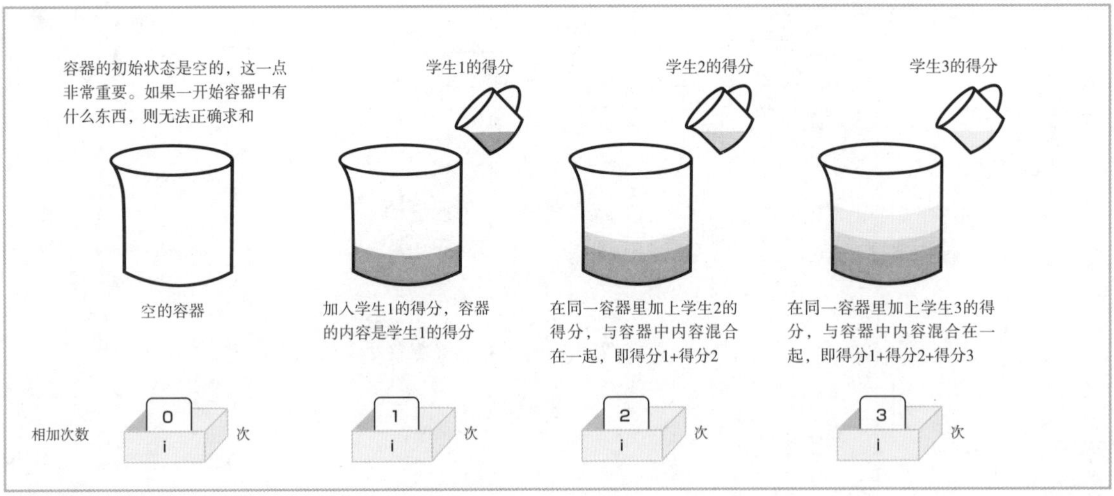
容器的初始状态是空的，这一点非常重要。如果一开始容器中有什么东西，则无法正确求和
学生1的得分
学生2的得分
学生3的得分
空的容器
加入学生1的得分，容器的内容是学生1的得分
在同一容器里加上学生2的得分，与容器中内容混合在一起，即得分1+得分2
在同一容器里加上学生3的得分，与容器中内容混合在一起，即得分1+得分2+得分3
相加次数
0
i
次
1
i
次
2
i
次
3
i
次

STEP 6 统计求和次数

为了求平均值，要将总分除以科目数量，在这个程序中，学生的得分被逐个累加。因此，通过将每次累加的次数进行计数，就可以知道累加了多少人，也可以用作计算平均分的除数。即使事先知道了全体人数，如果想取消缺席的人，或想要求合格者的平均分等的时候，也需要预先计算相加的次数。

为了计算次数，需要一个变量来记住现在是第几次。最初，先设为0，每当相加一次，计数增加一次。可以用自增运算符进行递增计数。

STEP 7 使用变量显示学生编号

在显示示例中，用像

学生 1

学生 2

学生 3

这样以从1开始的序号标识学生。在这里也试着使用变量i吧。i记录显示了多少次。也就是说，i仅在一次相加和显示完成后才变为1。换言之，当正要显示的时候，i还是0。因此

```
printf("学生%d :%3d分    %c\n", i ,ten1, hyouka1);
```

这样描述时，运行的结果如下。

▶棒球选手中也有背号为0号的，作为运动员的编号这样也许是可以的，但是在这里，我们从1开始。

▼ 运行结果

```
学生0 : 94分    S
```

如果学生编号要从1开始，那么，

i 是 0的时候编号为 1

i 是 1的时候编号为 2

i 是 2的时候编号为 3

也就是说，只要显示i+1就可以了。

```
printf("学生%d :%3d分    %c\n", i + 1 ,ten1, hyouka1);
```

▼ 运行结果

```
学生1 : 94分    S
```

在此，先确认i++和i+1的区别。i++表示i的值发生变化，而i+1表示i的值没有发生变化，使用的是相加的结果。i++和i+1的区别如图14所示。

▼ 图 14　i++ 和 i+1 的区别

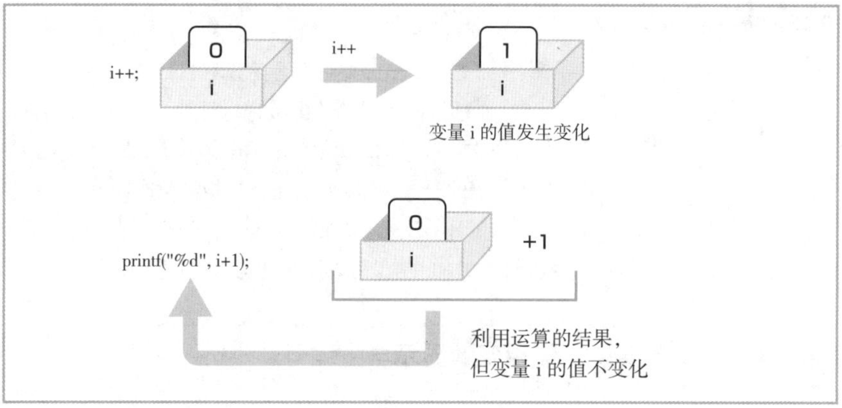
i++;
0
i
i++
1
i
变量 i 的值发生变化
printf("%d", i+1);
0
i
+1
利用运算的结果，
但变量 i 的值不变化

配套资源 》
原始文件……sample2_3k.c
完成文件……sample2_3o.c

程序示例

使用复合赋值运算符将 3 个课题的总分一一相加。还使用自增运算符对运算次数进行计数，并用以求平均分。

```
/*******************************************
    运算    基本示例2-3
*******************************************/
#include <stdio.h>
#define    N    3              //将学生人数定义为常量

int main(void)
{
    //声明变量
    int        hyouten1 = 94;  //学生1的得分
    int        hyouten2 = 4;   //学生2的得分
    int        hyouten3 = 83;  //学生3的得分
    int        gokei;          //得分的总分
    double     heikin;         //得分的平均分
    char       hyouka1 = 'S';  //学生1的评价
    char       hyouka2 = 'D';  //学生2的评价
    char       hyouka3 = 'A';  //学生3的评价
    int        i;              //用于计算得分相加次数的变量

    //计算得分的总分和平均分
    gokei = 0;                 //初始化总分
    i = 0;                     //初始化i
    gokei += hyouten1;         //学生1的得分加到总分
    i++;                       //1次结束
    gokei += hyouten2;         //学生2的得分加到总分
    i++;                       //2次结束
    gokei += hyouten3;         //学生3的得分加到总分
    i++;                       //3次结束
```

gokei、i 都初始化为0

在逐个相加的同时，计数相加的次数

```
    heikin = (double)gokei / i; //计算平均分

    //显示到命令提示符界面上
    i = 0;                      //再次初始化i
    printf("        得分    评价\n");
    printf("学生%d :%3d分    %c\n", i + 1 ,hyouten1, hyouka1);
    i++;
    printf("学生%d :%3d分    %c\n", i + 1 ,hyouten2, hyouka2);
    i++;
    printf("学生%d :%3d分    %c\n", i + 1, hyouten3, hyouka3);
    i++;
    printf("平均分:%5.1f分\n", heikin);
    printf("学生数:%2d名\n", N);
    printf("考生数:%2d名\n", i);

    return 0;
}
```

求出相加的次数放到 i 中。这里也可以用N

因为从第一个人开始显示，所以重新将 i 置为0

学生的序号也试着用变量 i 来显示吧。为了从学生 1 开始显示，要用i+1

显示 i 的值，作为显示的次数

扩 展 其他运算符

1. 位运算符和移位运算符

C 语言提供了用于执行按位运算的运算符。在加法和减法中，运算结果可能会由于进位等而影响相邻的位，但位运算符是限定在一位的运算，如表 H 所示。

▼ 表H　位运算符

<table>
<tr><th>位运算符</th><th>运算种类</th><th>一般形式</th><th colspan="2">含 义</th></tr>
<tr><td>&</td><td>按位与</td><td>E1 & E2</td><td colspan="2" rowspan="4">▼ 真值表(注)
<table><tr><th>A</th><th>B</th><th>A&B</th><th>A|B</th><th>A^B</th><th>~A</th></tr><tr><td>0</td><td>0</td><td>0</td><td>0</td><td>0</td><td></td></tr><tr><td>0</td><td>1</td><td>0</td><td>1</td><td>1</td><td>1</td></tr><tr><td>1</td><td>0</td><td>0</td><td>1</td><td>1</td><td>0</td></tr><tr><td>1</td><td>1</td><td>1</td><td>1</td><td>0</td><td></td></tr></table>A是操作数E1中的 1 位
B是操作数E2中的 1 位</td></tr>
<tr><td>|</td><td>按位或</td><td>E1 | E2</td></tr>
<tr><td>^</td><td>按位异或</td><td>E1^E2</td></tr>
<tr><td>~</td><td>按位取补</td><td>~E1</td></tr>
<tr><td><<</td><td>按位左移</td><td>E1<<E2</td><td>将E1的每一位左移E2次</td><td rowspan="2">(例)
1111 1110
↑　左移1次
1111 1111
↓　右移1次
0111 1111</td></tr>
<tr><td>>></td><td>按位右移</td><td>E1>>E2</td><td>将E1的每一位右移E2次</td></tr>
</table>

注：E1和E2为操作数。

　一位的值只有 0 和 1，其组合最多只有4种。对于所有组合，将运算结果转换成表格称为真值表。

C 语言也为位运算符提供了复合赋值运算符，如表 I 所示。

▼ **表I** 复合赋值运算符

复合赋值运算符	运算种类	一般形式	相同含义表达式
&=	与运算后赋值	E1&=E2	E1 = E1 & E2
|=	或运算后赋值	E1|=E2	E1 = E1 | E2
^=	异或运算后赋值	E1^=E2	E1 = E1 ^ E2
<<=	左移运算后赋值	E1<<=E2	E1 = E1 << E2
>>=	右移运算后赋值	E1>>=E2	E1 = E1 >> E2

注：E1 和 E2 为操作数。

▼ **列表 程序示例（sample2_h2.c）**

```
/*********************************************
    扩展          位运算
*********************************************/
#include <stdio.h>

int main(void)
{
    int    x = 0;
    int    y;

    //对x的所有位取补
    y = ~x;

    printf("x 十六进制数: %x   十进制数: %d\n", x , x);
    printf("y 十六进制数: %x   十进制数: %d\n", y , y);

    return 0;
}
```

▼ **运行结果**

```
x 十六进制数: 0   十进制数: 0
y 十六进制数: ffffffff   十进制数: -1
```

对值为 0 的变量进行取补运算后，所有位都变为 1。十六进制数中全排列着 0xf，如果将其显示为带符号的整数，则为 -1。

2. sizeof 运算符

检查变量大小（字节数）的运算符 sizeof 的用法如下。

```
sizeof    表达式
  或
sizeof  (类型名)
```

▼ 列表　程序示例(sample2_h3.c)

```c
/**************************************
    扩展          变量的大小
**************************************/
#include <stdio.h>

int main(void)
{
    int    x;

    printf("x的大小是: %d\n", sizeof(x));
    printf("int类型的size是: %d\n", sizeof(int));
    printf("char类型的size是: %d\n", sizeof(char));
    printf("double类型的size是: %d\n", sizeof(double));

    return 0;
}
```

求变量x的大小

求各数据类型的大小

▼ 运行结果

```
x的大小是: 4
int类型的size是: 4
char类型的size是: 1
double类型的size是: 8
```

04 输入数据

下面用键盘输入数据，可以使用一个程序尝试各种各样的值。

基本示例 2-4

从键盘读取学生1、学生2、学生3的得分和对3个学生的评价，然后计算并显示总分和平均分。

▼ 运行结果

```
输入3个人的评价：SDA
学生1的得分：94
学生2的得分：4
学生3的得分：83
输入了3个人的得分

            得分    评价
学生1 ：   94分     S
学生2 ：    4分     D
学生3 ：   83分     A
平均分：  60.3分
学生数：  3名
考生数：  3名
```

□ 表示来自键盘的输入

学习

STEP 1 从键盘输入值

有几种从键盘输入值的方法，在这里，我们尝试用 scanf() 函数将数值数据一个一个地输入变量中。scanf() 函数的输入格式如表 16 所示。

▶&是表示指向变量的指针的地址运算符，在这里请记住“使用 scanf 时，必须在变量名之前写上 &”。将在第6章学习详细内容。

```
scanf("格式",&变量名);
```

▶在这里，我们将重点介绍P62表5中列出的代表性类型。

▼ 表 16　scanf 的输入格式

输出格式	转换说明符	适用类型
字符	%c	char、int
十进制数	%d	char、int
浮点数	%lf(英文字母l和f)	double

scanf的转换说明符与printf相同，只是在double类型中添加了英文字母l。但是，scanf始终是从键盘进行输入的语句，通常，格式仅用于描述转换说明符，如图15所示。从键盘输入学生1的得分的语句如下：

▶注意与scanf相关的警告，根据编译器的不同，可能会发生"scanf不安全"的错误或警告，但是对于数值数据的输入，没有危险。scanf不安全的原因将在第3章进行说明。

```
scanf("%d",&hyouten1);
```

▼ 图 15　通过 scanf 从键盘输入

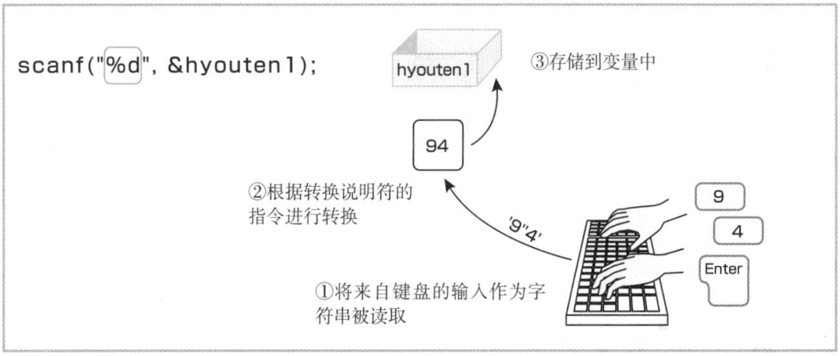
scanf("%d", &hyouten1);
hyouten1
③存储到变量中
94
②根据转换说明符的指令进行转换
'9''4'
9
4
Enter
①将来自键盘的输入作为字符串被读取

▶每按一下键盘上的键，就输入相应的字符。在scanf中，将其转换为转换说明符指令所指定的类型，并保存到指定的变量中。在按下Enter键前一直等待输入，直到按了Enter键后，才进行转换。

scanf只不过是接收输入的语句。执行该语句后，光标将在命令提示符的黑屏内闪烁。

▶状态与命令提示符界面上提示符后面的光标闪烁相同。

为了避免出现这种情况，如果在scanf之前用printf显示"希望输入的数据提示"就会显得比较亲切。注意要将scanf与printf成对使用。

用scanf从键盘输入时，最后按Enter键，这将结束输入，并将输入字符串传递给程序，然后根据转换说明符将其转换为整数或浮点数。但是，如果在scanf的格式中指定%c读取字符，则可能会将结束输入的Enter键分配给一个字符的输入，导致不能正确输入。这是scanf的规范，既然使用scanf，就不能回避。scanf还有其他问题，但是由于它是初学者从键盘输入数值最简单的方法，所以暂时在数值输入上使用scanf。

▶不要吃惊，因为运行的是自己编写的程序。可能认为输入学生1的得分就可以了，但请试着实际操作一下。当没有任何信息，光标突然闪烁的话，会担心运行是否失败。

STEP 2　使用一个 scanf 输入多个数据

在printf中，可以在一种格式中包含多个转换说明符，而scanf也可以在一种格式中包含多个转换说明符。

▶根据 scanf 的规范，指定转换说明符 %c 的输入只能在程序开始时进行一次。不能逐个输入3 个人的评价。另外，输入得分后，也不能使用%c 输入字符。评价可以在第 4 章以后通过得分自动计算。再者，还有其他输入多个字符的方法，将在第 5 章学习。

```
printf("输入3个人的评价:");
scanf("%c%c%c", &hyouka1, &hyouka2, &hyouka3);
```

将 3 个字符分别放入变量 hyouka1、hyouka2、hyouka3 中。要输入多个数值，也可以用同样的程序。

▶当想用一个scanf输入多个数据时，可以在格式中指定数据之间的分隔符。
例如，当描述为 scanf（"%d，%d，%d"，&hyouten1，&hyouten2，&hyuoten3）；时，","是数据之间的分隔符，空格键无效。此外，在按下 Enter 键的瞬间，3 个输入就结束了。
在这样指定的时候，必须按 73,9,120 输入。

```
printf("输入3个人的得分:");
scanf("%d%d%d", &hyouten1, &hyouten2, &hyouten3);
```

输入数值时，使用空格键或 Enter 键分隔数据。若按下 Enter 键，则将之前输入的字符转换为指定的类型，并存储到指定的变量中。

配套资源 》

原始文件……rei2_4k.c
完成文件……sample2_4k.c

程序示例

将应用示例 2-3 的程序，去掉得分的初始化设定，尝试修改为从键盘输入后再运行（提供了有空白的程序）。

```
/*********************************************
    输入数据    基本示例2-4
*********************************************/
#include <stdio.h>
#define    N    3    //学生人数定义为常量

int main(void)
{
    //声明变量
    int      hyouten1;    //学生1的得分
    int      hyouten2;    //学生2的得分
    int      hyouten3;    //学生3的得分
    int      gokei;       //得分的总分
    double   heikin;      //得分的平均分
    char     hyouka1;     //学生1的评价
    char     hyouka2;     //学生2的评价
    char     hyouka3;     //学生3的评价
    int      i;           //用于计算得分相加次数的变量

    //从键盘输入
    printf("输入3个人的评价:");
    scanf("%c%c%c", &hyouka1, &hyouka2, &hyouka3);

```

因为从键盘输入，不做初始化

```
    i = 0;
    printf("学生%d的得分:", i + 1);
    scanf("%d", &hyouten1);             //输入学生1的得分
    i++;
    printf("学生%d的得分:", i + 1);
    scanf("%d", &hyouten2);             //输入学生2的得分
    i++;
    printf("学生%d的得分:", i + 1);
    scanf("%d", &hyouten3);             //输入学生3的得分
    i++;

    printf("输入了%d个人的得分\n", i);

    //计算总分和平均分
    gokei = 0;                          //初始化总分
    i = 0;                              //初始化i
    gokei += hyouten1;                  //学生1的得分加到总分
    i++;
    gokei += hyouten2;                  //学生2的得分加到总分
    i++;
    gokei += hyouten3;                  //学生3的得分加到总分
    i++;
    heikin = (double)gokei / i;         //计算平均分

    //显示到命令提示符界面上
    i = 0;                              //再次初始化i
    printf("\n");
    printf("          得分    评价\n");
    printf("学生%d :%3d分    %c\n", i + 1, hyouten1, hyouka1);
    i++;
    printf("学生%d :%3d分    %c\n", i + 1, hyouten2, hyouka2);
    i++;
    printf("学生%d :%3d分    %c\n", i + 1, hyouten3, hyouka3);
    i++;
    printf("平均分:%5.1f分\n", heikin);
    printf("学生数:%2d名\n", N);
    printf("考生数:%2d名\n", i);

    return 0;
}
```

编程助手　致未能正确运行者

```
    ...
i = 0;
printf("学生%d的得分：", i + 1);
scanf("%d", hyouten1);
i++;
printf("学生%d的得分：", i + 1);
scanf("%d\n", &hyouten2);
i++;
printf("学生%d的得分：", i + 1);
scanf("%d", &hyouten3);
i++;
    ...
```

hyouten1 → &hyouten1

%d\n → %d

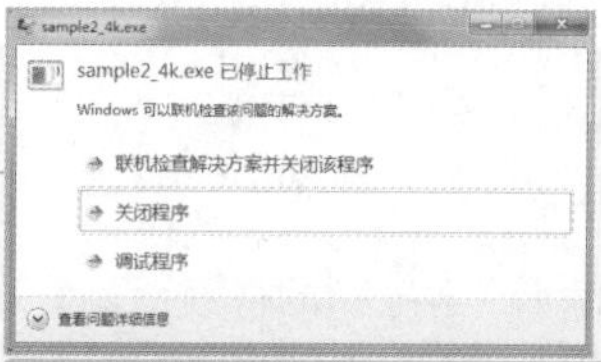
sample2_4k.exe
sample2_4k.exe 已停止工作
Windows 可以联机检查该问题的解决方案。
联机检查解决方案并关闭该程序
关闭程序
调试程序
查看问题详细信息

输入后，动作停止，是因为变量名前缺少“&”

▼ 运行结果

```
输入3个人的评价：SDA
学生1的得分：94
学生2的得分：4

|
```

光标闪烁，无法继续

输入后，按Enter键也不能进入下一个输入的时候，则scanf格式中包含了转换说明符以外的描述。特别是，如果有“\n”，则要求输入表示换行符的ASCII码，但是输入以Enter键结束，不产生换行代码，因此将无法前进。在scanf的格式中，不写除了转换说明符以外的东西是无可非议的。

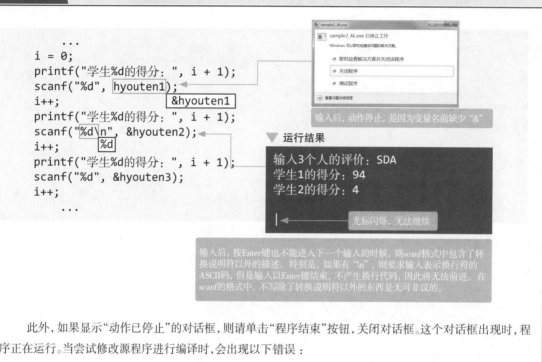

此外，如果显示“动作已停止”的对话框，则请单击“程序结束”按钮，关闭对话框。这个对话框出现时，程序正在运行。当尝试修改源程序进行编译时，会出现以下错误：

▼ 编译结果

```
Can't destroy file:  访问被拒绝。
```

扩 展 scanf 的格式

scanf 可以使用的转换说明符如表 J 所示。

▼ 表 J 转换说明符

转换说明符	含 义	程序示例	输入数据	运行结果

%d	将输入数据理解为带符号的十进制整数	int n;
		
		scanf("%d",&n);
		printf("n= %d\n",n);
			10	n = 10

%i	如果输入数据以0x或0X开头，则将其理解为十六进制数；以0开头，则将其理解为八进制数；以任何其他数字开头，则将其理解为十进制数	int n;
		
		scanf("%i",&n);
		printf("n = %d\n",n);
			10	n = 10

			010	n = 8
			0x10	n = 16

%o	将输入数据理解为带符号的八进制数	int n;
		
		scanf("%o",&n);
		printf("n = %u\n",n);
			10	n = 8

%u	将输入数据理解为无符号的十进制整数	unsigned int n;
		
		scanf("%u",&n);
		printf("n = %u\n",n);
			10	n = 10

%x
%X
	将输入数据理解为无符号的十六进制整数	unsigned int n;
		
		scanf("%x",&n);
		printf("n = %u\n",n);
			10	n = 16

%e
%f
%g
%E
%G
	将输入数据理解为带符号的浮点数	float x,y,z;
		
		scanf("%e",&x);
		printf("x = %f\n",x);
		
		scanf("%f",&y);
		printf("y = %f\n",y);
		
		scanf("%g",&z);
		printf("z = %f\n",z);
			1.5
			1.5
			1.5
				x = 1.500000
				y = 1.500000
				z = 1.500000

			1.5e-1 1.5e-1 1.5e-1	x = 0.150000 y = 0.150000 z = 0.150000

%c	将输入数据理解为字符	char a;
		
		scanf("%c",&a);
		printf("a = '%c'\n",a);
			c	a = 'c'

续表

转换说明符	含 义	程序示例	输入数据	运行结果

%s	将输入数据理解为字符串。最后自动加\0	char a[20];
		
		scanf("%s",a);
		printf("a[ ] = %s\n",a);
			Hello	a[ ] = Hello

%[…]	将字符输入到字符串变量，直到输入[]中指定字符以外的字符。最后自动加\0	char a[20];
		
		scanf("%[abc]",a);
		printf("a[ ] = %s\n",a);
			abcdefg	a[ ] = abc

%[^…]	将字符输入到字符串变量，直到输入[]中指定的字符。最后自动加\0	char a[20];
		
		scanf("%[^abc]",a);
		printf("a[ ] = %s\n",a);
			defb	a[ ] = def

注：关于字符型数组 / 字符串和 \0，请参阅第 3 章。

可以按如下方法指定最大字段宽度：

最大字段宽度的含义	程序示例	输入数据	运行结果

如果在%和转换说明符之间写一个十进制整数，则可以指定被视为一个数据处理的最大位数	int n1,n2;
	
	scanf("%3d",&n1);
	scanf("%d",&n2);
	printf("n1 = %d\n",n1);
	printf("n2 = %d\n",n2);
		1234567	n1 = 123
			n2 = 4567
			n1 只输入前 3 位，剩下的输入到 n2

根据想要输入的变量的类型，需要以下修饰符：

修饰符	转换说明符	要输入的变量类型
hh	%d %i %o %u %x %X %n	signed char unsigned char
h	%d %i	short int
	%o %u %x %X	unsigned short int
l	%d %i	long int
	%o %u %x %X	unsigned long int
	%e %f %g	double
ll	%d %i %o %u %x %X %n	long long int unsigned long long int
L	%e %f %g	long double

总 结

- 在C语言中，所有数据都有类型。在编写程序时，要注意数据的类型。
- 使用变量时，必须预先声明所有变量。在考虑哪种类型比较合适的同时，取一个恰当的变量名。
- 可以使用 printf 在界面上显示数据，使用 scanf 从键盘输入数据。

▼ **主要数据类型和转换说明符**

类　型	值	转换说明符	
		printf	scanf
int	整数	%d	%d
double	浮点数	%f	%lf（英文字母 l 和 f）
char	字符	%c	%c

- 运算符一览表

	运算符	运算的含义
算术运算符	单目＋	原样值
	单目－	负值
	＋	加法
	－	减法
	*	乘法
	/	除法
	%	求余数
自增运算符	＋＋	加1
自减运算符	--	减1
位运算符	&	按位与
	|	按位或
	^	按位异或
	~	按位取补
	<<	按位左移
	>>	按位右移
强制转换	（类型名）	临时转换类型
大小	sizeof	检查操作数的类型的大小（字节数）

续表

	运算符	运算的含义
赋值运算符	=	赋值
	+=	将加法结果进行赋值
	-=	将减法结果进行赋值
	*=	将乘法结果进行赋值
	/=	将除法结果进行赋值
	%=	将求余结果进行赋值
	&=	将与运算结果进行赋值
	|=	将或运算结果进行赋值
	^=	将异或运算结果进行赋值
	<<=	将左移运算结果进行赋值
	>>=	将右移运算结果进行赋值

sample2_x.c

Let's challenge 试着求字符串的哈希值

哈希值是指对输入进行某种处理后求得的值。输入相同的值，并执行相同的处理，总是获得相同的值，因此可以检查信息的篡改。实施的处理称为哈希函数。

这里，通过对字符串 Hello 应用以下的哈希函数来计算哈希值。

哈希函数的内容

将每个字符的 ASCII 码视为数值，将所有字符的 ASCII 码相加，然后通过除以称为哈希长度的固定值（此处设定为 13）获得余数。

▼ 运行结果

```
Hello的哈希值是6
```

▼ 求哈希值的过程

ASCII 码　72 + 101 + 108 + 108 + 111 = 500

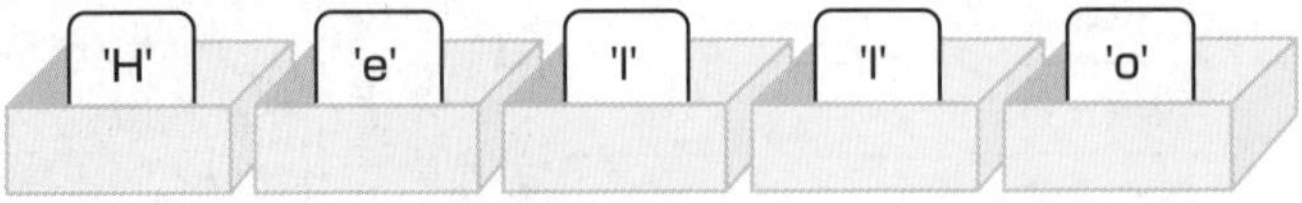
'H'
'e'
'l'
'l'
'o'

500 ÷ 13 = 38 余 6

求得哈希值为 6

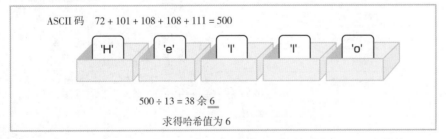

[提示] 准备 5 个 char 类型的变量，并通过初始化、从键盘输入、赋值等方法，将字符存储到变量中。使用这些变量计算哈希值。

第3章

使用数组

在气象观测中，每天测量气温。在学校，数百名学生参加同样的考试。像这样，当有许多相同类型的数据时，如果能将它们一起处理，则可以进一步发挥计算机的性能。作为第一步，下面学习如何使用数组统一管理相同性质的数据。

3-01 数组概述

将相同类型的数据用一个名称管理，并集中处理。

STEP 1 学习数组的结构

▶变量是赋予数据存储位置（地址）的名称。让我们回顾一下P65中的内容。

“多个相似数据”是常有的事情。在第 2 章的基本示例 2–2 使用的程序中，也安排了像 3 个人的得分这样具有相同属性的数据。像这样，把具有相同性质的数据集中在一起，取一个名称的结构叫作数组。如果将变量比作单独住宅，则数组就像一个公寓。变量和数组的区别如图 1 所示。

▼ 图 1　变量和数组的区别

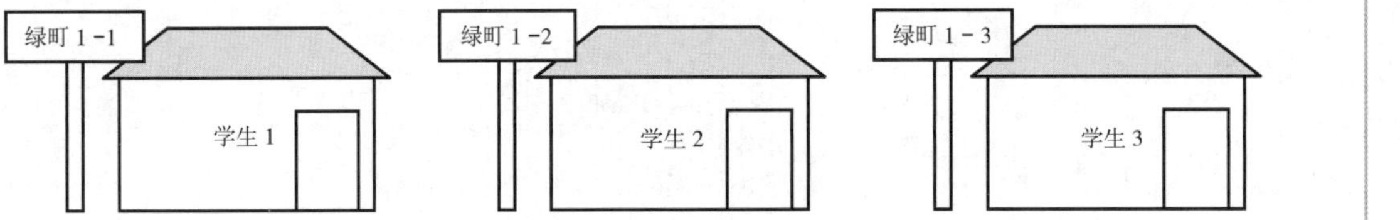
绿町 1 -1
学生 1
绿町 1 -2
学生 2
绿町 1 - 3
学生 3

（a）变量就像单独住宅，每个变量都有自己的地址

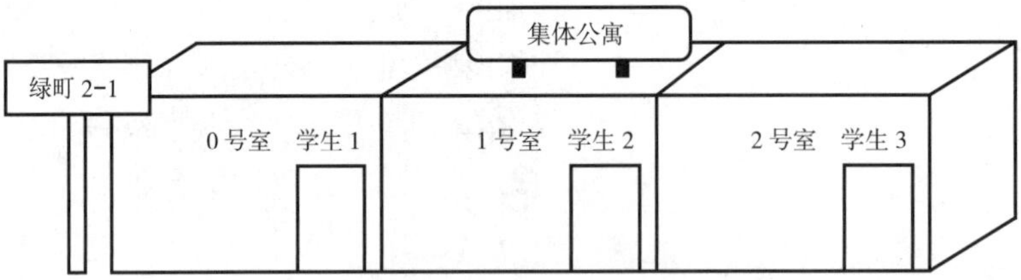
集体公寓
绿町 2-1
0 号室　学生 1
1 号室　学生 2
2 号室　学生 3

（b）数组类似于集体公寓，一个地址有多个居民

每个有单独住宅的家庭都有各自的住所（地址），但是在公寓里，一个住所里住着好几个家庭，也需要很大的场地。于是，为了给各自的家人写信，还要附有用以区分房间的 1 号房间、2 号房间等号码。另外，能够入住公寓的家庭数不能超过准备好的房间数。

在作为单独住宅的变量中，一个变量存储一个数据，而在作为公寓的数组中，一个数组中可以存储多个数据。但是，能够存储的数据数量不能超过预先准备的数量。包含有多个数据的房间，为了相互区分，各房间都有一个称为下标的编号。在 C 语言中，规定了下标是从 0 开始的整数，所以给人以 0 号房间，1 号房间……的印象。现实生活中的公寓，同一栋建筑可以有不同的房间布局，但是在数组中，一个数组的所有元素必须是同一类型。表示多个数组元素的住所（地址）的名称称为数组名称，数组中的每一个数据称为数组元素。

每个变量都有一个变量名，在内存区域中分配分散的地址。与此相对，可以将数组解释为“被分配连续区域的多个变量”。在公寓里，一个住所住多个家庭，需要很大的占地面积；同样地，数组要存储很多数据，就需要相应的内存区域。数组名称是表示分配的连续地址区域的起始地址的名称。变量和数组如图 2 所示。

▼ 图 2　变量和数组

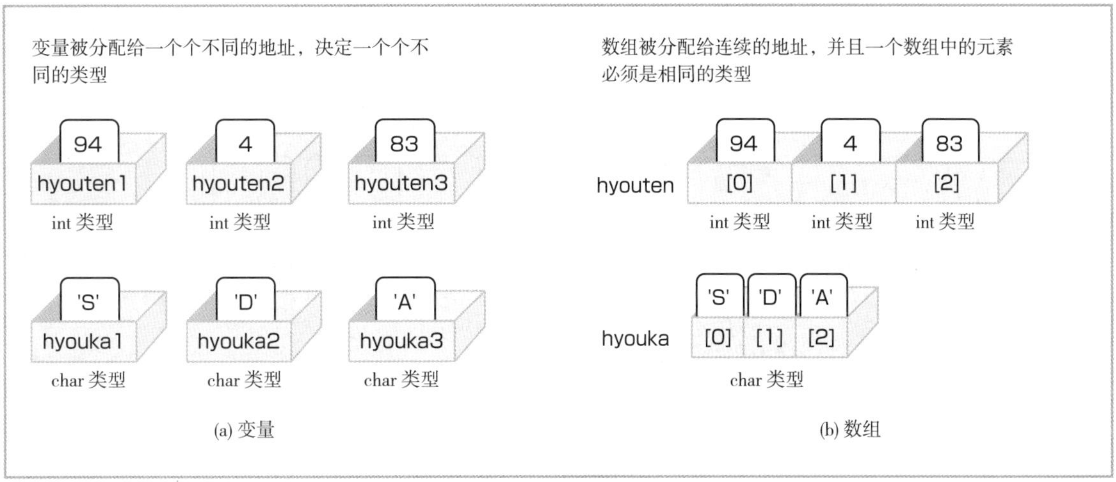
变量被分配给一个个不同的地址，决定一个个不同的类型
94
hyouten1
int 类型
4
hyouten2
int 类型
83
hyouten3
int 类型
'S'
hyouka1
char 类型
'D'
hyouka2
char 类型
'A'
hyouka3
char 类型
(a) 变量
数组被分配给连续的地址，并且一个数组中的元素必须是相同的类型
hyouten
94
[0]
int 类型
4
[1]
int 类型
83
[2]
int 类型
hyouka
'S'
[0]
'D'
[1]
'A'
[2]
char 类型
(b) 数组

对应于公寓房间号的数组的下标如

hyouten [0]

所示，用 [] 括起来。将数组名称和下标的组合与一个变量进行相同的操作，如图 3 所示。

▼ 图 3　使用“数组名称＋下标”实现与变量相同的操作

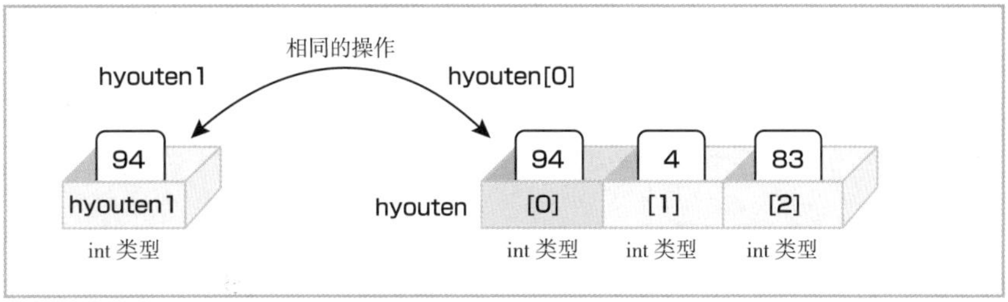
相同的操作
hyouten1
hyouten[0]
94
hyouten1
int 类型
hyouten
94
[0]
int 类型
4
[1]
int 类型
83
[2]
int 类型

STEP 2 字符排列成字符串显示

一个 char 类型变量可以存放一个字符，但是该字符与数值不同，仅在集中处理时才有意义，如图 4 所示。

▼ 图 4　排列字符使之有意义

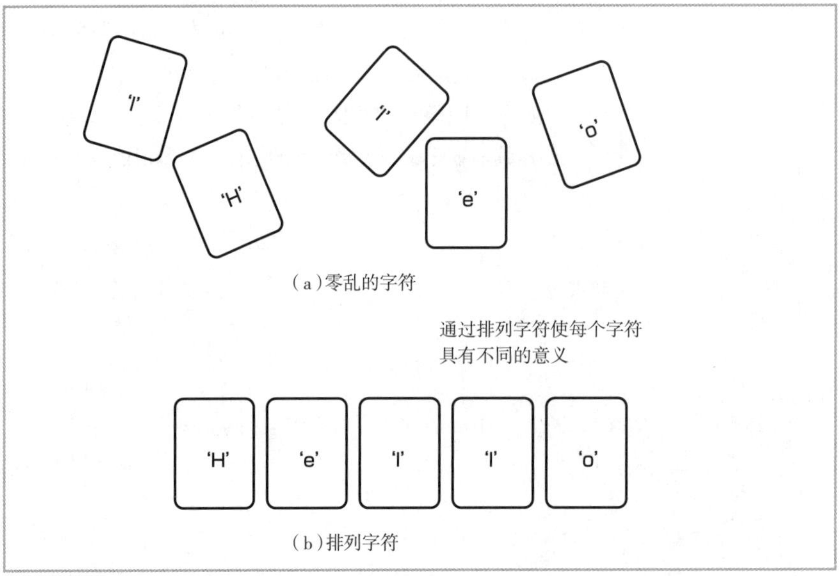
'l'
'H'
'l'
'e'
'o'
（a）零乱的字符
通过排列字符使每个字符
具有不同的意义
'H'
'e'
'l'
'l'
'o'
（b）排列字符

变量是一个一个分散的，但是却为数组分配了连续的地址。通过使用数组可以表示整个一组字符的排列。依次向每个数组元素存储字符，如图 5 所示。

▼ 图 5　char 类型数组中存储的字符

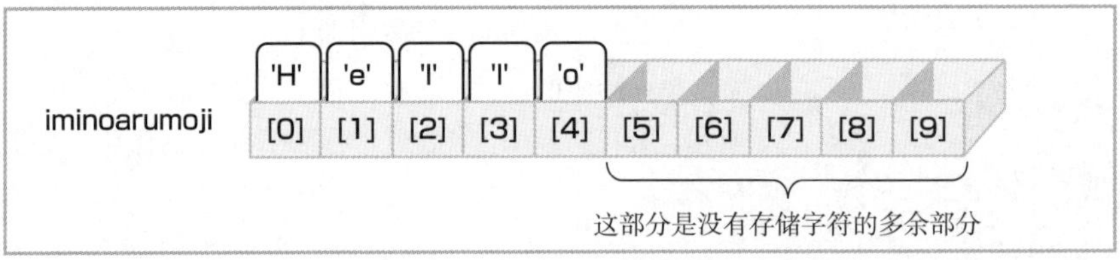
'H'
'e'
'l'
'l'
'o'
iminoarumoji
[0]
[1]
[2]
[3]
[4]
[5]
[6]
[7]
[8]
[9]
这部分是没有存储字符的多余部分

但是，仅这样的话，无法知道数组中到哪儿为止存储着有效字符。因此，最后要加上"结束"标记。在 C 语言中，将 0（二进制数 0000 0000）用作结束标记。尽管 0 是一个数字，但可以使用第 2 章中学习的扩展符号，将其视为类似于 '\0' 的字符来使用，如图 6 所示。

▼ 图 6　标明字符串的结束

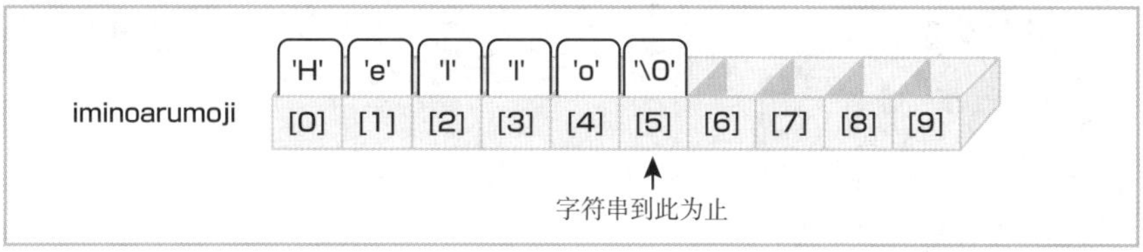
iminoarumoji
'H'
'e'
'l'
'l'
'o'
'\0'
[0]
[1]
[2]
[3]
[4]
[5]
[6]
[7]
[8]
[9]
字符串到此为止

这样，加上表示结束的 '\0' 的字符序列称为字符串。字符串的常量值用 "" 括起来表示。例如：

"Hello"

此时，Hello 有 5 个字符，但要包含最后的 '\0'，需要 6 个字符的存储空间。注意，数组元素的数量不要缺少。

▶字符用单引号括起来表示，字符串用双引号括起来表示。

1、'1' 和 "1" 表示的意义都不一样。1 是数值，'1' 是字符，"1" 是字符串。内存中的存储如图 7 所示。

▼ 图 7　1、'1' 和 "1" 的区别

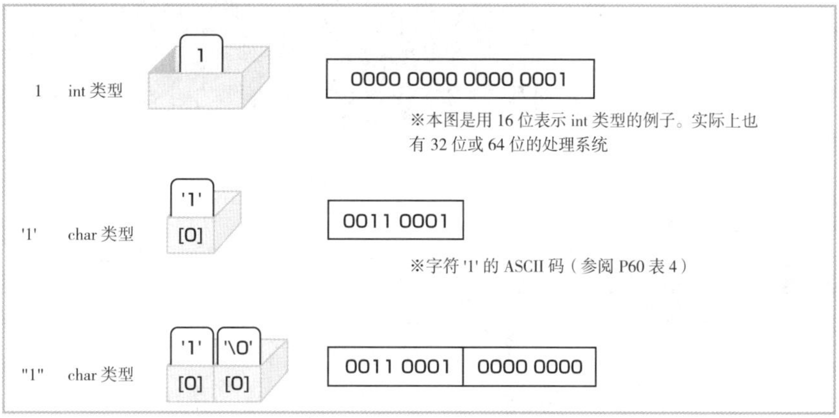
1　int 类型
1
0000 0000 0000 0001
※本图是用 16 位表示 int 类型的例子。实际上也有 32 位或 64 位的处理系统
'1'　char 类型
'1'
[0]
0011 0001
※字符 '1' 的 ASCII 码（参阅 P60 表 4）
"1"　char 类型
'1'
'\0'
[0]
[0]
0011 0001
0000 0000

3 02 使用数组编写程序

尝试编写使用数组的程序。

基本示例 3-2

将第 2 章的应用示例 2-3 用数组重写。为 3 个人的得分和评价赋值，求出 3 个人的平均分并显示。

▼ 运行结果

```
          得分    评价
学生1 :  94分    S
学生2 :   4分    D
学生3 :  83分    A
平均分:  60.3分
学生数:3名
考生数:3名
```


学习

STEP 1 声明数组

像变量一样，在使用数组时，必须预先声明“这是数组”。除了类型之外，还要指明数组中元素的数量。

▶在声明数组的语句中，[] 中的数值表示数组元素的数量。在右边的示例中，数组 hyouten[3] 是“有 3 个元素”的意思，不是“第 3 个元素”的意思。

```
类型名  数组名[数组元素数量];
```

有 3 名学生，要将 3 人的得分和 3 人的评价保存到数组中，须按以下方式声明数组。

```
int     hyouten[3];      //声明存放3个人得分的数组
char    hyouka[3];       //声明存放3个人评价的数组
```

声明的数组如图 8 所示。

▼ 图 8　声明的数组

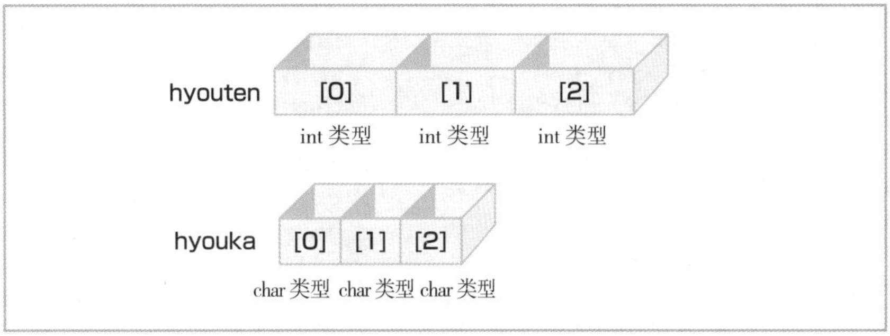

hyouten
[0]
[1]
[2]
int 类型
int 类型
int 类型
hyouka
[0]
[1]
[2]
char 类型
char 类型
char 类型

▶程序执行期间不能更改数组元素的数量，但是如果程序修改后，进行重新编译和重新运行的操作，则可以以不同的数组元素数量重新开始运行。这与在已经建造完的公寓保持居住状态下，无法进行房间数量的增加或减少，是很相似的。

程序执行期间不能更改数组元素的数量。此外，数组元素的数量在之后的运算中经常被使用，因此建议定义为一个常量名。在程序开始时，定义

```
#define  N  3              //将学生人数定义为常量
```

然后在数组声明中使用常量名。

```
int    hyouten[N];         //声明存放N个人得分的数组
char   hyouka[N];          //声明存放N个人评价的数组
```

专　栏　计算数组元素的数量

使用第 2 章中学过的 sizeof 运算符，可以检查数组元素的数量。sizeof 运算符可以将类型名称或变量 / 数组名称指定为操作数。数组元素的数量可以按如下公式计算：

$$\text{数组元素的数量} = \frac{\text{指定数组的大小}}{\text{构成数组的类型大小}}$$

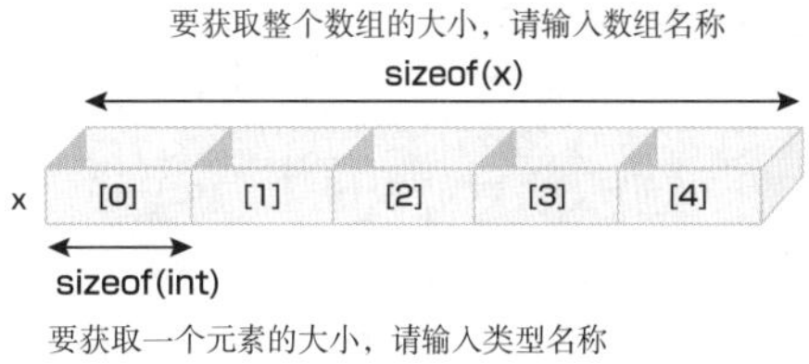

要获取整个数组的大小，请输入数组名称
sizeof(x)
x
[0]
[1]
[2]
[3]
[4]
sizeof(int)
要获取一个元素的大小，请输入类型名称

▼ 列表　程序示例(sample3_h1.c)

```
/**********************************************
     专栏      检查数组元素的数量
***********************************************/
#include <stdio.h>

int main(void)
{
```

```
    //声明变量
    int     x[5];               //int类型数组，元素的数量为5个
    int     x_n;                //数组x的元素数量
    char    moji[80];           //char类型数组，元素的数量为80个
    int     moji_n;             //数组moji的元素数量
    double  y[10];              //double类型数组，元素的数量为10个
    int     y_n;                //数组y的元素数量

    //计算数组的元素数量
    x_n = sizeof(x) / sizeof(int);
    moji_n = sizeof(moji) / sizeof(char);
    y_n = sizeof(y) / sizeof(double);

    printf("int类型数组x的元素数量是%d\n", x_n);
    printf("char类型数组moji的元素数量是%d\n", moji_n);
    printf("double类型数组y的元素数量是%d\n", y_n);

    return 0;
}
```

▼ 运行结果

```
int类型数组x的元素数量是5
char类型数组moji的元素数量是80
double类型数组y的元素数量是10
```

获得的元素数量与声明的一致，元素数量计算正确。

STEP 2 给数组元素赋值

在数组中存储数据时，使用下标指定一个数组元素。数组名称和下标的组合，可以像对一个变量一样进行处理，如图 9 所示。

3 名学生的得分和评价可以按如下语句进行赋值：

```
//赋值
hyouten[0] = 94;        //学生1的得分赋值
hyouten[1] = 4;         //学生2的得分赋值
hyouten[2] = 83;        //学生3的得分赋值
hyouka[0]  = 'S';       //学生1的评价赋值
hyouka[1]  = 'D';       //学生2的评价赋值
hyouka[2]  = 'A';       //学生3的评价赋值
```

图 9　给数组赋值

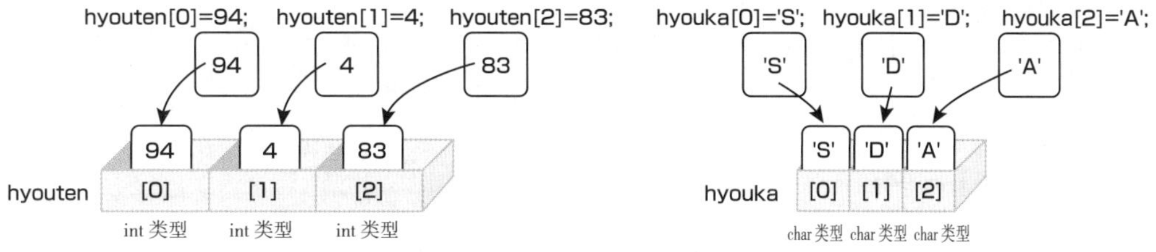
hyouten[0]=94;
hyouten[1]=4;
hyouten[2]=83;
94
4
83
hyouten
[0]
[1]
[2]
int 类型
int 类型
int 类型
hyouka[0]='S';
hyouka[1]='D';
hyouka[2]='A';
'S'
'D'
'A'
hyouka
char 类型
char 类型
char 类型

指定元素的下标值必须是：

0 ~ 元素数量- 1

在本例中，数组 hyouten 有 3 个元素，因此有效的下标为 0 ~ 2，如图 10 所示。

图 10　从 hyouten[0] 到 hyouten[2]

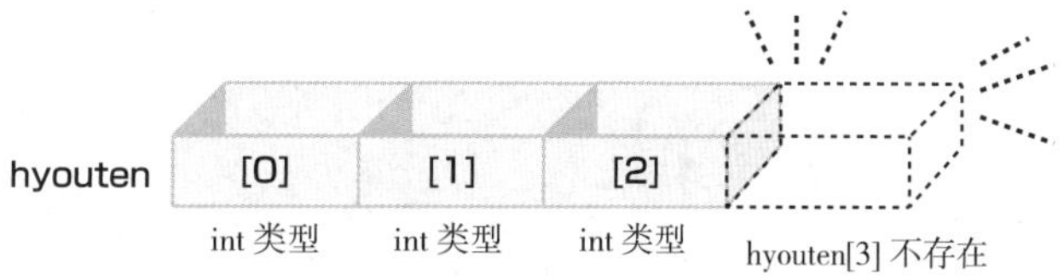
hyouten
[0]
[1]
[2]
int 类型
int 类型
int 类型
hyouten[3] 不存在

配套资源 »

原始文件……sample2_3o.c
完成文件……sample3_2k.c

程序示例

下面用数组改写第 2 章应用示例 2-3 的程序并运行。

```
/********************************************
    利用数组    基本示例3-2
********************************************/
#include <stdio.h>
#define    N    3    //将学生人数定义为常量

int main(void)
{
    //声明变量
```

```
    int     hyouten[N];     //N个人的得分
    int     gokei;          //得分的总分
    double  heikin;         //得分的平均分
    char    hyouka[N];      //N个人的评价
    int     i;              //用于计算得分相加次数的变量

    //赋值
    hyouten[0] = 94;      //学生1的得分赋值
    hyouten[1] = 4;       //学生2的得分赋值
    hyouten[2] = 83;      //学生3的得分赋值
    hyouka[0]  = 'S';     //学生1的评价赋值
    hyouka[1]  = 'D';     //学生2的评价赋值
    hyouka[2]  = 'A';     //学生3的评价赋值

    //计算总分和平均分
    gokei = 0;                          //初始化总分
    i = 0;                              //初始化i
    gokei += hyouten[0];                //将学生1的得分加到总分
    i++;                                //1次结束
    gokei += hyouten[1];                //将学生2的得分加到总分
    i++;                                //2次结束
    gokei += hyouten[2];                //将学生3的得分加到总分
    i++;                                //3次结束

    heikin = (double)gokei / i;         //计算平均分

    //显示到命令提示符界面上
    i = 0;                              //再次初始化i
    printf("      得分    评价\n");
    printf("学生%d:%3d分    %c\n", i + 1, hyouten[0], hyouka[0]);
    i++;
    printf("学生%d:%3d分    %c\n", i + 1, hyouten[1], hyouka[1]);
    i++;
    printf("学生%d:%3d分    %c\n", i + 1, hyouten[2], hyouka[2]);
    i++;
    printf("平均分:%5.1f分\n", heikin);
    printf("学生数:%2d名\n", N);
    printf("考生数:%2d名\n", i);

    return 0;
}
```

改为数组、删除初始化

给数组赋值

改为数组

编程助手 致遇到编译错误者

```
int main(void)
{
    //声明变量
        ...
    int      i;     //用于计算得分相加次数的变量
        ...
    //显示
    printf("        得分     评价\n");
    int i = 0;     //再次初始化i
    printf("学生%d : %3d分    %c\n", i + 1, hyouten[0], hyouka[0]);
    i++;
        ...
```

出现 redefinition of 'i' 的错误，i = 0; 的前面加了表示类型的 int。如果在变量名之前加上类型名称，则将成为新变量的声明语句。变量已经被声明，不能两次声明相同名称的变量。要明确区分赋值语句和带有初始化的声明语句

```
int main(void)
{
    //声明变量
    int      hyouten;            //N个人的得分
    int      goke hyouten[N];    //得分的总分
    double   heikin;             //得分的平均分
    char     hyouka[N];          //N个人的评价
    int      i;                  //用于计算得分相加次数的变量

    //赋值
    hyouten[0] = 94;    //学生1的得分赋值
    hyouten[1] = 4;     //学生2的得分赋值
    hyouten[2] = 83;    //学生3的得分赋值
    hyouka[0]  = 'S';   //学生1的评价赋值
    hyouka[1]  = 'D';   //学生2的评价赋值
    hyouka[2]  = 'A';   //学生3的评价赋值
```

如果在所有使用数组名称hyouten的地方，都发生subscripted value is not an array, pointer, or vector这样的错误，请确认一下 hyouten 是否声明为数组。在数组名称后面必须要有[数组元素数量]，这个也是只看错误的地方，即不会注意到的那种错误

```
int main(void)
{
    //声明变量
    int      hyouten[N];     //N个人的得分
    int      gokei;          //得分的总分
    double   heikin;         //得分的平均分
    char     hyouka[N];      //N个人的评价
    int      i;              //用于计算得分相加次数的变量

    //赋值
    hyouten = 94;   //学生1的得分赋值
      hyouten[0]
        ...
    //显示到命令提示符界面上
```

如果出现 array type int [3]' is not assignable 的错误，请确认有没有忘记数组名称后的下标

```
printf("        得分    评价\n");
i = 0;                      //再次初始化i   hyouten[0]
printf("学生%d : %3d分     %c\n", i + 1, hyouten, hyouka[0]);
i++;
```

在printf语句中，如果出现了 format specifies type 'int' but the argument has type 'int'的警告，请确认有没有忘记数 组名后的下标。
如果没有其他错误，则可以运行，但是不能得到正确的结果

▼ 没有其他错误时的运行结果

```
学生1 :  1703668分    S
学生2 :   4分    D
学生3 :  83分    A
```

没有得到正确的结果

扩 展　用键盘向数组元素输入值

在第 2 章中学习了用键盘向变量输入值的方法。那么，如何用键盘向数组元素输入值呢？

请记住“数组名称和下标的组合，与一个变量进行相同的操作”，试着将变量名替换成数组。

▼ Figure 1　用键盘输入数组

```
int     hyouten1;     //变量声明
scanf("%d", &hyouten1);
```

对于变量，在“&”后写变量名称

```
int     hyouten[N];     //数组声明
scanf("%d", &hyouten[0]);
```

在“&”后写数组名称+下标，而不是变量名称

▼ 列表　程序示例(sample3_h2.c)

```
/**********************************************
    扩展      数组与键盘输入
**********************************************/
#include <stdio.h>
#define     N     3             //将学生人数定义为常量

int main(void)
{
    //声明变量
    int     hyouten[N];         //N个人的得分
    int     i;                  //用于计算输入次数的变量

```

```
    //输入得分
    i = 0;                                //初始化i
    printf("学生%d的得分：", i + 1);
    scanf("%d", &hyouten[0]);             //输入学生1的得分
    i++;                                  //1次结束
    printf("学生%d的得分：", i + 1);
    scanf("%d", &hyouten[1]);             //输入学生2的得分
    i++;                                  //2次结束
    printf("学生%d的得分：", i + 1);
    scanf("%d", &hyouten[2]);             //输入学生3的得分
    i++;                                  //3次结束

    //显示到命令提示符界面上
    i = 0;                //再次初始化i
    printf("\n        得分\n");
    printf("学生%d ： %3d分\n", i + 1, hyouten[0]);
    i++;
    printf("学生%d ： %3d分\n", i + 1, hyouten[1]);
    i++;
    printf("学生%d ： %3d分\n", i + 1, hyouten[2]);
    i++;

    return 0;
}
```

▼ 运行结果

```
学生1得分：94
学生2得分：4
学生3得分：83

        得分
学生1 ： 94分
学生2 ：  4分
学生3 ： 83分
```

□ 表示来自键盘的输入

应用示例 3-2

如果预先知道数值，则可以和变量一样初始化数组。另外，试着用变量表示数组的下标。

▼ 运行结果

```
            得分    评价
学生1 :  94分    S
学生2 :   4分    D
学生3 :  83分    A
平均分:  60.3分
学生数:3名
考生数:3名
```


学习

STEP 3 通过初始化设置数组的初值

可以在声明数组的同时提供初值。数组的初始化是将数组元素数的数据用“,”分隔排列，并用 {} 括起来，称为初始化器。可以一次初始化很多数组元素。初始化 3 个人的得分和评价，代码如下所示：

▶当进行初始化数据的数量比数组元素的数量少时，不足的部分初始化为 0；多的时候会发生编译错误。
这种描述仅适用于初始化中，赋值语句中不能这样描述。赋值的时候，是给数组元素一个一个地赋值。

```
int  hyouten[N] = { 94 , 4 , 83 };     //初始化3个人的得分
char hyouka[N] = { 'S' , 'D' , 'A' }; //初始化3个人的评价
```

声明数组的同时进行初始化，可以省略数组元素的数量。此时，数组元素的数量是初始化器的数量。 但是，[] 不能省略。

```
int  hyouten[] = { 94 , 4 , 83 }; //按人数进行得分的初始化
```

此时，因为初始化器是 3 个，数组 hyouten 的元素数量便成为 3 个。

STEP 4 用变量表示下标

数组的下标必须是从 0 开始的整数值。可以用有相同值的 int 类型变量名称代替表示下标的 int 类型常数值，如图 11 所示。

▼ 图 11 通过变量使用下标

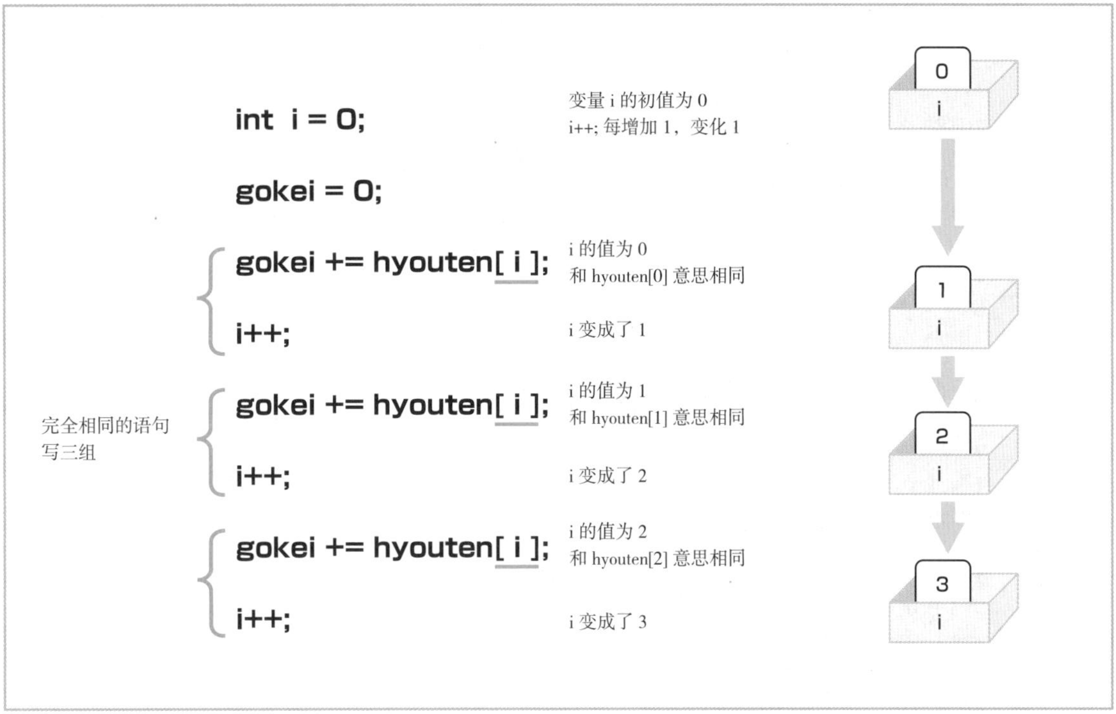
int i = 0;
变量 i 的初值为 0
i++; 每增加 1，变化 1
gokei = 0;
gokei += hyouten[i];
i 的值为 0
和 hyouten[0] 意思相同
i++;
i 变成了 1
gokei += hyouten[i];
i 的值为 1
和 hyouten[1] 意思相同
i++;
i 变成了 2
gokei += hyouten[i];
i 的值为 2
和 hyouten[2] 意思相同
i++;
i 变成了 3
完全相同的语句写三组
0
i
1
i
2
i
3
i

▶这种思维方式将成为第 4 章中学习程序控制的基础，因此要充分理解。

排列了 3 组完全相同的两个表达式。通过引入变量 i，将相同的表达式重复 3 次。重点是“完全相同”。

配套资源 》
原始文件……sample3_2k.c
完成文件……sample3_2o.c

程序示例

将基本示例 3-2 的程序，改写为通过初始化给出数组的数据。另外，计算和显示总分时，试着改写为用变量作为数组的下标。

```
/*********************************************
     数组初始化      应用示例3-2
*********************************************/
#include <stdio.h>
#define    N    3             //将学生人数定义为常量

int main(void)
{
    //声明变量
    int     hyouten[N] = { 94 , 4 , 83 };       //初始化N个人的得分
    int     gokei;            //得分的总分
    double  heikin;           //得分的平均分
    char    hyouka[N] = { 'S' , 'D' , 'A' };   //初始化N个人的评价
```

```
    int         i;            //用于计算得分相加次数的变量
                              删除赋值

    //计算总分和平均分
    gokei = 0;                        //初始化总分
    i = 0;                            //初始化i
    gokei += hyouten[i];              //将学生1的得分加到总分
    i++;                              //1次结束
    gokei += hyouten[i];              //将学生2的得分加到总分
    i++;                              //2次结束
    gokei += hyouten[i];              //将学生3的得分加到总分
    i++;                              //3次结束

    heikin = (double)gokei / i;       //计算平均分

    //显示到命令提示符界面上
    i = 0;                            //再次初始化i
    printf("        得分    评价\n");
    printf("学生%d :%3d分    %c\n", i + 1, hyouten[i], hyouka[i]);
    i++;
    printf("学生%d :%3d分    %c\n", i + 1, hyouten[i], hyouka[i]);
    i++;
    printf("学生%d :%3d分    %c\n", i + 1, hyouten[i], hyouka[i]);
    i++;
    printf("平均分:%5.1f分\n", heikin);
    printf("学生数:%2d名\n", N);
    printf("考生数:%2d名\n",i);

    return 0;
}
```

专栏 下标的初始化/再次初始化

在应用示例 3-2 中，将变量 i 用作了下标。数组的下标为 0 ~（元素数量 -1），因此变量 i 必须保持该范围的值。i 的值随着语句

i++;

会不断变化，但其基础是由语句

i = 0;

进行的变量 i 的初始化。如果忘记了这一点，则下标将指向完全错误的区域。至于下标是否在正确范围内，取决于编写程序的你，如 Figure 2 所示。

▼ Figure 2　如果忘记了初始化，则下标将指向错误的区域

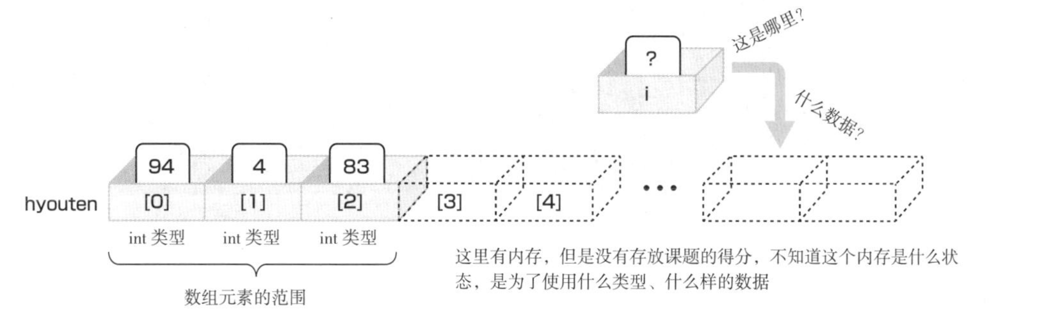
这是哪里?
?
i
什么数据?
94
4
83
hyouten
[0]
[1]
[2]
[3]
[4]
int 类型
int 类型
int 类型
数组元素的范围
这里有内存，但是没有存放课题的得分，不知道这个内存是什么状态，是为了使用什么类型、什么样的数据

将变量用作下标是通向第 4 章的步骤。在第 4 章，程序将实现巨大的飞跃。但是，作为代价，仅凭源程序无法确认下标所指定的内容。必须确定数组的范围。为此，第一步是确保下标已经初始化。初始化非常重要。在应用示例 3-2 的程序中，相加之前和显示之前进行了两次初始化。一定要注意，因为往往会忘记第二次初始化。

03 使用数组处理字符串

将字符串作为 char 类型数组进行处理。除了作为数组的共同事项以外，学习只有字符串才有的处理方法。

基本示例 3-3

在应用示例 3-2 的程序中添加学号的显示。

▼ 运行结果

```
学号          得分    评价
A0615         94分    S
A2133          4分    D
A3172         83分    A
    平均分： 60.3分
    学生数：3名
    考生数：3名
```

学习

STEP 1 为字符串准备数组

首先，准备一个 char 类型的数组来存储字符串，如图 12 所示。如果学号是 5 位数，则必须要 6 个字符的元素，应包括最后的 '\0'。

▼ 图 12 char 类型数组

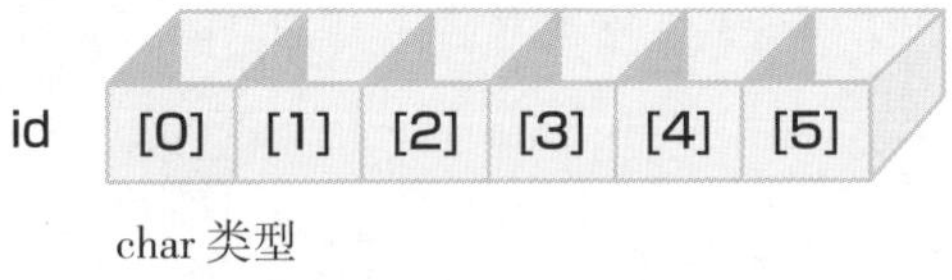
id
[0]
[1]
[2]
[3]
[4]
[5]
char 类型

和之前一样，通过指定类型、数组名称和元素数量声明数组。

```
char   id[6];     //声明char类型数组（6个字符）
```

STEP 2 将字符串赋值给 char 类型数组

对 char 类型的数组赋值，是逐个字符进行的，与 int 类型的数组赋值一样。不要忘记在末尾赋值 '\0'，如图 13 所示。

```
id[0] = 'A';
id[1] = '0';
id[2] = '6';
id[3] = '1';
id[4] = '5';
id[5] = '\0';
```

▼ 图 13 将字符串赋给 char 类型数组

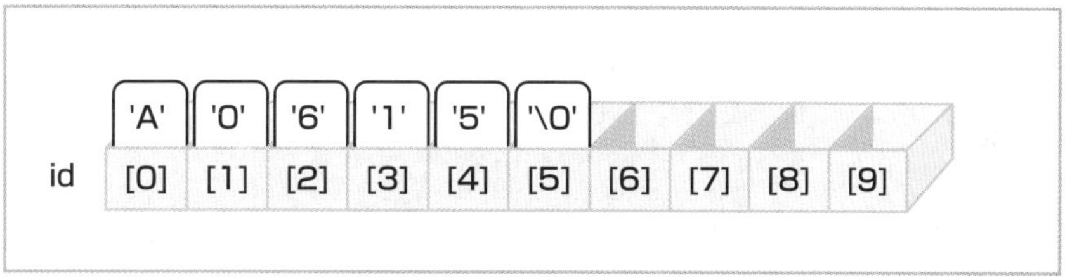
'A'
'0'
'6'
'1'
'5'
'\0'
id
[0]
[1]
[2]
[3]
[4]
[5]
[6]
[7]
[8]
[9]

STEP 3 通过字符串初始化 char 类型数组

▶让我们回顾一下 P116 中的应用示例 3–2。

数组的初始化是只有在声明语句中才允许的描述方法。字符串也完全可以进行同样的初始化。

```
char  id[6] = {'A' , '0' , '6' , '1' , '5' , '\0'};     //初始化学号
```

▶参考 P106。

▶如果省略数组元素的数量，则要确保元素数量也包含了 '\0'。
char id [] = "A0615";
如果这样写，则数组 id 的元素数量将为 6。

但是，每一个字符都用 “'” 括起来书写很麻烦。而且，好像又忘记了 '\0'。这里，想起字符串特有的常量值的表示形式，用 “"” 括起来的话，会包含最后的 '\0'。用这种方法，可以进行如下描述。

```
char  id[6] = "A0615";          //初始化学号
```

STEP 4 显示字符串

在第 2 章中，使用 printf 显示了数值和字符。此时，请回想一下，格式是由转换说明符指定的。

```
printf("格式",表列);
```

字符串是字符的集合，因此当然可以逐个显示字符。由此，为字符串提供了专用的字符串转换说明符，如表 1 所示。

▶这里，重点介绍第 2 章 P62 表 5 中列出的具有代表性的类型。

表 1 printf 语句的输出格式

输出格式	转换说明符	适用类型
字符	%c	char , int
十进制数	%d	char , int
浮点数	%f	double
字符串	%s	char[]

对应于转换说明符 %s 的类型必须是 char 类型的数组。由于一起显示多个字符，因此不用带数组下标，如图 14 所示。

图 14 显示字符串

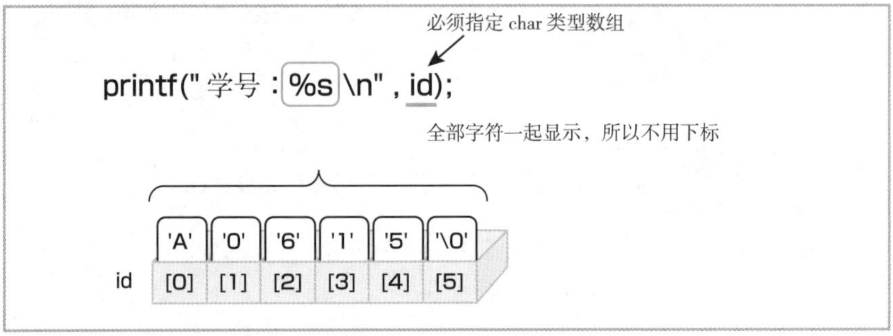
必须指定 char 类型数组
printf(" 学号 : %s \n" , id);
全部字符一起显示，所以不用下标
'A'
'0'
'6'
'1'
'5'
'\0'
id
[0]
[1]
[2]
[3]
[4]
[5]

即使作为字符串存储在数组中，如果只想显示开头的第一个字符，也可以用转换说明符 %c，并指定要显示字符的下标，如图 15 所示。

图 15 显示字符串的第一个字符

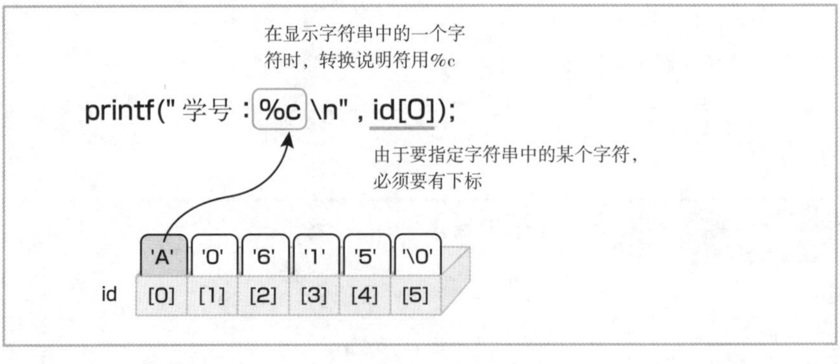
在显示字符串中的一个字符时，转换说明符用%c
printf(" 学号 : %c \n" , id[0]);
由于要指定字符串中的某个字符，必须要有下标
'A'
'0'
'6'
'1'
'5'
'\0'
id
[0]
[1]
[2]
[3]
[4]
[5]

配套资源

原始文件……sample3_2o.c
完成文件……sample3_3k.c

程序示例

在应用示例 3-2 的程序中，尝试添加关于学号的内容，然后运行。

```
/********************************************
    字符串    基本示例3-3
********************************************/
#include <stdio.h>
#define N      3     //学生人数定义为常量
#define ID_N   5     //学号位数定义为常量

int main(void)
{
    //声明变量
    char    id1[ID_N + 1] = "A0615";            //初始化学号1
    char    id2[ID_N + 1] = "A2133";            //初始化学号2
    char    id3[ID_N + 1] = "A3172";            //初始化学号3
    int     hyouten[N] = { 94 , 4 , 83 };       //初始化N个人的得分
    int     gokei;                              //得分的总分
    double  heikin;                             //得分的平均分
    char    hyouka[N] = { 'S' , 'D' , 'A' }; //初始化N个人的评价
    int     i;                                  //数组hyouten和hyouka的下标

    //计算得分的总分和平均分
    gokei = 0;                                  //初始化总分
    i = 0;                                      //初始化i
    gokei += hyouten[i];                        //将学生1的得分加到总分
    i++;                                        //1次结束
    gokei += hyouten[i];                        //将学生2的得分加到总分
    i++;                                        //2次结束
    gokei += hyouten[i];                        //将学生3的得分加到总分
    i++;                                        //3次结束

    heikin = (double)gokei / i;                 //计算平均分

    //显示到命令提示符界面上
    i = 0;                                      //再次初始化i
    printf("学号      得分    评价\n");
    printf("%-10s   %3d分    %c\n", id1, hyouten[i], hyouka[i]);
    i++;
    printf("%-10s   %3d分    %c\n", id2, hyouten[i], hyouka[i]);
    i++;
    printf("%-10s   %3d分    %c\n", id3, hyouten[i], hyouka[i]);
    i++;
    printf("      平均点:%5.1f分\n", heikin);
    printf("      学生数:%2d名\n", N);
    printf("      考生数:%2d名\n", i);

    return 0;
}
```

必须要有'\0'的空间

准备存放3个人学号的数组，并进行初始化

分别显示学号

编程助手　致遇到编译错误者

```
int main(void)
{
    //声明变量                      "A0615"
    char id1[ID_N + 1] = 'A0615';      //初始化学号
        ...
```

出现 multi-character character constant 的警告、array initializer must be an initializer list or string literal 的错误时，必须为 "" 的地方用了 ''，一个字符常量必须用 '' 括起来，字符串常量必须用 "" 括起来。注意字符和字符串之间的区别

```
    printf("%-10s   %3d分    %c\n", id1[0], hyouten[i], hyouka[i]);
                                     id1
```

printf语句中如果出现 format specifies type 'char *' but the argument has type 'char' 的警告，指该指定数组的地方是一个变量（数组+下标）。%s是显示字符串的转换说明符，显示对象是整个数组，所以不需要下标。因为是警告，如果没有其他错误程序还可以运行，则会中途结束

▼ 没有其他错误时的运行结果

```
c:\Cstart>sample3_3k
学号      得分      评价

c:\Cstart>
```

此外，有时会显示“动作已停止”的界面。在这种情况下，单击“程序结束”关闭界面。在显示这个界面时，程序正在运行。当尝试修改源程序进行编译时，会出现以下错误：

▼ 编译结果

```
Can't destroy file:  访问被拒绝。
```

```
    printf("%-10c   %3d分    %c\n", id1, hyouten[i], hyouka[i]);
            %-10s
```

printf语句中如果出现format specifies type 'int' but the argument has type 'char *'的警告，因为显示字符串的格式用了%c。显示字符的%c对应的是变量，而显示字符串的%s对应的是数组，因为是警告，如果没有其他错误程序还可以运行，则不能正确显示学号

▼ 没有其他错误时的运行结果

```
学号        得分    评价
·           94分    S
·            4分    D
·           83分    A
    平均分:  60.3分
```

编程助手 致未能正确运行者

```
int main(void)
{
    //声明变量
    char    id1[ID_N] = "A0615";      //初始化学号1
    char    id2[ID_N[ID_N + 1]3";      //初始化学号2
    char    id3[ID_N[ID_N + 1]2";      //初始化学号3
      ...       [ID_N + 1]
    //显示到命令提示符界面上
    i = 0;                              //再次初始化i
    printf("学号       得分     评价\n");
    printf("%-10s   %3d分    %c\n", id1, hyouten[i], hyouka[i]);
    i++;
    printf("%-10s   %3d分    %c\n", id2, hyouten[i], hyouka[i]);
    i++;
    printf("%-10s   %3d分    %c\n", id3, hyouten[i], hyouka[i]);
    i++;
    printf("     平均分: %5.1f分\n", heikin);
    printf("     学生数: %d名\n", N);
```

必须是学号的位数 + '\0'的数组元素

如果在学号之后显示了含义不明的字符，是声明数组时的元素数量不足。对于不足的区域，因为初始化超出范围，所以 '\0' 消失了，而下一个区域则会超出范围显示出来。
printf 语句中没有错误，请检查声明部分

```
学号          得分    评价
A0615         94分    S
A2133@         4分    D
A3172         83分    A
     平均分:  60.3分
     学生数: 3名
```

扩 展 二维数组

想象一下将目前为止学过的数组立体地堆起来。到现在为止的数组就像一个单层的联排别墅，但这次看到的像是一栋高层公寓。要表示这样的数组，需要使用两个下标。将要堆叠的数组元素的行数和水平排列的数组元素数量按顺序在声明语句中用 [] 括起来进行描述，如 Figure 3 所示。

赋值语句也是一样。 例如，如果要将数据 10 赋值给 data [2] [1]（Figure 3 中的深色元素），则描述为 data [2] [1] = 10 ；。

▼ Figure 3 二维数组与下标

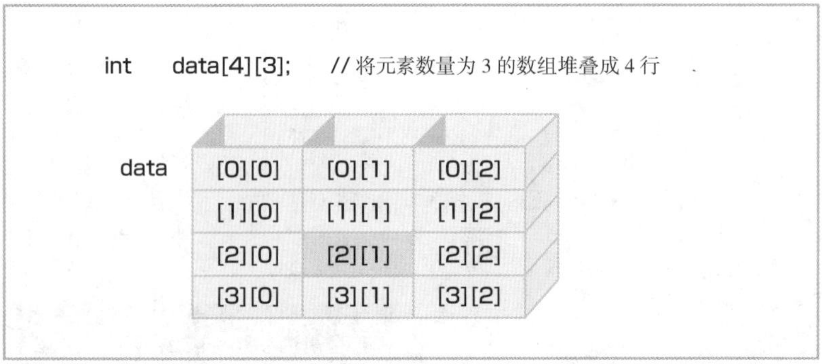
int data[4][3]; // 将元素数量为 3 的数组堆叠成 4 行
data
[0][0] [0][1] [0][2]
[1][0] [1][1] [1][2]
[2][0] [2][1] [2][2]
[3][0] [3][1] [3][2]

在实际内存中，是像 Figure 4 那样放置，只不过是用两个下标表示。

▼ Figure 4 二维数组的内存布局

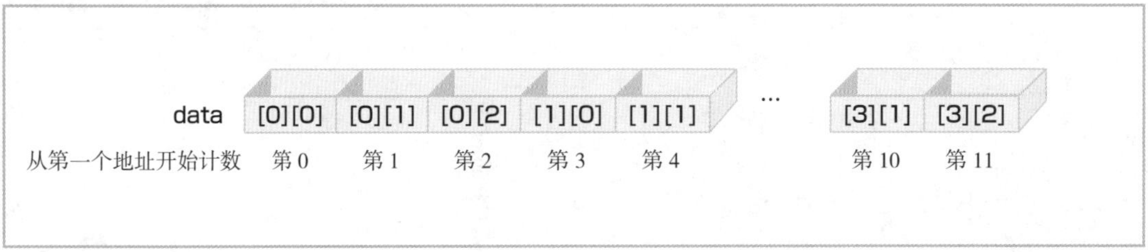
data
[0][0] [0][1] [0][2] [1][0] [1][1] … [3][1] [3][2]
从第一个地址开始计数 第 0 第 1 第 2 第 3 第 4 第 10 第 11

所有的数组元素都分配给连续的地址，即使是二维数组也是如此。 在进行二维信息的图像处理时，二维数组是必不可少的。

以下程序是求 4 个课题的合计分数作为得分的程序。这个程序使用了两个二维数组。第一个是存储 3 个学生学号的 char 类型的二维数组 id，第二个是存储 3 个学生 4 个课题得分的 int 类型的二维数组 kadai。在数组 id 中，将表示一个学生的学号的字符串横着排列，然后按人数堆叠起来。在数组 kadai 中，每个学生的 4 个课题的得分横着排列，然后按人数堆叠起来。在二维数组中初始化时，求每个学生的得分，如 Figure 5 所示。

Figure 5　两个二维数组

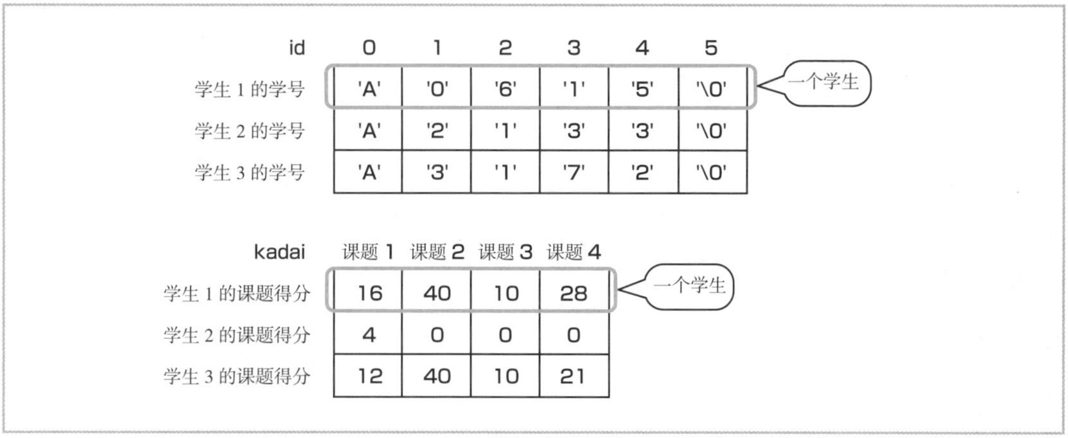
id
0 1 2 3 4 5
学生 1 的学号 'A' '0' '6' '1' '5' '\0'
学生 2 的学号 'A' '2' '1' '3' '3' '\0'
学生 3 的学号 'A' '3' '1' '7' '2' '\0'
一个学生
kadai
课题 1 课题 2 课题 3 课题 4
学生 1 的课题得分 16 40 10 28
学生 2 的课题得分 4 0 0 0
学生 3 的课题得分 12 40 10 21
一个学生

列表　程序示例（sample3_h3.c）

```
/*******************************************
    扩展    二维数组
*******************************************/
#include <stdio.h>
#define N       3                     //将学生人数定义为常量
#define ID_N    5                     //将学号位数定义为常量
#define KADAI_N 4                     //将课题数定义为常量

int main(void)
{
    //声明变量
    char    id[N][ID_N + 1] = { "A0615" , "A2133" , "A3172" }; //初始化学号
    int     kadai[N][KADAI_N] = {     //初始化课题得分
            {16 , 40 , 10 , 28},      //学生1的4个课题初始化
            { 4 ,  0 ,  0 ,  0},      //学生2的4个课题初始化
            {12 , 40 , 10 , 21}       //学生3的4个课题初始化
    };
    int     hyouten[N];               //N个人的得分
    char    hyouka[N] = { 'S' , 'D' , 'A' };     //初始化N个人的评价
    int     i;                        //数组hyouten、kadai、hyouka的下标

    //计算各自的得分
    i = 0;                            //i初始化
    hyouten[i] = kadai[i][0] + kadai[i][1] + kadai[i][2] + kadai[i][3];
    i++;                              //学生1
    hyouten[i] = kadai[i][0] + kadai[i][1] + kadai[i][2] + kadai[i][3];
    i++;                              //学生2
    hyouten[i] = kadai[i][0] + kadai[i][1] + kadai[i][2] + kadai[i][3];
    i++;                              //学生3
```

```

    //显示到命令提示符界面上
    i = 0;                                  //再次初始化i
    printf("学号       得分    评价\n");
    printf("%-10s   %3d分    %c\n", id[i], hyouten[i], hyouka[i]);
    i++;
    printf("%-10s   %3d分    %c\n", id[i], hyouten[i], hyouka[i]);
    i++;
    printf("%-10s   %3d分    %c\n", id[i], hyouten[i], hyouka[i]);
    i++;

    return 0;
}
```


▼ 运行结果

```
学号            得分    评价
A0615           94分    S
A2133            4分    D
A3172           83分    A
```

应用示例 3-3

从键盘输入字符串数据。

▼ 运行结果

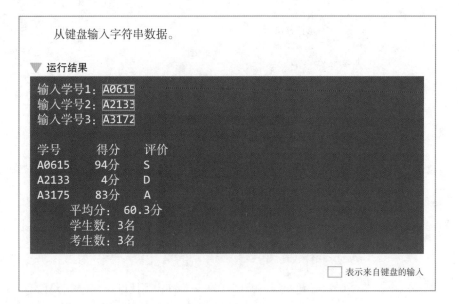

```
输入学号1：A0615
输入学号2：A2133
输入学号3：A3172

学号        得分     评价
A0615     94分     S
A2133      4分     D
A3175     83分     A
      平均分： 60.3分
      学生数：3名
      考生数：3名
```

□ 表示来自键盘的输入

学习

STEP 5 从键盘输入字符串数据

使用 scanf 从键盘输入字符串，如图 16 所示。正如在第 2 章中所学的那样，在使用字符串的情况下，一下子要输入多个字符，因此输入对象必须是数组。C 语言也提供了字符串专用的转换说明符，如表 2 所示。

▼ 表 2 scanf 的输入格式

输入格式	转换说明符	适用类型
字符	%c	char、int
十进制数	%d	char、int
浮点数	%lf（英文字母 l 和 f）	double
字符串	%s	char[]

当输入字符串以外的类型时，在变量名之前需要有“&”，但是对于字符串的输入，数组名之前不加“&”。输入字符串的 scanf 的语法如下所示：

▶由于“&”将在第 6 章学习，因此现在先记住，格式 %s 对应的数组名前不要写“&”。

```
scanf("%s",数组名);
```

▶在此示例中，准备的 char 类型数组中的元素数量为 6，而从键盘输入 5 个字符，考虑到 '\0'，接收的数组元素数量正好。由于从键盘输入是人进行的操作，也有可能会错误地输入 Helllo。在这种情况下，输入将超出准备好的数组区域范围。这是非常危险的事情，因为如果超出范围的区域在用于其他用途时，则会发生其他用途未知的变更。因此，在实际开发中不能用 scanf 输入字符串。但是，从键盘输入数值没有危险，而且很简便，所以目前使用 scanf 主要以输入数值为主。

▼ 图 16 使用 scanf 语句从键盘输入字符串

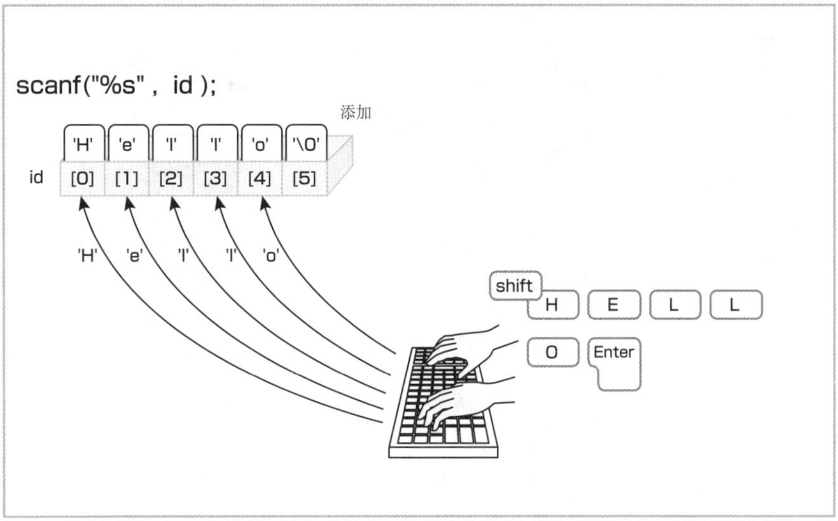

scanf("%s" , id);
添加
'H' 'e' 'l' 'l' 'o' '\0'
id [0] [1] [2] [3] [4] [5]
'H' 'e' 'l' 'l' 'o'
shift
H E L L
O Enter

可以在一个 scanf 语句中写多个转换说明符，并且可以一次输入多个字符串，如图 17 所示。字符串由空格键或 Enter 键分隔。

▶在第 2 章基本示例 2-4（P94）中学习了数值数据的输入。

▼ 图 17　用 scanf 输入多个字符串

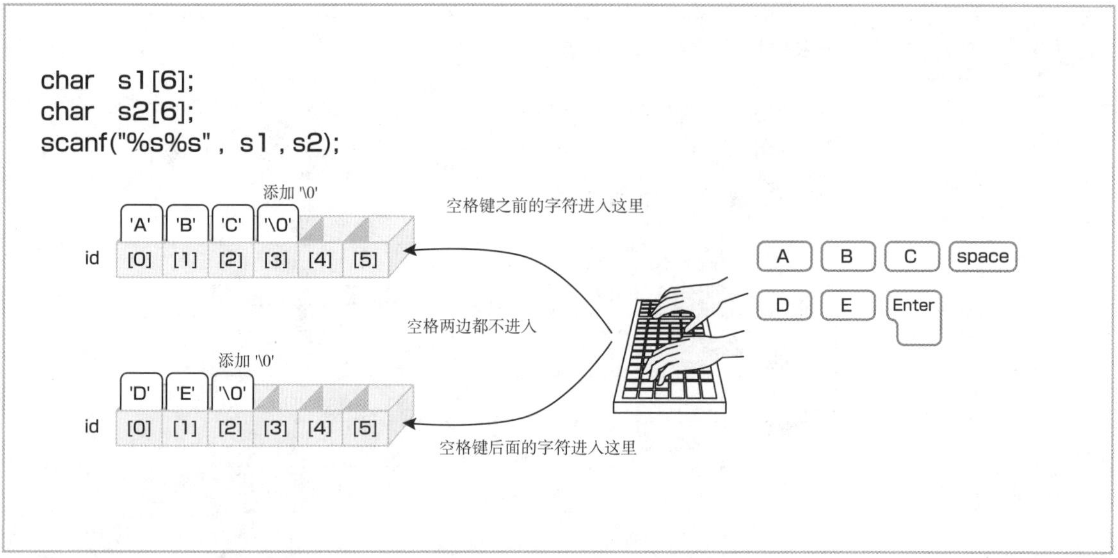
char s1[6];
char s2[6];
scanf("%s%s" , s1 , s2);
添加 '\0'
'A' 'B' 'C' '\0'
id [0] [1] [2] [3] [4] [5]
空格键之前的字符进入这里
A B C space
D E Enter
空格两边都不进入
添加 '\0'
'D' 'E' '\0'
id [0] [1] [2] [3] [4] [5]
空格键后面的字符进入这里

换句话说，如果想从键盘输入包含空格的字符串，则到空格为止将被识别为一个字符串，因此务必要注意。

配套资源 》

原始文件……sample3_3k.c
完成文件……sample3_3o.c

程序示例

对于基本示例 3-3 的程序，将学号修改为可以从键盘输入，并运行。

```
/*********************************************
字符串从键盘输入　　应用示例3-3
*********************************************/
#include <stdio.h>
#define    N       3              //将学生人数定义为常量
#define    ID_N    5              //将学号位数定义为常量

int main(void)
{
    //声明变量
    char    id1[ID_N + 1];                      //学号1 ←—— 删除初始化
    char    id2[ID_N + 1];                      //学号2
    char    id3[ID_N + 1];                      //学号3
    int     hyouten[N] = { 94 , 4 , 83 };       //初始化N个人的得分
    int     gokei;                              //得分的总分
    double    heikin;                           //得分的平均分
    char      hyouka[N] = { 'S' , 'D' , 'A' };  //初始化N个人的评价
    int       i;                                //数组hyouten和hyouka的下标
```

```c

    //从键盘输入学号
    i = 0;                          //初始化i
    printf(""输入学号%d:", i + 1);
    scanf("%s", id1);               //输入学号1
    i++;
    printf("输入学号%d:", i + 1);
    scanf("%s", id2);               //输入学号2
    i++;
    printf("输入学号%d:", i + 1);
    scanf("%s", id3);               //输入学号3
    i++;

    //计算得分的总分和平均分
    gokei = 0;                      //初始化总分
    i = 0;                          //初始化i
    gokei += hyouten[i];            //学生1的得分加到总分
    i++;                            //1次结束
    gokei += hyouten[i];            //学生2的得分加到总分
    i++;                            //2次结束
    gokei += hyouten[i];            //学生3的得分加到总分
    i++;                            //3次结束

    heikin = (double)gokei / i;     //计算平均分

    //显示到命令提示符界面上
    i = 0;                          //再次初始化i
    printf("\n学号     得分     评价\n");
    printf("%-10s   %3d分    %c\n", id1, hyouten[i], hyouka[i]);
    i++;
    printf("%-10s   %3d分    %c\n", id2, hyouten[i], hyouka[i]);
    i++;
    printf("%-10s   %3d分    %c\n", id3, hyouten[i], hyouka[i]);
    i++;
    printf("      平均分:%5.1f分\n", heikin);
    printf("      学生数:%2d名\n", N);
    printf("      考生数:%2d名\n", i);

    return 0;
}
```

添加从键盘输入

专栏　汉字字符串

在 C 语言中，char 类型的大小是一个字节，一个全角字符需要两个字节，不能存储在 char 类型变量中。因此，为了存储全角字符，要使用 char 类型的数组。因为数组被分配连续的区域，所以使用两个单元就可以了。虽说是汉字，在计算机内部也是字符编码，所以和半角字符一样可以作为字符串处理，如 Figure 6 所示。

▼ Figure 6　全角字符的存储

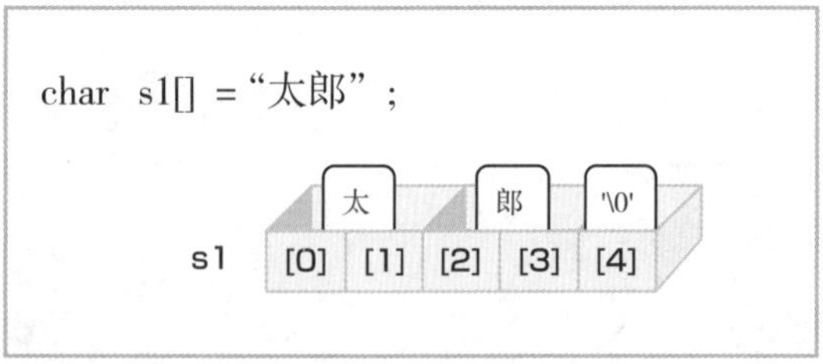
char s1[] =“太郎”；
太
郎
'\0'
s1
[0]
[1]
[2]
[3]
[4]

▼ 列表　程序示例（sample3_h4.c）

```
/*********************************************
    专栏      汉字与字符串
*********************************************/
#include <stdio.h>

int main(void)
{
    char    name[80] = "太郎";          //存储姓名的char类型数组

    printf("姓名是%s\n", name);         //在命令提示符界面上显示姓名

    printf("试着输入姓名：");            //从键盘输入姓名
    scanf("%s", name);
    printf("姓名是%s\n", name);         //在命令提示符界面上显示输入的姓名

    return 0;
}
```

▼ 运行结果

```
姓名是太郎
试着输入姓名：次郎
姓名是次郎
```

□ 表示来自键盘的输入

总 结

- 处理相同种类的数据时，使用数组。
- 使用数组时，必须事先进行声明。指定数组类型的同时，指定数组元素的数量。在声明二维数组时，并列书写两个元素数量。

```
int   hyouten[N];
char  hyouka[N];
```

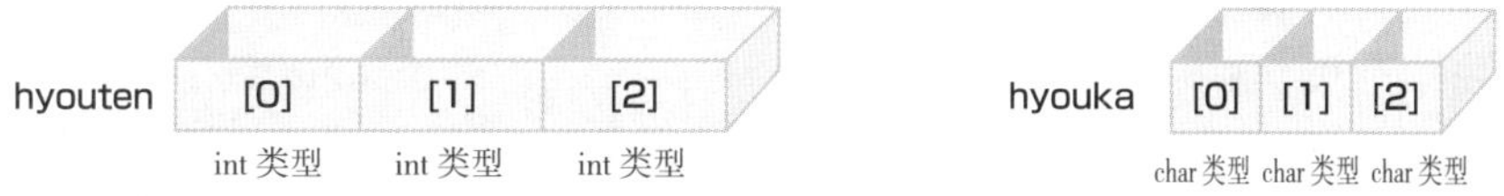

hyouten
[0]
[1]
[2]
int 类型
int 类型
int 类型
hyouka
[0]
[1]
[2]
char 类型
char 类型
char 类型

```
int    data[4][3];     //将3个元素的数组堆叠成4行
```

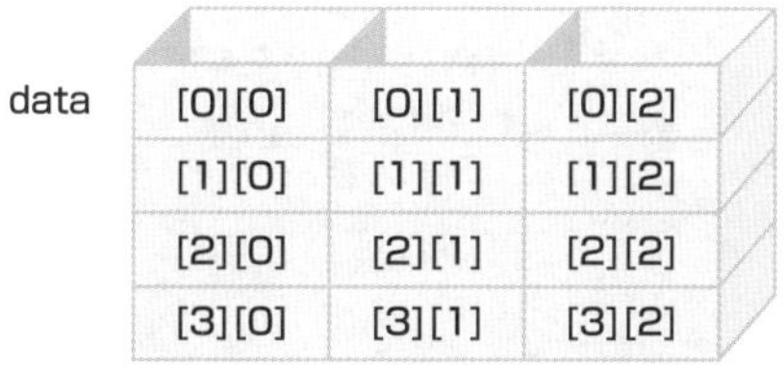

data
[0][0]
[0][1]
[0][2]
[1][0]
[1][1]
[1][2]
[2][0]
[2][1]
[2][2]
[3][0]
[3][1]
[3][2]

- 使用下标指定数组中的某个元素。下标是从 0 开始的一个整数，最多是元素数量 -1。要在二维数组中指定一个元素，须并排书写两个下标。

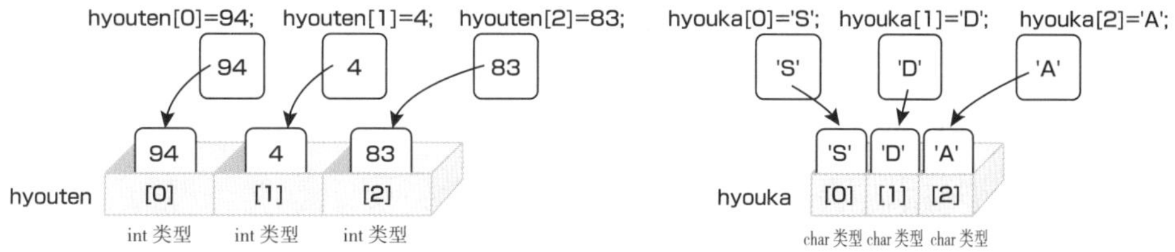

hyouten[0]=94;
hyouten[1]=4;
hyouten[2]=83;
94
4
83
hyouten
[0]
[1]
[2]
int 类型
int 类型
int 类型
hyouka[0]='S';
hyouka[1]='D';
hyouka[2]='A';
'S'
'D'
'A'
hyouka
[0]
[1]
[2]
char 类型
char 类型
char 类型

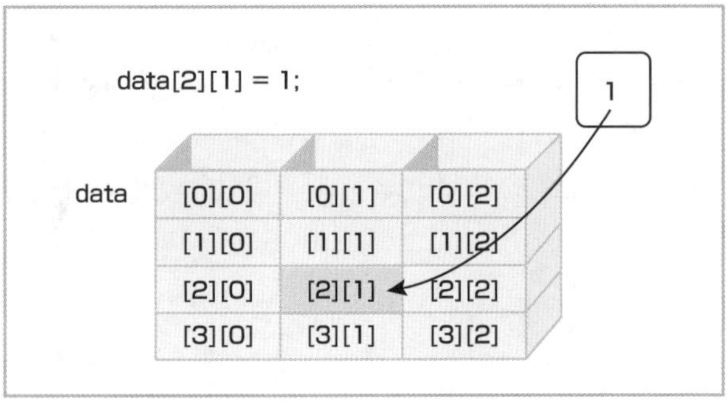
data[2][1] = 1;
1
data
[0][0]
[0][1]
[0][2]
[1][0]
[1][1]
[1][2]
[2][0]
[2][1]
[2][2]
[3][0]
[3][1]
[3][2]

● 使用数组的初始化，一次可以给多个数组元素赋初值。

```
int    hyouten[N] = { 94 , 4 , 83 };
```

● 并列的字符，最后加上'\0'，一起处理的称为字符串。使用 char 类型的数组存储字符串。字符串常量值用“"”括起来。

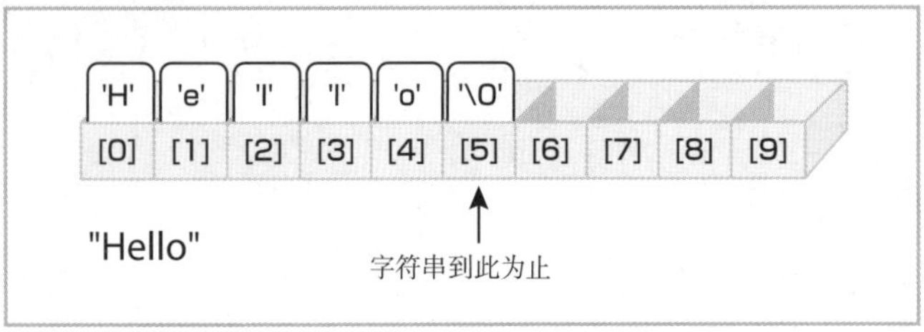
'H'
'e'
'l'
'l'
'o'
'\0'
[0]
[1]
[2]
[3]
[4]
[5]
[6]
[7]
[8]
[9]
"Hello"
字符串到此为止

● 在数组的声明语句中，可以使用常量值进行初始化。

```
char id[ID_N+1] = "A0615";
```

● 可以使用 printf 显示字符串，通过键盘使用 scanf 输入字符串（但是，使用 scanf 输入字符串很危险）。

▼ 主要类型和转换说明符

类　型	值	转换说明符	
		printf	scanf
int	整数	%d	%d
double	浮点数	%f	%lf（英文字母 l 和 f）
char	字符	%c	%c
char[]	字符串	%s	%s

sample3_x.c

Let's challenge 试着将大写字母转换成小写字母

从键盘输入一个大写字母，将其变换成小写字母。字母的 ASCII 码按字母顺序排列。另外，字符的减法运算，是 ASCII 码进行的减法运算。因此

```
'A' - 'A'   → 0
'B' - 'A'   → 1
    ...
```

从 'A' 开始数就知道是第几个了。

如果按字母顺序预先将小写字母初始化为 char 类型数组 komoji，则相应的小写字母就在从 'A' 开始计数的位置。换句话说，从 'A' 开始的位置对应于数组 komoji 的下标，就可以求得小写字母。

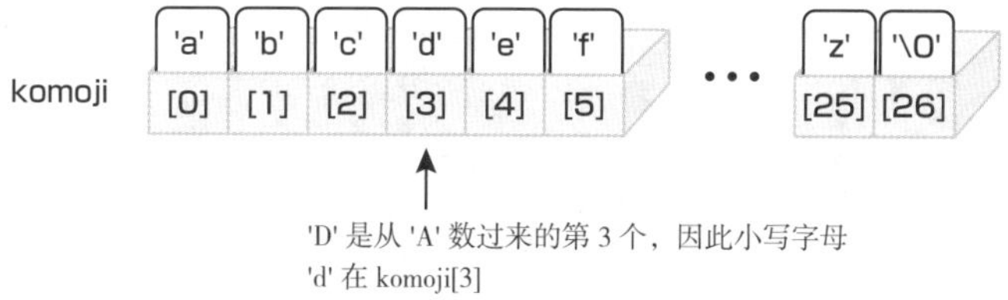
komoji
'a'
'b'
'c'
'd'
'e'
'f'
'z'
'\0'
[0]
[1]
[2]
[3]
[4]
[5]
[25]
[26]
'D' 是从 'A' 数过来的第 3 个，因此小写字母
'd' 在 komoji[3]

▼ 运行结果

```
输入一个大写字母：D
D的小写字母是d
```

□ 表示来自键盘的输入

[提示]：按字母顺序预先将小写字母初始化为 char 类型数组。另外，请准备一个 char 类型变量，从键盘输入一个大写字母，按照问题叙述的顺序，将其转换成小写字母并显示。

（注）请从键盘输入 'A' ~ 'Z' 的半角英文大写字母。

第4章

尝试控制

水从上往下流。程序也是一样的，从上往下运行，一边更改变量的内容，一边获得必要的输出。水路有时会左右分开，然后再汇合，有时会卷起旋涡。程序也可以实现同样的流程。终于从这里开始正式的程序设计了。

01 控制程序的流程

需要处理成绩的学生人数不一定总是3个人，课题也不总是限于4个。为了更加灵活和高度自动化，需要根据当时的状态进行处理。要掌握这个概念。

STEP 1 重复执行相同的内容

到第3章为止，进行成绩处理的学生人数确定为3人。而且，所有的程序都是按从上到下的顺序执行。再次回顾一下第3章的应用示例3-3求总分的部分，如图1所示。

▼图1　求总分

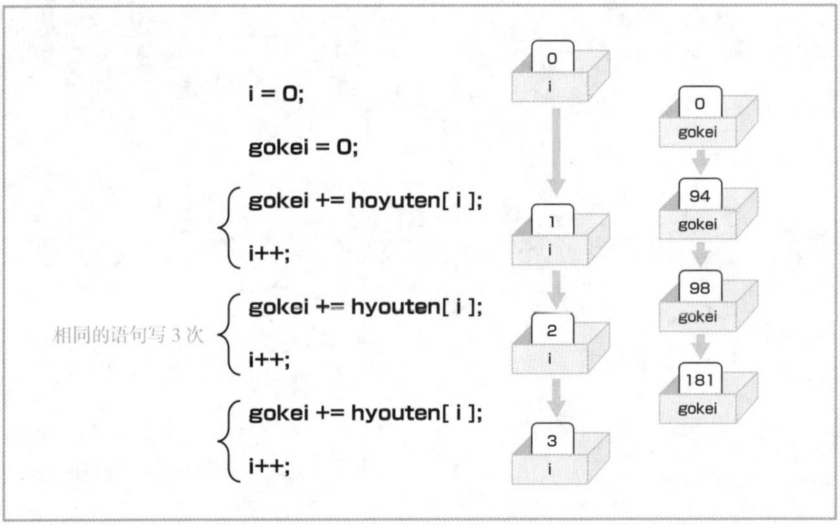
i = 0;
gokei = 0;
gokei += hoyuten[i];
i++;
相同的语句写3次
gokei += hyouten[i];
i++;
gokei += hyouten[i];
i++;
0
i
1
i
2
i
3
i
0
gokei
94
gokei
98
gokei
181
gokei

要求总分的话，需要根据学生人数进行得分相加，但是，现在写了3个相同的语句。注意“相同的语句”，如果能像下面这样写就好了。

```
i = 0;
gokei = 0;
//以下重复3次
    gokei += hyouten[i];
    i++;
```

▶给变量设定最初的值叫作初始化。

▶在C语言中，不是描述“怎样的情况下结束”，而是描述“怎样的状态下继续”。

停止多次执行相同程序，只执行一次，取而代之的是指定程序执行的次数，这种语法称为循环结构。在这里，让我们来考虑变量i的作用。i是计数得分加了多少次的变量，i从0开始到3结束。在循环结构中，什么情况下结束的终止条件非常重要。如果结束条件不合适，就不能循环正确的次数，或者永远不会结束。两者都是致命的错误。

STEP 2 选择

这次我们来考虑一下评价。从得分开始，按表1所示求评价。

▼ 表1　评价基准

评　价		得　分
S	优	90分以上
A	良	80分以上，90分以下
B	中	70分以上，80分以下
C	合格	60分以上，70分以下
D	不合格	60分以下

如何通过得分确定评价呢？

如果得分在90分以上
　　评价是S/优
否则　如果得分在80分以上 ← 意思是“90分以下，80分以上”
　　评价是A/良
否则　如果得分在70分以上 ← 意思是“80分以下，70分以上”
　　评价是B/中
否则　如果得分在60分以上 ← 意思是“70分以下，60分以上”
　　评价是C/合格
否则 ← 意思是“60分以下”
　　评价是D/不合格

▶“得分是否在90分以上”“得分是否在80分以上”等，作为选择的基准，称为条件。

这样考虑的话，可以从S/优、A/良、B/中、C/合格、D/不合格这5个评价中选择一个。对于一个学生的得分，评价只会是其中的一个，但为了与很多得分相对应，需要准备5个选项。

STEP 3 流程图

流程图是为了直观把握程序的结构而制作的图。对于程序的设计和理解是不可缺少的。

1. 流程图符号

描写流程图时，使用 JIS 标准规定的流程图符号，如表 2 所示。

表 2 主要的流程图符号

符　号	含　义	符　号	含　义
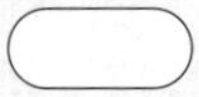	端点 程序的开始和结束	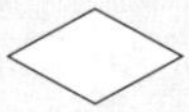	判断 选择条件
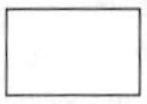	处理 运算、赋值等指令	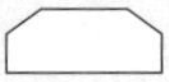	循环界限 循环的开始和结束
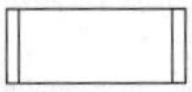	已定义的处理 另外单独定义的处理的集合（函数）	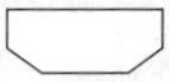	
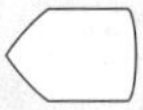	显示 在界面等上显示		连接点 中断流程线，并继续到其他地方
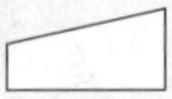	手动输入 从键盘等输入		

注：关于已定义的处理（函数），在第 5 章中学习。

流程图是将这些符号用线条连接起来的图。

2. 顺序结构

使用流程图重画 STEP 2 中的程序流程，如图 2 所示。

▶在这个流程图中，处理按从上到下的顺序执行。这样的程序结构称为顺序结构。

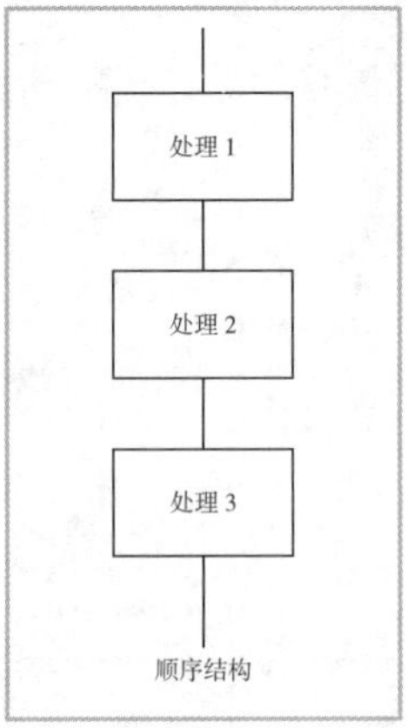
处理 1
处理 2
处理 3
顺序结构

图 2 求总分的流程图（顺序结构）

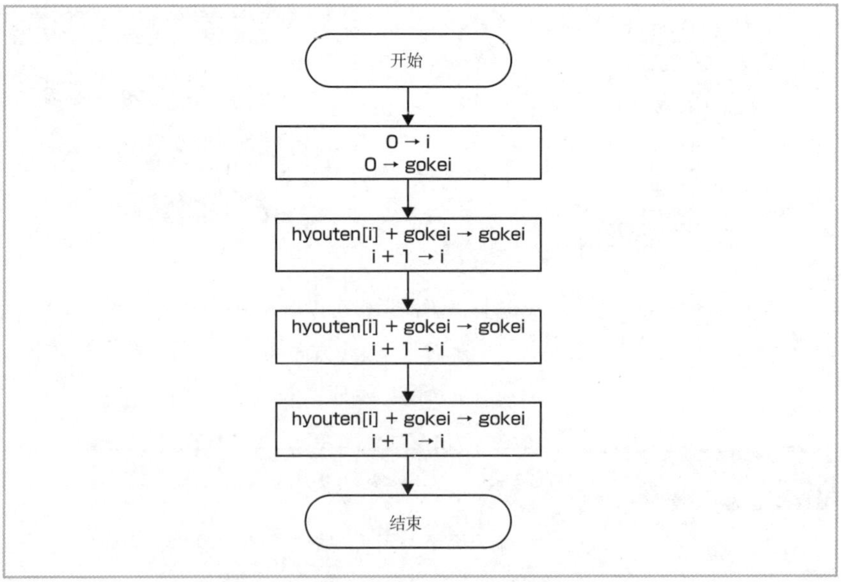
开始
0 → i
0 → gokei
hyouten[i] + gokei → gokei
i + 1 → i
hyouten[i] + gokei → gokei
i + 1 → i
hyouten[i] + gokei → gokei
i + 1 → i
结束

3. 循环结构

在循环结构中，将想要重复执行的部分用 ⏢ 和 ⏣ 围起来表示。在该符号中写入结束条件。将图 1 中周围夹杂文字显示的程序改画成流程图，如图 3 所示。

▶在流程图中规定要描述“变成 ×× 就结束”的结束条件，但在 C 语言中，要书写“在 ×× 之间重复”的继续条件。

图 3　求总分的流程图（循环结构）

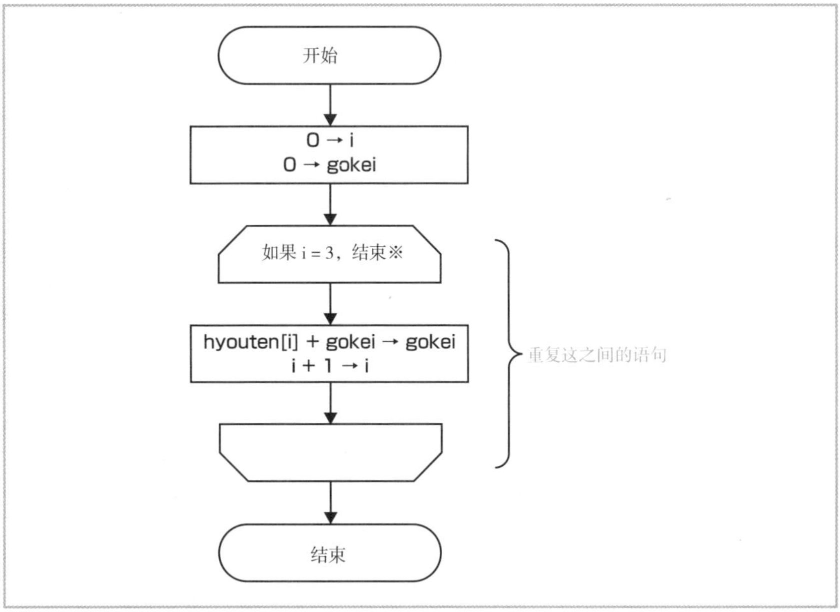
开始
0 → i
0 → gokei
如果 i = 3，结束※
hyouten[i] + gokei → gokei
i + 1 → i
重复这之间的语句
结束

这种重复的程序结构称为循环结构，如图 4 所示。决定是否结束循环的结束判定，分为在处理之前和处理之后进行的两种情况。

图 4　循环结构

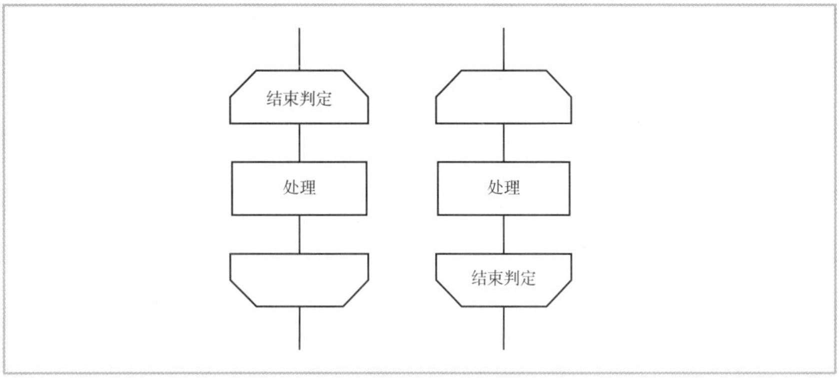
结束判定
处理
处理
结束判定

4. 选择结构

根据条件，要选择两个处理中的一个时，在◇里写入条件，确定往右或往左运行。得分在 60 分以上的为合格，不足 60 分的为不合格的情况，如图 5 所示。

图 5　合格还是不合格

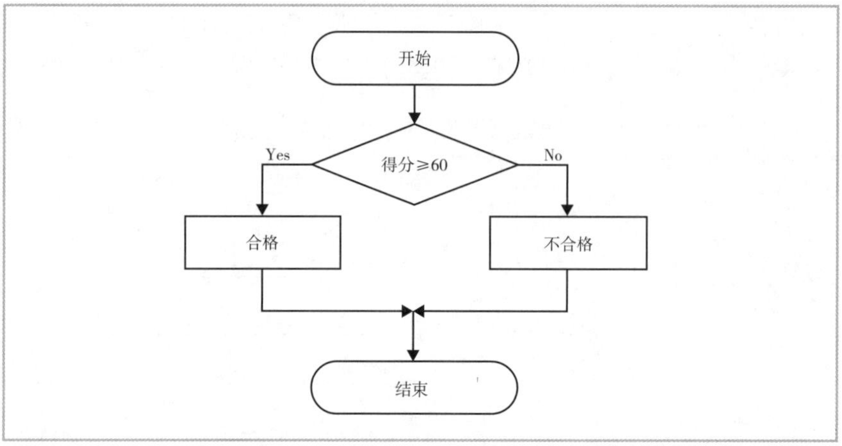
开始
得分≥60
Yes
No
合格
不合格
结束

像这样，从两个中选择一个的程序构造称为选择结构，如图 6 所示。

图 6　选择结构

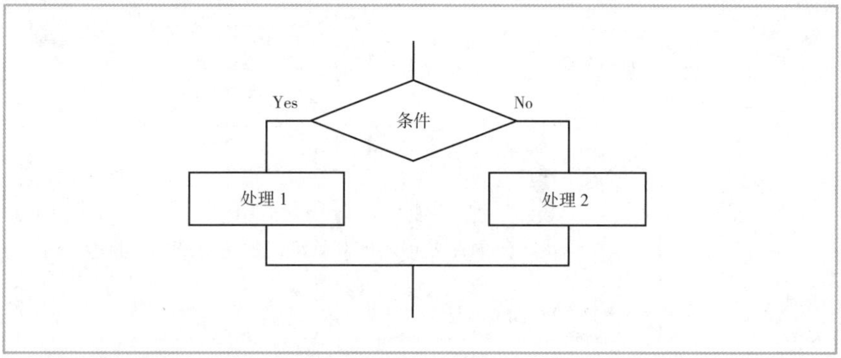
条件
Yes
No
处理 1
处理 2

那么，运用这个结构，像 STEP 2 中那样有 5 个选择的程序，该怎样画才好呢？那就是，在如图 7 所示选择 No 的时候，增加分支。分支为一个的时候可以选择 2 个，分支为两个的时候可以选择 3 个，分支为 3 个的时候可以选择 4 个，分支为 N–1 的时候可以选择 N 个。

▶像这样分成 3 个以上情况的结构称为多分支。

图 7　表示 5 个选择的流程图 1

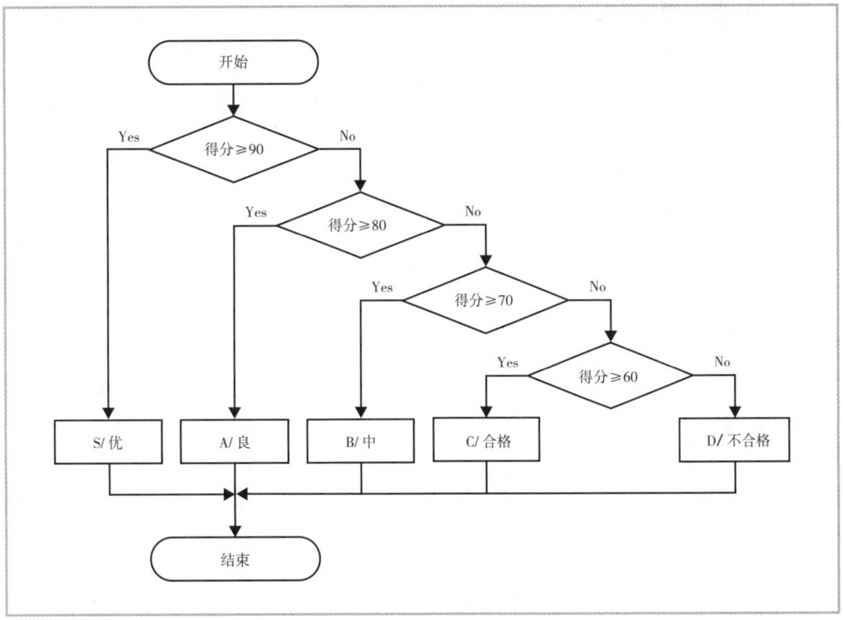

开始
得分≥90
Yes
No
得分≥80
Yes
No
得分≥70
Yes
No
得分≥60
Yes
No
S/ 优
A/ 良
B/ 中
C/ 合格
D/ 不合格
结束

如本例所示，如果所有的分支条件都是基于相同的数据，也可以描绘为如图 8 所示。

图 8　表示 5 个选择的流程图 2

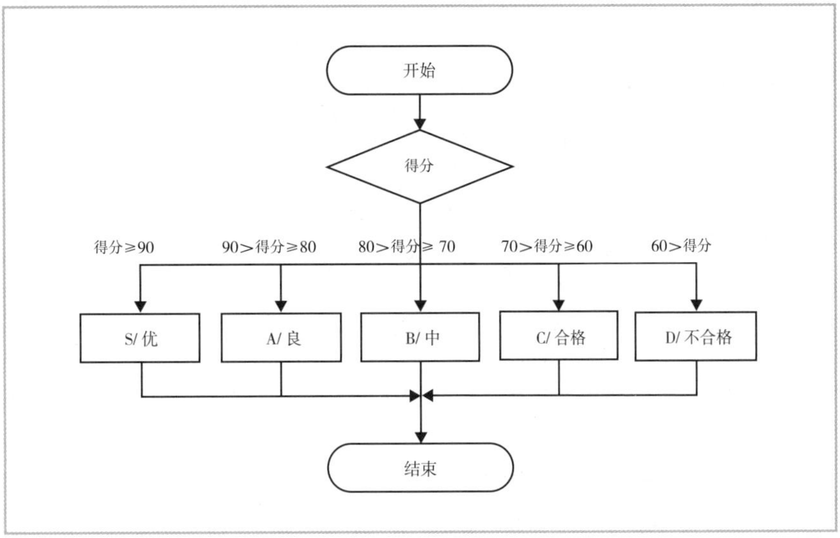

开始
得分
得分≥90
90>得分≥80
80>得分≥ 70
70>得分≥60
60>得分
S/ 优
A/ 良
B/ 中
C/ 合格
D/ 不合格
结束

专　栏　结构化程序设计—— 3 种基本结构

如果是计算总分和平均分的话比较简单，但是现代软件变得越来越复杂。因为除了先进的处理内容外，我们还追求美观、可操作性和便利性，所以程序就变得越来越大，选择结构和循环结构等也变得更加错综复杂。

程序一旦编写完成，不可能永远持续使用下去。人类每天都在不断地提要求，要求更方便、更易于使用，并且情况也会发生变化。即使在作为例子的程序中，人数的变化、对缺席学生的处理，或者根据入学年度的不同进行不同的处理，似乎也有很多变化。在这种情况下，就要重新检查编写好的程序，然后进行修改。

在现实业务处理中，编写程序的人并不总是能够对程序进行修改。可能调动了部门，或者也可能辞职了。晋升后，把实际工作交给部下的情况也有。那样的话，新负责的人员必须分析前任程序员编写的程序，从掌握在什么地方进行了怎样的处理开始，按照要求进行修改。即使运气好，在工作环境中遇到同一个人，但随着时间的流逝，如果忘记了，则必须要从程序分析开始。

为了应对这样的修改要求，希望最初编写的程序是易于阅读、容易理解、方便修改的。因此提出了“所有的程序，都可以只用 3 种基本结构，即顺序结构、循环结构、选择结构来描述”的想法。无论多么复杂的程序，只要将这 3 种结构组合运用，就一定能实现，如 Figure 1 所示。

Figure 1　3 种基本结构流程图

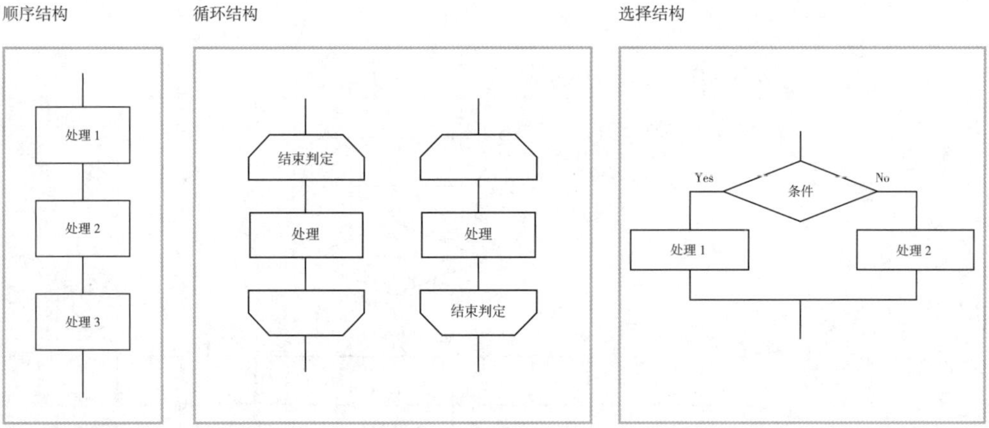
顺序结构
处理 1
处理 2
处理 3
循环结构
结束判定
处理
处理
结束判定
选择结构
Yes
条件
No
处理 1
处理 2

根据这样的思想编写程序，称为结构化程序设计。C 语言是为了能遵循结构化程序设计的理念，进行程序编写而开发的编程语言。

STEP 4 两个值之间的关系

很多情况下，循环结构的结束判定和选择结构的条件，由两个值之间的关系决定。

1. 正确还是错误

在循环结构中，必须要有“已经累加 3 个人的得分了吗？”等结束条件。另外，在选择结构中，必须要有“得分在 90 分以上吗？”等用于选择的条件。无论哪种情况，都需要“是”或“否”。简直就像是做○ × 测验。在信息处理术语中，“是”称作“真（TRUE）”，“否”称作“假（FALSE）”，两者都称为逻辑值。在 C 语言中，最初没有用于处理逻辑值的专用类型，因此使用 int 类型，如表 3 所示。

▶1999 年的修订中追加了表示逻辑值的 Bool 类型。

▼ 表 3　逻辑值的表示

逻辑值		含　义	值
真	TRUE	条件正确	1（非零）
假	FALSE	条件不正确	0

2. 求条件的运算符

如“得分”是否在“90 分”以上这样，计算两个值之间大小关系的运算符称为关系运算符，得到的结果是逻辑值 (int 类型的值)。关系运算符的种类如表 4 所示。

▼ 表 4　关系运算符的种类

关系运算符	运算种类	结果（int类型）	
		真（1）	假（0）
E1　<　E2	E1小于E2	E1 < E2时	E1 ≥ E2时
E1　>　E2	E1大于E2	E1 > E2时	E1 ≤ E2时
E1　<=　E2	E1小于或等于E2	E1 ≤ E2时	E1 > E2时
E1　>=　E2	E1大于或等于E2	E1 ≥ E2时	E1 < E2时
E1　==　E2	E1和E2相等	E1 = E2时	E1 ≠ E2时
E1　! =　E2	E1和E2不等	E1 ≠ E2时	E1 = E2时

注：E1、E2 为操作数。

▶如果写成 E1=E2，则表示将 E2 的值“赋值”给 E1。为了区别于此，在进行比较的关系运算符中要写两个 =。

3. 有两个以上条件时

在进行合格与否的判定时，如“平均分在 80 分以上，并且最低分在 60 分以上”等，可能会有两个以上的条件。

像这样有多个条件时，“平均分在 80 分以上”和“最低分在 60 分以上”这两个条件中的每一个条件都可以获得真或假的结果，在这些逻辑值之间再运算一次来作为整体的结果。

▶像这样，在逻辑值之间进行运算的运算符称为逻辑运算符，如表 5 所示。

另外，也有“平均分在 80 分以上，或者最低分在 60 分以上”的条件，也有“平均分不是 80 分以上”这样的条件。

▼ 表 5　逻辑运算符的种类

逻辑运算符	运算种类	含　义	一般形式	真值表
& &	逻辑与	并且	E1 && E2	（见下表）
||	逻辑或	或者	E1 || E2	
!	逻辑非	非	!E1	

E1	E2	E1&&E2	E1||E2	!E1
假	假	0	0	
假	真	0	1	1
真	假	0	1	0
真	真	1	1	

1: 真　0: 假

注：E1、E2 为操作数。

02 循环结构 1

下面试着编写包含控制的程序。首先是循环结构。

基本示例 4-2

从键盘输入 3 个学生的得分，然后计算并显示总分。

▼ 运行结果

```
输入学生1的得分：94
输入学生2的得分：4
输入学生3的得分：83
平均分： 60.3分
```

□ 表示来自键盘的输入

学习

STEP 1 while 语句

▶指定重复相同处理的语句称为循环语句。

▶循环语句只有一条时，可以省略{}，但是为了提高程序的可维护性，建议不要省略。

▶检查表达式是否为“真”，称为评价表达式。

重复执行相同的处理时，使用 while 语句。

```
while(表达式)
{
    语句
}
```

表达式中可以写关系运算符或逻辑运算符等使结果为逻辑值的运算。首先，检查表达式是否为“真”。为“真”时，执行语句，语句执行一次结束后，再次检查表达式是否为“真”，当为“真”时，执行语句。重复此操作，当表达式为“假”时，结束循环，进行下面的处理。

在进行循环之前，需要初始化的东西很多，而且容易忘记，所以要注意。

▼ 例

```
#define    N    3

int    main(void)
{
    //声明变量
    int    hyouten;      //得分
    int    gokei;        //得分的总分
    int    i;            //用于计算得分相加次数的变量

    //初始化
    gokei = 0;
    i = 0;
    //从键盘输入和计算平均分
    while (i < N)
    {
        printf("输入学生%d的得分:" , i+1);
        scanf("%d", &hyouten);
        gokei += hyouten;
        i++;
    }
}
```

初始化变量 gokei 和 i

i<N 时循环。这个条件变为“假”时，循环结束

这个范围循环

对次数进行计数。正是因为有了这条语句，最终结束条件才能变为“假”，从而可以结束循环

▶ while（表达式）之后，不能加“;”。加上“;”的话，就成为没有循环语句的循环，“语句”部分与 while 分开，然后仅执行一次。

在 while 语句中，因为要先评价表达式，所以当表达式从一开始就为“假”的时候，就会一次也不执行语句而结束循环。

STEP 2 初始化 / 结束条件 / 再次初始化

在循环的语法中，进行循环之前需要进行初始化的东西很多，忘记的话很难得到正确的结果。另外，对次数进行计数的语句

```
i++;
```

通常写在循环处理的最后。此语句是决定是否进行下一次循环的重要语句，称为再次初始化。

循环的语法大致流程图如图 9 所示。

▼ 图 9　循环的语法大致流程图

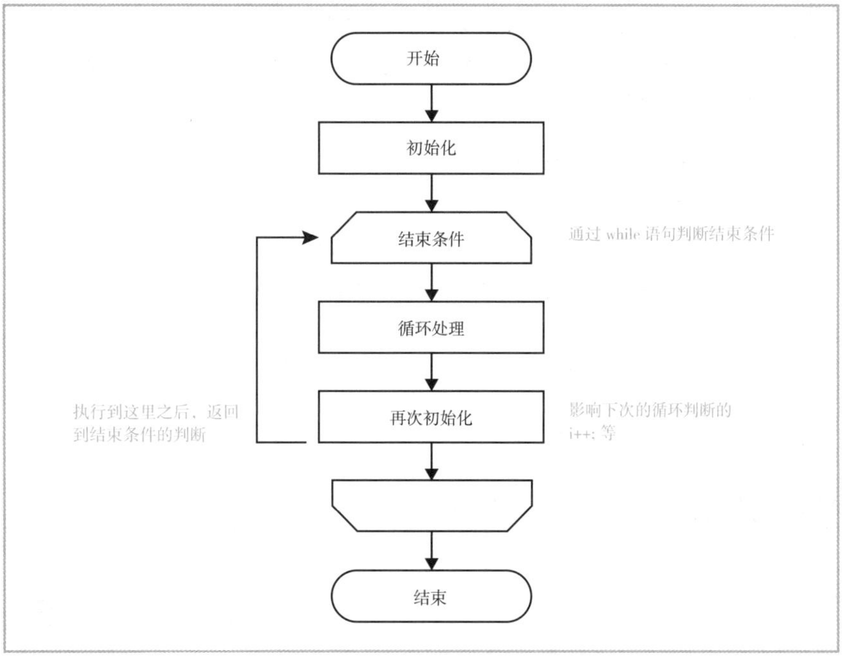
开始
初始化
结束条件
通过 while 语句判断结束条件
循环处理
执行到这里之后，返回到结束条件的判断
再次初始化
影响下次的循环判断的 i++; 等
结束

配套资源 》
原始文件……rei4_2k.c
完成文件……sample4_2k.c

程序示例

配套资源中的程序没有编写循环部分，大家补充完善后再运行。

```
/***********************************************
    指定次数的循环　基本示例4-2
***********************************************/
#include <stdio.h>
#define    N    3            //将学生人数定义为常量

int main(void)
{
    //声明变量
    int       hyouten;       //每个学生的得分
    int       gokei;         //得分的总分
    double    heikin;        //得分的平均分
    int       i;             //用于计算得分相加次数的变量

    //从键盘输入和计算平均分
    gokei = 0;               //初始化总分 ◄── 初始化变量i和gokei
    i = 0;                   //初始化i
    while (i < N) ◄── i从0开始，每次增加1，到N结束
    {
```

```
        printf("输入学生%d的得分:" , i+1);              //显示输入提示信息
        scanf("%d", &hyouten);                         //从键盘输入得分
        gokei += hyouten;                              //计算总分
        i++;                                           //再次初始化
    }
    //求带小数的平均分
    heikin = (double)gokei / N;

    //在命令提示符界面上显示平均分
    printf("平均分:%5.1f分\n", heikin);

    return 0;
}
```


编程助手 致未能正确运行者

▼运行结果

```
c:\Cstart>sample4_2k
|
```

什么都没显示，光标闪烁

```
//从键盘输入和计算平均分
gokei = 0;          //初始化总分
i = 0;              //初始化i

while (i < N);
{
    printf("输入学生%d的得分: " , i+1);
    scanf("%d", &hyouten);
    gokei += hyouten;
    i++;
}
    ...
```

如果在while语句的末尾加上";",则while语句就到此结束,{}内的语句将与while语句分开.也就是说,i不会改变,只有这一条语句永远循环下去

在 while 语句中，到 while 之后的 {} 为止都是循环的单元，不是在 while（i<N）结束。这就是为什么在 while 语句末不加“;”的原因。

应用示例 4-2

在基本示例 4-2 中，虽然一开始就知道人数是 N，但是这次，我们尝试修改成得分输入 -1 时才结束。

▼ 运行结果

```
输入学生1的得分：94
输入学生2的得分：4
输入学生3的得分：83
输入学生4的得分：-1
平均分： 60.3分
学生数：3名
```

□ 表示来自键盘的输入

学习

STEP 3 次数未定的循环

因为结束循环的条件是输入的得分为 -1，所以为了确认是否满足循环的条件，需要先输入一次得分。在循环语句的最后进行下一次输入，以备下一个循环条件的判定。应用示例 4-2 的流程图如图 10 所示。

▼ 图 10 应用示例 4-2 的流程图

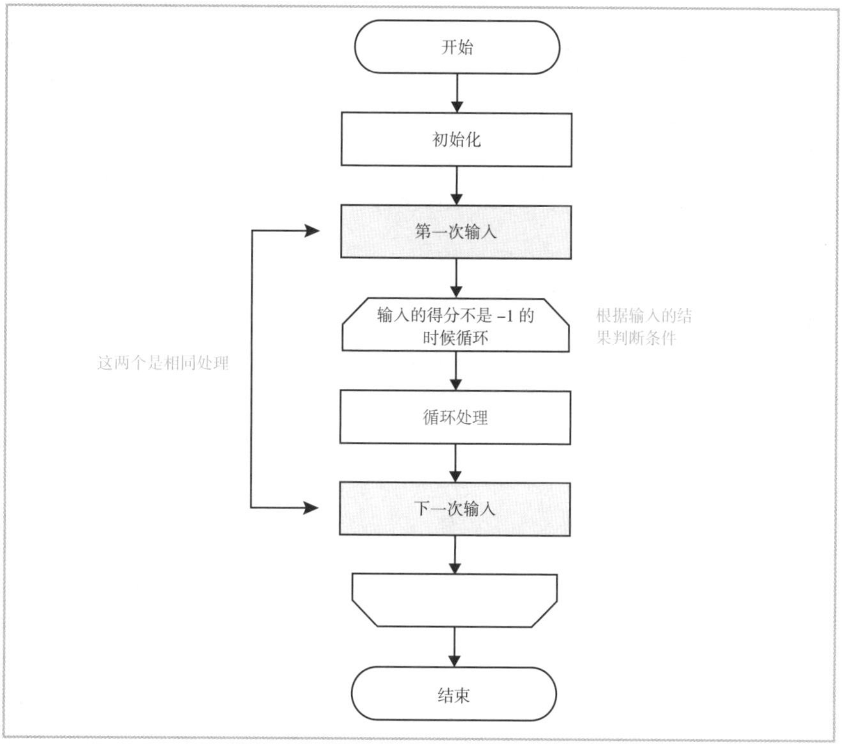
开始
初始化
第一次输入
输入的得分不是 -1 的时候循环
根据输入的结果判断条件
这两个是相同处理
循环处理
下一次输入
结束

配套资源

原始文件……sample4_2k.c
完成文件……sample4_2o.c

程序示例

将基本示例 4–2 的程序修改为循环次数不确定，并执行。

```
/*********************************************
    次数不确定的循环  应用示例4-2
*********************************************/
#include <stdio.h>

int main(void)
{
    //声明变量
    int         hyouten;  //每个学生的得分
    int         gokei;    //得分的总分
    double      heikin;   //得分的平均分
    int         i;        //用于计算得分相加次数的变量

    //从键盘输入和计算平均分
    gokei = 0;            //初始化总分
    i = 0;                //初始化i

    printf("输入学生%d的得分:", i + 1);             //显示输入提示信息
    scanf("%d", &hyouten);                          //从键盘输入得分

    //循环处理
    while (hyouten != -1)
    {
        gokei += hyouten;                           //计算总分
        i++;                                        //再次初始化
        printf("输入学生%d的得分:", i + 1);         //显示输入提示信息
        scanf("%d", &hyouten);                      //从键盘输入得分
    }
    //求带小数的平均分
    heikin = (double)gokei / i;

    //在命令提示符界面上显示平均分和学生数
    printf("平均分:%5.1f分\n", heikin);
    printf("学生数:%2d名\n", i);

    return 0;
}
```

添加第一次输入处理（指向第 18–19 行）

运算后进行下一个输入（指向第 24–27 行）

扩展 do while语句

指定重复操作的另一个循环语句是 do while 语句。

```
do
{
    语句
}while(表达式);
```

因为 while 语句是先评价表达式，所以有时循环处理一次也不执行就结束了，但是在 do while 语句中，因为是先执行循环语句，然后再评价表达式，所以必定会进行一次处理。

以下程序检查输入数据的有效性，并重新输入，直到输入正确为止。在此，输入数据必须在 0 以上，100 以下。

▼ **列表** 程序示例（sample4_h1.c）

```
/*********************************************
    扩展  重复输入直至正确
*********************************************/
#include <stdio.h>

int main(void)
{
    //声明变量
    int     data;         //得分

    //检查输入内容
    do
    {
        printf("输入：");       //显示输入提示信息
        scanf("%d", &data);   //从键盘输入得分
    } while (data < 0 || data > 100);

    //在命令提示符界面上显示得分
    printf("得分：%3d分\n", data);
    return 0;
}
```

当得分 <0 或 >100 时，循环；
当 0≤ 得分 ≤100 时，结束循环

▼ **运行结果**

```
输入：-5
输入：104
输入：98
得分：  98分
```

重复输入直到数据在适当范围内

□ 表示来自键盘的输入

4-03 循环结构 2

循环结构有多种模式，熟练使用与模式匹配的语法。我们还将学习与数组的组合。

基本示例 4-3

循环结构包含了初始化设置、循环条件的判定、再次初始化等一系列的流程。在 C 语言中，提供了将此流程组合在一起，从而写出紧凑程序的语句。试着把基本示例 4-2 改写成更像 C 的程序。

▼ 运行结果

```
输入学生1的得分：94
输入学生2的得分：4
输入学生3的得分：83
平均分：60.3分
```

□表示来自键盘的输入

学习 STEP 1 for 语句

for 语句是能将循环结构中所需的初始化、结束条件、再次初始化写在一条语句中的循环语句。

```
for( 表达式1;表达式2;表达式3 )
{
    语句
}
```

首先，只运行一次表达式 1。在这里，一般对变量进行初始化。接着，评价表达式 2。相当于 while 语句中的（表达式），表达式 2 为“真”的时候执行语句，然后执行表达式 3。表达式 3 是为了下一次循环处理而进行的后处理。然后，从表达式 2 的评价开始循环，如果表达式 2 变成了“假”，则结束循环。

▶循环语句只有一条时，可以省略 {}，但是为了提高程序的可维护性，建议不要省略。

在 for 语句中，首先书写最后要执行的表达式 3，所以执行顺序和书写顺序不

▶即使表达式 1 或表达式 3 没有任何处理，也不能省略“;”。

▶在 for 语句中，因为要先评价表达式，所以当表达式从一开始就为“假”的时候，就会一次也不执行语句而结束循环。

▶for (表达式 1; 表达式 2; 表达式 3) 之后，不能加“;”。加上“;”的话，就成为没有循环语句的循环了，“语句”部分与 for 分开，然后仅执行一次。

同。刚开始可能并不习惯，但是使用 for 语句不仅使程序变得紧凑，初始化和后处理等容易忘记的处理，也会按照模式进行语法检查，所以可以进行无遗忘的编程。再来确认一下 for 语句的执行顺序。如图 11 所示，开始时仅执行一次 ⓪，然后，①→②→③→①→ ②→③→…→③→①，最后以①结束。

▼ 图 11　for 语句

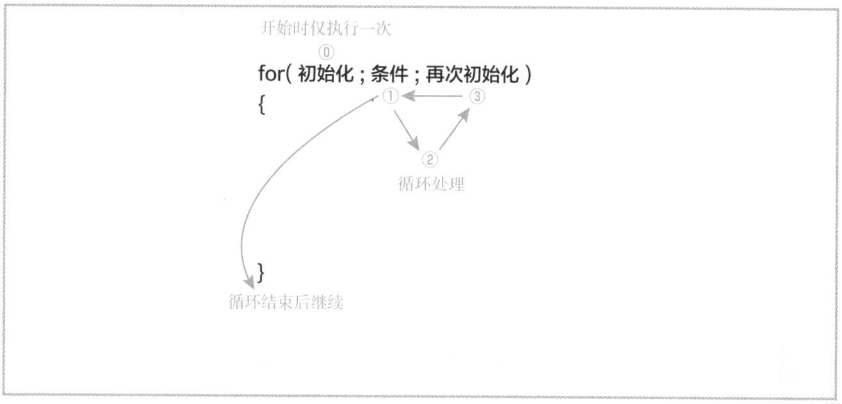
开始时仅执行一次
⓪
for(初始化 ; 条件 ; 再次初始化)
{
①
③
②
循环处理
}
循环结束后继续

STEP 2　仅在块内有效的变量

▶在 for 语句 () 中声明变量的语法从 C99 开始变为可能。

在基本示例 4-2 的程序中，变量 hyouten、heikin、gokei 涉及整个程序，而变量 i 只是计算循环次数的变量，只在 for 语句中使用。为了防止误用变量，可将变量限制在尽可能小的范围内。特别是像 i 这样只用于计数的变量，建议只在 for 语句的 {} 中有效。这次，循环语句只有一条，但如果累加 3 个人，然后显示 3 个人，像这样多次循环的语句出现在一个程序中的时候，把计数用的变量 i 分别视作不同的对象来处理。这样的话，编译器会发现没有对其进行初始化，也不会出现重复声明的错误。要使变量仅在 for 语句中有效，就在 for 语句的 () 中声明变量。

▼ 例

```
for (int i = 0; i < N; i++)
{
    printf("输入学生%d的得分:", i + 1);
    scanf("%d", &hyouten);
    gokei += hyouten;
}
```

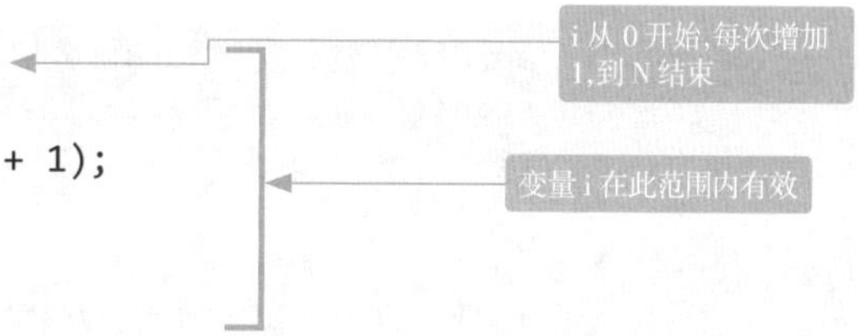
i 从 0 开始,每次增加 1,到 N 结束
变量 i 在此范围内有效

但是，在 for 语句的 () 中声明的变量，在循环结构语句结束后则不能再使用。例如，计算平均分时就不能用计数的变量进行除法运算。

STEP 3 逗号运算符

表达式 1 或表达式 3 需要多个语句时，用“,”分隔后并列书写。

▼ 例

```
int    i ,j;    //声明变量

for(i = 0, j = 0; i < 4; i++ , j++){

}
```

初始化 i 和 j

再次初始化 i 和 j

在以下示例中，声明的同时进行初始化。

▼ 例

```
for (int i = 0 , gokei = 0; i < N; i++)
{
    printf("输入学生%d的得分:", i + 1);
    scanf("%d", &hyouten);
    gokei += hyouten;
}
```

声明变量 i 和 gokei 并进行初始化

变量 i,gokei 都只能在此范围内使用

此时，尽管只写了一个声明 int，但变量 i 和 gokei 都在这里声明了。因此，此后为了求平均分，即使想使用 gokei，也不能使用。需要像下面那样分开处理 i 和 gokei。

▼ 例

```
int    gokei;    //总分

gokei = 0;
for (int i = 0; i < N; i++)
{
    printf("输入学生%d的得分:", i + 1);
    scanf("%d", &hyouten);
    gokei += hyouten;
}
```

希望变量 gokei 在循环结构语句后也能使用

只声明和初始化 i

配套资源 》

原始文件……sample4_2k.c
完成文件……sample4_3k.c

程序示例

使用 for 语句改写基本示例 4-2 的程序。

```
/****************************************
    指定次数的循环  基本示例4-3
****************************************/
#include <stdio.h>
#define N    3                    //将学生人数定义为常量

int main(void)
{
    //声明变量
    int         hyouten;          //每个人的得分
    int         gokei = 0;        //得分的总分
    double      heikin;           //得分的平均分

    //从键盘输入和计算平均分
    gokei = 0;                    //初始化总分
    for (int i = 0; i < N; i++)
    {
        printf("输入学生%d的得分:", i + 1);  //显示输入提示信息
        scanf("%d", &hyouten);               //从键盘输入得分
        gokei += hyouten;                    //计算总分
    }
    //求带小数的平均分
    heikin = (double)gokei / N;

    //在命令提示符界面上显示平均分
    printf("平均分:%5.1f分\n", heikin);

    return 0;
}
```

删除变量 i 的声明

将i++移到for语句内。
i从0开始，每次增加1，到N结束

删除 i++

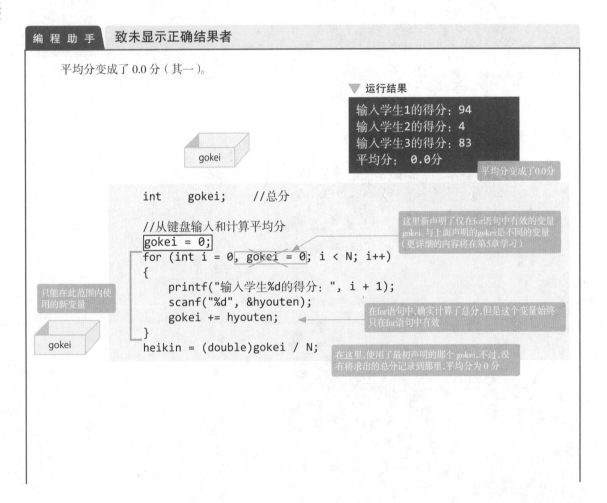

编程助手　致未能正确运行者

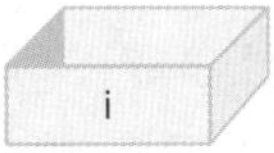
i

变量 i 只能在此范围内使用

```
//输入和计算得分
gokei = 0;
for (int i = 0; i < N; i++)
{
    printf("输入学生%d的得分: ", i + 1);
    scanf("%d", &hyouten);
    gokei += hyouten;
}
heikin = (double)gokei / i;
```

N

由于变量 i 超出了可用范围，所以发生了 use of undeclared identifier 'i' 的错误。这里请使用常数N

编程助手　致未显示正确结果者

平均分变成了 0.0 分（其一）。

▼ 运行结果

```
输入学生1的得分: 94
输入学生2的得分: 4
输入学生3的得分: 83
平均分:  0.0分
```

平均分变成了0.0分

gokei

```
int    gokei;    //总分

//从键盘输入和计算平均分
gokei = 0;
for (int i = 0, gokei = 0; i < N; i++)
{
    printf("输入学生%d的得分: ", i + 1);
    scanf("%d", &hyouten);
    gokei += hyouten;
}
heikin = (double)gokei / N;
```

这里新声明了仅在for语句中有效的变量gokei。与上面声明的gokei是不同的变量（更详细的内容将在第5章学习）

只能在此范围内使用的新变量

gokei

在for语句中，确实计算了总分，但是这个变量始终只在for语句中有效

在这里，使用了最初声明的那个 gokei，不过，没有将求出的总分记录到那里，平均分为 0 分

平均分变成了 0.0 分（其二）。

```
int      gokei = 0;                          //得分的总分
double   heikin;                             //得分的平均分
int      i;            ← 忘记删除变量i的声明

//变量初始化
gokei = 0;

//从键盘输入和计算平均分
for (int i = 0; i < N; i++)
{
    printf("输入学生%d的得分：", i + 1);    //显示输入提示信息
    scanf("%d", &hyouten);                  //从键盘输入得分
    gokei += hyouten;                       //计算总分
}

//求带小数的平均分
heikin = (double)gokei / i;    ← N
```

只能在此范围内使用的新变量

如果忘记将此i改为N，则使用的是最初声明的i，由于i是不确定的，因此无法求得平均分

学生 2 没有输入，因此只输入两个人就结束了。

▼ 运行结果

```
输入学生1的得分：94
输入学生3的得分：4
平均分： 32.7分
```

没有显示学生 2，输入两次就结束了

```
int    gokei;    //总分

//从键盘输入和计算平均分
gokei = 0;                       ← 再次初始化在此描述
for (int i = 0; i < N; i++)
{
    printf("输入学生%d的得分：", i + 1);
    scanf("%d", &hyouten);
    gokei += hyouten;
    i++;
    }
    heikin = (double)gokei / N;
```

在基本示例4-2的while语句中，这里有再次初始化，但这里在for语句的( )内描述了。尽管如此，由于i++;仍然存在，所以一次循环执行了两次i++;，而且会跳过学生2的输入

应用示例 4-3

如果得分存放在数组中该怎么办？注意循环的条件和下标之间的关系，试着将第 3 章的应用示例 3-2 的程序用循环结构语句改写。另外，得分是通过数组初始化设定的，而不是从键盘输入的，如图 12 所示。

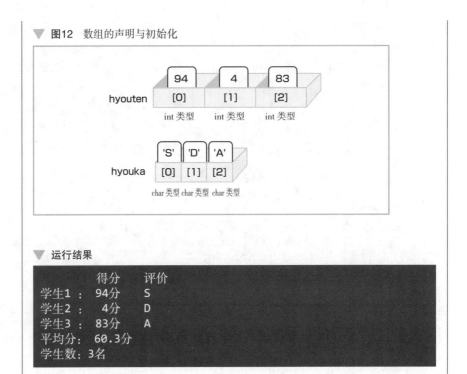

▼ 图12　数组的声明与初始化

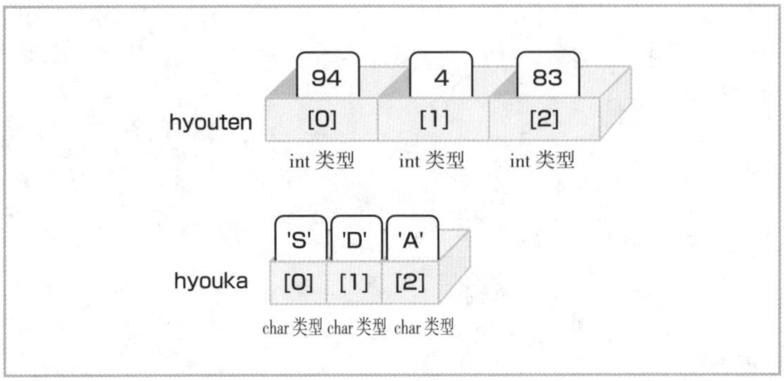
hyouten
94
4
83
[0]
[1]
[2]
int 类型
int 类型
int 类型
hyouka
'S'
'D'
'A'
[0]
[1]
[2]
char 类型
char 类型
char 类型

▼ 运行结果

```
         得分    评价
学生1 :  94分    S
学生2 :   4分    D
学生3 :  83分    A
平均分:  60.3分
学生数: 3名
```


学习

STEP 4　使用循环结构处理数组

在第 3 章的应用示例 3-2 中，使用数组初始化的数据进行了加运算和显示。下面使用循环结构语法重写同样的程序。

① 确认原来的程序中排列着相同的语句。

```
//计算得分的总分和平均分
gokei = 0;                              //初始化总分
i = 0;                                  //初始化i
gokei += hyouten[i];
i++;
gokei += hyouten[i];
i++;
gokei += hyouten[i];
i++;
heikin = (double)gokei / i;             //计算平均分
```

排列着 3 组完全相同的语句

② 相同的语句只保留一组，其余的删除。将保留的语句括在 {} 中。

```
//计算得分的总分和平均分
gokei = 0;                          //初始化总分
i = 0;                              //初始化i
{
    gokei += hyouten[i];  }
    i++;                  }
}
heikin = (double)gokei / i;     //计算平均分
```

保留一组,括在{}中

③ 书写 for 语句。将 {} 内的 i++; 移到 for 语句的 () 内。

```
//计算得分的总分和平均分
gokei = 0;                          //初始化总分
i = 0;                              //初始化i
for(i = 0; i < N; i++)
{
    gokei += hyouten[i];
}
heikin = (double)gokei / i;     //计算平均分
```

for循环语句

i++; 删除

④ 删除 i 的声明和初始化，并在 for 语句中声明并初始化。与此同时，求平均分的除数变更为 N。

```
//计算得分的总分和平均分
gokei = 0;                  //初始化总分

for(int i = 0; i < N; i++)
{
    gokei += hyouten[i];
}
heikin = (double)gokei / N;
```

删除 i 的初始化

写声明语句

i 无法使用,因此改为 N

配套资源

原始文件……sample3_2o.c

完成文件……sample4_3o.c

程序示例

让我们试着用 for 语句改写第 3 章中应用示例 3-2 的程序。

```
/*****************************************
    数组与循环    应用示例4-3
*****************************************/
#include <stdio.h>
#define N    3                              //将学生人数定义为常量

int main(void)
{
    //声明变量
```

```
    int         hyouten[N] = { 94 , 4 , 83 };     //初始化N个人的得分
    int         gokei;                            //得分的总分
    double      heikin;                           //得分的平均分
    char        hyouka[N] = { 'S' , 'D' , 'A' }; //初始化N个人的评价

    //计算得分的总分和平均分
    gokei = 0;                    //初始化总分
    for (int i = 0; i < N; i++)
    {
        gokei += hyouten[i];      //将学生的得分加到总分
    }
    //求带小数的平均分
    heikin = (double)gokei / N;          //注意不能用i

    //显示到命令提示符界面上
    printf("        得分    评价\n");
    for (int i = 0; i < N; i++)
    {
        printf("学生%d :%3d分    %c\n", i + 1, hyouten[i], hyouka[i]);
    }
    printf("平均分:%5.1f分\n", heikin);
    printf("学生数:%d名\n", N);

    return 0;
}
```

删除i的声明

i从0开始,每次增加1,到N结束

专栏 调试方法1

检查程序是否正确运行称为调试，这是程序设计工作中最重要的任务。在这里，作为调试的方法之一，介绍称作跟踪的调试方法。跟踪是把自己当成计算机，一边对变量的内容、变化的状态、表达式的求值等逐一确认，一边运行程序。在循环结构的程序中，如果为每次循环进行的处理创建一个表，其中变量内容为一行，则可以清楚地理解变量内容的变化。

记录应用示例 4-3 的程序的跟踪表如表 A 所示。

▼ 表A　i = 0

	i	i<3	循环处理	total	i++的结果
第1次	0	真	gokei += hyouten[0]	94	1
第2次	1	真	gokei += hyouten[1]	98	2
第3次	2	真	gokei += hyouten[2]	181	3
第4次	3	假			

也可以如以下示例所示，在程序中间的适当位置插入 printf 语句，显示关键变量的内容，而不是人工创建表格。

▼ 例

```
//计算平均分
gokei = 0;                                //初始化总分
for (int i = 0; i < N; i++)
{
    gokei += hyouten[i];
    printf("hyouten[%d] = %3d  gokei =%3d\n" , i , hyouten[i] , gokei);
}
heikin = (double)gokei / N;              //注意不能用i
```

每次循环，都会显示数组的内容和到此时为止的总分。之所以没有缩进该语句，是因为这条语句不是正式的程序，而是为了测试才插入的，之后记得将其删除。

▼ 运行结果

```
hyouten[0] =  94  gokei = 94
hyouten[1] =   4  gokei = 98
hyouten[2] =  83  gokei =181
```

扩 展 二维数组的处理

在第 3 章介绍的二维数组的程序[①]中，一个人的得分是通过计算 4 个课题的总分得到的。此时，求一个人得分的语句书写如下：

```
hyouten[i] = kadai[i][0] + kadai[i][1] + kadai[i][2] + kadai[i][3];
```

可以改写如下：

```
hyouten[i] = 0;                //初始化
hyouten[i] += kadai[i][0];     //加上课题1
hyouten[i] += kadai[i][1];     //加上课题2
hyouten[i] += kadai[i][2];     //加上课题3
hyouten[i] += kadai[i][3];     //加上课题4
```

① P127 sample3_h3.c。

导入变量 j 时，代码如下所示。

```
int    j;
hyouten[i] = 0;                  //初始化
j = 0;                           //初始化j
hyouten[i] += kadai[i][j];       //加上课题1
j++;
hyouten[i] += kadai[i][j];       //加上课题2
j++;
hyouten[i] += kadai[i][j];       //加上课题3
j++;
hyouten[i] += kadai[i][j];       //加上课题4
j++;
```


到了这里，就可以用 for 语句来改写了。

```
hyouten[i] = 0;                  //初始化
for(int  j = 0;j < KADAI_N;j++)
{
    hyouten[i] += kadai[i][j];
}
```

这里是 1 个人。如果是 N 个人循环，则代码如下所示。

```
for(int i = 0; i < N; i++)
{
    hyouten[i] = 0;
    for(int  j = 0;j < KADAI_N;j++)
    {
        hyouten[i] += kadai[i][j];
    }
}
```

这样，在 for 语句的循环语句中包含另一个 for 语句的结构称为二重循环。因为有两个下标，所以很难，但是如果一步一步去实践的话，一定能做到。

另外，为方便展开，外层的 for 语句的变量为 i，内层的 for 语句的变量为 j，但通常 i 和 j 是相反书写的。随之而来的是数组的下标也是

kadai[j][i]

前面用 j，后面用 i。这不是语法的规定，而是为了让人看懂二维数组水平和垂直的下标，可以机械性地进行描述，即“事先确定”。

将 i 和 j 交换后完成的程序，如下所示。

▼ 列表 程序示例（sample4_h2.c）

```
/*******************************************
    扩展          二重循环
*******************************************/
#include <stdio.h>
#define     N         3                   //将学生人数定义为常量
#define     ID_N      5                   //将学号位数定义为常量
#define     KADAI_N   4                   //将课题数定义为常量

int main(void)
{
    //声明变量
    char    id[N][ID_N + 1] = { "A0615" , "A2133" , "A3172" };  //学号
    int     kadai[N][KADAI_N] = {
        { 16 , 40 , 10 , 28 },        //学生1的课题分数
        { 4 ,  0 ,  0 ,  0 },         //学生2的课题分数
        { 12 , 40 , 10 , 21 }         //学生3的课题分数
    };
    int        hyouten[N];            //N个人的得分

    //计算各自的得分
    for (int j = 0; j < N; j++)
    {
        //各课题的分数合计，求得各自的得分
        hyouten[j] = 0;               //初始化
        for (int i = 0; i < KADAI_N; i++)
        {
            hyouten[j] += kadai[j][i];
        }
    }

    //显示到命令提示符界面上
    printf("学号        得分\n");
    for (int j = 0; j < N; j++)
    {
        printf("%-10s   %3d分\n", id[j], hyouten[j]);
    }

    return 0;
}
```

j从0开始,每次增加1,到N结束

i从0开始,每次增加1,到KADAI_N结束

j从0开始,每次增加1,到N结束

▼ 运行结果

```
学号          得分
A0615         94分
A2133          4分
A3172         83分
```

04 选择结构

试着编写程序，在准备好的几个处理中，只选择一个执行。首先，从两个中选择一个。

基本示例 4-4

从键盘输入得分，60 分以上显示“合格”，60 分以下显示“不合格”。

▼ 运行结果

```
输入得分：61
合格
```

```
输入得分：59
不合格
```

□ 表示来自键盘的输入

学习

STEP 1 if 语句

▶从多个语句中选择要执行哪条语句的语句称为选择语句。在选择语句中，除了 if 语句之外，还有接下来要学习的 switch 语句。

▶当语句 1、语句 2 中分别只包含一条语句时，可以省略 {}，但是为了提高程序的可维护性，建议不要省略。

根据条件，选择两个语句中的一个，然后使用 if 语句。

```
if(表达式)
{
        语句1
}
else
{
        语句2
}
```

在表达式中，书写能得到逻辑值结果的运算符，如关系运算符或逻辑运算符。仅当表达式的结果为“真”时才执行语句 1；仅当表达式的结果为“假”时才执行语句 2。

▼ 例　显示合格或不合格

```
#define GOKAKU 60     //将合格分数定义为常量

if (hyouten >= GOKAKU)
{
    printf("合格\n");
}
else
{
    printf("不合格\n");
}
```

if 语句第一种语法的流程图如图 13 所示。

▼ 图 13　if 语句第一种语法的流程图

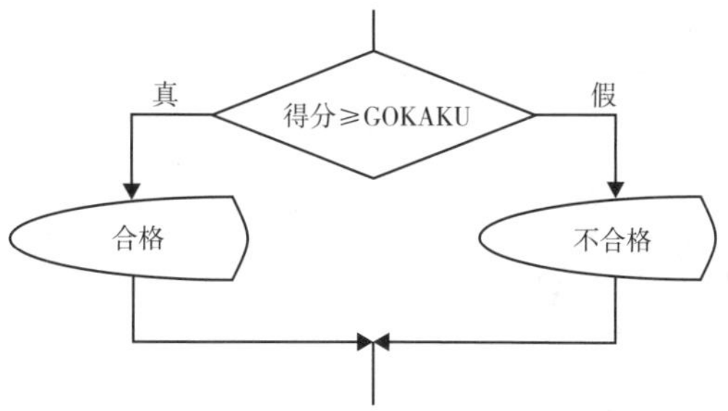
真
得分≥GOKAKU
假
合格
不合格

STEP 2　if 语句的第二种语法

当表达式结果为“假”时，如果没有要执行的语句，则可以省略 else 和语句 2。

```
if(表达式)
{
        语句1
}
```

▼ 例　只显示合格，不合格时不显示任何内容

```
if (hyouten >= GOKAKU)
{
    printf("合格\n");
}
```

if 语句第二种语法的流程图如图 14 所示。

图 14　if 语句第二种语法的流程图

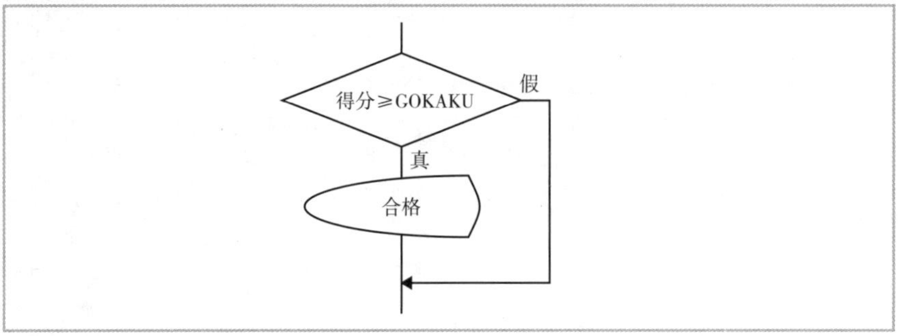
得分≥GOKAKU
假
真
合格

配套资源

原始文件……rei4_4k.c
完成文件……sample4_4k.c

程序示例

配套资源中的程序没有编写选择条件部分，大家补充完善后再运行。

```
/***********************************************
    选择结构　基本示例4-4
***********************************************/
#include <stdio.h>
#define GOKAKU    60                    //将合格分数定义为常量

int main(void)
{
    //声明变量
    int    hyouten;                     //得分

    //从键盘输入得分
    printf("输入得分:");                //显示输入提示信息
    scanf("%d", &hyouten);              //从键盘输入得分

    //判断是否合格并显示
    if (hyouten >= GOKAKU)              //如果得分在合格分数以上
    {
        printf("合格\n");               //则显示合格
    }
    else                                //否则
    {
        printf("不合格\n");             //显示不合格
    }

    return 0;
}
```

编程助手 致编译出错者

```
if (hyouten >= GOKAKU);
{                      □
    printf("合格\n");
}
else
{
    printf("不合格\n");
}
```

这里如果出现expected expression的错误，请确认if语句

一旦if语句的末尾加上";"，if语句就到此结束了

这个else没有相应的if语句

编程助手 致未能正确运行者

```
#define GOKAKU    100
                   60
int main(void)
        ...
    //判断是否合格并显示
    if (hyouten < GOKAKU)
    {           >=
        printf("合格\n");
    }
    else
    {
        printf("不合格\n");
    }
```

结果与预期不符的时候，即使达到60分以上也不合格等，是判断条件不正确。请确认条件

常量 GOKAKU 的定义也可能有错误，因此也应进行确认

应用示例 4-4

如图 15 所示，从存放在 char 类型的二维数组中的字符串中选择一个显示。

▼ 图15　存放评价字符串的char类型二维数组

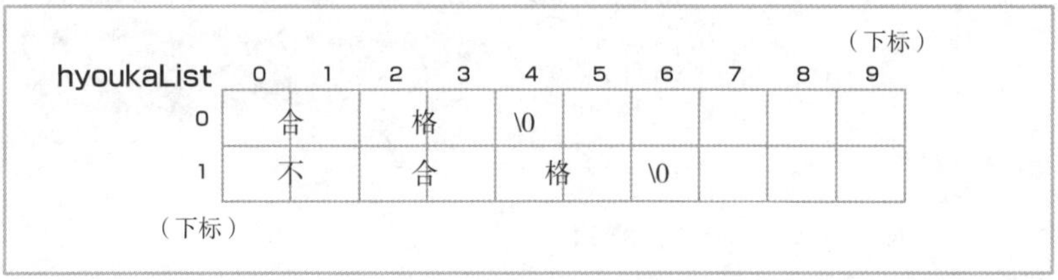

（下标）
hyoukaList
0 1 2 3 4 5 6 7 8 9
0
合
格
\0
1
不
合
格
\0
（下标）

▼ 运行结果

```
输入得分：73
得分：　73点　　　评价：合格
```

```
输入得分：55
得分：　55点　　　评价：不合格
```

□ 表示来自键盘的输入

学习 STEP 3 选择字符串

要存放一个字符串，需要一个 char 类型的一维数组，如图 16 所示。

▼ 图 16　一个字符串

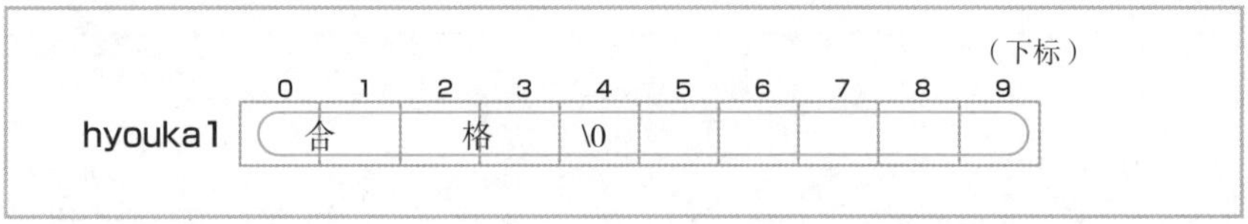

（下标）
0 1 2 3 4 5 6 7 8 9
hyouka1
合
格
\0

程序中进行如下声明。

```
char    hyouka1[10] = "合格";
```

要显示字符串，写成

```
printf("%s\n" , hyouka1);
```

所谓字符串，是多个字符的集合，同时将多个字符作为一个块来处理。尽管 hyouka1 是数组，但在 printf 语句中不加下标。

那么，怎样才能将多个字符串存放在一个数组中呢？正如在第 3 章中学过的那样，需要能按字符串数量堆叠起来的二维数组，如图 17 所示。

▶复习一下第 3 章。

▼ 图 17　多个字符串

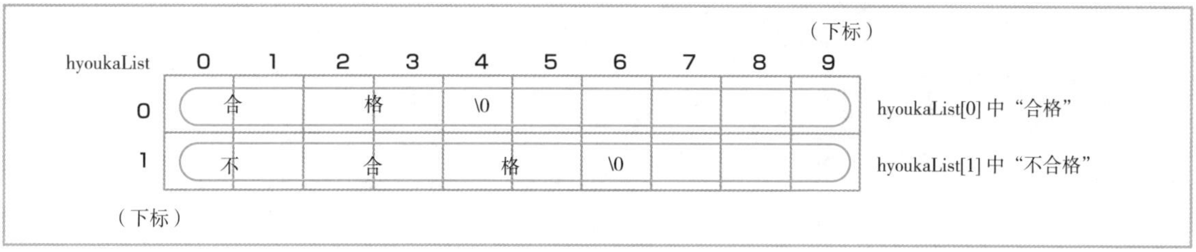
(下标)
hyoukaList
0 1 2 3 4 5 6 7 8 9
0
合
格
\0
hyoukaList[0] 中“合格”
1
不
合
格
\0
hyoukaList[1] 中“不合格”
(下标)

数组 hyoukaList 是二维数组，但是作为字符串处理时，“合格”可以用 hyoukaList[0] 表示，“不合格”可以用 hyoukaList[1] 表示，就好像是一维数组一样。基于以上内容，printf 语句如下。

▼ 合格

```
printf("%s\n" , hyoukaList[0]);
```

▼ 不合格

```
printf("%s\n" , hyoukaList[1]);
```

下标用变量 hyoukaIndex 表示时，

```
printf("%s\n" , hyoukaList[hyoukaIndex]);
```

hyoukaIndex 为 0 的时候显示“合格”，为 1 的时候显示“不合格”。

配套资源 》

原始文件……sample4_4k.c
完成文件……sample4_4o.c

程序示例

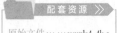

试着将基本示例 4-4 的程序改写成在定义的二维数组中使用下标进行切换的程序。

```
/**********************************************
    选择结构  应用示例4-4
***********************************************/
#include <stdio.h>
#define GOKAKU   60                          //将合格分数定义为常量

int main(void)
{
    //声明变量
    int    hyouten;                          //得分
    char   hyoukaList[2][10] = { "合格" , "不合格" };   //评价的字符串
    int    hyoukaIndex;                      //评价的下标

    //从键盘输入得分
    printf("输入得分:");                      //显示输入提示信息
    scanf("%d", &hyouten);                   //从键盘输入得分

    //求评价
    if (hyouten >= GOKAKU)                   //得分在合格分数以上
    {
        hyoukaIndex = 0;                     //评价列表的下标为0（合格）
    }
    else                                     //否则
    {
        hyoukaIndex = 1;                     //评价列表的下标为1（不合格）
    }

    //显示到命令提示符界面上
    printf("得分:%3d分   评价:%s\n",  hyouten, hyoukaList[hyoukaIndex]);

    return 0;
}
```

也可以使用第二种语法进行如下描述。

配套资源

原始文件……sample4_4k.c
完成文件……sample4_4o2.c

```
/***********************************************
  选择结构  应用示例4-4  之二
************************************************/
#include <stdio.h>
#define GOKAKU    60                     //将合格分数定义为常量

int main(void)
{
    //声明变量
    int    hyouten;                      //得分
    char   hyoukaList[2][10] = { "合格" , "不合格" };    //评价的字符串
    int    hyoukaIndex;                  //评价的下标

    //从键盘输入得分
    printf("输入得分:");                 //显示输入提示信息
    scanf("%d", &hyouten);               //从键盘输入得分

    //求评价
    hyoukaIndex = 0;                     //把评价列表的下标设为0（合格）
    if (hyouten < GOKAKU)                //如果得分小于合格分数
    {
        hyoukaIndex = 1;                 //评价的下标改为1（不合格）
    }
                  ←—— 删除else以下部分

    //显示到命令提示符界面上
    printf("得分:%3d分    评价:%s\n", hyouten, hyoukaList[hyoukaIndex]);

    return 0;
}
```

专栏 调试方法2

在程序开发中，最重要的步骤是测试程序是否正常运行（当然设计和开发也很重要）。尽可能在所有可能的情况下，考虑并测试每个测试用例。

在选择结构中，只能选择一个（任何一个），因此无法执行程序中的所有语句，如 Figure 2 所示。

▼ Figure 2 选择结构

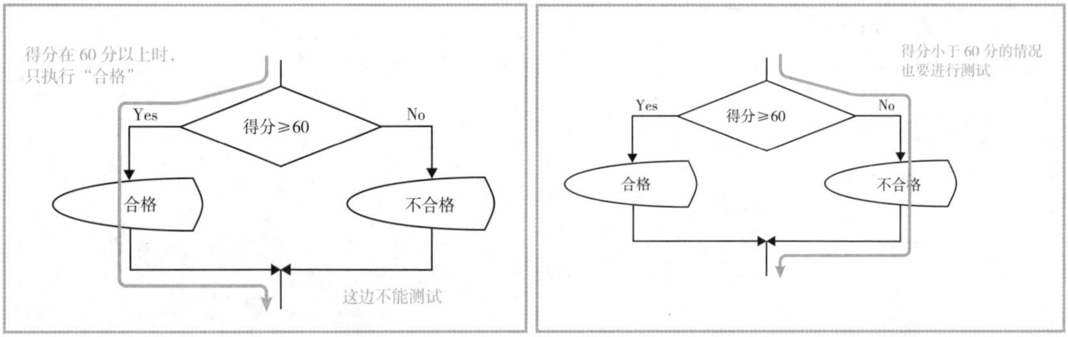
得分在 60 分以上时，
只执行“合格”
Yes
得分≥60
No
合格
不合格
这边不能测试
得分小于 60 分的情况
也要进行测试
Yes
得分≥60
No
合格
不合格

至少需要对两种得分进行测试，即使结果为“合格”的得分和结果为“不合格”的得分，但还应确认在“合格”与“不合格”的边界处是否能正确判定。理想的情况下，建议用以下 4 个数据进行测试，如 Figure 3 所示。

▼ Figure 3 测试用例

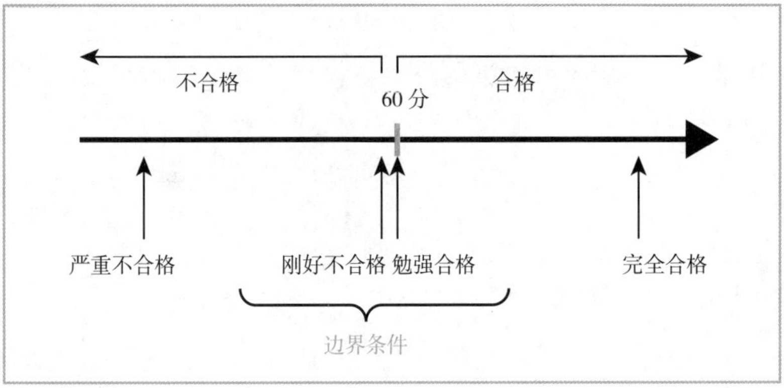
不合格
60 分
合格
严重不合格
刚好不合格 勉强合格
完全合格
边界条件

还有一些关于测试用例的理论，如白盒测试、黑盒测试等，所以请务必了解一下。本书的讲解就到此为止。

05 多分支

有 3 个以上选项的选择结构称为多分支。现在把成绩分为 5 个等级来评价。

基本示例 4-5

根据得分，按照表 6 进行评价。

▼ 表6 评价基准

评　价	得　分
S	90分以上
A	80分以上，90分以下
B	70分以上，80分以下
C	60分以上，70分以下
D	60分以下

▼ 运行结果

```
输入成绩：98
得分： 98分    评价：S
```

```
输入成绩：82
得分： 82分    评价：A
```

```
输入成绩：75
得分： 75分    评价：B
```

```
输入成绩：60
得分： 60分    评价：C
```

```
输入成绩：59
得分： 59分    评价：D
```

□ 表示来自键盘的输入

学习

STEP 1

else if 语句

条件为“假”时，通过进一步对下面的条件进行评价，可以将“假”分支进一步细分。

```
if(表达式1)
{
    语句1
}
else if(表达式2)
{
    语句2
}
else if(表达式3)
{
    语句3
}
    ...
else
{
    语句n
}
```

▶像这样，程序的选择（分支）有多个阶段的称为多分支。

▶尽管当语句 1 ~ 语句 n 的某语句是一条语句时，可以省略相应的{}，但是为了提高程序的可维护性，建议不要省略。

从表达式 1 开始依次进行评价，当评价的结果为表达式第一次为“真”时，执行该语句。后面的将会被跳过。当所有表达式的评价结果均为“假”时，将执行语句 n。如果所有表达式的评价结果均为“假”时不执行任何处理，则可以省略 else 和语句 n。

如图 18 所示，只有第一阶段为“假”时，才会到达第二阶段。因此，第二阶段的条件只需要写得分≥ 80 就可以了。

图 18 流程图

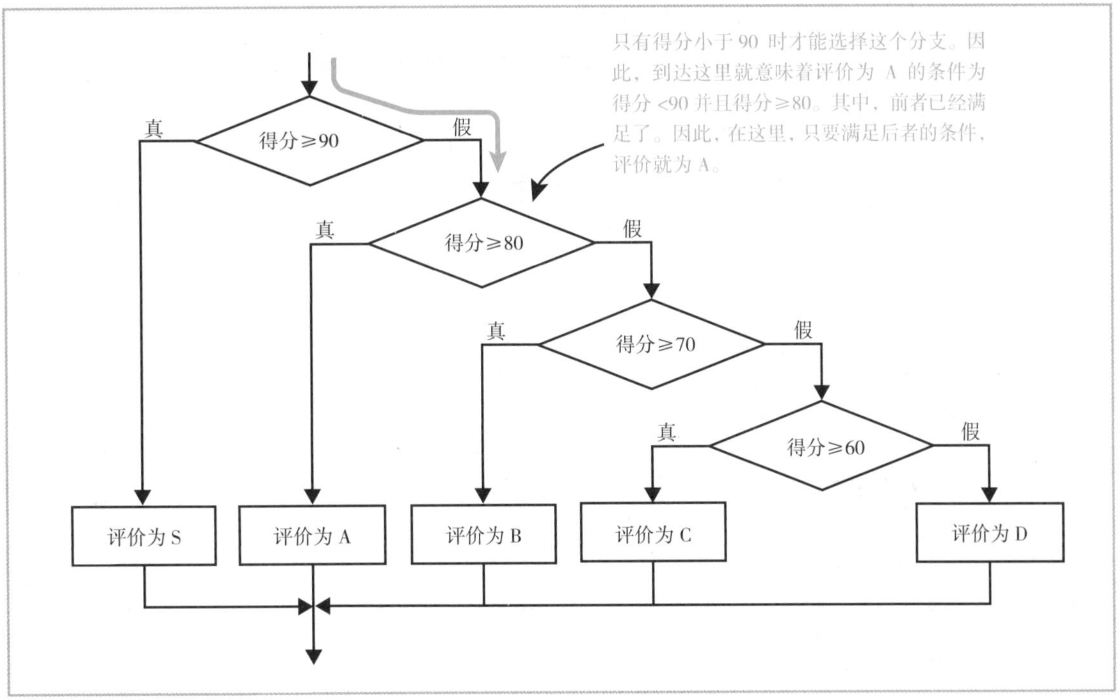
只有得分小于 90 时才能选择这个分支。因此，到达这里就意味着评价为 A 的条件为得分 <90 并且得分≥80。其中，前者已经满足了。因此，在这里，只要满足后者的条件，评价就为 A。
真
假
得分≥90
得分≥80
得分≥70
得分≥60
评价为 S
评价为 A
评价为 B
评价为 C
评价为 D

配套资源

原始文件……rei4_5k.c
完成文件……sample4_5k.c

程序示例

配套资源中的程序没有编写判定评价部分，大家补充完善后再运行。

```
/*************************************************
    多分支  基本示例4-5
*************************************************/
#include <stdio.h>

int main(void)
{
    //声明变量
    int     hyouten;                //得分
    char    hyouka;                 //评价

    //从键盘输入得分
    printf("输入得分:");             //显示输入提示信息
    scanf("%d", &hyouten);          //从键盘输入得分

    //求评价
    if (hyouten >= 90)              //如果得分在90分以上
    {
```

```
            hyouka = 'S';                   //评价为S
        }
        else if(hyouten >= 80)              //如果得分在80分以上
        {
            hyouka = 'A';                   //评价为A
        }
        else if (hyouten >= 70)             //如果得分在70分以上
        {
            hyouka = 'B';                   //评价为B
        }
        else if (hyouten >= 60)             //如果得分在60分以上
        {
            hyouka = 'C';                   //评价为C
        }
        else                                //否则
        {
            hyouka = 'D';                   //评价为D
        }

        //显示到命令提示符界面上
        printf("得分:%3d分    评价:%c\n", hyouten, hyouka);

        return 0;
    }
```


编程助手 致编译出错者

```
//求评价
if (hyouten >= 90)         //如果得分在90分以上
{
    hyouka = 'S';          //评价为S
}
    ...
else if (hyouten >= 60)   //否则，如果得分在60分以上
{
    hyouka = 'C';          //评价为C
}
else(hyouten < 60)
{
    hyouka = 'D';
}
```

这里如果出现expected ';' after expression的错误，是因为在else后面写了多余的条件。不要被评价为D是小于60分这一设定所迷惑，请考虑“否则”。错误信息说“;”不足，但并不是那样，是因为有多余的描述而引起的错误

应用示例 4–5

如果 5 个评价变成了字符串怎么办？数据结构如图 19 所示，从输入的得分求出评价并显示。不仅包含评价字符串，还包含评价基准的数组。

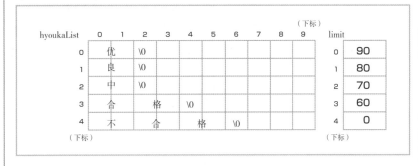

▼ 图19　5 个评价

hyoukaList

（下标）	0	1	2	3	4	5	6	7	8	9
0	优		\0							
1	良		\0							
2	中		\0							
3	合		格		\0					
4	不		合		格		\0			

limit

（下标）	
0	90
1	80
2	70
3	60
4	0

▼ 运行结果

```
输入成绩：98
得分： 98分      评价：优
```

```
输入成绩：82
得分： 82分      评价：良
```

```
输入成绩：75
得分： 75分      评价：中
```

```
输入成绩：60
得分： 60分      评价：合格
```

```
输入成绩：59
得分： 59分      评价：不合格
```

□ 表示来自键盘的输入

学习 STEP 2

评价基准与评价的选择

如果不仅评价是字符串，评价基准也用数组的话，评价的阶段和基准的变更也能灵活应对。数组的下标值变得重要起来。hyoukaList 的下标和 limit 的下标相对应，如图 20 所示。

▼ 图 20　hyoukaList 和 limit 的对应关系

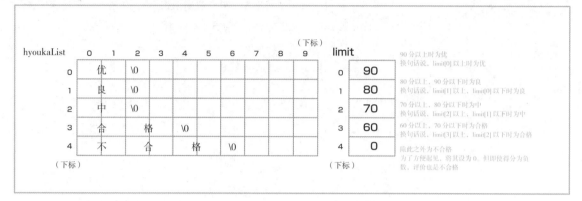

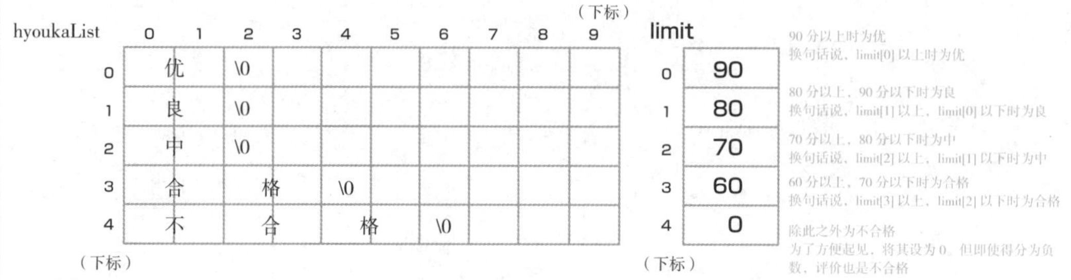
hyoukaList
（下标）
0 1 2 3 4 5 6 7 8 9
0 优 \0
1 良 \0
2 中 \0
3 合 格 \0
4 不 合 格 \0
（下标）
limit
0 90
1 80
2 70
3 60
4 0
（下标）
90 分以上时为优
换句话说，limit[0] 以上时为优
80 分以上，90 分以下时为良
换句话说，limit[1] 以上，limit[0] 以下时为良
70 分以上，80 分以下时为中
换句话说，limit[2] 以上，limit[1] 以下时为中
60 分以上，70 分以下时为合格
换句话说，limit[3] 以上，limit[2] 以下时为合格
除此之外为不合格
为了方便起见，将其设为 0。但即使得分为负数，评价也是不合格

配套资源

原始文件……sample4_5k.c
完成文件……sample4_5o.c

程序示例

下面来改写基本示例 4-5 的程序。

```
/**********************************************
    多分支　应用示例4-5
**********************************************/
#include <stdio.h>

int main(void)
{
    //声明变量
    int     hyouten;                    //得分
    char    hyoukaList[5][10] = { "优" , "良" , "中" , "合格" , "不合格" };
    int     limit[5] = { 90 , 80 , 70 , 60 , 0 };   //评价基准
    int     hyoukaIndex;                //评价列表的下标

    //从键盘输入得分
    printf("输入得分:");                //显示输入提示信息
    scanf("%d", &hyouten);              //从键盘输入得分

    //求评价
    if (hyouten >= limit[0])            //如果得分在limit[0]以上
    {
        hyoukaIndex = 0;                //评价列表的下标为0
    }
    else if (hyouten >= limit[1])       //如果得分在limit[1]以上
    {
        hyoukaIndex = 1;                //评价列表的下标为1
    }
    else if (hyouten >= limit[2])       //如果得分在limit[2]以上
    {
```

添加评价字符串和评价基准

常数值改为数组

改为评价字符串对应下标的值

```
        hyoukaIndex = 2;                        //评价列表的下标为2
    }
    else if (hyouten >= limit[3])               //如果得分在limit[3]以上
    {
        hyoukaIndex = 3;                        //评价列表的下标为3
    }
    else                                        //否则
    {
        hyoukaIndex = 4;                        //评价列表的下标为4
    }

    //显示到命令提示符界面上
    printf("得分:%3d分    评价:%%s\n", hyouten, hyoukaList[hyoukaIndex]);

    return 0;
}
```

扩　展　switch语句

在用于进行多分支的选择语句中，当评价的对象全部相同，并且所有条件都可以用“==”描述时，还提供了另一种多分支的语法，如下所示。

```
switch (表达式){
    case  常量表达式1: 语句1
    case  常量表达式2: 语句2
     ...
    case  常量表达式n: 语句n
    default: 语句n+1
}
```

表达式和常量表达式 1 ~ 常量表达式 n 必须是整数类型。当表达式的值与某个 case 的常量表达式相等时，将执行后面所有的语句。例如，当表达式的值与常量表达式 1 相等时，就会执行所有的语句 1 ~ 语句 n+1，当表达式的值与常量表达式 2 相等时，就会执行语句 2 ~ 语句 n+1。

如果表达式的值与常量表达式 1 ~ 常量表达式 n 的任一个都不匹配时，则执行语句 n+1。如果与任一个都不匹配时，也没有任何需要执行的处理，则可以省略 default 和语句 n+1。不允许有两个 default，或者在常量表达式 1 ~ 常量表达式 n 中出现相同的值。

另外，即使语句 1 ~ 语句 n+1 的每一个包含多个语句，也可以并排书写，而不使用 {}。switch 语句的流程如 Figure 4 所示。

Figure 4　switch 语句的流程图

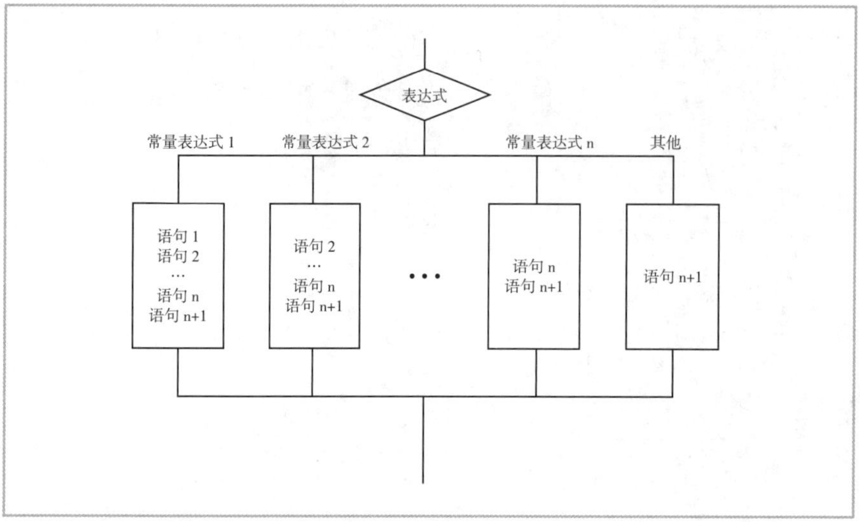
表达式
常量表达式 1
常量表达式 2
常量表达式 n
其他
语句 1
语句 2
…
语句 n
语句 n+1
语句 2
…
语句 n
语句 n+1
语句 n
语句 n+1
语句 n+1

实际上，在大多数情况下，只希望执行与该常量表达式相对应的语句，也就是说，当表达式为常量表达式 1 时仅执行语句 1，而当表达式为常量表达式 2 时仅执行语句 2。为此，在执行语句 1 之后，希望结束 switch 语句，而不是转到语句 2。所以在每个语句的结尾都会描述为

```
break;
```

break 语句用于跳过以下其余部分。以下是使用 break 语句改写的语法。

```
switch (表达式){
    case  常量表达式1:
        语句1
        break;
    case  常量表达式2:
        语句2
        break;
      ...
    case  常量表达式n:
        语句n
        break;
    default:
        语句n+1
}
```

break 语句的流程如 Figure 5 所示。

▼ Figure 5 流程图

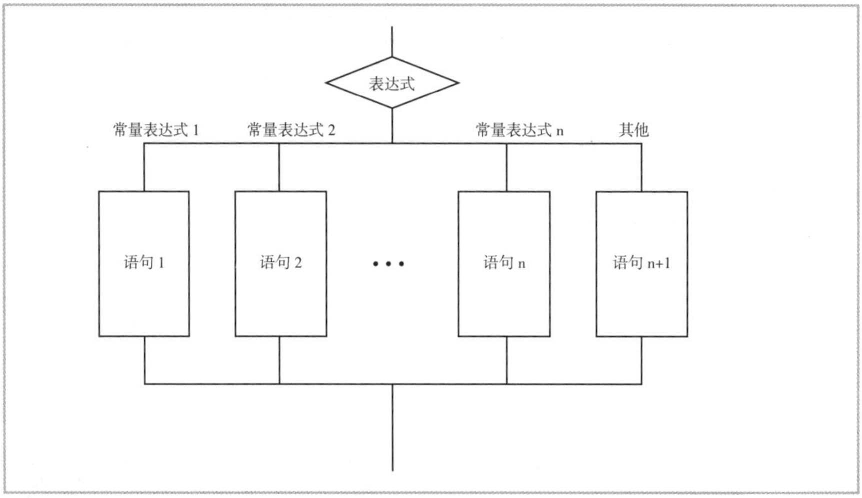
表达式
常量表达式 1
常量表达式 2
常量表达式 n
其他
语句 1
语句 2
…
语句 n
语句 n+1

注：在一个 switch 语句中，有 break; 语句的 case 和没有 break; 语句的 case 混在一起也没有关系。执行从相应的 case 开始到 break; 为止的语句。

switch 语句常用于根据输入的键（key）来区分处理。

▼ 列表 程序示例（sample4_h3.c）

```
/*************************************************
    扩展  switch语句
*************************************************/
#include <stdio.h>

int main(void)
{
    char    key;                        //存放输入字符的变量

    //从键盘输入字符
    printf("输入键: ");                  //显示输入提示信息
    scanf("%c", &key);                  //输入key

    switch (key)
    {
        case '6':                       //输入键是6时
            printf("向右移动\n");        //显示“向右移动”
            break;                      //结束switch语句
        case '2':                       //输入键是2时
            printf("向下移动\n");        //显示“向下移动”
            break;                      //结束switch语句
        case '4':                       //输入键是4时
            printf("向左移动\n");        //显示“向左移动”
```

```
            break;                          //结束switch语句
        case '8':                           //输入键是8时
            printf("向上移动\n");           //显示“向上移动”
            break;                          //结束switch语句
        case 'S':                           //输入键是S时
            printf("停止\n");               //显示“停止”
            break;                          //结束switch语句
        default:                            //否则
            printf("什么都不做\n");         //显示“什么都不做”
    }

    return 0;
}
```

▼ 运行结果

```
输入键：4
向左移动
```

□表示来自键盘的输入

4-06 循环结构和选择结构的组合

通过组合 3 种基本结构，可以描述所有处理。下面将来学习基本结构的组合方法。

基本示例 4-6

▶关于 3 种基本结构，可重新回顾一下 P144 的专栏。

从得分求 5 个等级的评价。我们利用存放在数组中的字符串和评价基准，编写出具有更高通用性的程序，如图 21 所示。

▼ 图21　评价字符串和评价基准

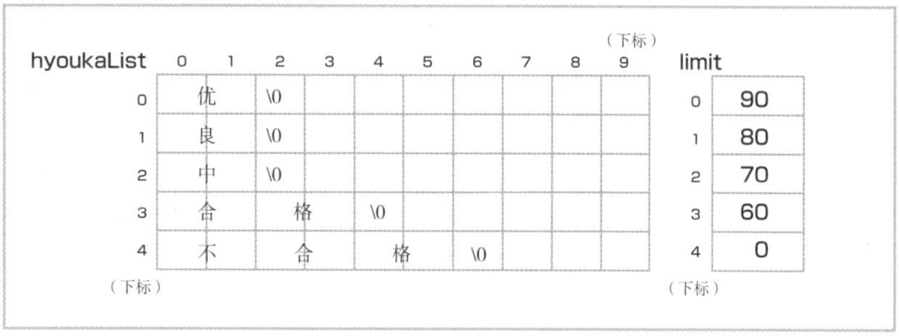

hyoukaList
0 1 2 3 4 5 6 7 8 9
（下标）
0 优 \0
1 良 \0
2 中 \0
3 合 格 \0
4 不 合 格 \0
（下标）
limit
0 90
1 80
2 70
3 60
4 0
（下标）

▼ 运行结果

```
输入得分：98
得分： 98分    评价：优
```

```
输入得分：82
得分： 82分    评价：良
```

```
输入得分：75
得分： 75分    评价：中
```

```
输入得分：60
得分： 60分    评价：合格
```

```
输入得分：59
得分： 59分    评价：不合格
```

□ 表示来自键盘的输入

学习

STEP 1 基本结构的组合

在一个基本结构的内部，可以包含另一个基本结构。这时，两个基本结构必须完全嵌套，如图 22 所示。

▼ 图 22 基本结构的组合

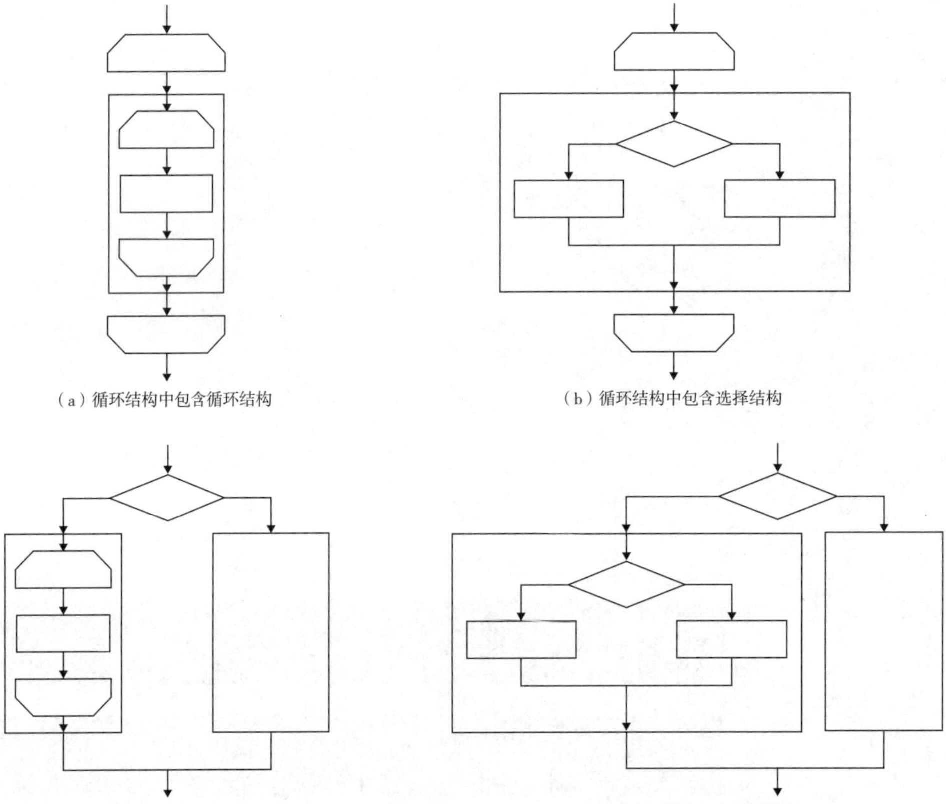

（a）循环结构中包含循环结构　（b）循环结构中包含选择结构　（c）选择结构中包含循环结构　（d）选择结构中包含选择结构

STEP 2 break 语句和 continue 语句

在循环过程中，当满足某些条件时，可能希望结束循环。此外，也有可能在处理过程中要跳过之后的内容。以下介绍在这种情况下有用的两条语句。

如图 23 所示，在循环过程中，break 语句用于结束循环，即跳过了循环过程以后的处理。

▶break 语句在扩展部分提到的 switch 语句中也使用过。这个时候也是同样的意思，即跳过了 break 语句以后的处理。

▼ 图 23 break 语句的作用

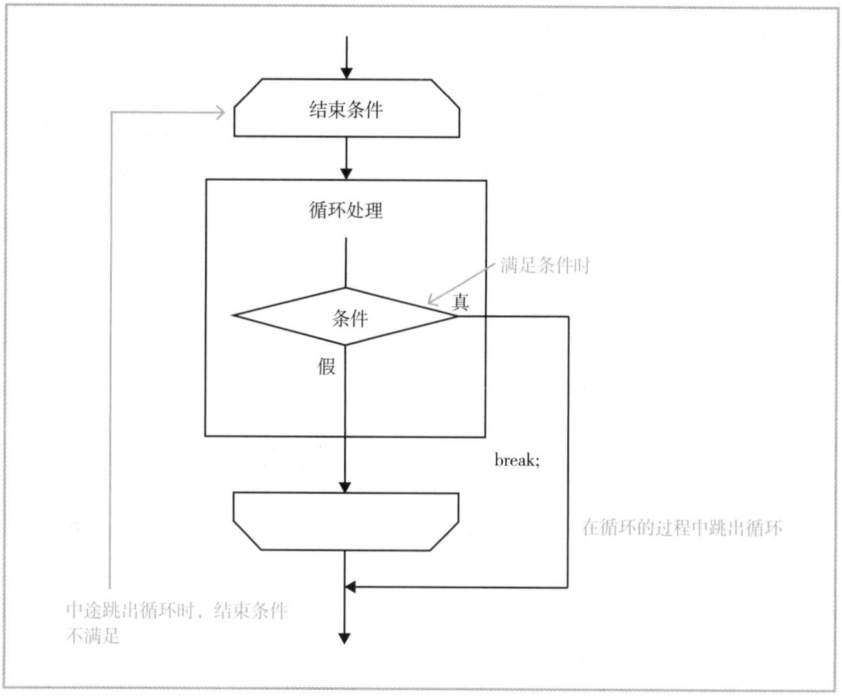
结束条件
循环处理
满足条件时
真
条件
假
break;
在循环的过程中跳出循环
中途跳出循环时，结束条件不满足

语法结构如下。

```
for(初始化; 循环条件; 再次初始化)
{
    循环处理(前半部分)
    if(条件)
    {
        跳出循环前处理
        break;
    }
    循环处理(后半部分)
}
```

continue 语句不跳出循环本身，而是跳过此时该语句后的部分，如图 24 所示。

▼ 图 24　continue 语句

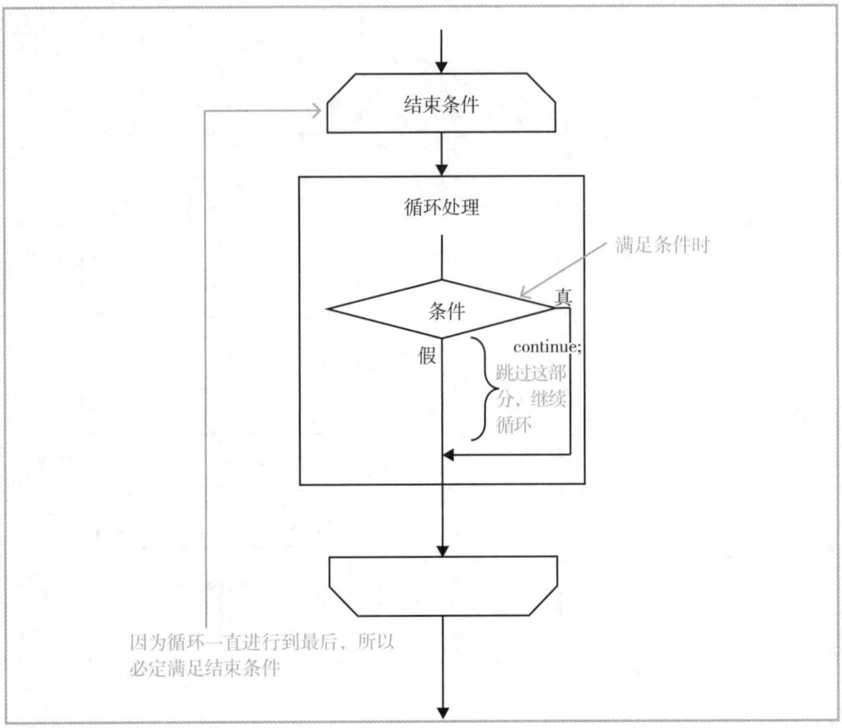
结束条件
循环处理
满足条件时
真
条件
假
continue;
跳过这部分，继续循环
因为循环一直进行到最后，所以必定满足结束条件

STEP 3 求评价的方法

存放评价基准的数组 limit 和存放表示评价的字符串的数组 hyoukaList，有各自的下标对应。按照图 25 所示的顺序检查评价基准，求出指向相应元素的下标。

▼ 图 25　求评价的方法

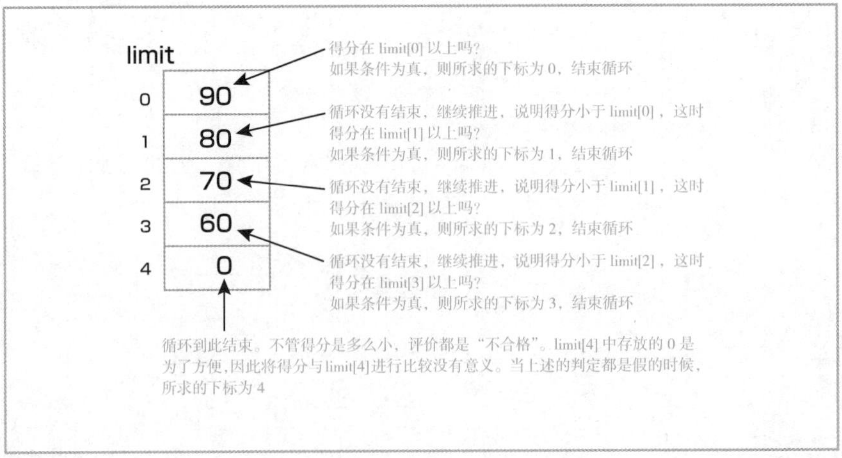
limit
0 90
1 80
2 70
3 60
4 0
得分在 limit[0] 以上吗？
如果条件为真，则所求的下标为 0，结束循环
循环没有结束，继续推进，说明得分小于 limit[0]，这时得分在 limit[1] 以上吗？
如果条件为真，则所求的下标为 1，结束循环
循环没有结束，继续推进，说明得分小于 limit[1]，这时得分在 limit[2] 以上吗？
如果条件为真，则所求的下标为 2，结束循环
循环没有结束，继续推进，说明得分小于 limit[2]，这时得分在 limit[3] 以上吗？
如果条件为真，则所求的下标为 3，结束循环
循环到此结束。不管得分是多么小，评价都是“不合格”。limit[4] 中存放的 0 是为了方便，因此将得分与 limit[4] 进行比较没有意义。当上述的判定都是假的时候，所求的下标为 4

下面先画出流程图，如图 26 所示。

▼ 图 26　流程图

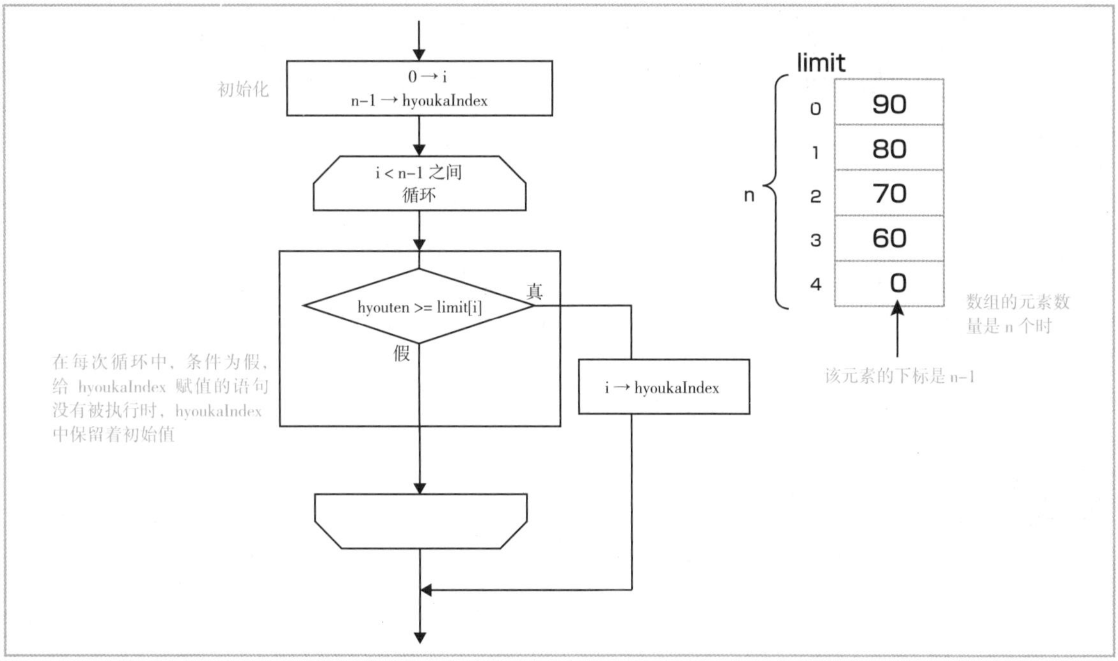
初始化
0 → i
n−1 → hyoukaIndex
i < n−1 之间
循环
hyouten >= limit[i]
真
假
i → hyoukaIndex
在每次循环中，条件为假，给 hyoukaIndex 赋值的语句没有被执行时，hyoukaIndex 中保留着初始值
limit
0
1
2
3
4
90
80
70
60
0
n
数组的元素数量是 n 个时
该元素的下标是 n−1

配套资源 》
原始文件……rei4_6k.c
完成文件……sample4_6k.c

程序示例

配套资源中的程序没有编写外层循环部分，我们补充完善后再运行。

```
/****************************************************
    循环和选择的组合　基本示例4-6
****************************************************/
#include <stdio.h>

int main(void)
{
    //声明变量
    int     hyouten;                                //得分
    char    hyoukaList[5][10] = { "优" , "良" , "中" , "合格" , "不合格" };
    int     limit[5] = { 90 , 80 , 70 , 60 , 0 };   //评价基准
    int     hyoukaIndex;                            //评价列表的下标
    int     n;                                      //评价列表的数组元素数量

    //从键盘输入得分
    printf("输入得分:");                            //显示输入提示信息
    scanf("%d", &hyouten);                          //从键盘输入得分

```

```
    //求评价
    n = sizeof(limit) / sizeof(int);          //求评价列表的数组元素数量
    hyoukaIndex = n - 1;                      //初始化下标
    for (int i = 0; i < n - 1; i++)
    {
        if (hyouten >= limit[i])              //如果得分在limit[i]以上
        {
            hyoukaIndex = i;                  //评价列表的下标为i
            break;                            //循环结束
        }
    }

    //显示到命令提示符界面上
    printf("得分:%3d分    评价:%s\n", hyouten, hyoukaList[hyoukaIndex]);

    return 0;
}
```

i从0开始，每次增加1，到n-1结束

编程助手　致未能正确运行者

得分小于 60 分的时候，什么都没执行就结束了。

注

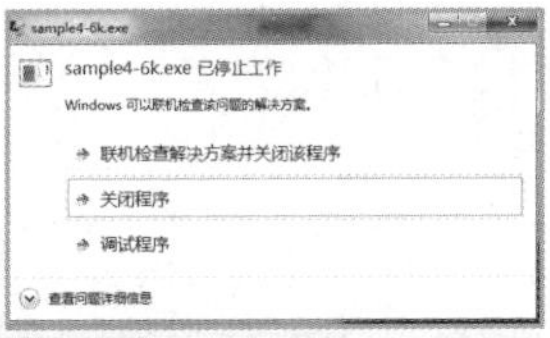

sample4-6k.exe
sample4-6k.exe 已停止工作
Windows 可以联机检查该问题的解决方案。
联机检查解决方案并关闭该程序
关闭程序
调试程序
查看问题详细信息


```
//求评价
int n = sizeof(limit) / sizeof(int);
for (int i = 0; i < n - 1; i++)
{
    if (hyouten >= limit[i])
    {
        hyoukaIndex = i;
        break;
    }
}
```

hyoukaIndex = n - 1;

如果得分在60分以上，可以求得正确的结果，但是仅当得分小于60分的时候，停止执行的话，只有在使用初始值的时候才会发生错误。没有忘记初始化吗？

如果输入的得分在 60 分以上，无论输入多少分，都是“合格”。

```
//求评价
int n = sizeof(limit) / sizeof(int);
hyoukaIndex = n - 1;
for (int i = 0; i < n - 1; i++)
{
    if (hyouten >= limit[i])
    {
        hyoukaIndex = i;
    }
```

break;

如果得分在60分以上的话，无论输入多少分都是“合格”的时候，循环在执行过程中不能结束。没有忘记break;吗？

注：有时不显示此页面，在命令提示符界面上什么也不显示就结束运行了。

应用示例 4-6

有 10 个学生的时候，试着求 10 个人的最高分和最低分。这是求最大值和最小值的常规程序，如图 27 所示。

▼ 图27　10个人的得分

（下标）	0	1	2	3	4	5	6	7	8	9
hyouten	94	4	83	90	99	95	8	93	78	66

▼ 运行结果

```
  94    4   83   90   99   95    8   93   78   66
最高分：99分     最低分：4分
```

学习

STEP 4 求最大值的算法

为了求最大值，算法如下。

① 准备存储最大值的变量。

② 将第一个数据作为临时最大值，如图 28 所示。

▼ 图 28　临时最大值

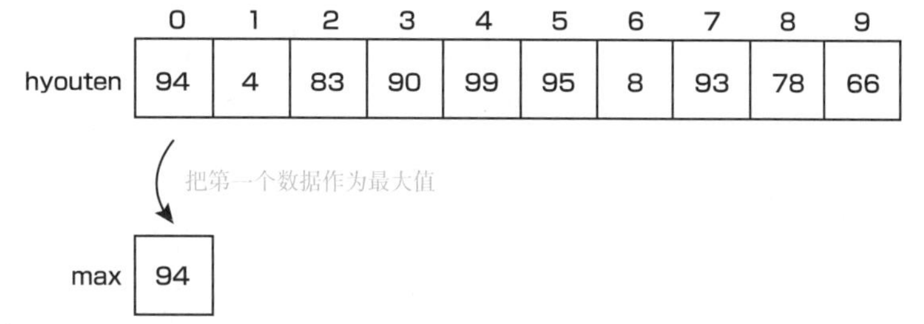
0
1
2
3
4
5
6
7
8
9
hyouten
94
4
83
90
99
95
8
93
78
66
把第一个数据作为最大值
max
94

③ 将下一个数据和临时最大值比较。只有当数据大于临时最大值时才更改 max，如图 29 所示。

▼ 图 29　数据与临时最大值的比较

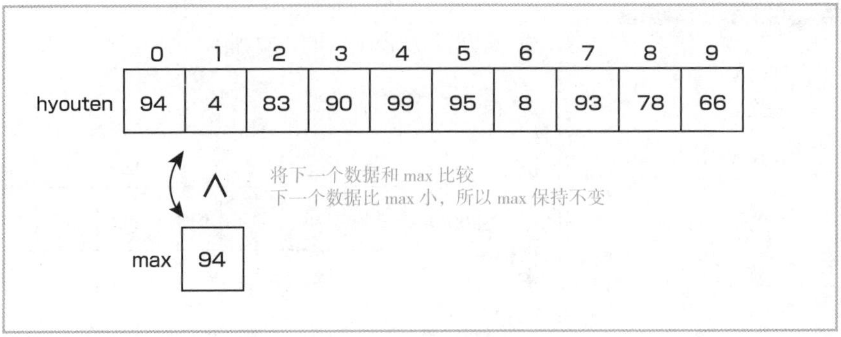
0 1 2 3 4 5 6 7 8 9
hyouten
94 4 83 90 99 95 8 93 78 66
将下一个数据和 max 比较
下一个数据比 max 小，所以 max 保持不变
max
94

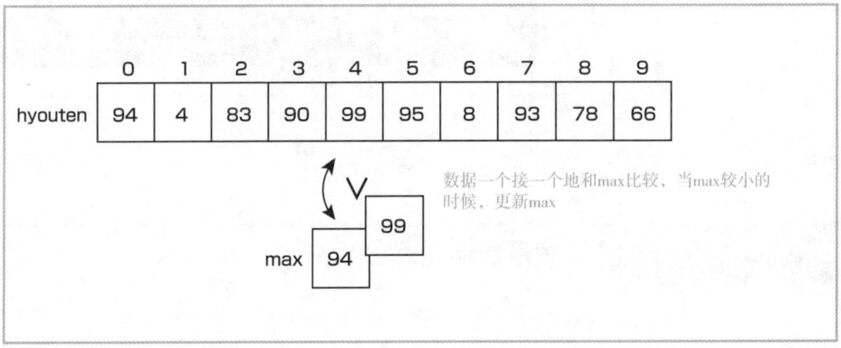
0 1 2 3 4 5 6 7 8 9
hyouten
94 4 83 90 99 95 8 93 78 66
数据一个接一个地和max比较，当max较小的时候，更新max
99
max
94

④ 与全部数据比较后的 max 是最大值，如图 30 和图 31 所示。

▼ 图 30　最大值

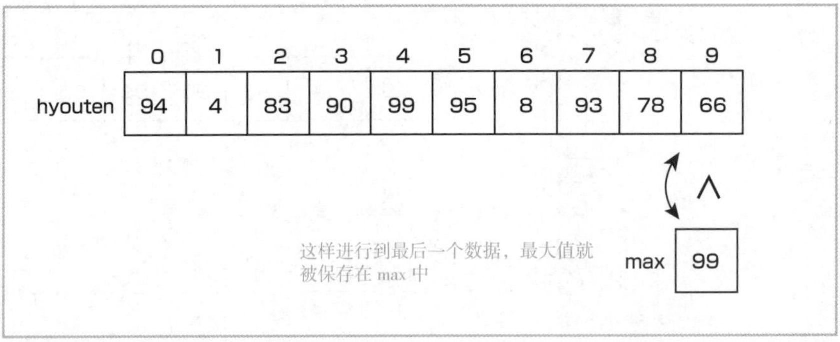
0 1 2 3 4 5 6 7 8 9
hyouten
94 4 83 90 99 95 8 93 78 66
这样进行到最后一个数据，最大值就被保存在 max 中
max
99

▼ 图 31 流程图

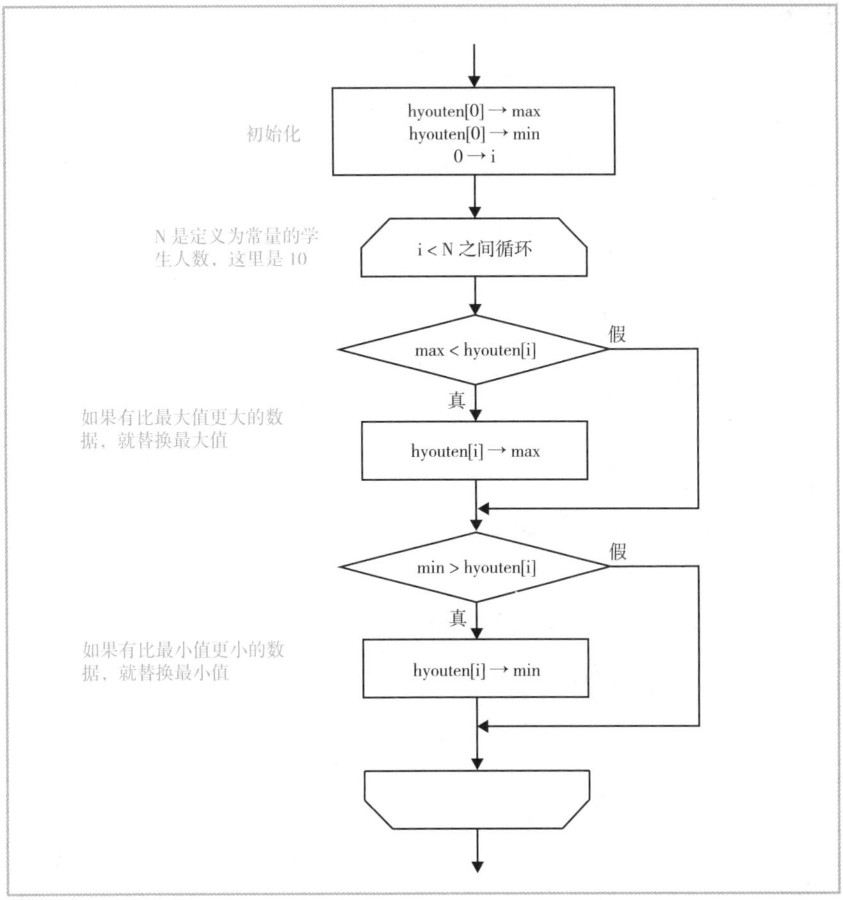
初始化
hyouten[0] → max
hyouten[0] → min
0 → i
N 是定义为常量的学生人数，这里是 10
i < N 之间循环
max < hyouten[i]
假
真
如果有比最大值更大的数据，就替换最大值
hyouten[i] → max
min > hyouten[i]
假
真
如果有比最小值更小的数据，就替换最小值
hyouten[i] → min

配套资源 》

原始文件……rei4_6o.c
完成文件……sample4_6o.c

程序示例

配套资源中的程序，部分求最高分的处理没有编写，将其补充完善后再运行。

```
/**********************************************
    求最大值、最小值  应用示例4-6
**********************************************/
#include <stdio.h>
#define    N    10                //将学生人数定义为常量

int main(void)
{
    //声明变量
    int    hyouten[N] = { 94 , 4 , 83 , 90 , 99 , 95 , 8 , 93 , 78 , 66 };
    int    max;                   //得分最大值
    int    min;                   //得分最小值

    //求最大值和最小值
    max = hyouten[0];             //初始化最大值
    min = hyouten[0];             //初始化最小值
    for (int i = 1; i < N; i++)
    {
        if (max < hyouten[i])     //如果得分大于最大值
        {
            max = hyouten[i];     //更新最大值
        }
        if (min > hyouten[i])     //如果得分小于最小值
        {
            min = hyouten[i];     //更新最小值
        }
    }

    //显示到命令提示符界面上
    for (int i = 0; i < N; i++)
    {
        printf("%5d", hyouten[i]);    //显示得分
    }
    printf("\n最高分:%d分    最低分:%d分\n", max, min);

    return 0;
}
```

先将开头的数据作为最大值和最小值

i从1开始，每次增加1，到N结束

i从0开始，每次增加1，到N结束

总 结

- 可以组合 3 种基本结构编写程序。

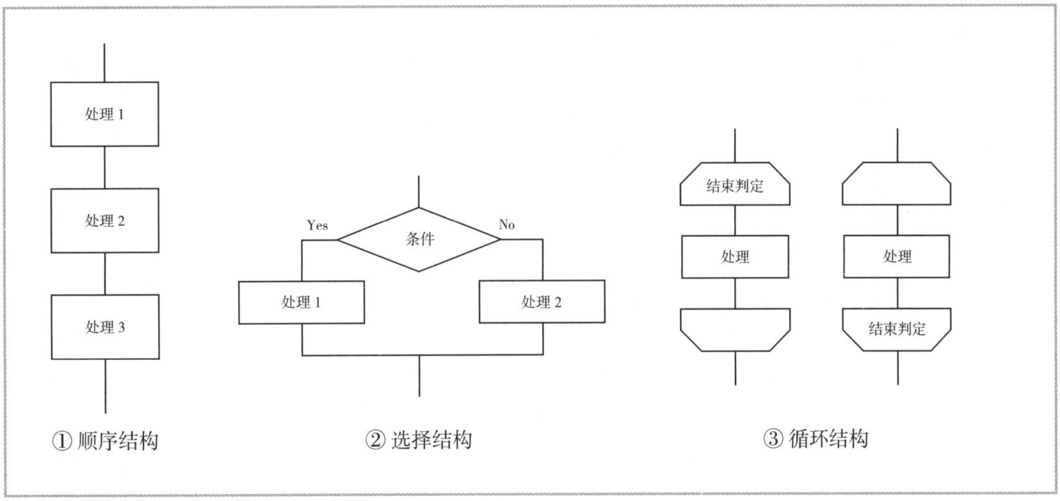
处理 1
处理 2
处理 3
① 顺序结构
Yes
条件
No
处理 1
处理 2
② 选择结构
结束判定
处理
处理
结束判定
③ 循环结构

- C 语言中的逻辑值如下表所示。

逻辑值	含 义	值
真	条件成立	1(非零)
假	条件不成立	0

- 运算符一览表。

	运算符	运算含义
关系运算符	E1 < E2	小于
	E1 > E2	大于
	E1 <= E2	小于或等于
	E1 >= E2	大于或等于
	E1 == E2	等于
	E1 != E2	不等于
逻辑运算符	&&	逻辑与(并且)
	||	逻辑或(或者)
	!	逻辑非(不是)

● 控制语句的基本结构。

循环	while(表达式)
	{
	    语句
	}
		do
		{
		    语句
		}while(表达式)；
			for(表达式1；表达式2；表达式3)
			{
			    语句
			}

选择	if(表达式)
	{
	    语句1
	}
	else
	{
	    语句2
	}
		if(表达式1)
		{
		        语句1
		}
		else if(表达式2)
		{
		        语句2
		}
		    ...
		else
		{
		        语句n
		}
			switch(表达式)
			{
			    case 常量表达式1：语句1
			    case 常量表达式2：语句2
			     ...
			    case 常量表达式n：语句n
			    default：语句n+1
			}

sample4_x.c

Let's challenge 二值图像的模拟显示

数字图像是按像素（pixel）保存颜色的图像。如果是彩色图像，红、绿、蓝 3 种颜色用 0 ~ 255 的 8 位二进制数表示。灰度图像的红、绿、蓝都是相同的值。如果红、绿、蓝都是 0，则是黑色；如果红、绿、蓝都是 255，则是白色；如果红、绿、蓝都是 0 ~ 255 中的一个值，则是灰色。黑白二值图像要么是白色，要么是黑色，因此 255 就是白色，0 就是黑色。

在这里，我们分析一下二值图像的模拟。准备一个由 1 和 0 排列的二维数组，其中 1 为白色，0 为黑色。0 显示■，1 显示空白，试着画出模拟的图像。在此，虽然数组中保存的是 0 或 1，但实际图像中用 0 ~ 255 的 8 位二进制数表示一个像素。因此，要将像素数据保存在 char 类型的数组中。

```
char  data[][YOKO] = {
          { 0,0,0,0,0,0,0,0,0,0,0,0,0,0,0,0 },
          { 0,0,0,0,0,0,0,0,0,0,0,0,0,0,0,0 },
          { 0,0,1,1,1,1,1,1,1,1,1,1,1,1,0,0 },
          { 0,0,0,0,0,0,0,0,0,0,0,0,0,1,0,0 },
          { 0,0,0,0,0,0,0,0,0,0,0,0,0,1,0,0 },
          { 0,0,1,1,1,1,1,1,1,1,1,0,0,1,0,0 },
          { 0,0,1,0,0,0,0,0,0,0,1,0,0,1,0,0 },
          { 0,0,1,0,0,1,1,1,1,1,1,0,0,1,0,0 },
          { 0,0,1,0,0,0,0,0,0,0,0,0,0,1,0,0 },
          { 0,0,1,0,0,0,0,0,0,0,0,0,0,1,0,0 },
          { 0,0,1,1,1,1,1,1,1,1,1,1,1,1,0,0 },
```

```
        { 0,0,0,0,0,0,0,0,0,0,0,0,0,0,0,0 },
        { 0,0,0,0,0,0,0,0,0,0,0,0,0,0,0,0 }
    };
```

注：YOKO 是一个常量，用于定义水平方向像素的数量。这里，二维数组的一个元素记录了一个像素的值。

▼ 运行结果

第5章

使用函数

建造房子时，很少有人会在一开始就决定窗户的大小和厨房的高度。“这附近是玄关，这附近是客厅……”，通常认为首先要提出一个粗略的构思。程序设计也是一样。不是从一开始就突然研究程序的细节，而是先考虑要进行怎样的处理，以怎样的顺序处理才好。然后，为了能够实现，应该怎么做，再一个一个考虑具体的处理过程。这样做的话，就可以把一个个的处理变成零部件，我们只需要组装零部件即可。如果按照这样的步骤，头脑中就会变得非常清楚。在C语言中，把这些处理统一称为函数。

01 函数概述

不管是多大的程序，多么复杂的处理，都是由小的处理组合而成的。把小的处理统一视作“零部件”，则很容易纵览整个程序。

STEP 1 统一处理

试着考虑一下获取得分后，求评价的程序。处理概要如图 1 所示。

▼ 图 1　处理概要

```
main(){
    根据得分求出评价并显示
}
```

看起来很简单，一行就完成了。但是，如果仔细考虑，就不能照原样编写程序了。如何获取得分呢？怎样去求评价呢？在这里，我们从键盘输入 4 个课题的分数。得分是 4 个分数相加。根据判定，评价是“优”“良”“中”“合格”“不合格”中的一个。运行结果如下。

▼ 运行结果

```
评价：良
```

起初以为一行就可以解决了，不过，好像是相当长的程序。但是，想做的事情的概要是：“根据得分求出评价并显示”的统一处理。即在纵览全局的时候，或细节是次要的时候，像图 1 所示的处理概要就非常重要。在这里登场的就是函数。函数是将程序的细节部分描述为另一个集合，并加上表示处理的名称的函数名。如果能够在 main() 中只描述表示处理概要的函数名称，就可以成为图 1 所示的整体的程序了。

当然，如果想了解处理的详细信息，则可以查看该函数的描述。确定函数细节的处理的集合称为“函数定义”，在 main() 中编写概要，即函数名称，称为“函数调用”。

即使只想按照学生人数循环进行“根据得分求出评价并显示”的处理，函数定义中也没有必要考虑是几个人，只需集中在“(一个人)根据得分求出评价并显示”上就可以了。相应地，在 main() 中需要调用函数的情况时，描述必要的次数就可以了。

函数定义如图 2 所示，在函数名称之后，用 {} 括起来编写。

▶在这里，沿袭到目前为止的程序描述，特意描述为 int 函数名(void)。本来应该用函数的类型代替 int，用形式参数代替 void 进行描述，这将在本章后面介绍。也有不需要 return 0；的情况。现在请先忍耐这种描述。

▼ 图 2　函数定义

```
int 函数名(void)
{
    详细处理

    return 0;
}
```

试着将函数名称替换为 main，如图 3 所示。

▶ main() 是一个具有"第一个开始运行"特殊含义的函数。

▼ 图 3　将函数名称替换为 main

```
int main(void)
{
    处理
    return 0;
}
```

到目前为止编写的 main()，实际上是函数之一。函数格式如图 4 所示。

▶也可以从一个函数中调用其他函数。

▼ 图 4　函数格式

```
int main(void)
{
    处理  ◀—— 在此处理中，调用函数名 1() 或函数名 2()
    return 0;
}

int 函数名1(void)
{
    函数名1的处理
    return 0;
}

int 函数名2(void)
{
    函数名2的处理
    return 0;
}
```

STEP 2　使用流程图符号表示函数

函数定义描述了函数中进行处理的程序，因此可以直接使用到目前为止使用的流程图。在程序起始处画的端点中描述函数名称。另外，函数调用由如图 5 所示的符号描述。

图 5　与函数相关的流程图

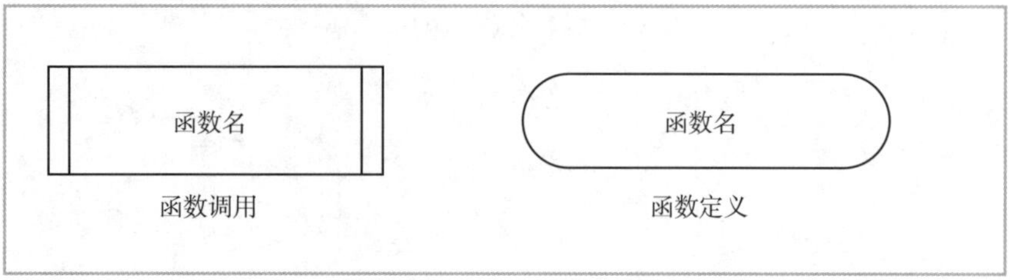
函数名
函数调用
函数名
函数定义

输入课题的分数，求得分和评价的程序的流程图（使用函数），如图 6 所示。

图 6　求得分和评价的程序的流程图（使用函数）

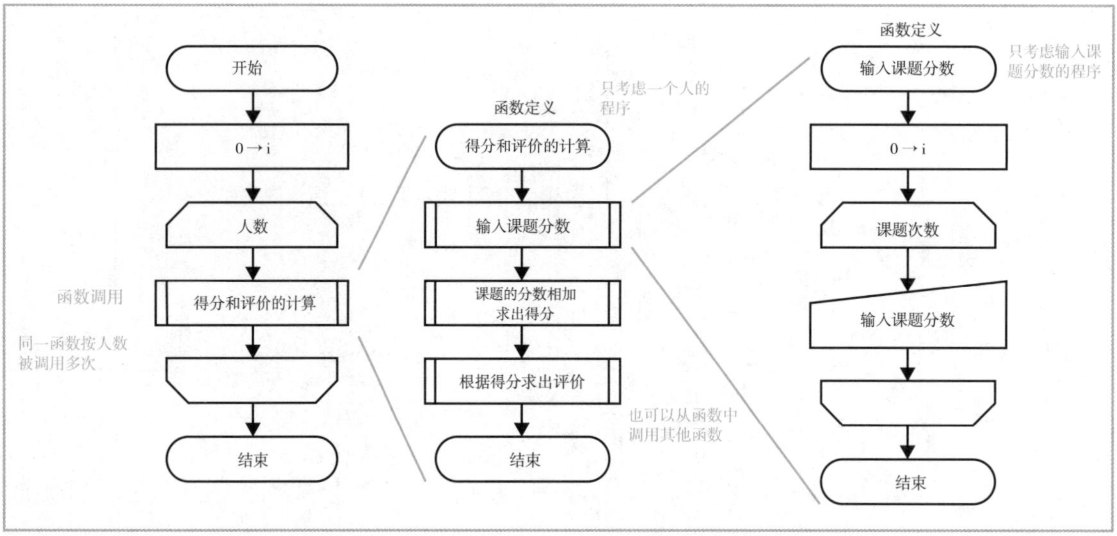
开始
0 → i
人数
函数调用
得分和评价的计算
同一函数按人数被调用多次
结束
只考虑一个人的程序
函数定义
得分和评价的计算
输入课题分数
课题的分数相加求出得分
根据得分求出评价
也可以从函数中调用其他函数
结束
函数定义
输入课题分数
只考虑输入课题分数的程序
0 → i
课题次数
输入课题分数
结束

02 函数的定义和调用

首先是练习创建并调用函数。下面学习使用函数编写程序的步骤。

基本示例 5-2

试着创建一个用于显示合格者和不合格者的函数，运行结果如下所示。

▼ 运行结果

```
合格者
A0615
A3172
B0009
B0014
B0024
B0040
B0142
B1005

不合格者
A2133
B0031
```

学习

STEP 1 定义函数

函数针对要进行的处理，描述具体的处理过程。虽然格式与 main() 相同，但它是与 main() 不同的程序的集合。main() 是一个特殊的名称，表示“程序从这里开始”，无论是多大的程序或是多小的程序，都必须要有且只能有一个 main()，不能有两个。因此，确定将程序总结为一个词语表示的名称，即函数名，而不是 main()。

▼ 例 显示合格者的函数

```
int pass(void)
{
    printf("合格者\n");
    printf("A0615\n");
    printf("A3172\n");
    printf("B0009\n");
```

如果把pass换成main，就变成和以前相同格式的程序

```
    printf("B0014\n");
    printf("B0024\n");
    printf("B0040\n");
    printf("B0142\n");
    printf("B1005\n");

    return 0;
}
```

▶带 () 的名称是函数名。通过添加 () 表示该名称为函数名。在表示数组时，在数组名后加上 []，表示该名称为数组名。。

▶到目前为止编写的 main() 也是函数之一。

函数定义不过是像以前一样编写程序。和以前不同的是，不是编写整个程序，而是只需要考虑一部分就可以。函数就是只编写整个处理中的一部分的程序。

STEP 2 声明函数原型

要使用编写好的函数，必须事先声明要使用这个名字的函数。在使用数组和变量时，也是声明过的。函数的声明称为“原型声明”，写在 main() 之前。与函数定义的第一行（该处写函数名称）的描述相同，并在末尾加上“;”。

▼ **例** 函数的原型声明

```
#include <stdio.h>

//函数的原型声明
int pass(void);
int main(void)
{
    ...
    return 0;
}
//函数定义
int pass(void)
{
    ...
    return 0;
}
```

在变量声明中，

int x;

声明了变量的名称和类型。在函数声明中，写作

int pass(void);

函数声明带有 ()。

▶函数也有类型。这里是 int，所以这个函数是 int 类型。关于函数类型，将在 5-04 节的 STEP 1（P240）中学习。

STEP 3 函数调用

要使用(调用)函数时，在使用的位置写函数名称()。

函数调用的格式如图7所示。

▼ 图7 函数调用的格式

```
#include<stdio.h>
int 函数名(void);      ← 函数的原型声明

int main(void)
{
    处理
      ...
    函数名1();         ← 函数调用
      ...
    return 0;
}

int  函数名1(void)     ← 函数定义
{
    函数名1的处理
      ...
    return 0;
}
```

函数调用是将原本应该在该位置编写的处理，只写上代表处理的函数名称。不过，将未描述的处理本身，写到函数定义中。也就是说，写在函数定义中的处理，在函数被调用时才执行。即使将函数定义写在源文件中，如果没有调用，函数也不会运行。就好比足球运动员好不容易被召集到球队，但如果不被主教练召唤，就不能在比赛中大显身手，如图8所示。

图 8　未被调用的函数无法使用

即使队员坐在长椅上（即使编写了函数），如果得不到
主教练的召唤（如果没有函数调用），也无法发挥作用

配套资源
原始文件……rei5_2k.c
完成文件……sample5_2k.c

程序示例

配套资源中的程序没有使用如下的函数编写。尝试将显示合格者的函数和显示不合格者的函数分开重写。

列表　不使用函数的程序

```
/*********************************************
     不使用函数　基本示例5-2
*********************************************/
#include <stdio.h>


int main(void)
{
    printf("合格者\n");
    printf("A0615\n");
    printf("A3172\n");
    printf("B0009\n");
    printf("B0014\n");
    printf("B0024\n");
    printf("B0040\n");
    printf("B0142\n");
    printf("B1005\n");
    printf("\n");
    printf("不合格者\n");
    printf("A2133\n");
    printf("B0031\n");

    return 0;
}
```

将此部分写为函数pass()（第9～17行）

将此部分写为函数failure()（第19～21行）

列表 使用函数的程序

```
/*********************************************
    使用函数　基本示例5-2
*********************************************/
#include <stdio.h>

//函数的原型声明
int pass(void);                  //显示合格者的函数
int failure(void);               //显示不合格者的函数

int main(void)
{
    pass();                      //调用显示合格者的函数
    printf("\n");                //换行
    failure();                   //调用显示不合格者的函数

    return 0;
}

/**************************************
    显示合格者的函数
**************************************/
int pass(void)
{
    //显示到命令提示符界面上
    printf("合格者\n");
    printf("A0615\n");
    printf("A3172\n");
    printf("B0009\n");
    printf("B0014\n");
    printf("B0024\n");
    printf("B0040\n");
    printf("B0142\n");
    printf("B1005\n");

    return 0;
}

/**************************************
    显示不合格者的函数
**************************************/
int failure(void)
{
    //显示到命令提示符界面上
    printf("不合格者\n");
    printf("A2133\n");
    printf("B0031\n");

    return 0;
}
```

函数的原型声明

编程助手 致未能正确编译者

```
/*******************************************
    使用函数  基本示例5-2
********************************************/
#include <stdio.h>

//函数的原型声明
int pass(void)
int failure(void)

int main(void)
{
    pass();
    printf("\n");
    failure();

    return 0;
}
```

函数的原型声明中如果没有“;”，则会发生 expected ';'的错误；
如果与函数声明中第一行的描述相同，请在末尾添加“;”

```
/*******************************************
    使用函数  基本示例5-2
********************************************/
#include <stdio.h>

//函数的原型声明
int pass(void);
int failure(void);


/*************************************
    显示合格者的函数
**************************************/
int pass(void)
{
    printf("合格者\n");
    printf("A0615\n");
       ...
```

如果忘记编写 main() 函数，则会发生 Unresolved external '_main' refrenced from...的错误；
main() 表示程序从这里开始的特殊函数，必须要有一个。
没有main() 就不能调用函数

```
/****************************************
    显示合格者的函数
****************************************/
int pass(void)
{
    printf("合格者\n");
    printf("A0615\n");
        ...
    return 0;
            ← 容易忘记表示函数结束的"}"，要注意。如果在这里忘记了"}"，在下个函数定义中，会发生function definition is not allowed here不能在这里定义函数的错误
 }
/****************************************
    显示不合格者的函数
****************************************/
int failure(void)
{
    printf("不合格者\n");
    printf("A2133\n");
    printf("B0031\n");

    return 0;
} ← 在这里，会发生expected';' at end of declaration expected'}'，即";"不足和"}"不足的错误
```

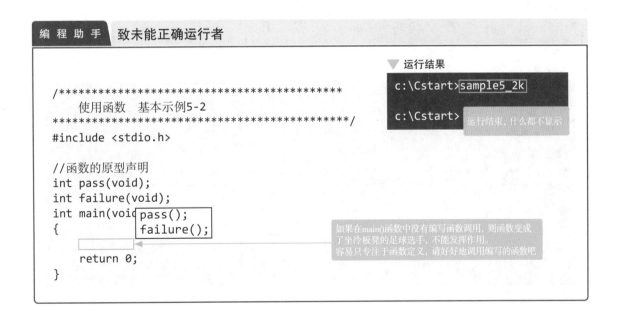

编程助手 致未能正确运行者

▼ 运行结果

```
c:\Cstart>sample5_2k

c:\Cstart>    运行结束，什么都不显示
```

```
/**********************************************
    使用函数  基本示例5-2
**********************************************/
#include <stdio.h>

//函数的原型声明
int pass(void);
int failure(void);
int main(void)
{
                 pass();
                 failure();
        ← 如果在main()函数中没有编写函数调用，则函数变成了坐冷板凳的足球选手，不能发挥作用。容易只专注于函数定义，请好好地调用编写的函数吧
    return 0;
}
```

专栏 函数调用和执行的顺序

调用函数时，程序是如何执行的呢？

程序通常按从上到下的顺序执行。但是，我们在第 4 章学过，在有循环和分支时，运行的顺序不一定总是“从上到下”。

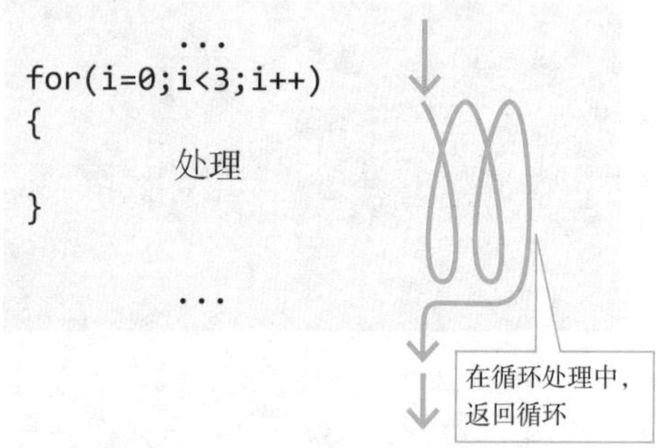

...
for(i=0;i<3;i++)
{
处理
}
...
在循环处理中，返回循环

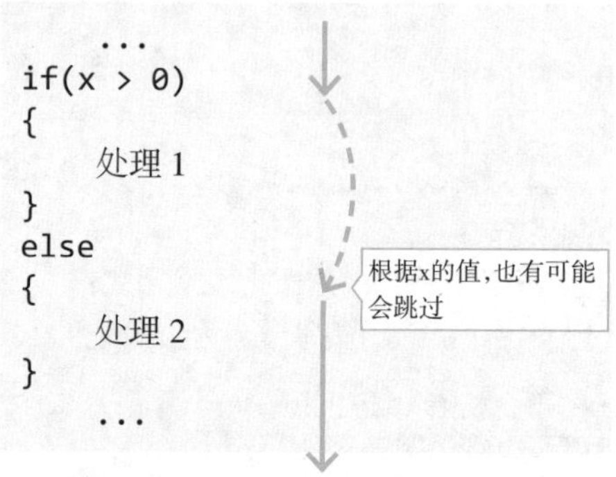

...
if(x > 0)
{
处理 1
}
else
{
处理 2
}
...
根据x的值，也有可能会跳过

在调用函数的情况下，中途转而去执行函数，函数处理结束后，返回并继续执行。

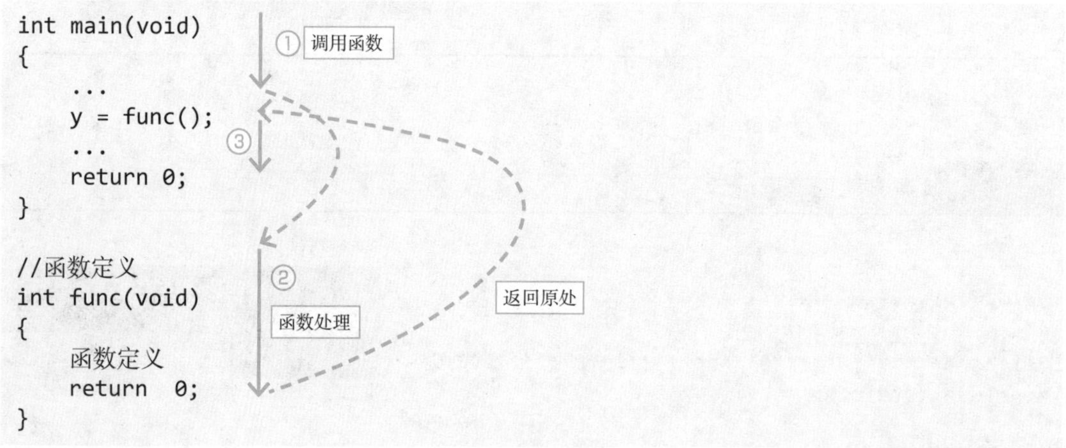

int main(void)
{
...
y = func();
...
return 0;
}
//函数定义
int func(void)
{
函数定义
return 0;
}
① 调用函数
② 函数处理
③
返回原处

应用示例 5-2

从键盘输入 3 个人的学号和 4 个课题的分数，显示得分以及合格或不合格。试着用函数描述一个人的处理，从 main() 中根据人数调用。另外，得分大于等于 60 分显示“合格”，得分小于 60 分显示“不合格”。将“合格”“不合格”的文字保存在 char 类型的数组 hyoukaList 中，如图 9 所示。

图9 hyoukaList

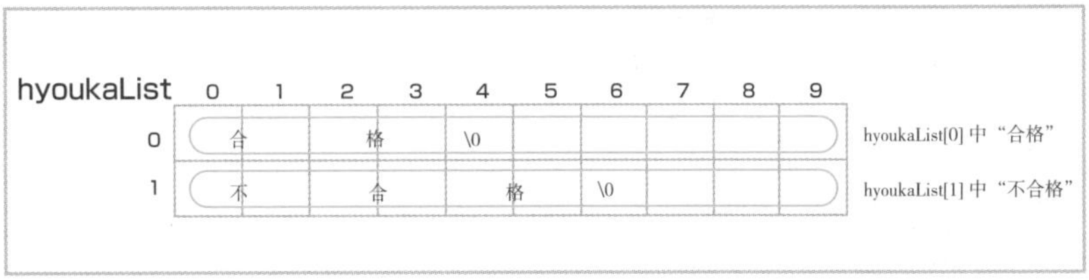
hyoukaList
0 1 2 3 4 5 6 7 8 9
0
1
合 格 \0
不 合 格 \0
hyoukaList[0] 中“合格”
hyoukaList[1] 中“不合格”

运行结果

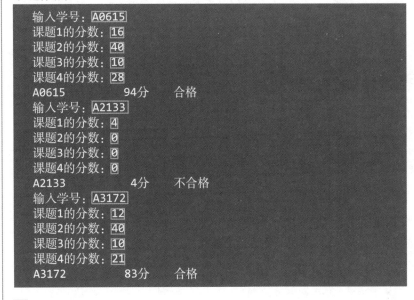

```
输入学号：A0615
课题1的分数：16
课题2的分数：40
课题3的分数：10
课题4的分数：28
A0615          94分      合格
输入学号：A2133
课题1的分数：4
课题2的分数：0
课题3的分数：0
课题4的分数：0
A2133           4分      不合格
输入学号：A3172
课题1的分数：12
课题2的分数：40
课题3的分数：10
课题4的分数：21
A3172          83分      合格
```

□ 表示来自键盘的输入

学习

STEP 4

什么是局部变量

到目前为止，变量的定义写在哪里了呢？变量声明如图 10 所示。

图 10　变量声明

```
#include <stdio.h>
int main(void)
{
    int    x,y,z;

    x = 10;
    y = 12;
    z = x * y;
    ...
    return 0;
}
```

x、y、z 在此范围内有效

5 使用函数

写在了 main() 之后的 {} 内。在这种情况下，此变量仅在 {} 内且声明之后有效。到目前为止，因为只有一个函数，所以如果在程序的开头定义了变量，就可以在 main() 中自由地使用该变量了。

▶ {} 内的部分称为块。

块内变量声明如图 11 所示。

图 11　块内变量声明

```
#include <stdio.h>
int main(void)
{
    int    x=10,y=12,z;
    {
        int    i = 5;

        x = x * i;
        z = y * i;
    }
        ...
    return 0;
}
```

x、y、z 在此范围内有效

i 在此范围内有效

这里不能使用 i

当块中还有小的块时，小块内定义的变量只能在小块中使用。{} 中声明的变量称为局部变量或块作用域变量。

如果除了 main() 以外还有其他函数，则可以在各个函数中声明变量，如图 12 所示。

▼ 图 12　在各个函数中声明变量

```
#include <stdio.h>

//函数的原型声明
int 函数1(void);
```

```
int main(void)
{
    int x = 0, y = 12 , z;

    z = x * y;
        ...
    return 0;
}
```

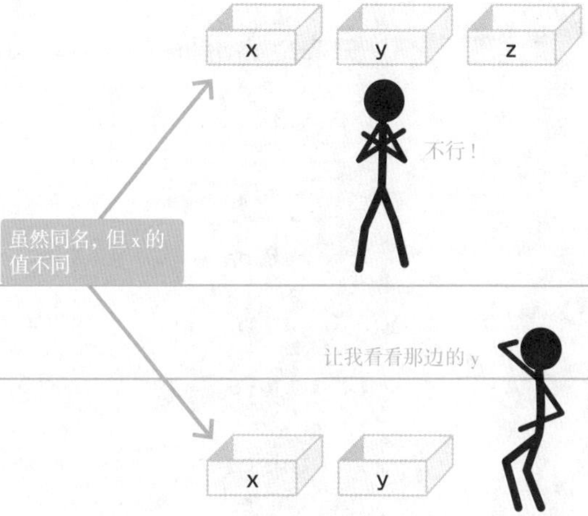
x
y
z
不行！
虽然同名，但 x 的值不同
让我看看那边的 y
x
y

```
int 函数1(void)
{
    int x   , y;
        ...
}
```

在图 12 的示例中，main() 中定义的变量 x 和函数 1 中定义的变量 x 被分配给完全不同的存储器，并被视为完全不同的变量。每个变量只能在各自声明的块内使用。即使想在函数 1 中引用 main() 中变量 x 的值，也不行。被限制为既不能查看也不能修改。而且，都有各自的值。

STEP 5　什么是全局变量

变量也可以在所有块之外定义，如图 13 所示。在这种情况下，对于文件中的所有函数都有效。也就是说，任何函数都可以引用该变量的值。这样的变量称为全局变量或文件作用域变量。

无论什么时候都可以使用，乍一看好像很方便，但是任何函数都可以使用的话，就会伴随着随时会被改写的风险。全局变量仅限于多个函数中普遍通用的变量，请不要经常使用。

如果将函数比作行星，则局部变量是为各行星准备的，其他星球无法使用；而全局变量则是宇宙空间站，请试着想象一下，任何行星都可以使用。局部变量和全局变量的示意图如图 14 所示。

▶当声明了同名的全局变量和局部变量时，则程序中使用的是在更近的地方声明的变量，即局部变量。在函数 1 和函数 2 中声明同名的局部变量没有问题，但是声明同名的全局变量和局部变量会导致意想不到的问题，请尽量避免。

▼ 图 13　在函数外声明变量

```
#include <stdio.h>

//函数的原型声明
int 函数1(void);

int x = 10 , y = 12;

int main(void)
{
    int z;

    z = x * y;
        ...
    return 0;
}

int 函数1(void)
{
    int z;

    z = x + y;
        ...
    return 0;
}
```

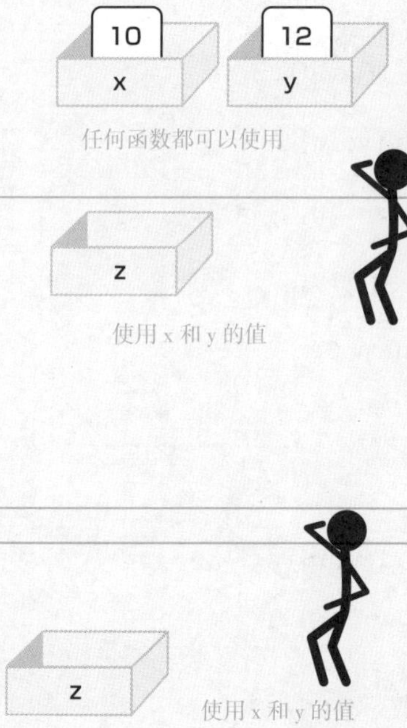
10
12
x
y
任何函数都可以使用
z
使用 x 和 y 的值
z
使用 x 和 y 的值

▼ 图 14　局部变量和全局变量的示意图

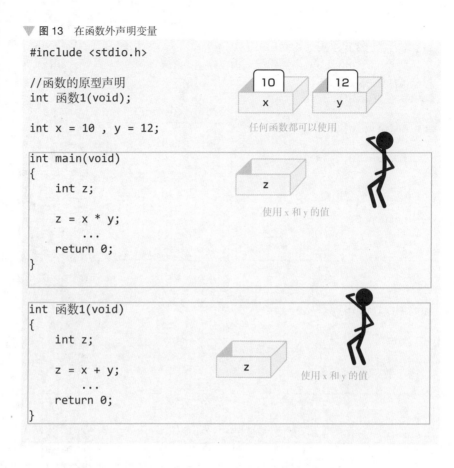

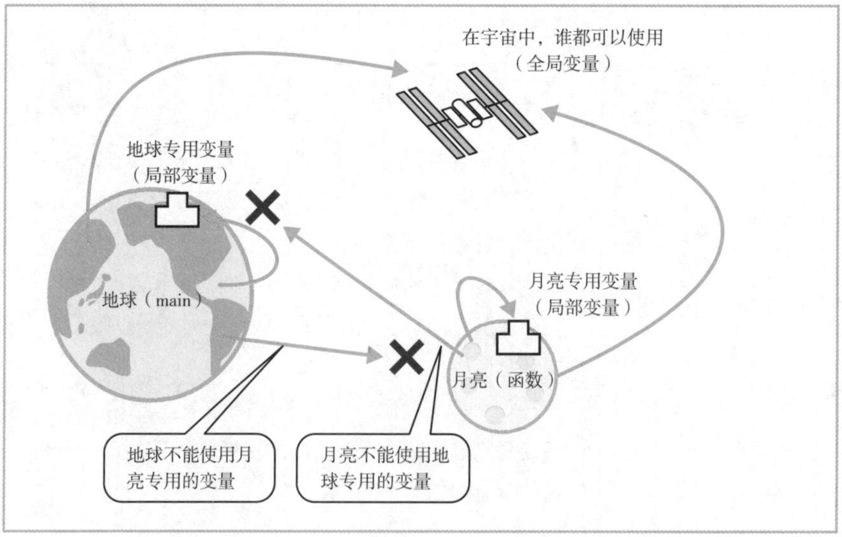
在宇宙中，谁都可以使用
（全局变量）
地球专用变量
（局部变量）
地球（main）
月亮专用变量
（局部变量）
月亮（函数）
地球不能使用月亮专用的变量
月亮不能使用地球专用的变量

STEP 6 变量的生命周期

▶声明局部变量时，如果加上 static 修饰符，即使是局部变量，函数结束后也不会消失，变量值也可以保存。这将在下面的扩展中学习。

▶程序从 main() 函数开始，随着 main() 函数的结束而结束。因此，在 main() 函数中声明的局部变量的生存期与全局变量的生存期相同。

变量什么时候被创建，什么时候消失，这一点对于局部变量和全局变量也不同。

全局变量在程序启动时被创建，并保持到程序结束。与此相对，局部变量在调用函数的瞬间被创建在内存中，函数结束后内存将被释放并消失。即使同一函数被调用两次，变量每次都会被重新创建、消失，因此之前调用的值不会继续。变量的生命周期如图 15 所示。

▼ 图 15 变量的生命周期

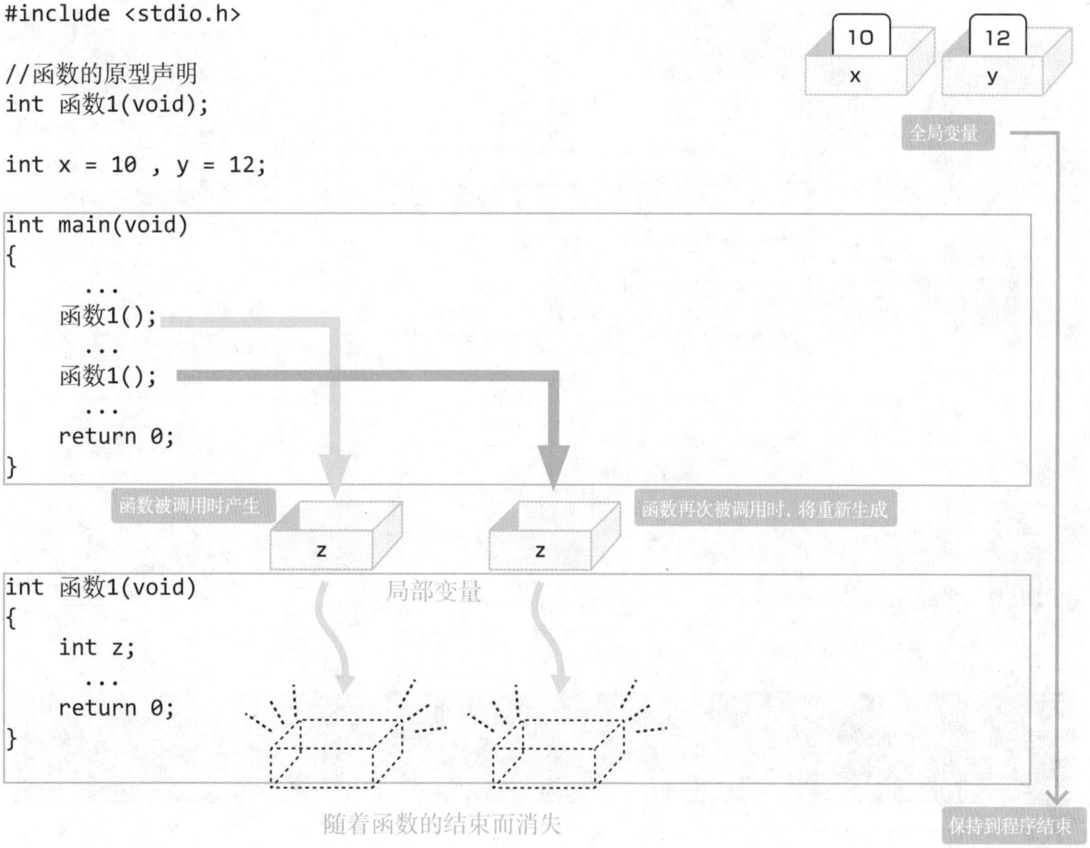

#include <stdio.h>
//函数的原型声明
int 函数1(void);
int x = 10 , y = 12;
int main(void)
{
...
函数1();
...
函数1();
...
return 0;
}
int 函数1(void)
{
int z;
...
return 0;
}
10
x
12
y
全局变量
函数被调用时产生
函数再次被调用时，将重新生成
z
z
局部变量
随着函数的结束而消失
保持到程序结束

扩 展 静态（static）局部变量

即使是局部变量，也可以不随着函数的结束而消失。声明变量时加上了关键字 static。static 称为存储域说明符，在程序开始时只初始化一次，然后一直保持到程序的结束，即有像全局变量一样的生命周期。虽然希望 static 的局部变量可以一直持续，但是又不希望被其他函数看到，也不希望被改写的时候使用。

▼ 列表　程序示例（sample5_h1.c）

```
/*******************************************
    扩展  static局部变量
*******************************************/
#include <stdio.h>

//函数的原型声明
int func(void);

int main(void)
{
    func();
    func();
    func();

    return 0;
}
```

调用 3 次函数

每次函数结束时变量 y 都会消失，每次都会初始化

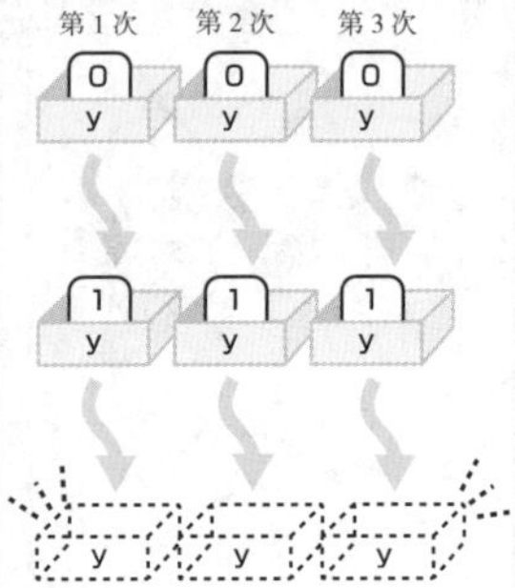

第 1 次
第 2 次
第 3 次
0
y
1


```
/***************************************
    static局部变量x和局部变量y的生命周期
***************************************/
int func(void)
{
    //变量的声明与初始化
    int static x = 0;    //static局部变量
    int y = 0;           //局部变量

    x++;                 //x加1
    y++;                 //y加1

    //显示到命令提示符界面上
    printf("x = %d y = %d\n" , x , y);
    return 0;
}
```

尽管变量 x 是局部变量，但函数结束后也不会消失，并保留其值。
初始化只进行一次

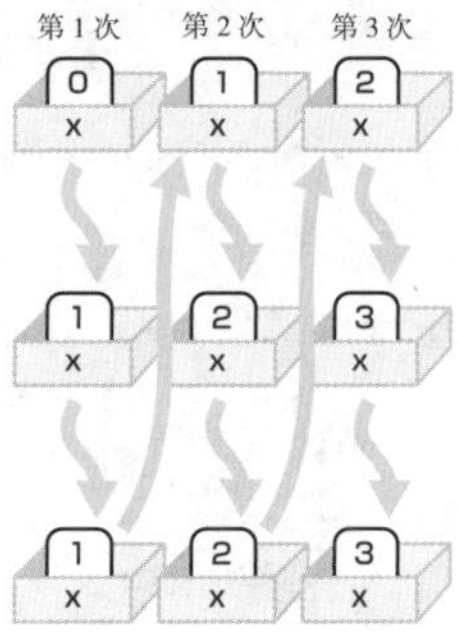

第 1 次
第 2 次
第 3 次
0
1
2
3
x

▼ 运行结果

```
x = 1 y = 1
x = 2 y = 1
x = 3 y = 1
```

STEP 7 函数重用

函数可以多次调用。例如，将一个人的成绩处理作为函数的时候，如果想处理 3 个人的成绩，可以调用函数 3 次。像这样，创建一次的函数可以反复使用，称为函数重用。程序设计的效率和安全性取决于如何设计通用性高、易于重用的函数。

配套资源

原始文件……rei5_2o.c
完成文件……sample5_2o.c

程序示例

配套资源中的程序中没有编写“合格”“不合格”字符串的声明和使用的描述、函数的原型声明、函数调用等。将其补充完善后再运行。此外，存放字符串“合格”“不合格”的数组 hyoukaList 是全局数组。

```
/******************************************
    将一个人的成绩处理作为函数 应用示例5-2
******************************************/
#include <stdio.h>
#define     KADAI_N    4        //将课题数定义为常量
#define     ID_N       5        //将学号位数定义为常量
#define     N          3        //将学生人数定义为常量
#define     GOKAKU     60       //将合格分数定义为常量

//全局变量
char    hyoukaList[2][10] = { "合格" , "不合格" };

//函数的原型声明
int one();                      //进行一个人的成绩处理的函数

int main(void)
{
    for (int i = 0; i < N; i++)  ←  循环N次
    {
        one();                  //调用进行一个人的成绩处理的函数
    }
    return 0;
}

/**************************************
    一个人的成绩处理
**************************************/
int one()
{
    //声明变量
    char    id[ID_N + 1];       //存放学号的数组
    int     kadai[KADAI_N];     //存放各课题分数的数组
    int     hyouten;            //得分(课题总分)
    int     hyoukaIndex;        //表示评价的下标
```

hyoukaList
0
"合格"
1
"不合格"

```
    //从键盘输入数据
    printf("输入学号:");                       //显示输入提示信息
    scanf("%s", id);                           //输入学号

    for (int i = 0; i < KADAI_N; i++)  ← i 在 0~KADAI_N 循环
    {
        printf("课题%d的分数:", i + 1);        //显示输入提示信息
        scanf("%d", &kadai[i]);               //输入各课题的分数
    }

    //求得分
    hyouten = 0;                               //初始化hyouten
    for (int i = 0; i < KADAI_N; i++)  ← i 在 0~KADAI_N 循环
    {
        hyouten += kadai[i];                  //将各课题分数加到得分上
    }

    //求评价
    if (hyouten >= GOKAKU)                     //如果得分在GOKAKU以上
    {
        hyoukaIndex = 0;                      //将0赋给hyoukaIndex
    }
    else                                       //否则
    {
        hyoukaIndex = 1;                      //将1赋给hyoukaIndex
    }

    //显示到命令提示符界面上
    printf("%-10s   %3d点    %s\n", id, hyouten , hyoukaList[hyoukaIndex]);

    return 0;
}
```

注：1. 输入学号的 char 类型数组 id 只准备了 5 个字符：+'\0'。如果从键盘输入了更长的字符串，则会超出数组的范围。本来应该检查输入字符数，但是此程序完全没有进行检查。运行程序时，请注意学号不要超过 5 个字符。

2. 输入示例请参照 P211 应用示例 5-2。

03 传递给函数的参数

调用函数时，如果调用者可以提供函数中要使用的值，则可以提高函数的通用性，也可以将更小的范围作为函数。下面学习如何将一系列的处理细分成函数。

基本示例 5-3

在应用示例 5-2 中，从输入课题的分数到得分的计算，甚至包括求出评价并显示，都是一个函数。另外，在第 4 章的基本示例 4-6 中，创建了根据得分求评价的程序。试着只将给出得分、求出评价的部分编写为函数。在第 4 章中，虽然只能求出一个人的评价，但是现在我们将挑战 10 个人。

因为将 10 个人的得分一个一个地从键盘输入是很困难的，所以将在 main() 的数组中进行定义。然后，使用函数重写第 4 章基本示例 4-6 的程序。顺便说一下，学号也可以在 main() 中定义和显示，由于表示评价名称的字符串和评价基准是通用信息，因此决定采用全局数组，如图 16 和图 17 所示。

▼ 图16　评价字符串和评价基准（全局数组）

hyoukaList

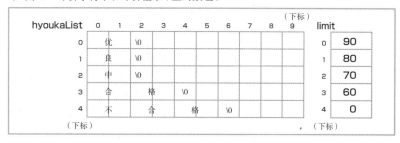

（下标）	0	1	2	3	4	5	6	7	8	9（下标）
0	优	\0								
1	良	\0								
2	中	\0								
3	合		格		\0					
4	不		合		格		\0			

limit

（下标）	
0	90
1	80
2	70
3	60
4	0

▼ 图17　10个人的学号与得分

id

（下标）	0	1	2	3	4	5（下标）
0	A	0	6	1	5	\0
1	A	2	1	3	3	\0
2	A	3	1	7	2	\0
3	B	0	0	0	9	\0
4	B	0	0	1	4	\0
5	B	0	0	2	4	\0
6	B	0	0	3	1	\0
7	B	0	0	4	0	\0
8	B	0	1	4	2	\0
9	B	1	0	0	5	\0

hyouten

（下标）	
0	94
1	4
2	83
3	90
4	99
5	95
6	8
7	93
8	78
9	66

▼ 运行结果

```
学号        得分    评价
A0615       94分    优
A2133        4分    不合格
A3172       83分    良
B0009       90分    优
B0014       99分    优
B0024       95分    优
B0031        8分    不合格
B0040       93分    优
B0142       78分    良
B1005       66分    合格
```


学习 STEP 1

将值传递给函数

调用函数时，将函数内进行处理所需的值传递给函数，这个值称为参数。参数也可以有多个。

在函数侧，需要变量存放给定的参数，称为形式参数。形式参数与函数中声明的局部变量相同。因此，必须声明参数名称和类型，函数结束后，也和局部变量一样消失。但是，与“普通”局部变量唯一不同的是，在执行转移到函数的瞬间，形式参数由调用侧传递的值进行初始化。为了区分普通局部变量和形式参数，函数定义中形式参数在函数名称之后的( )中声明。当接收多个参数时，在( )中用逗号分隔并列书写。

▶函数的原型声明描述是为了能在编译时检查实际参数和形式参数的类型是否一致。由于编译是从程序的上面开始按顺序进行的，因此，如果将函数定义写在函数调用的下方，则无法检查函数调用的实际参数的类型。为了解决这个问题，在函数调用之前应进行原型声明。

在调用侧，要传递给函数的数据按照形式参数的排列顺序并排写入函数调用的( )中。因为是实际的值，所以可以指定常量值，也可以指定包含某个值的变量。这个实际的值称为实际参数。实际参数也可以写成表达式。

由于函数的原型声明与函数定义的第一行描述的内容相同，因此形式参数的排列也与函数定义的书写相同，但是在原型声明中，只需要类型，可以省略形式参数名。实际参数和形式参数如图 18 所示。

▼ 图 18　实际参数和形式参数

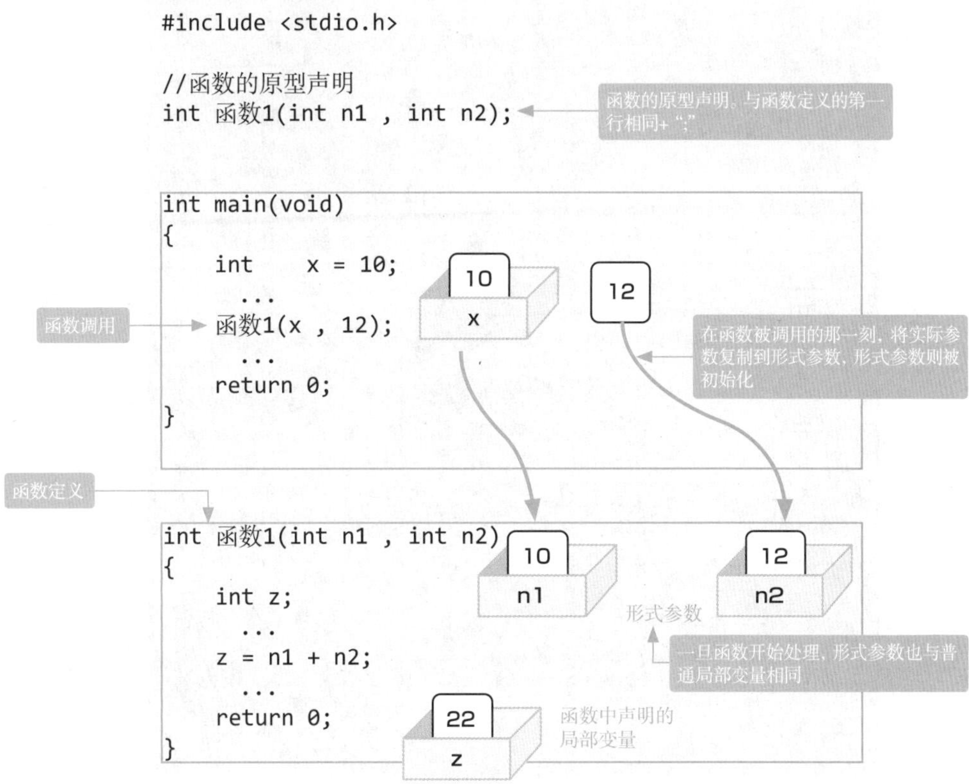
#include <stdio.h>
//函数的原型声明
int 函数1(int n1 , int n2);
函数的原型声明。与函数定义的第一行相同+ “;”
int main(void)
{
int x = 10;
...
函数1(x , 12);
...
return 0;
}
函数调用
10
x
12
在函数被调用的那一刻，将实际参数复制到形式参数，形式参数则被初始化
函数定义
int 函数1(int n1 , int n2)
{
int z;
...
z = n1 + n2;
...
return 0;
}
10
n1
12
n2
形式参数
一旦函数开始处理，形式参数也与普通局部变量相同
22
z
函数中声明的局部变量

STEP 2　什么是值传递

▶这种传递参数的方式称为值传递（Call by Value）。值传递的函数相互独立，可以说是高度独立的函数。

从调用侧传递的实际的值（实际参数），被复制到函数侧特殊的局部变量（形式参数）中。因此，即使改变了函数侧形式参数的值，原始调用侧的值也不会受到任何影响。函数处理结束后，控制返回到调用侧时，实际参数的值保持不变，如图 19 所示。

图 19　调用侧的变量不受影响

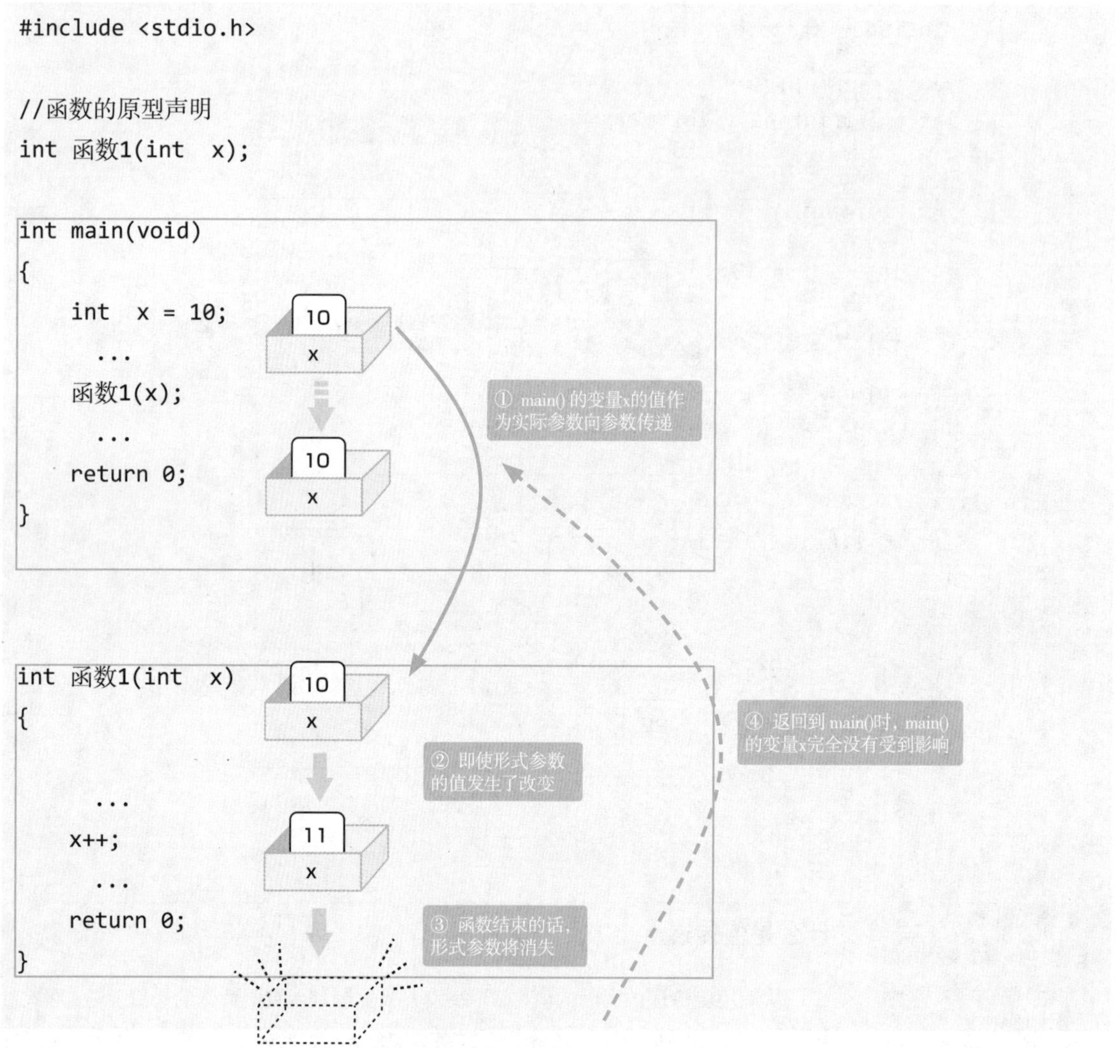
#include <stdio.h>
//函数的原型声明
int 函数1(int x);
int main(void)
{
int x = 10;
...
函数1(x);
...
return 0;
}
10
x
10
x
① main() 的变量x的值作为实际参数向参数传递
int 函数1(int x)
{
...
x++;
...
return 0;
}
10
x
11
x
② 即使形式参数的值发生了改变
③ 函数结束的话，形式参数将消失
④ 返回到 main()时，main()的变量x完全没有受到影响

STEP 3　将数组元素作为实际参数

数组中可以存放多个值，可以通过指定下标提取其中的一个值。如果将此作为实际参数传递给函数，函数侧将其作为变量来处理，如图 20 所示。

▼ 图 20　将数组的元素传递给形式参数

```
#include <stdio.h>

//函数的原型声明
int 函数1(int  x);

int main(void)
{
    int x[5] = {10 , 20 ,  30 , 40, 50};
        ...
    函数1(x[1]);
        ...
    return 0
}

int 函数1(int  x)
{
        ...
    return 0;
}
```

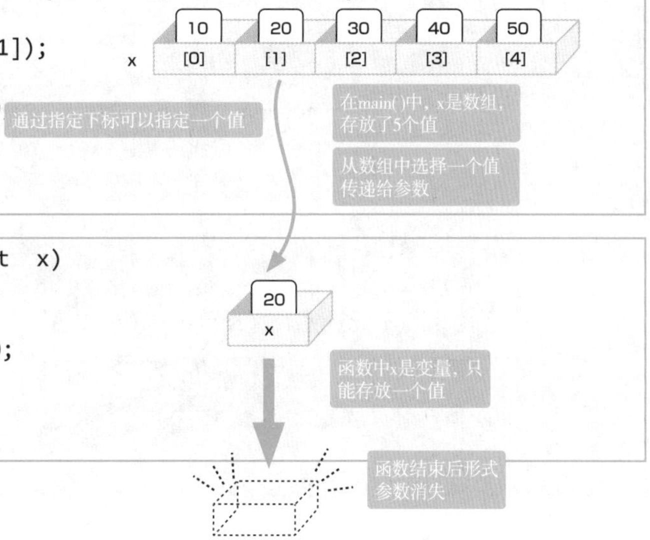
10
20
30
40
50
x
[0]
[1]
[2]
[3]
[4]
通过指定下标可以指定一个值
在main()中，x是数组，存放了5个值
从数组中选择一个值传递给参数
20
x
函数中x是变量，只能存放一个值
函数结束后形式参数消失

为了存放多个学号，需要使用二维数组。如果选择其中一个传递给函数，则函数侧将其视为一维数组处理。

STEP 4　将数组传递给形式参数

也可以将数组作为实际参数传递给函数，但是与参数为变量的情况有所不同。当参数为变量时，实际参数被复制到另一个称为形式参数的变量。因此，即使函数侧的形式参数的值发生了改变，对调用侧也没有任何影响。但是，如果将整个数组传递给函数，则该值不会被复制，函数侧将直接引用调用侧的数组，如图 21 所示。

▼ 图 21　参数为数组时的直接引用

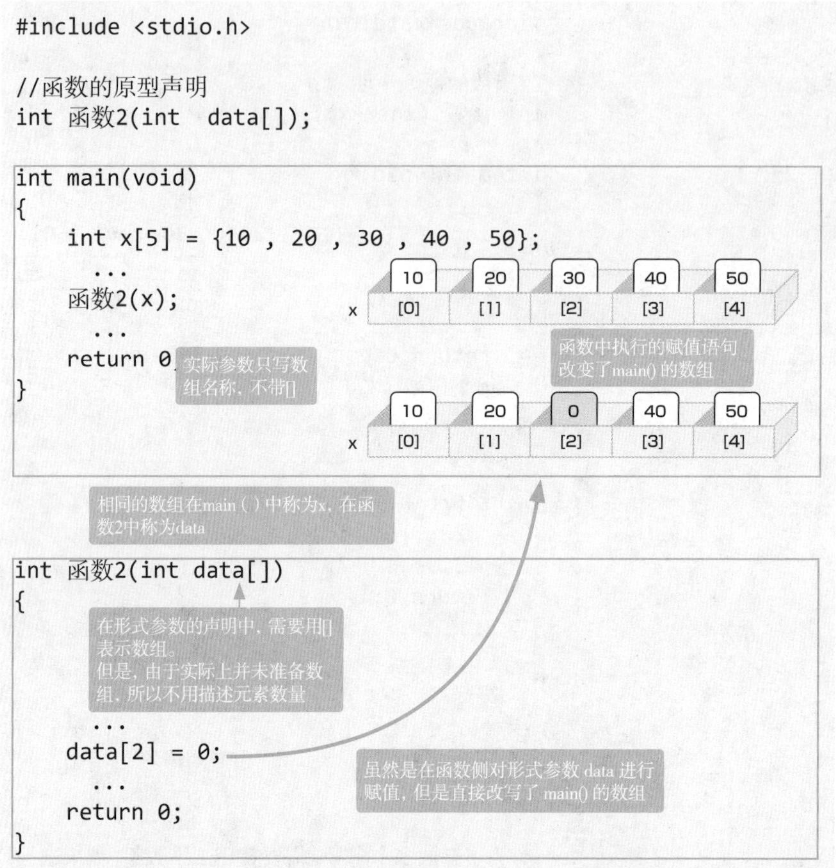
#include <stdio.h>
//函数的原型声明
int 函数2(int data[]);
int main(void)
{
int x[5] = {10 , 20 , 30 , 40 , 50};
...
函数2(x);
...
return 0;
}
实际参数只写数组名称，不带[]
x
10 20 30 40 50
[0] [1] [2] [3] [4]
函数中执行的赋值语句改变了main() 的数组
10 20 0 40 50
[0] [1] [2] [3] [4]
相同的数组在main ( ) 中称为x，在函数2中称为data
int 函数2(int data[])
{
在形式参数的声明中，需要用[]表示数组。
但是，由于实际上并未准备数组，所以不用描述元素数量
...
data[2] = 0;
...
return 0;
}
虽然是在函数侧对形式参数 data 进行赋值，但是直接改写了 main() 的数组

▶确切地说，是将数组的第一个地址（单元地址）传递给函数。传递的地址随着函数的结束而消失。详细内容将在第 6 章中学习。

▶像这样不是传递值，而是传递地址的参数传递方式，称为引用传递（Call by Reference）。

因此，如果在函数侧重写了数组类型的形式参数，也会影响到调用侧。即使函数结束，数组也不会消失。

函数侧的形式参数中不写表示元素数量的数值，这是因为不是在函数侧准备数组的。但是，需要用 [] 表示是一个数组。另外，调用侧的实际参数仅描述数组名称，不写 []。因为已经声明了数组名称，因此无须再写 []。

数组类型的形式参数，将引用作为实际参数传递的数组。因此，如果同一函数被多次调用，并且实际参数被指定为不同的数组，则函数侧的形式参数将分别引用指定的实际参数的数组，如图 22 所示。

▼ 图 22　引用指定为实际参数的数组

```
#include <stdio.h>

//函数的原型声明
int 函数2(int  data[]);

int main(void)
{
    int x[5] = {10 , 20 , 30 , 40 , 50};
    int y[3] = {11, 12, 13};
      ...
    函数2(x);
      ...
    函数2(y);
      ...
    return 0;
}
```

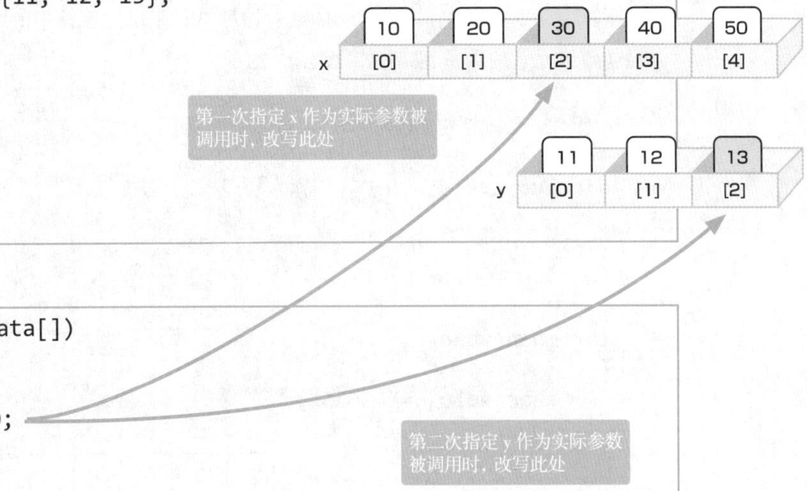
x
10
20
30
40
50
[0]
[1]
[2]
[3]
[4]
第一次指定 x 作为实际参数被调用时，改写此处
y
11
12
13
[0]
[1]
[2]
第二次指定 y 作为实际参数被调用时，改写此处

```
int 函数2(int data[])
{
      ...
    data[2] = 0;
      ...
    return 0;
}
```

在函数侧，由于不准备作为参数传递的数组，所以不知道元素数量。传递数组时，将元素数量一起传递给函数可以提高通用性。以下示例是用于接收数组和元素数量并显示内容的函数。因为接收了元素数量，如在接收到图 22 的数组 x 时可以显示 5 个元素，在接收到数组 y 时可以显示 3 个元素，所以可以根据调用侧定义的数组情况进行处理。

▼ 例

```
/*************************************
    显示接收到的数组的函数
    n : 数组元素数量
*************************************/
int kansu(int data[] , int n)
{
    for(int i = 0; i < n; i++)
    {
        printf("%5d" , data[i]);      ← 显示n个元素
    }
```

```
    printf("\n");

    return 0;
}
```

STEP 5 将字符串传递给函数

由于字符串存放在 char 类型的数组中，因此传递给函数时，是数组的传递。至于字符串，可以通过在字符序列的最后检测“\0”来确定字符串的结束，因此不必特意传递数组元素的数量，如图 23 所示。

▼ 图 23　传递字符串作为参数

```
#include <stdio.h>

//函数的原型声明
int 函数3(char id[]);

int main(void)
{
    char id[6] ="A0615";
      ...
    函数3(id);
      ...
    return 0;
}

int 函数3(char id[])
{
      ...
    printf("%s\n" , id);
      ...
    return 0;
}
```

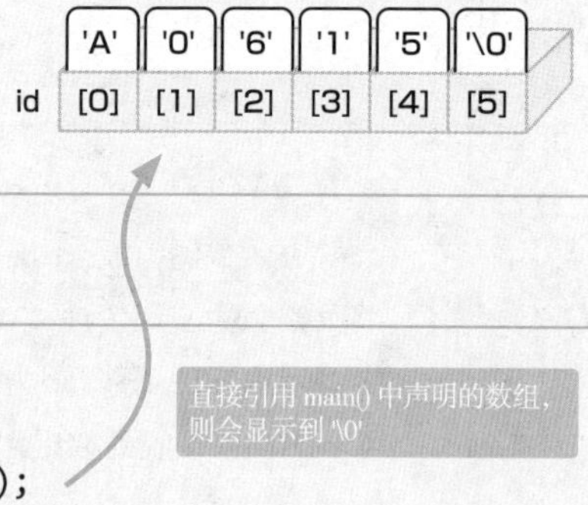
'A'
'0'
'6'
'1'
'5'
'\0'
id
[0]
[1]
[2]
[3]
[4]
[5]
直接引用 main() 中声明的数组，
则会显示到 '\0'

那么，当有多个字符串的时候，如何将其中的一个字符串传递给函数呢？正如在第 3 章的扩展中提到的那样，使用二维数组处理多个字符串，如图 24 所示。

5 使用函数

▼ 图 24 处理多个字符串的二维数组

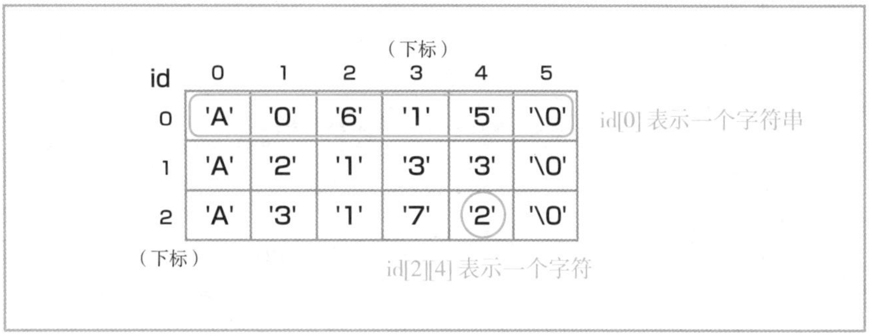
（下标）
id
0 1 2 3 4 5
0 'A' '0' '6' '1' '5' '\0'
1 'A' '2' '1' '3' '3' '\0'
2 'A' '3' '1' '7' '2' '\0'
（下标）
id[0] 表示一个字符串
id[2][4] 表示一个字符

在图 24 所示的二维数组中，一个字符用两个下标表示，一个字符串用一个下标表示。因此，要将存放多个字符串的二维数组中的一个字符串传递给函数，请指定一个下标，如图 25 所示。

▼ 图 25 将一个字符串传递给函数

```
#include <stdio.h>

//函数的原型声明
int 函数3(char  id[]);
```

```
int main(void)
{
    char  id[3][ID_N + 1] = {"A0615" , "A2133" , "A3172"};
      ...
    函数3(id[0]);
      ...
    函数3(id[1]);
      ...
    return 0;
}
```

在调用侧，id是一个二维数组，存放多个字符串

第一次将 "A0615" 传递给函数

第二次将 "A2133" 传递给函数

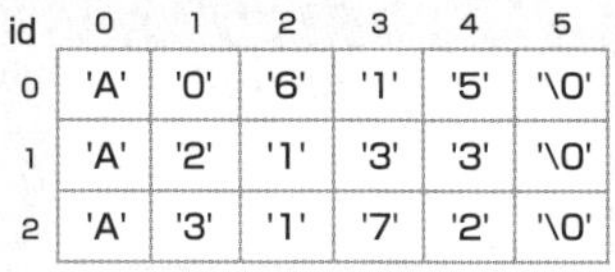
id
0 1 2 3 4 5
0 'A' '0' '6' '1' '5' '\0'
1 'A' '2' '1' '3' '3' '\0'
2 'A' '3' '1' '7' '2' '\0'

```
int 函数3(char  id[])
{
      ...
    printf("%s\n" , id);
      ...
    return 0;
}
```

在函数中，id是一维数组，接收一个字符串

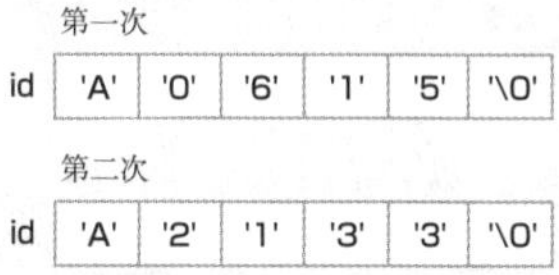
第一次
id 'A' '0' '6' '1' '5' '\0'
第二次
id 'A' '2' '1' '3' '3' '\0'

在函数内部，看起来像这个图，但实际上，直接看到的是main( )中定义的空间

配套资源 》

原始文件……sample5_2o.c
完成文件……sample5_3k.c

程序示例

改写应用示例 5-2 的程序。

```
/**************************************
    参数  基本示例5-3
**************************************/
#include <stdio.h>
#define    ID_N      5                //将学号位数定义为常量
#define    N        10                //将学生人数定义为常量


//全局变量的声明和初始化
char    hyoukaList[5][10] = { "优" , "良" , "中" , "合格" , "不合格" }; //评价
int     limit[5] = { 90 , 80 , 70 , 60 , 0 };                        //评价基准

//函数的原型声明
int one(char id[], int hyouten);     //根据得分求出评价并显示的函数

int main(void)
{
    //变量的声明和初始化
    char id[N][ID_N + 1] = {"A0615", "A2133", "A3172", "B0009", "B0014",
            "B0024", "B0031", "B0040", "B0142", "B1005"};     //学号

    int hyouten[N] = {94, 4, 83, 90, 99, 95, 4, 93, 78, 66};  //得分

    //求出评价并显示到命令提示符界面上
    printf("学号     得分     评价\n");
    for (int i = 0; i < N; i++)
    {
        one(id[i] , hyouten[i]);      //调用处理一个人的成绩的函数
    }

    return 0;
}

/**************************************
    根据得分求出评价并显示的函数
    id : 学号
    hyouten:得分
***************************************/
int one(char id[] , int hyouten)
{
    //声明变量
    int    hyoukaIndex;          //表示评价的下标
    int    n;                    //数组元素数量

```

```
    //求评价
    n = sizeof(limit) / sizeof(int);      //求评价基准的数组元素数量
    hyoukaIndex = n - 1;                  //初始化表示评价的下标
    for (int i = 0; i < n - 1; i++)
    {
        if (hyouten >= limit[i])          //如果得分在limit[i]以上
        {
            hyoukaIndex = i;              //评价列表的下标是i
            break;                        //循环结束
        }
    }

    //显示到命令提示符界面上
    printf("%-10s  %3d分   %s\n", id, hyouten, hyoukaList[hyoukaIndex]);

    return 0;
}
```

来自sample4_6k.c

编程助手 正确编译者也要确认一下

```
//函数的原型声明
int one(char id[], int hyouten);

int main(void)
{
      ...
}
int one(char id[] , int hyouten)
{
   //声明变量
   int    hyoukaIndex;          //表示评价的下标
      ...
```

即使忘记函数的原型声明，在这种情况下也不会出错，但是为了不久的将来，请再确认一下

编 程 助 手　致未能正确运行者

```
//函数的原型声明
void one(char id[], int hyouten);

int main(void)
{
        ...

    printf("学号    得分    评价\n");
    for (int i = 0; i < N; i++)
    {
        one(id , hyouten);
    }
    return 0;
}

void one(char id[] , int hyouten)
{
    ...
```

id[i]

hyouten[i]

如果在函数调用时的实际参数中忘记了下标，将会出现警告。因为是警告，所以可以运行，但是运行结果将不正确，如右上方所示

这是因为形式参数是一维数组和变量，而实际参数是二维数组和一维数组，类型不一致。
不仅仅是如int、char类型，无论是数组还是变量，只要是数组的情况下，维数就必须要一致

▼ 运行结果

```
学号          得分        评价
A0615       1703576分      优
A0615       1703576分      优
A0615       1703576分      优
A0615       1703576分      优
A0615       1703576分      优
A0615       1703576分      优
A0615       1703576分      优
A0615       1703576分      优
A0615       1703576分      优
A0615       1703576分      优
```

扩　展　二维数组和函数参数

在基本示例 5-3 中，在存储多个字符串的 char 类型二维数组中，提取了一个字符串传递给函数侧的形式参数。如果要将整个二维数组传递给函数，该怎么办呢？

在第 3 章中学过，虽然是二维数组，在内存中却是一个接一个连续存放的，不过是由两个下标表示而已，如 Figure 1 所示。

▼ Figure 1　二维数组的表示和在内存中的存放

int　data[4][3];　// 将 3 个元素的数组堆叠成 4 行
data
[0][0]
[0][1]
[0][2]
[1][0]
[1][1]
[1][2]
[2][0]
[2][1]
[2][2]
[3][0]
[3][1]
[3][2]

5 使用函数

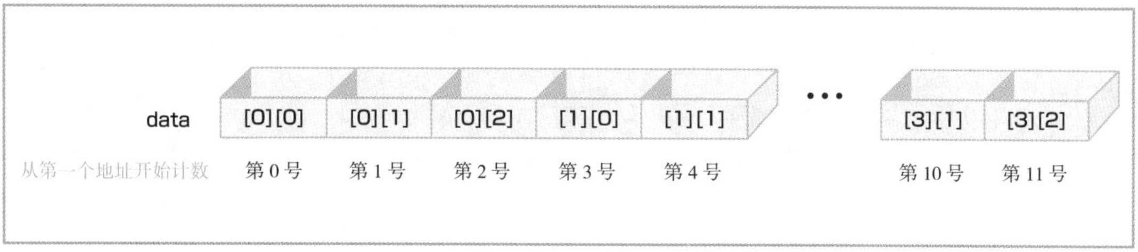
data
[0][0]
[0][1]
[0][2]
[1][0]
[1][1]
[3][1]
[3][2]
从第一个地址开始计数
第 0 号
第 1 号
第 2 号
第 3 号
第 4 号
第 10 号
第 11 号

另外，也学习了将数组传递给函数的形式参数时，在形式参数中不描述元素的数量。这是因为未在函数内分配储空间，也可以用来传递不同元素数量的数组。

将二维数组传递给形式参数，当传递的二维数组在函数侧进行处理时，如果不知道在哪里折回去，也就是说横向有几个元素，则无法用两个下标表示元素。因此，在将二维数组传递给参数时，仅必须描述横向元素的个数，如 Figure 2 所示。

▼ Figure 2　指定从哪里开始第二行

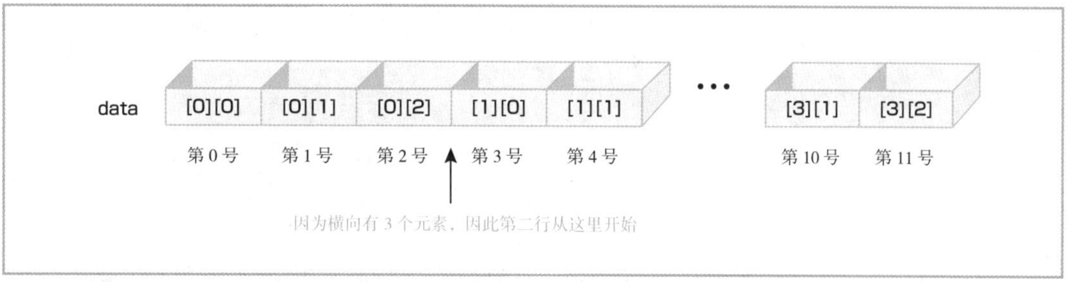
data
[0][0]
[0][1]
[0][2]
[1][0]
[1][1]
[3][1]
[3][2]
第 0 号
第 1 号
第 2 号
第 3 号
第 4 号
第 10 号
第 11 号
因为横向有 3 个元素，因此第二行从这里开始

以下的示例程序，用于将整个二维数组作为函数的形式参数，并显示所有内容。

▼**列表**　程序示例（sample5_h2.c）

```
/**********************************************
    扩展　将二维数组作为参数
**********************************************/
#include <stdio.h>
#define TATE     4              //将二维数组纵向元素数量定义为常量
#define YOKO     3              //将二维数组横向元素数量定义为常量

//函数的原型声明
int print_all(int data[][YOKO], int n);  //显示二维数组的函数

int main(void)
{
    //声明变量
    int  data[TATE][YOKO] = { //存放数值的int类型二维数组
        {75 , 59 , 92},
        {52 , 95 , 70},
        {22 , 19 , 31},
```

给出横向的个数

```
        {100 , 99 , 96}
    };

    print_all(data, TATE);    //调用显示二维数组的函数

    return 0;
}

/*********************************************
  将二维数组作为参数，并显示所有内容的函数
  data：二维数组（给出横向元素数量）
  n：纵向数组元素数量
*********************************************/
int print_all(int data[][YOKO] , int n)
{
    for (int j = 0; j < n; j++)
    {
        for (int i = 0; i < YOKO; i++)
        {
            printf("%5d", data[j][i]);
        }
        printf("\n");
    }
    return 0;
}
```

在二维数组的形式参数中，必须指明数组的横向元素数量

数组的纵向元素数量

循环纵向元素数量次

循环横向元素数量次

▼ 运行结果

```
   75   59   92
   52   95   70
   22   19   31
  100   99   96
```

应用示例 5-3

下面按升序对 10 个人的得分进行排序。虽然有许多种排序方法，但我们重点介绍基本交换法（冒泡排序）。虽然算法比以前稍微复杂，但是可以像解开缠结的绳子一样进行分解思考，分解后的每一个都是函数。

▼ 运行结果

```
排序前   94   4 83 90 99 95   8 93 78 66
排序前    4   8 66 78 83 90 93 94 95 99
```

学 习

STEP 6 基本交换法排序

基本交换法是按顺序对相邻数据大小进行重复比较和交换操作的方法。对数组中的 10 个整数进行排序的步骤如下。

① 与相邻数据进行比较并交换，将大的数据换到后面。这样按顺序进行到最后，如图 26 所示。

▼ 图 26　基本交换法①

data[0] 和 data[1] 交换

	[0]	[1]	[2]	[3]	[4]	[5]	[6]	[7]	[8]	[9]
data	94	4	83	90	99	95	8	93	78	66

data[1] 和 data[2] 交换

	[0]	[1]	[2]	[3]	[4]	[5]	[6]	[7]	[8]	[9]
data	4	94	83	90	99	95	8	93	78	66

data[2] 和 data[3] 交换

	[0]	[1]	[2]	[3]	[4]	[5]	[6]	[7]	[8]	[9]
data	4	83	94	90	99	95	8	93	78	66

data[3] 和 data[4] 不交换

	[0]	[1]	[2]	[3]	[4]	[5]	[6]	[7]	[8]	[9]
data	4	83	90	94	99	95	8	93	78	66

data[4] 和 data[5] 交换

	[0]	[1]	[2]	[3]	[4]	[5]	[6]	[7]	[8]	[9]
data	4	83	90	94	95	99	8	93	78	66

data[5] 和 data[6] 交换

	[0]	[1]	[2]	[3]	[4]	[5]	[6]	[7]	[8]	[9]
data	4	83	90	94	95	8	99	93	78	66

data[6] 和 data[7] 交换

	[0]	[1]	[2]	[3]	[4]	[5]	[6]	[7]	[8]	[9]
data	4	83	90	94	95	8	93	99	78	66

data[7] 和 data[8] 交换

	[0]	[1]	[2]	[3]	[4]	[5]	[6]	[7]	[8]	[9]
data	4	83	90	94	95	8	93	78	99	66

data[8] 和 data[9] 交换

	[0]	[1]	[2]	[3]	[4]	[5]	[6]	[7]	[8]	[9]
data	4	83	90	94	95	8	93	78	66	99

data[9] 确定为最大值

	[0]	[1]	[2]	[3]	[4]	[5]	[6]	[7]	[8]	[9]
data	4	83	90	94	95	8	93	78	66	99

这样，最大值 99 将按顺序被送到数组的最后。我们来思考一下如何将这一系列的交换处理写作函数。

② 再次从开头重复与步骤①相同的处理。但是，由于数组的末尾已经确定为最大值，所以处理到在此之前就可以了，如图 27 所示。

▼ 图 27　基本交换法②

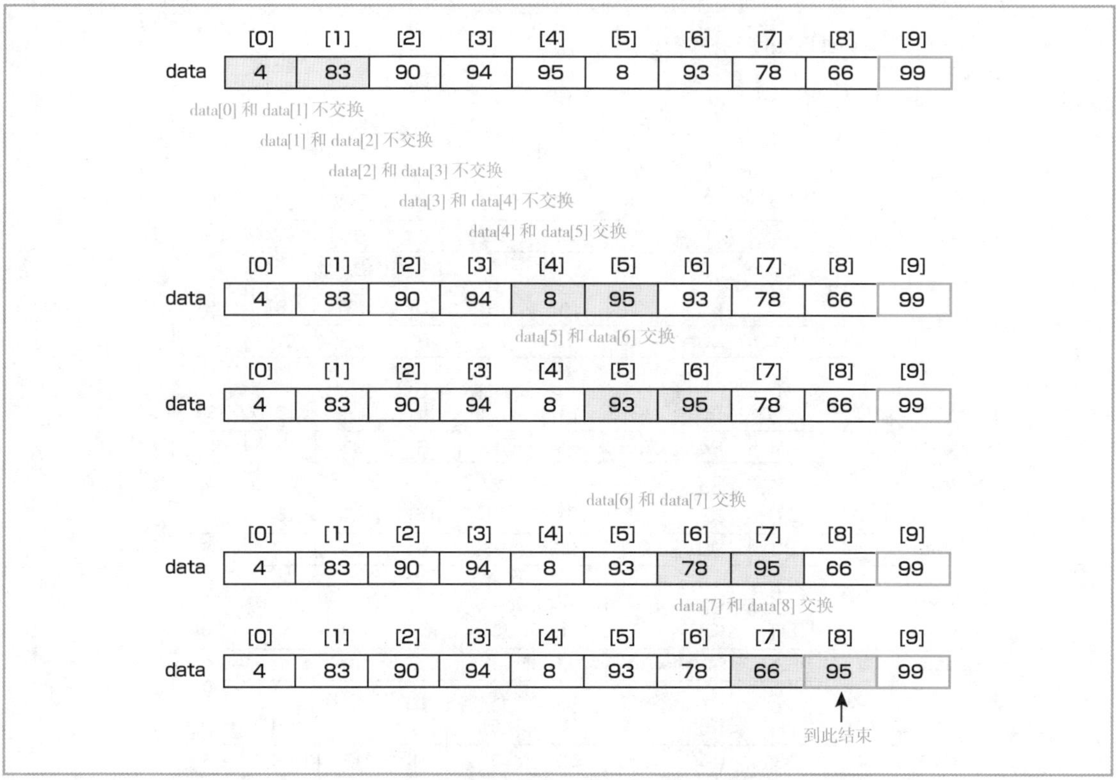
[0] [1] [2] [3] [4] [5] [6] [7] [8] [9]
data 4 83 90 94 95 8 93 78 66 99
data[0] 和 data[1] 不交换
data[1] 和 data[2] 不交换
data[2] 和 data[3] 不交换
data[3] 和 data[4] 不交换
data[4] 和 data[5] 交换
data 4 83 90 94 8 95 93 78 66 99
data[5] 和 data[6] 交换
data 4 83 90 94 8 93 95 78 66 99
data[6] 和 data[7] 交换
data 4 83 90 94 8 93 78 95 66 99
data[7] 和 data[8] 交换
data 4 83 90 94 8 93 78 66 95 99
到此结束

至此，第二大的值被送到倒数第二个位置并确定。调用步骤①中的函数一次后，确定最大值，调用两次后确定次大值。第一次和第二次之间不同的是交换处理需要到什么位置，似乎有必要将其作为参数传递给步骤①中的函数。

③ 重复以上处理过程，如图 28 所示。

▼ 图 28　基本交换法③

第 3 次结束后

	[0]	[1]	[2]	[3]	[4]	[5]	[6]	[7]	[8]	[9]
data	4	83	90	8	93	78	66	94	95	99

第 4 次结束后

	[0]	[1]	[2]	[3]	[4]	[5]	[6]	[7]	[8]	[9]
data	4	83	8	90	78	66	93	94	95	99

第 5 次结束后

	[0]	[1]	[2]	[3]	[4]	[5]	[6]	[7]	[8]	[9]
data	4	8	83	78	66	90	93	94	95	99

第 6 次结束后

	[0]	[1]	[2]	[3]	[4]	[5]	[6]	[7]	[8]	[9]
data	4	8	78	66	83	90	93	94	95	99

第 7 次结束后

	[0]	[1]	[2]	[3]	[4]	[5]	[6]	[7]	[8]	[9]
data	4	8	66	78	83	90	93	94	95	99

▶P232应用示例 5-3的程序中，省略了中途结束的判定，重复到最后。

▶排序（Sorting）从小到大的顺序是升序，从大到小的顺序是降序。

从后面开始按顺序确定最大值。在指定步骤①中创建的函数的处理范围的同时，多次调用它。如果将其设置为其他函数，则可以将排序组织为完整的函数形式。

④ 本来要进行到第 8 次和第 9 次，但是第 8 次已经一次也没有进行交换了。如果一次也没有进行交换，则也可以中途结束。

STEP 7　交换数据

如果想交换存储在变量 a 和变量 b 中的数据，怎么办呢？如图 29 和图 30 所示。

▶当然，想要交换的变量 a 和变量 b 必须是相同类型。

▼ 图 29　交换数据

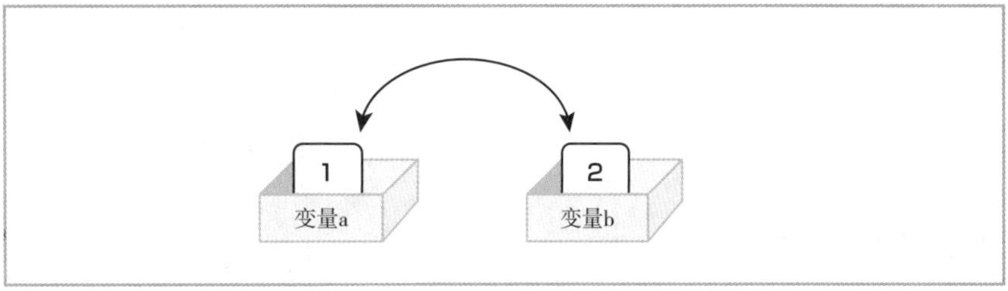

1
变量a
2
变量b

图 30　数据交换后

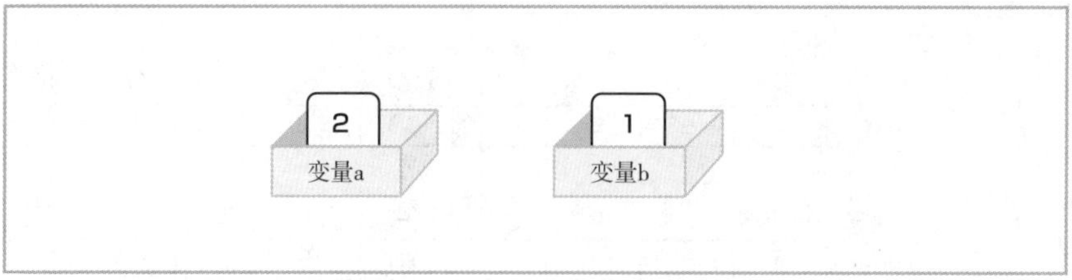
2
变量a
1
变量b

数据交换的过程如图 31 所示。

图 31　数据交换的过程

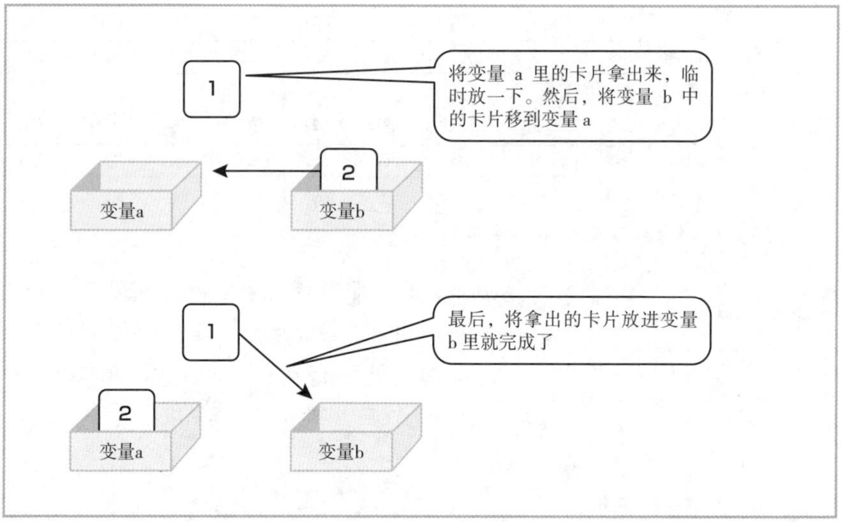
1
将变量 a 里的卡片拿出来，临时放一下。然后，将变量 b 中的卡片移到变量 a
2
变量a
变量b
1
最后，将拿出的卡片放进变量 b 里就完成了
2
变量a
变量b

过程中，有“将变量 a 里的卡片拿出来，临时放一下”的工作。在程序中，需要准备临时放一下的“地方”，即变量。程序如下所示。

▶为了临时放一下的变量名，经常使用表示“暂时的”的 Temporary 的缩写作为变量名。虽然不是必须是这样的名字，但是赋予变量名含义，对于编写易于理解的程序来说很重要。

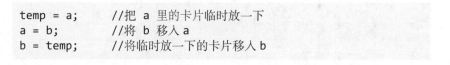

```
temp = a;       //把 a 里的卡片临时放一下
a = b;          //将 b 移入 a
b = temp;       //将临时放一下的卡片移入 b
```

配套资源 》

原始文件……rei5_3o.c
完成文件……sample5_3o.c

程序示例

配套资源中的程序中没有写调用交换函数的一行处理、交换两个数据的处理等。大家补充完善后再运行。

```
/***************************************
    冒泡排序  应用示例5-3
***************************************/
#include <stdio.h>
#define    N          10                //将学生人数定义为常量

//函数的原型声明
int disp(int data[], int n);            //显示数组元素的函数
int sort(int data[], int n);            //进行所有排序的函数
int sort_one(int data[], int n);        //进行一次排序的函数

int main(void)
{
    //数组的声明和初始化
    int hyouten[N] = { 94,4,83,90,99,95,8,93,78,66 };     //得分

    printf("排序前  ");
    disp(hyouten, N);                   //调用显示数组元素的函数
    sort(hyouten, N);                   //调用进行所有排序的函数
    printf("排序后  ");
    disp(hyouten, N);                   //调用显示数组元素的函数

    return 0;
}

/**************************************
    所有元素排序
    data : 排序数组
    n : 数组元素数量
**************************************/
int    sort(int data[], int n)
{
    for (int i = n; i > 1; i--)
    {
        sort_one(data, i);              //进行一次排序
    }

    return 0;
}

/**********************************
    一次排序
    data : 排序数组
    n : 数组元素数量
**********************************/
int sort_one(int data[], int n)
{
    //声明变量
    int  temp;                          //数据交换中用于临时保存的变量
```

i由函数sort_one确定的数组元素的下标从后开始依次确定

以i个元素为对象进行一行的交换处理

```
    for(int i = 1; i < n;i++)
    {
        if (data[i - 1] > data[i])
        {
            //data[i - 1]和data[i]进行交换的处理
            temp = data[i - 1];         //将data[i-1]临时存放
            data[i - 1] = data[i];      //将data[i]复制到data[i-1]
            data[i] = temp;             //将临时存放的data[i-1]复制到data[i]
        }
    }

    return 0;
}

/*****************************************
    显示数组元素
    data : 显示的数组
    n : 数组元素数量
*****************************************/
int disp(int data[] , int n)
{
    for (int i = 0; i < n; i++)
    {
        printf("%3d", data[i]);         //显示
    }
    printf("\n");                       //换行

    return 0;
}
```

从[0]和[1]的比较开始，到[n-2]和[n-1]的比较为止依次进行

data[i-1] 和 data[i] 交换的处理

显示n个数据

04 函数的返回值

参数是将值从调用侧传递给函数的结构，但是现在，我们将试着把函数求出的值返回给调用侧。

基本示例 5-4

根据 4 个课题的分数计算得分，并从计算出的得分求出评价。从课题的分数求得分的函数、从得分求出评价的函数、显示一个人的函数，像这样将函数进行细分，以便能够在更小的范围进行集中编程，如图 32 和图 33 所示。

图32 评价字符串和评价基准（全局变量）

hyoukaList

	0	1	2	3	4	5	6	7	8	9
0	优		\0							
1	良		\0							
2	中		\0							
3	合		格		\0					
4	不		合		格		\0			

limit

0	90
1	80
2	70
3	60
4	0

图33 10个人的学号和课题分数

id

	0	1	2	3	4	5
0	A	0	6	1	5	\0
1	A	2	1	3	3	\0
2	A	3	1	7	2	\0
3	B	0	0	0	9	\0
4	B	0	0	1	4	\0
5	B	0	0	2	4	\0
6	B	0	0	3	1	\0
7	B	0	0	4	0	\0
8	B	0	1	4	2	\0
9	B	1	0	0	5	\0

kadai

	0	1	2	3
0	16	40	10	28
1	4	0	0	0
2	12	40	10	21
3	20	35	10	25
4	20	40	10	29
5	18	40	10	27
6	4	0	0	0
7	18	40	10	25
8	6	40	10	22
9	6	35	10	15

▼ 运行结果

```
学号      课题1 课题2 课题3 课题4   得分    评价
A0615      16    40    10    28   94分    优
A2133       4     0     0     0    4分    不合格
A3172      12    40    10    21   83分    良
B0009      20    35    10    25   90分    优
B0014      20    40    10    29   99分    优
B0024      18    40    10    27   95分    优
B0031       8     0     0     0    8分    不合格
B0040      18    40    10    25   93分    优
B0142       6    40    10    22   78分    中
B1005       6    35    10    15   66分    合格
    平均分： 71.0分
```


STEP 1 指定函数类型

在现实社会中，如果被安排工作，就会有对应的输出，如图 34 所示。如果是销售，输出就可能是合同；如果是会计，输出就可能是结算书。由于函数是“处理的集合”，所以完成的是“处理”这个工作。安排工作的人，即调用侧，想把结果用于接下来的处理，这和现实社会是一样的。例如，当传递数组求出所有元素的总和时，调用侧想把计算的总和用于下一个处理。在 C 语言中，函数只能将一个结果返回给调用侧，这称为返回值。因为它是数值，所以必定具有类型，并且可以赋值给调用侧的变量，如图 35 所示。

▼ 图 34　工作的输出

做这个工作!
完成了
output
调用侧
（上司）
函数侧
（部下）

▼ **图 35　返回值示意图**

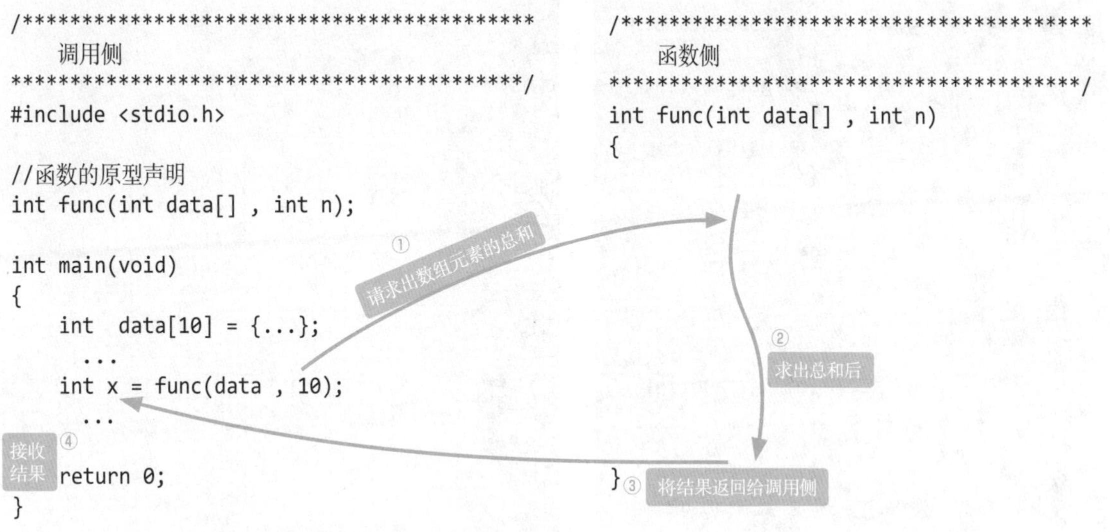
/***
调用侧
***/
#include <stdio.h>
//函数的原型声明
int func(int data[] , int n);
int main(void)
{
int data[10] = {...};
...
int x = func(data , 10);
...
return 0;
}
①请求出数组元素的总和
④接收结果
/***
函数侧
***/
int func(int data[] , int n)
{
}
②求出总和后
③将结果返回给调用侧

此时，返回的值有类型，在图 35 中是 int 类型，称为函数类型。如果要返回 char 类型的值，则返回值将为 char 类型。到目前为止，包括 main() 函数在内，函数名前一定要写 int。实际上，这就是函数的类型，也是返回值的类型。到目前为止，还没有将返回值返回给调用侧。不返回值的函数称为 void 类型，并且在函数名前写上 void。

STEP 2　用 return 语句返回返回值

即使要返回一个值，也不能直接从调用侧看到函数侧的局部变量获得的值。另外，函数侧的局部变量随着函数的结束而消失，所以必须在此之前获取局部变量的值，如图 36 所示。

图 36　接收函数的结果

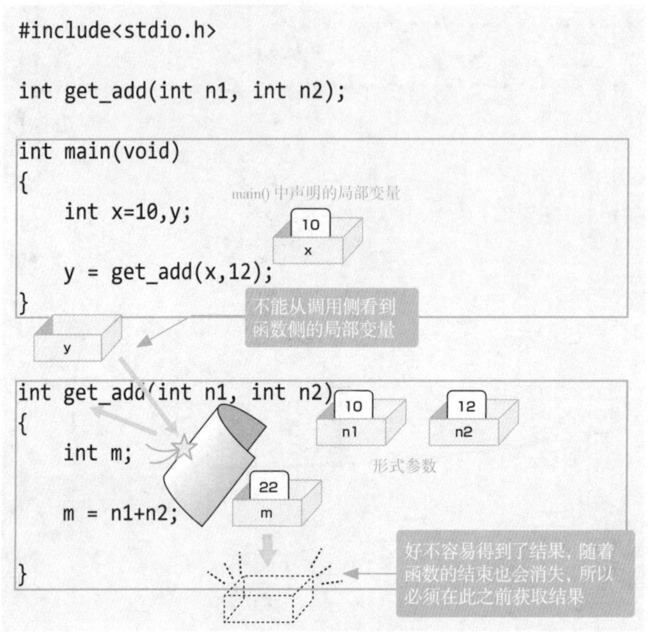
#include<stdio.h>
int get_add(int n1, int n2);
int main(void)
{
int x=10,y;
main() 中声明的局部变量
10
x
y = get_add(x,12);
}
不能从调用侧看到
函数侧的局部变量
y
int get_add(int n1, int n2)
10
n1
12
n2
{
int m;
形式参数
22
m
m = n1+n2;
}
好不容易得到了结果，随着
函数的结束也会消失，所以
必须在此之前获取结果

因此，C 语言准备了一种机制，可以在函数结束之际，将求出的值抛出给调用侧，如下所示。

```
return　返回值;
```

最初，return 语句是函数结束后，将控制返回给调用侧的语句。在结束函数的同时，向调用侧抛出返回值。如果函数是 void 类型，则可以省略 return 语句，在这种情况下，函数末尾的 } 将代替 return 语句。就语法而言，return 语句不一定必须在函数的末尾，有几个也没关系。 return 语句的用法如图 37 所示。

▼ 图 37　return 语句的用法

```
#include<stdio.h>

int get_add(int n1, int n2);
```

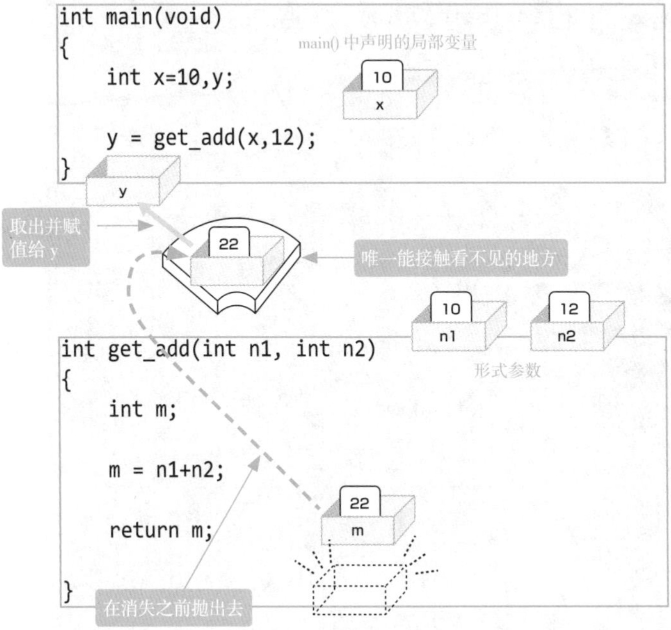
int main(void)
{
int x=10,y;
y = get_add(x,12);
}
main() 中声明的局部变量
10
x
y
取出并赋值给 y
22
唯一能接触看不见的地方
10
n1
12
n2
形式参数
int get_add(int n1, int n2)
{
int m;
m = n1+n2;
return m;
}
22
m
在消失之前抛出去

使用该机制，在调用侧，不仅可以将返回值赋给变量，还可以在参数中编写函数，并将其返回值作为实际参数，如图 38 所示。

▼ 图 38　直接显示函数的返回值

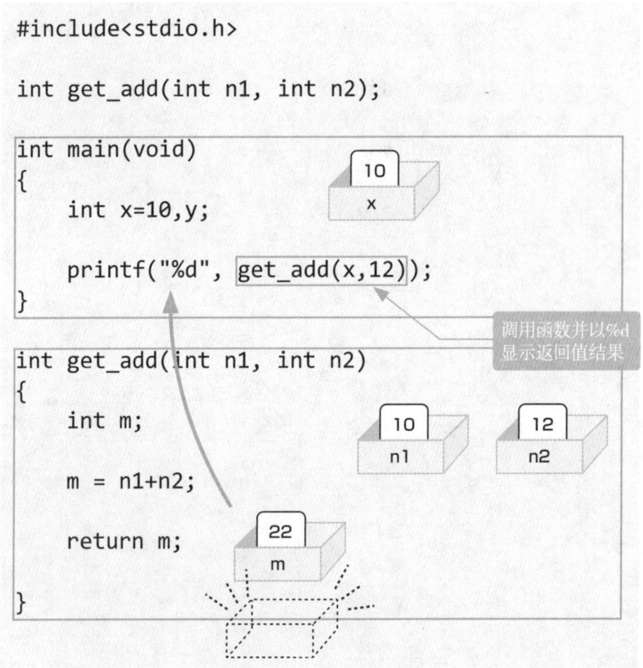
#include<stdio.h>
int get_add(int n1, int n2);
int main(void)
{
int x=10,y;
printf("%d", get_add(x,12));
}
10
x
调用函数并以%d
显示返回值结果
int get_add(int n1, int n2)
{
int m;
m = n1+n2;
return m;
}
10
n1
12
n2
22
m

程序的基本功能是对输入进行处理，输出结果（输入→处理→输出）。对于函数，输入是参数，结果是返回值。因此，作为参数，想要接收怎样的数据，最终就将怎样的数据作为返回值，请注意在注释语句中注明。

配套资源 》

原始文件……rei5_4k.c
完成文件……sample5_4k.c

程序示例

配套资源中的程序中没有写函数的参数、返回值等。请大家补充完善后再运行。

```
/***************************************
    返回值  基本示例5-4
***************************************/
#include <stdio.h>
#define    ID_N        5                    //将学号位数定义为常量
#define    KADAI_N     4                    //将课题数定义为常量
#define    N          10                    //将学生人数定义为常量


//全局变量的声明和初始化
char    hyoukaList[5][10] = { "优" , "良" , "中" , "合格" , "不合格" }; //评价
int     limit[5] = { 90 , 80 , 70 , 60 , 0 };//评价基准

//函数的原型声明
```

```
void disp_title(int kadai_n);                                         //显示标题的函数
void disp_one(char id[], int kadai[], int kadai_n, int hyouten, int hyoukaIndex);
int  get_gokei(int data[], int n);                                    //求得分的函数
int  get_hyouka(int hyouten);                                         //求评价的函数

int main(void)
{
    //变量的声明和初始化
    char id[N][ID_N + 1] = { "A0615", "A2133", "A3172", "B0009", "B0014",
        "B0024", "B0031", "B0040", "B0142", "B1005" };                //学号

    int kadai[N][KADAI_N] = {                                         //N个人的课题分数
        {16 , 40 , 10 , 28},
        { 4 ,  0 ,  0 ,  0},
        {12 , 40 , 10 , 21},
        {20 , 35 , 10 , 25},
        {20 , 40 , 10 , 29},
        {18 , 40 , 10 , 27},
        { 8 ,  0 ,  0 ,  0},
        {18 , 40 , 10 , 25},
        { 6 , 40 , 10 , 22},
        { 6 , 35 , 10 , 15}
    };
    int hyouten[N];                                                   //N个人的得分
    int hyoukaIndex[N];                                               //N个人的评价的下标

    //计算得分和评价
    for (int i = 0; i < N; i++)
    {
        hyouten[i] = get_gokei(kadai[i], KADAI_N);
        hyoukaIndex[i] = get_hyouka(hyouten[i]);
    }

    //显示到命令提示符界面上
    disp_title(KADAI_N);                                              //调用显示标题的函数
    for (int i = 0; i < N; i++)
    {
        //显示一个人
        disp_one(id[i], kadai[i], KADAI_N, hyouten[i] , hyoukaIndex[i]);
    }

    //显示平均分
    printf("    平均分:%5.1f分\n", (double)get_gokei(hyouten, N) / N);

    return 0;
}
```

循环N个人次

根据一个人的课题的分数求得分

将得到的得分作为实际参数求评价

将一个人的学号、课题分数、得分、评价作为实际参数传递并显示

在实际参数中直接描述求总分的函数

```
/****************************************
    显示标题的函数
    kadai_n : 课题数
****************************************/
void disp_title(int kadai_n)
{

    printf("学号  ");
    for (int i = 0; i < kadai_n; i++)
    {
        printf("课题%d ", i + 1);
    }

    printf("  得分    评价\n");
}

/**************************************
    显示一个人信息的函数
    id : 一个人的学号（字符串）
    kadai : 一个人的课题分数
    kadai_n:课题数
    hyouten : 一个人的得分
    hyoukaIndex : 评价字符串的下标
**************************************/
void disp_one(char id[], int kadai[], int kadai_n , int hyouten, int hyoukaIndex)
{
    printf("%-10s", id);                        //学号
    for (int i = 0; i < kadai_n; i++)
    {
        printf("%5d ", kadai[i]);               //各课题的分数
    }

    printf(" %3d分   %s\n", hyouten, hyoukaList[hyoukaIndex]);  //得分和评价
}

/******************************************
    求数组元素总和的函数
    data : 数组
    n : 数组元素数量
    返回值：数组元素的总和
******************************************/
int    get_gokei(int data[], int n)
{
    //声明变量
    int    gokei;                               //得分（课题分数的总和）

    gokei = 0;                                  //初始化得分
    for (int i = 0; i < n; i++)
    {
```

因为工作就是显示，所以没有返回值，是void类型的函数

循环次数为课题数

因为工作就是显示，所以没有返回值，是void类型的函数

循环次数为课题数

返回int类型总分的函数

循环数组元素的数量次

```
        gokei += data[i];                       //将分数加到得分上
    }

    return gokei;                               //求得总计值作为返回值返回
}

/********************************************
    求评价的函数
    hyouten:得分
    返回值:评价字符串的下标
********************************************/
int get_hyouka(int hyouten)
{
    //声明变量
    int     hyoukaIndex;                        //表示评价的下标
    int n = sizeof(limit) / sizeof(int);        //求数组元素数量

    hyoukaIndex = n - 1;                        //初始化下标
    for (int i = 0; i < n - 1; i++)
    {
        if (hyouten >= limit[i])                //如果得分在limit[i]以上
        {
            hyoukaIndex = i;                    //评价列表的下标为i
            break;                              //循环结束
        }
    }

    return hyoukaIndex;                         //评价的下标作为返回值返回
}
```

返回int类型的评价下标的函数

初始值为"不合格"

循环除了"不合格"外评价的个数次

变成了相当长的程序。但是，大家有没有体会到每个函数都很短且都由小的零部件组装而成的感觉呢?

编程助手　致出现警告或错误者

```
//函数的原型声明
void  get_gokei(int data[], int n);
 int

int main(void)
{
       ...
    //计算得分和评价
    for (int i = 0; i < N; i++)
    {
        hyouten[i] = get_gokei(kadai[i], KADAI_N);
        hyoukaIndex[i] = get_hyouka(hyouten[i]);
    }

}
```

如果函数类型在原型声明中是void

这里出现 assigning to 'int' from incompatible type 'void' int 类型和 void 不兼容的错误。
函数声明是void，也就是说没有返回值，却在调用侧试图赋值的错误。即使函数定义正确指定了int类型，只要原型声明有误，就会出现此错误

```
/*****************************************
    计算数组元素的总和
    data : 数组
    n : 数组元素数量
    返回值 : 数组元素的总计值
*****************************************/
int    get_gokei(int data[], int n)
{
    int    gokei;

    gokei = 0;
    for (int i = 0; i < n; i++)
    {
        gokei += data[i];
    }

    return gokei;
}
```

这里出现 conflicting types for 'get_gokei'的错误。原型声明和函数定义不一致

```
/*****************************************
    显示标题
    kadai_n : 课题数
*****************************************/
int disp_title(int kadai_n)
{  void

    printf("学号  ");
    for (int i = 0; i < kadai_n; i++)
    {
        printf("课题%d ", i + 1);
    }

    printf("  得分    评价\n");

}
```

没有返回值，但未将函数类型设置为void

这里会出现没有返回值的警告。根据编译器的不同，也有可能发生错误

```
/*********************************************
    计算评价
    hyouten :  得分
    返回值 : 评价字符串的下标
*********************************************/
int get_hyouka(int hyouten)
{
    //声明变量
    int    hyoukaIndex;                      //表示评价的下标

    //求评价
    int n = sizeof(limit) / sizeof(int); //求数组元素数量
    hyoukaIndex = n - 1;                     //初始化下标
    for (int i = 0; i < n - 1; i++)
    {
        if (hyouten >= limit[i])
        {
            hyoukaIndex = i;
            break;
        }
    }

    return hyoukaList[hyoukaIndex];
}
```

返回值为int类型

hyoukaIndex

返回值中指定了字符串，发出类型不一致的警告。根据编译器的不同，也有可能发生错误

专栏 像长崎的出岛一样唯一能接触而看不见的地方是

关于“调用函数”，简单说明一下在机器语言层次上是如何进行的。

调用函数时，被称为堆栈的存储空间是必不可少的。普通变量和数组等，确定哪些数据存放到哪个变量，即哪些数据放入哪个地址，但是堆栈像装纸箱一样，必要的时候，按照需要的顺序来存储。纸箱从底部开始顺序堆叠，从顶部开始顺序取出，而堆栈也是一样的，如 Figure 3 所示。

▼ Figure 3 堆栈是纸箱

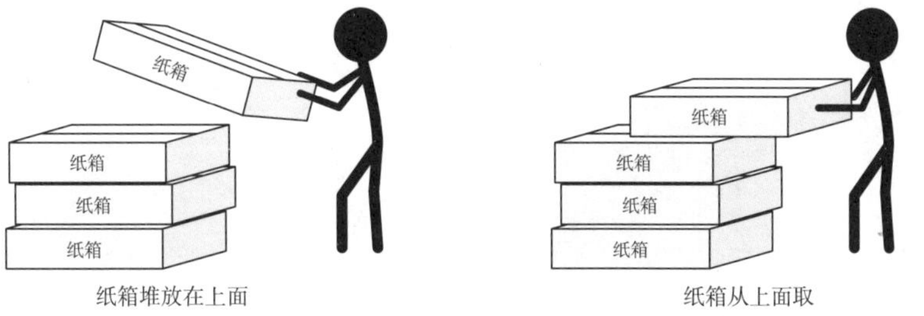
纸箱
纸箱
纸箱
纸箱
纸箱堆放在上面
纸箱
纸箱
纸箱
纸箱
纸箱从上面取

堆栈指针用于指示预先分配的内存区域当前被使用到什么程度。如果需要存储某个值，就将数据存储在堆栈指针所指示的位置，然后移动堆栈指针，此操作称为 Push。下次需要处理已存储的数据时，就和取纸箱的例子一样，只能从最后存储的数据中取出来。取出数据时，将堆栈指针移回一个位置，并取出指针指向位置的值，之后，将释放之前所使用的内存，此操作称为 Pop。另外，像堆栈这样，后放入的数据先取出的结构称为先进后出（FILO:First in Last out），如 Figure 4 所示。

Figure 4　堆栈的结构

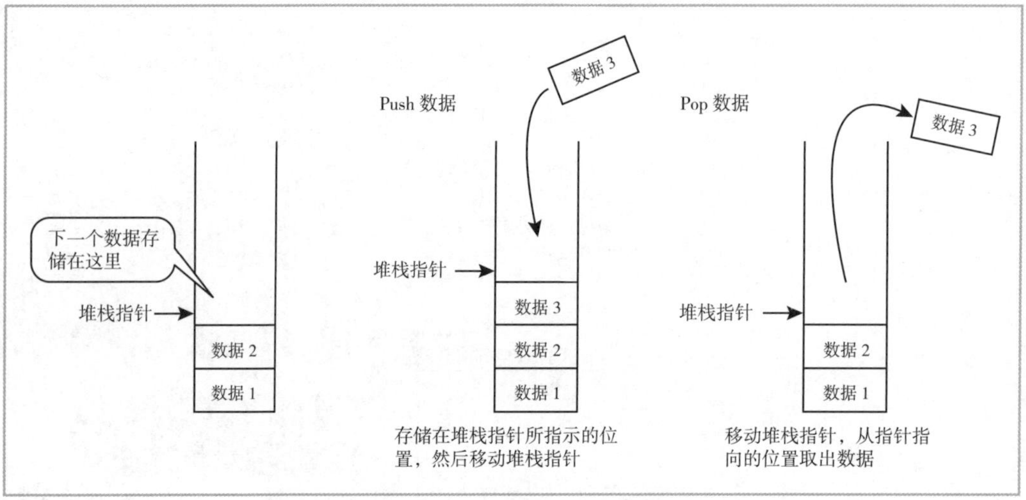
下一个数据存
储在这里
堆栈指针
数据 2
数据 1
Push 数据
数据 3
堆栈指针
数据 3
数据 2
数据 1
存储在堆栈指针所指示的位
置，然后移动堆栈指针
Pop 数据
数据 3
堆栈指针
数据 2
数据 1
移动堆栈指针，从指针指
向的位置取出数据

如 Figure 5 所示，在函数执行结束之后，调用侧将继续执行。为此，必须记住调用侧运行到什么地方，函数才被调用，这里就使用堆栈。顺便说一下，实际参数也是预先 Push 到堆栈里（①）。在函数侧，将从堆栈 Pop 的实际参数放入形式参数中，然后开始执行函数。最后，将返回值进行 Push，结束函数（②）。在函数结束的同时，取出返回值和调用侧有关运行到什么地方的信息，在调用侧继续运行（③）这样的机制。

▼ Figure 5　函数调用的机制与堆栈的关系

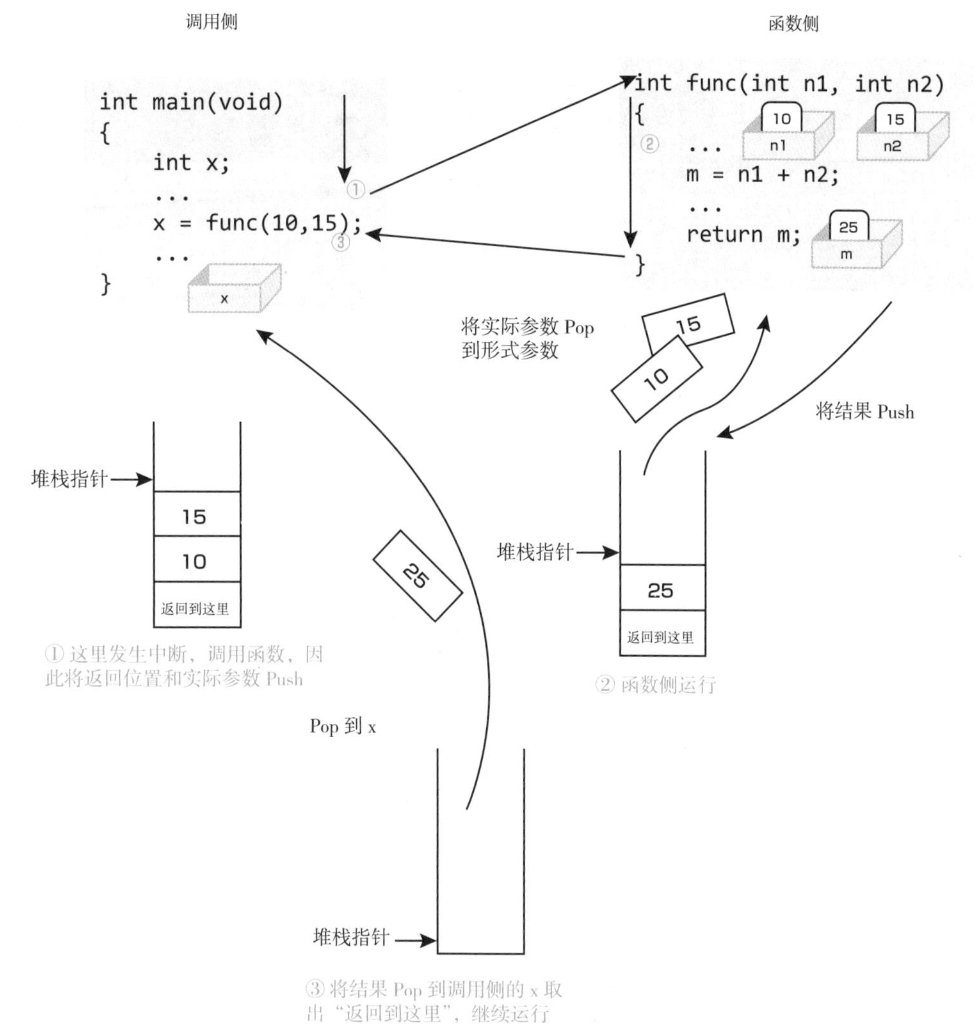
调用侧
函数侧
int main(void)
{
int x;
...
x = func(10,15);
...
}
x
int func(int n1, int n2)
{
...
m = n1 + n2;
...
return m;
}
10
n1
15
n2
25
m
①
②
③
将实际参数 Pop
到形式参数
15
10
将结果 Push
堆栈指针
15
10
返回到这里
① 这里发生中断，调用函数，因
此将返回位置和实际参数 Push
25
堆栈指针
25
返回到这里
② 函数侧运行
Pop 到 x
堆栈指针
③ 将结果 Pop 到调用侧的 x 取
出“返回到这里”，继续运行

注：堆栈上的加载顺序由各处理系统（编译器等）负责，并非总是如此。

堆栈是硬件管理的特殊的内存。虽然堆栈不会在 C 语言的程序中表现出来，但它是在后台起着重要作用的超级全局变量。

应用示例 5–4

下面对 10 个人的得分按升序进行排序。作为与应用示例 5–3 不同的方法，采用基本选择法是最直观的方法。没有返回值的函数的类型为 void。

▼ 运行结果

```
排序前 94  4 83 90 99 95  8 93 78 66
排序后  4  8 66 78 83 90 93 94 95 99
```

学习

STEP 3 基本选择法算法

基本选择法是重复在所需范围内求得最小值，并将其与该范围第一个数进行交换的方法。对存储在数组中的 10个整数进行排序的处理步骤如下。

① 从全体数据中查找最小的数，并与第一个数进行交换，如图 39 所示。

▼ 图 39　基本选择法①

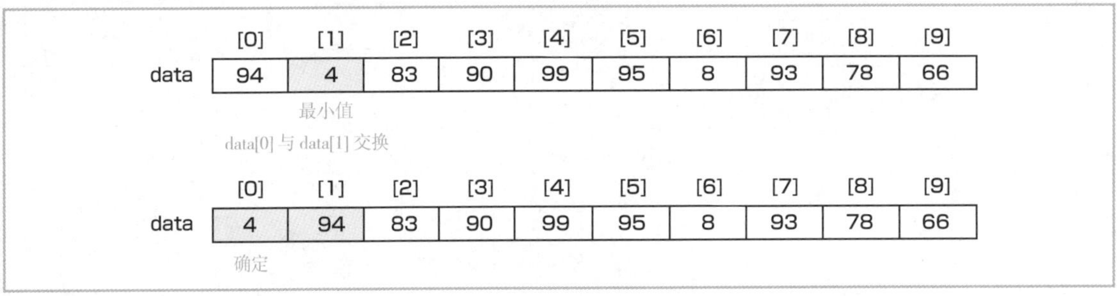
[0] [1] [2] [3] [4] [5] [6] [7] [8] [9]
data 94 4 83 90 99 95 8 93 78 66
最小值
data[0] 与 data[1] 交换
[0] [1] [2] [3] [4] [5] [6] [7] [8] [9]
data 4 94 83 90 99 95 8 93 78 66
确定

创建一个用于计算最小值的位置（下标）的函数，并将返回值作为下标所在的值与第一个数进行交换。

② 由于第一个数已经确定，因此将从剩余的范围中求出最小值，并与第二个数进行交换，如图 40 所示。

▼ 图 40　基本选择法②

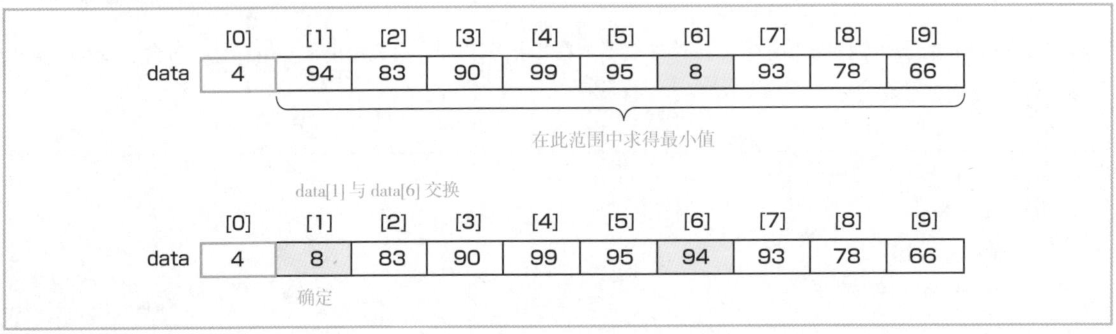
[0] [1] [2] [3] [4] [5] [6] [7] [8] [9]
data 4 94 83 90 99 95 8 93 78 66
在此范围中求得最小值
data[1] 与 data[6] 交换
[0] [1] [2] [3] [4] [5] [6] [7] [8] [9]
data 4 8 83 90 99 95 94 93 78 66
确定

在计算最小值的位置(下标)的函数中,最小值是从数组的中间位置开始计算的,因此,除了数组元素的数量外,还需要确定从哪个范围开始计算最小值的信息。

③ 重复以上操作的结果是,最后剩下的一个是最大值,如图 41 所示。

▼ 图 41　基本选择法③

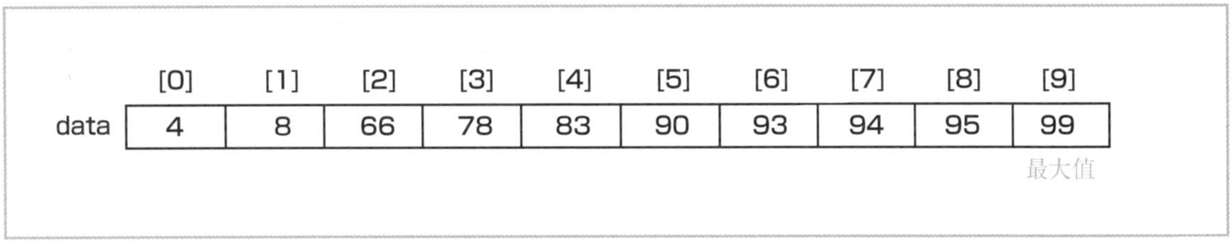
[0]
[1]
[2]
[3]
[4]
[5]
[6]
[7]
[8]
[9]
data
4
8
66
78
83
90
93
94
95
99
最大值

如果重新创建一个重复计算最小值并进行交换处理的函数,则该函数即为排序函数。

STEP 4 确定最小值的位置

在第 4 章的应用示例 4-6 中,进行了查找最大值和最小值算法的实践。通过比较存储了临时最大值或临时最小值,如果存在更大或更小的值,则将其作为新的临时最大值或临时最小值。现在,问题不在于最大值或最小值本身,而是最大值或最小值存储在何处,如图 42 所示。因此,将保留存储临时最小值的下标。

值是 int 类型,下标也是 int 类型,因此请务必确定哪个是值,哪个是下标。将值与下标进行比较是没有意义的。虽然是值与值的比较,但要清楚地认识到,保存的是下标。

▼ 图 42　确定最小值的位置

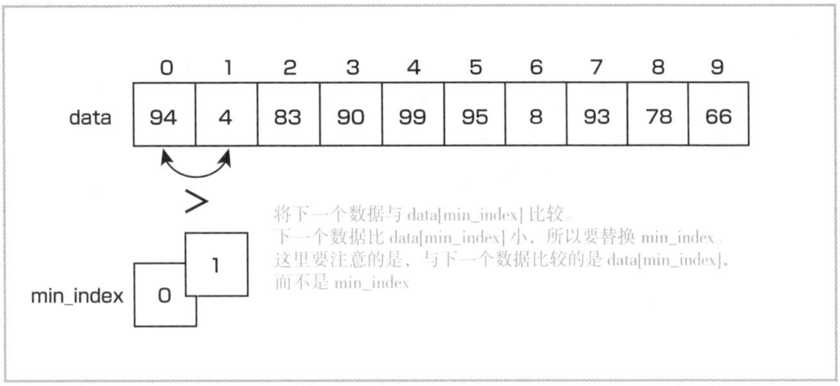
0
1
2
3
4
5
6
7
8
9
data
94
4
83
90
99
95
8
93
78
66
>
min_index
0
1
将下一个数据与 data[min_index] 比较。
下一个数据比 data[min_index] 小,所以要替换 min_index。
这里要注意的是,与下一个数据比较的是 data[min_index],
而不是 min_index

配套资源 》

原始文件……rei5_4o.c
完成文件……sample5_4o.c

程序示例

配套资源中的程序中没有写函数调用、参数、函数类型、两个数据的交换处理等。大家补充完善后再运行。

```
/****************************************
    选择排序  应用示例5-4
****************************************/
#include <stdio.h>
#define    N    10                               //将学生人数定义为常量

//函数的原型声明
void disp(int data[], int n);                    //显示数组元素的函数
void sort(int data[], int n);                    //进行所有排序的函数
int  get_min_index(int data[], int n, int start);  //确定最小值位置的函数

int main(void)
{
    //数组的声明和初始化
    int hyouten[N] = { 94,4,83,90,99,95,8,93,78,66 };

    printf("排序前  ");
    disp(hyouten, N);                            //调用显示数组元素的函数
    sort(hyouten, N);                            //调用进行所有排序的函数
    printf("排序后  ");
    disp(hyouten, N);                            //调用显示数组元素的函数

    return 0;
}

/**************************************
    进行所有排序的函数
    data : 排序数组
    n : 数组元素数量
**************************************/
void sort(int data[], int n)
{
    //声明变量
    int min_index;                               //最小值的下标
    int temp;                                    //用于临时保存的变量

    for (int i = 0; i < n-1; i++)
    {
        //求最小值的位置
        min_index = get_min_index(data, N, i);

```

实际参数中包括数组名、数组元素数量及表示从哪儿开始

5 使用函数

```
        //第一个数与最小值交换
        temp = data[min_index];       //临时保存data[min_index]
        data[min_index] = data[i];    //将data[i]复制到data[min_inにde移x]
        data[i] = temp;               //将预先保存的data[min_index]复制到data[i]
    }
}

/**********************************
    确定最小值位置的函数
    data : 要求最小值的数组
    n : 数组元素数量
    start : 开始位置(下标)
    返回值:最小值的位置(下标)
***********************************/
int get_min_index(int data[], int n , int start)
```

返回值是最小值的位置（下标）

```
{
    int min_index;                    //表示最小值位置的下标

    min_index = start;                //从指定位置开始搜索最小值
    for (int i = start+1; i < n; i++) //从指定位置的下一个开始比较
    {
        if (data[min_index] > data[i]) //如果比临时最小值更小
        {
            min_index = i;            //更新临时最小值
        }
    }

    return min_index;                 //将最小值的位置(下标)作为返回值返回
}

/******************************************
    显示数组元素的函数
    data : 要显示的数组
    n : 数组元素数量
*****************************************/
void disp(int data[], int n)
```

关于显示的函数，没有返回值

```
{
    for (int i = 0; i < n; i++)
    {
        printf("%3d", data[i]);       //显示数组元素
    }
    printf("\n");                     //换行
}
```

专栏　基本交换法的完成

在应用示例 5-3 中，通过基本交换法完成了排序，但是省略了算法的最后部分“如果一次都没有进行交换，将在中途就结束”。既然现在已经学习了函数的返回值，就加入这最后一步以完成程序。 要修改的是

int sort(int data[], int n);

int sort_one(int data[], int n);

这两个函数。

将 sort_one() 函数修改为 :“只要交换过一次就返回 1，如果一次都不交换就返回 0”。

因此，之前无条件地 return 0; 的“返回值”现在将根据情况返回 0 或 1。

接下来在调用 sort_one () 函数的 sort() 函数中，接收来自 sort_one() 函数的返回值，如果返回值是 0，则排序结束。

▼ **列表**　仅修改的函数（sample5_3o2.c）

```
//函数的原型声明
void disp(int data[], int n);                 //显示数组元素的函数
void sort(int data[], int n);                 //进行所有排序的函数
int  sort_one(int data[], int n);             //进行一次排序的函数
```

```
/***************************************
    进行所有排序的函数
    data : 要排序的数组
    n : 数组元素数量
***************************************/
void    sort(int data[], int n)
{
    int flg = 1;                //标识是否进行交换了
    
    for (int i = n; i > 1 && flg ; i--)
    {
        flg = sort_one(data, i);     //进行一次排序
        disp(data, N);
    }
}

/***********************************
    进行一次排序的函数
    data : 要排序的数组
    n : 数组元素数量
    返回值: 如果只交换一次, 返回1
              如果一次都没交换, 返回0
***********************************/
int sort_one(int data[], int n)
{
```

最初是“交换了”，开始处理

把进行过一次以上交换加到继续的条件中

接收排序的结果和是否进行了交换

为了进行测试而添加

因为返回值改为了void，所以删除return 0;

```
    //变量声明
    int temp;                    //数据交换时用于临时保存的变量
    int flg = 0;                 //记录是否进行了交换的变量

    for (int i = 1; i < n; i++)
    {
        if (data[i - 1] > data[i])   //比较相邻数据，前面数据较大时
        {
            //data[i - 1]和data[i]进行交换的处理
            temp = data[i - 1];      //先将data[i - 1]临时存放
            data[i - 1] = data[i];   //将data[i]复制到data[i - 1]
            data[i] = temp;          //将预先存放的data[i - 1]复制到data[i]
            flg = 1;
        }
    }

    return flg;
}
    ...
void disp(int data[],int n)
{
    ...

}
```

初始值是“没有交换”（指向 `int flg = 0;`）

只要交换一次，设置为1，都要一直保持（指向 `flg = 1;`）

返回是否交换过（指向 `return flg;`）

删除return 0;（指向 disp 函数末尾）

由于基本交换法可以感知到中途已经完成了排序，所以如果在排序前的状态基本上是有序的，只有稍微无序的时候，才可以在很短的处理时间内完成排序。

请将数据的初始值更改如下，体验一下效果。

```
int hyouten[N] = {4,8,66,78,94,83,90,93,95,99};
```

▼ 显示中间过程

```
排序前    4  8 66 78 94 83 90 93 95 99
  4  8 66 78 83 90 93 94 95 99
  4  8 66 78 83 90 93 94 95 99
排序后    4  8 66 78 83 90 93 94 95 99
```

在这种情况下，两次就可以完成排序了。

05 库函数

预先准备的通用函数称为库函数。下面将熟练使用库函数，高效率地创建程序。

基本示例 5-5

到目前为止，数组中已经初始化了 10 个学生的数据。从文件中读取并处理更多学生的成绩吧。在此准备了一个文本文件，其中包含学号和 4 个课题的分数。在此文件中，数据用“,”分隔，一个人的数据存储在一行中。这种格式称为 CSV 文件，可以由 Excel 等进行处理。

▼ 文本文件seiseki.csv

```
学号,课题 1 ,课题 2 ,课题 3 ,课题 4
A0615,16,40,10,28
A2133,4,0,0,0
A3172,12,40,10,21
B0009,20,35,10,25
B0014,20,40,10,29
B0024,18,40,10,27
    ...
```

▼ 运行结果

```
学号        课题1  课题2  课题3  课题4   得分   评价
A0615         16     40     10     28   94分   优
A2133          4      0      0      0    4分   不合格
A3172         12     40     10     21   83分   良
B0009         20     35     10     25   90分   优
    ...
B0142         18     40     10     25   93分   优
B1005         12     40      0     25   77分   中
    平均分：  72.8分
```

学习

STEP 1 什么是库(Library)函数

▶英语中 Library 是“图书馆”的意思。就像图书馆里有很多书一样，C 编译器的库里有很多方便的通用函数，需要的时候可以随时调用。

▶可以毫不夸张地说，是否能熟练使用库函数，是学习 C 语言的关键之一。

例如，像处理字符串、管理时间等，都是我们身边的程序中经常要做的事情。如果每次都进行创建的话，效率低且可靠性不高。因此，在 C 语言中，预先创建了很多可能会经常使用的有用函数，并将它们与编译器一起提供。这样提供的函数称为库函数，并且已被标准化。

STEP 2 如何使用库函数

即使称作库函数，与普通函数也没有什么不同，和我们到目前为止创建的函数完全一样。下面来复习一下函数的格式。

```
void  kansuu(int a,int b);

int main(void)
{
    ...
    kansuu(x,y);
    ...
}

void kansuu(int a,int b)
{
    ...
}
```

函数的原型声明

函数调用

函数定义

对于库函数，有人会编写并提供函数定义，用户不必自己编写。另外，函数需要有原型声明。因此，准备了一个汇集了原型声明的文件。如果将该文件导入源程序，就不必一一编写原型声明了。该文件称为头文件，扩展名为“ .h”。

要将头文件导入源程序，写作

#include< 文件名 >

▶ #include，即使不是头文件，只要是 C 语言的文件，都可以指定。

记得在哪里见过没有？是的，从学习 C 语言开始，就像咒语一样写着的

#include <stdio.h>

它是将汇集了库函数的原型声明的头文件导入。因为库函数有很多，所以根据用途、功能进行分组，每个组都准备一个头文件。

在第 1 章中，学到了“编译负责将源程序翻译成机器语言的工作，之后与预先准备好的程序链接，生成可执行程序”，链接便是将程序中使用的库函数的函数定义部

▶ 链接是在编译结束后马上进行的，尽管通常不怎么注意，但是链接做着很重要的工作。

分导入到可执行文件中。

要使用库函数，只需将相应的头文件 include 按规定调用即可。库函数大多数都是标准化的，随编译器一起提供。另外，也可以添加和使用库。从第 1 章开始处理的 printf 和在第 2 章出现的 scanf，是用于输入 / 输出的库函数，作为处理标准输入 / 输出的函数之一，其原型声明收录在 stdio.h 的头文件中。也就是说，为了使用 printf 和 scanf，可将

include <stdio.h>

像咒语一样描述。

扩　展　头文件

JIS 标准规定以下 24 个文件为标准头文件。

```
<assert.h>     <inttypes.h>   <signal.h>     <stdlib.h>
<complex.h>    <iso646.h>     <stdarg.h>     <string.h>
<ctype.h>      <limits.h>     <stdbool.h>    <tgmath.h>
<errno.h>      <locale.h>     <stddef.h>     <time.h>
<fenv.h>       <math.h>       <stdint.h>     <wchar.h>
<float.h>      <setjmp.h>     <stdio.h>      <wctype.h>
```


STEP 3　从文件读取数据

要从文件读取数据，或将数据写入文件，请按照以下步骤操作：

① 打开文件。

② 读写文件。

③ 关闭文件。

这和日常生活中打开书本阅读，然后合上书本是一样的，如图 43 所示。

▼ 图 43　读写步骤

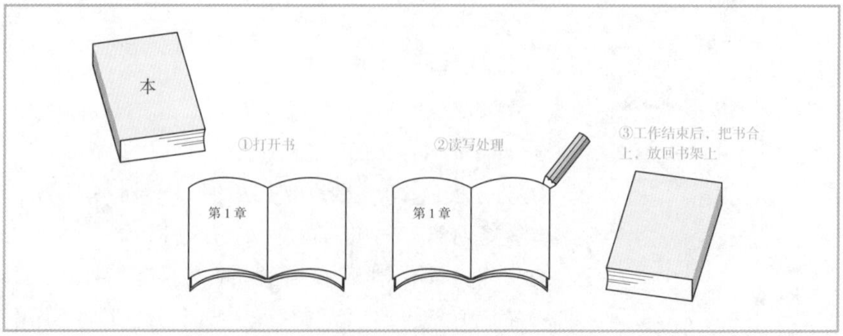
本
①打开书
第 1 章
②读写处理
第 1 章
③工作结束后，把书合上，放回书架上

▶库函数还包含许多未学到的内容，将在后面的章节中对此部分进行补充说明，并将文件操作作为模式进行介绍。

所有这些都在库函数中提供，因此按照规定调用库函数就可以了。文件输入 / 输出的头文件是 stdio.h。

1. 打开文件 fopen()

通过指定文件名打开文件。可以同时打开多个文件，需要用于识别各个文件的变量。

▶关于 FILE 将在第 7 章学习，关于 * 将在第 6 章学习。现在就想着"这样写"。

```
FILE *变量名 = fopen("文件名" , "表示模式的字符串");
```

模式可以指定为表 1 中的任意一个。

▶关于 NULL 将在第 6 章学习。文件不存在时，无法从文件读取信息。如果 fopen() 的返回值为 NULL，则将视为程序无法再进行的错误状态。

▶二进制文件是一个按原样存放数值的文件。例如，数字"1"在十六进制中是"01"，但是字符"1"的字符代码是十六进制中的"31"，文本文件中存放"31"。与在文本文件中存放字符代码相对应，二进制文件直接存放数值。因此，二进制文件无法在文本编辑器中显示。

表 1 文件打开模式

模 式	含 义
"r"	文本文件读取模式。如果文件不存在，则返回值为NULL
"w"	文本文件写入模式。如果文件不存在，则创建；如果文件存在，则内容将被删除并覆盖
"a"	文本文件写入模式。如果文件不存在，则创建；如果文件存在，则内容将添加到后面
"rb"	二进制文件读取模式。如果文件不存在，则返回值为NULL
"wb"	二进制文件写入模式。如果文件不存在，则创建；如果文件存在，则内容将被删除并覆盖
"ab"	二进制文件写入模式。如果文件不存在，则创建；如果文件存在，则内容将添加到后面

例

```
FILE *fp = fopen("seiseki.csv" , "r");
if (fp == NULL)
{
    printf("文件不存在\n");
    return 0;
}
```

专栏　连接文件和程序的方式

请想象一下，从文件中读取数据或写入文件，会在程序和文件之间创建一条路径，并通过该路径进行交换。路径根据需要随时创建。如果要与多个文件交互，将为每个文件创建专用路径。打开文件是创建路径的工作，在完成读写之后，该路径将被拆除。拆除工作是关闭文件。当有多条路径时，需要将它们彼此区分开，为此，给它们起一个名字。当然，就硬件而言，个人计算机和存储文件的设备应该始终保持电气连接；但是在软件方面，每次都会创建逻辑路径，这条路径称为流，如 Figure 6 所示。如果拆除的话，就不能再交换了。

▼ Figure 6　流

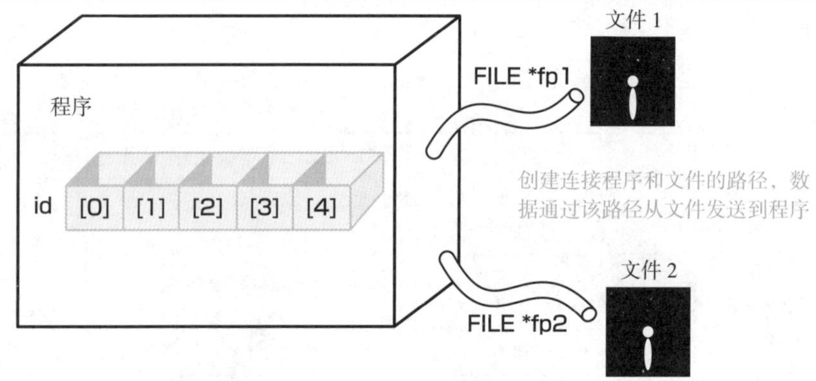
程序
id
[0]
[1]
[2]
[3]
[4]
FILE *fp1
文件 1
创建连接程序和文件的路径、数据通过该路径从文件发送到程序
文件 2
FILE *fp2

这条路径称为流。

2. 从文件读取 1 fgets()

从打开的文件中读取一行作为字符串。将存放读取内容的目标指定为 char 类型数组。由于是存放在文件中的一行，因此在字符串的最后附有表示换行的 '\n'。fgets() 的操作如图 44 所示。

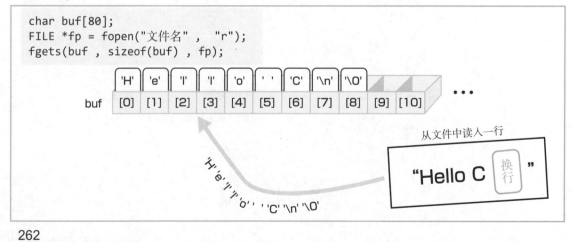

▼ 图 44　fgets() 的操作

```
char buf[80];
FILE *fp = fopen("文件名" ,  "r");
fgets(buf , sizeof(buf) , fp);
```

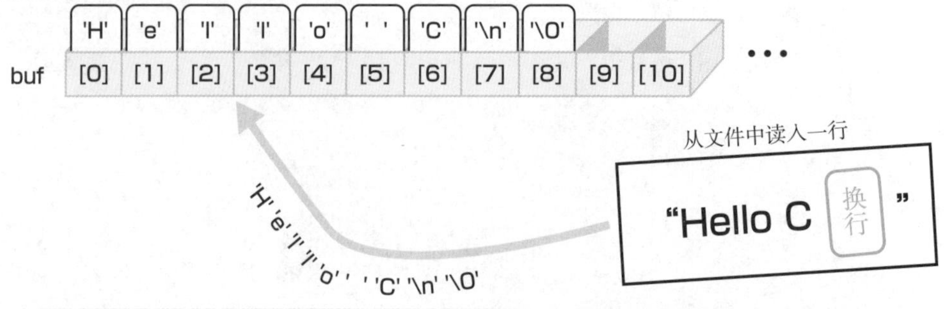
'H'
'e'
'l'
'l'
'o'
' '
'C'
'\n'
'\0'
buf
[0]
[1]
[2]
[3]
[4]
[5]
[6]
[7]
[8]
[9]
[10]
• • •
从文件中读入一行
"Hello C 换行"
'H' 'e' 'l' 'l' 'o' ' ' 'C' '\n' '\0'

▶文件标识符是 fopen() 返回的用于标识文件的标识符。

```
fgets( 存放读取内容的目标数组名称 , 读取的最大字符数 , 文件标识符 );
```

如果一行的字符数超过了可存放的最大字符数(数组元素数量),则读到数组中能存放的字符数为止就停止读取,剩下的字符将被下一个 fgets() 继承,如图 45 所示。因此,不会超过数组空间,可以说是安全的函数。

▼ 图 45 fgets() 是安全的函数

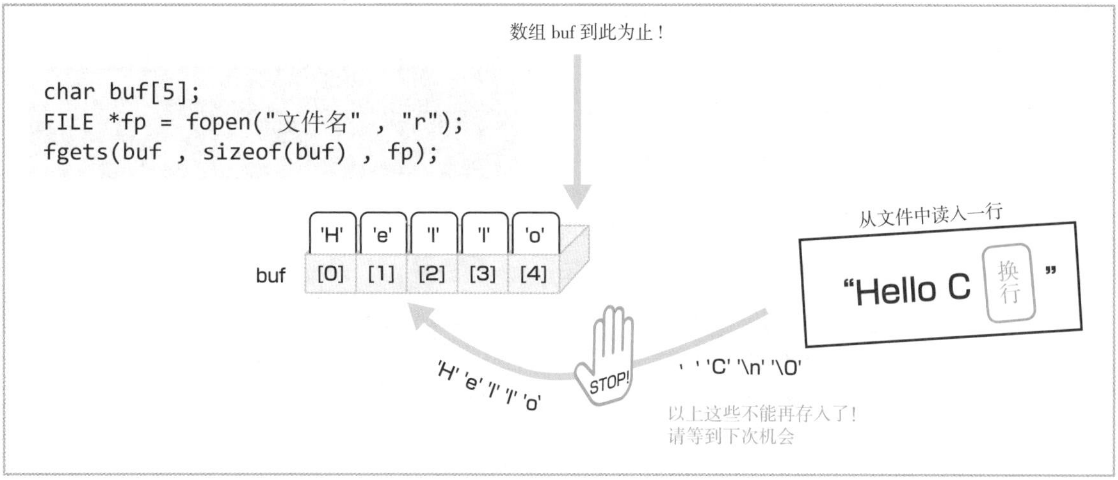

数组 buf 到此为止!
char buf[5];
FILE *fp = fopen("文件名" , "r");
fgets(buf , sizeof(buf) , fp);
'H' 'e' 'l' 'l' 'o'
buf [0] [1] [2] [3] [4]
从文件中读入一行
"Hello C 换行 "
STOP!
'H' 'e' 'l' 'l' 'o'
' ' 'C' '\n' '\0'
以上这些不能再存入了!
请等到下次机会

▼ 例

```
char    buf[256];          //从文件读取的缓冲区
FILE *fp = fopen("文件名", "r");
fgets(buf, sizeof(buf), fp);
```

▶缓冲区是指用于存储读取字符的机制。

3. 从文件读取 2 fscanf()

fscanf() 是从键盘输入的 scanf 的文件版本,使用转换说明符指定格式。转换说明符与 scanf 相同,并且将字符和数值读入变量时需要"&"也与 scanf 相同。

▶文件标识符是 fopen() 返回的用于标识文件的标识符。

```
fscanf(文件标识符, "转换说明符", 接收变量和数组的排列);
```

▶EOF 是在 stdio.h 文件中定义的常量名称。

当到达文件的末尾,无法输入时返回 EOF。

如果重复多次使用 fscanf(),就可以一次次地从文件中读取,如图 46 所示。当变为 EOF 时结束。

▼ 图 46　从文件读取

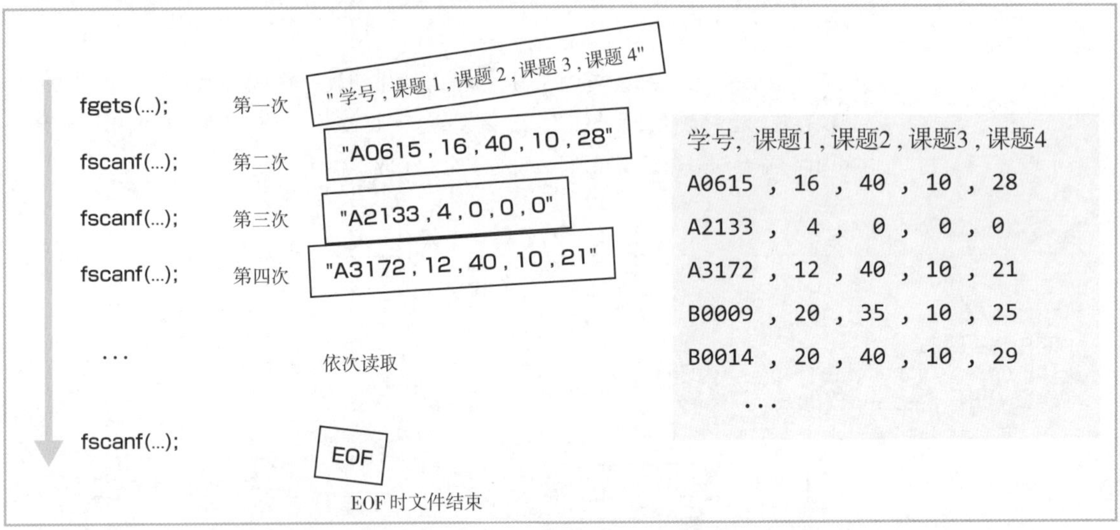
fgets(...);
第一次
"学号，课题 1，课题 2，课题 3，课题 4"
fscanf(...);
第二次
"A0615，16，40，10，28"
fscanf(...);
第三次
"A2133，4，0，0，0"
fscanf(...);
第四次
"A3172，12，40，10，21"
…
依次读取
fscanf(...);
EOF
EOF 时文件结束
学号，课题1，课题2，课题3，课题4
A0615 , 16 , 40 , 10 , 28
A2133 , 4 , 0 , 0 , 0
A3172 , 12 , 40 , 10 , 21
B0009 , 20 , 35 , 10 , 25
B0014 , 20 , 40 , 10 , 29
...

成绩文件的第一行存放着标题，虽然由 fgets() 读取，但因为是标题，因此不进行任何处理，直接进入下一行。从第二行开始，为了将课题分数转换为 int 类型进行保存，使用 fscanf()，一边读取文件，一边将其保存到数组中，如图 47 所示。

▼ 例

```
fscanf(fp , "%5s,%d,%d,%d,%d", id[0], &kadai[0][0], &kadai[0][1], &kadai[0][2], &kadai[0][3]);
```

▼ 图 47　一行输入

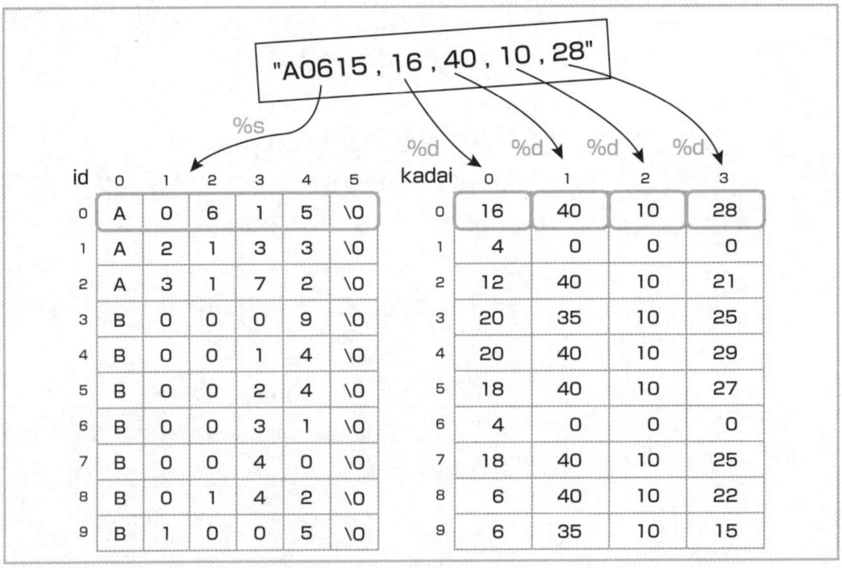
"A0615，16，40，10，28"
%s
%d
%d
%d
%d
id
kadai

id	0	1	2	3	4	5
0	A	0	6	1	5	\0
1	A	2	1	3	3	\0
2	A	3	1	7	2	\0
3	B	0	0	0	9	\0
4	B	0	0	1	4	\0
5	B	0	0	2	4	\0
6	B	0	0	3	1	\0
7	B	0	0	4	0	\0
8	B	0	1	4	2	\0
9	B	1	0	0	5	\0

kadai	0	1	2	3
0	16	40	10	28
1	4	0	0	0
2	12	40	10	21
3	20	35	10	25
4	20	40	10	29
5	18	40	10	27
6	4	0	0	0
7	18	40	10	25
8	6	40	10	22
9	6	35	10	15

到了这里，其余部分就和基本示例 5-4 相同。

4. 关闭文件 fclose()

关闭文件。

```
fclose(文件标识符);
```

▼ 例

```
fclose(fp);
```

专栏 未雨绸缪的存储空间检查

文件中存储的确切人数，如果不读一下文件是不知道的。因此，为了存储读入的数据，要多准备一些数组元素。 但是，仅仅“多准备一些”是不够的。在不能保证文件中没有存储超出准备好的数组人数的信息的前提下，需寻求对策。也就是说，即使文件中尚有一些未读取的数据，如果存储的数组用完了，就不能再读取数据了，如 Figure 7 所示。

▼ Figure 7　读取的内容不能超过数组元素数量

id	0	1	2	3	4	5
0	A	0	6	1	5	\0
1	A	2	1	3	3	\0
2	A	3	1	7	2	\0
3	B	0	0	0	9	\0
4	B	0	0	1	4	\0
5	B	0	0	2	4	\0
6	B	0	0	3	1	\0
7	B	0	0	4	0	\0
8	B	0	1	4	2	\0
9	B	1	0	0	5	\0

```
学号, 课题1 , 课题2 , 课题3 , 课题4
A0615 , 16 , 40 , 10 , 28
A2133 , 4 , 0 , 0 , 0
    ...
B1005 , 6 , 35 , 10 , 15
B1107 , 20, 40 , 10 , 30
```

文件中还有数据，但是如果数组已满，就不能再读取了

STOP!

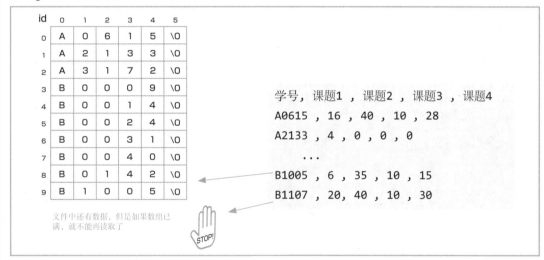

解决以上问题的方法有多种，但是必须要防止重复次数超过数组元素数量。

▼ 例

```
for (int i = 0; i < N ; i++)
{
    if (fscanf(fp , "%5s,%d,%d,%d,%d",...) == EOF)
    {
        n = i;
        break;
    }
}
```

读取次数不超过数组元素数量 N 是数组元素数量

如果把文件中存储的数据全部读完就结束了将读入的件数存记录在n中

程序示例

配套资源 》

原始文件……sample5_4k.c
完成文件……sample5_5k.c

▶在用第 1 章中介绍的方法练习时，请将 seiseki.csv 复制到 C：\Cstart 文件夹。使用 Visual Studio 时，请将 seiseki.csv 复制到保存源程序的文件夹中。

下面把基本示例 5-4 的程序修改成从文件中读取学号和课题分数。从文件读取后的计算得分、评价判定和结果显示的处理函数没有修改。未修改的函数将省略。请参见基本示例 5-4。

另外，请将成绩文件 seiseki.csv 保存到与源程序相同的文件夹中。

```
/***************************************
    文件 基本示例5-5
***************************************/
#include <stdio.h>
#define    ID_N       5                        //将学号位数定义为常量
#define    KADAI_N    4                        //将课题数定义为常量
#define    N        100                        //将准备的数组元素数量定义为常量


//全局变量的声明和初始化
char    hyoukaList[5][10] = { "优" , "良" , "中" , "合格" , "不合格" }; //评价
int     limit[5] = { 90 , 80 , 70 , 60 , 0 };//评价基准

//函数的原型声明
void disp_title(int kadai_n);                  //显示标题的函数
void disp_one(char id[], int kadai[], int kadai_n, int hyouten, int hyoukaIndex);
int  get_gokei(int kadai[], int kadai_n);      //求得分的函数
int  get_hyouka(int hyouten);                  //求评价的函数

int main(void)
{
    //声明变量
    char id[N][ID_N + 1];                      //学号
    int  kadai[N][KADAI_N];                    //课题分数
    int  hyouten[N];                           //得分
    int  hyoukaIndex[N];                       //评价的下标
    char buf[256];                             //文件读取缓冲区
    int  n;                                    //读入学生人数
    FILE *fp;                                  //文件控制用变量

    //打开文件
    fp = fopen("seiseki.csv" , "r");
    if (fp == NULL)
    {
        //文件不存在时
        printf("文件不存在\n");
        return 0;
    }

```

因为不知道文件里存储了多少人的成绩数据，所以要多准备一些数组元素

删除学号和课题分数的初始化

准备从文件读取的数组

打开文件。当文件不存在时，程序结束

```
    //从文件输入
    fgets(buf, sizeof(buf), fp);      //输入第一行标题,没有处理
    n = N;                            //学生人数的初始值是数组元素数量

    for (int i = 0; i < N ; i++)
    {
        if (fscanf(fp , "%5s,%d,%d,%d,%d", id[i], &kadai[i][0], &kadai[i][1],
                                    &kadai[i][2], &kadai[i][3]) == EOF)
        {
            //文件到此结束
            n = i;                    //确定学生人数
            break;                    //循环结束
        }
    }

    fclose(fp);                       //关闭文件

    //求得分和评价
    for (int i = 0; i < n; i++)
    {
        hyouten[i] = get_gokei(kadai[i], KADAI_N);      //求得分
        hyoukaIndex[i] = get_hyouka(hyouten[i]);        //求评价
    }

    //显示到命令提示符界面上
    disp_title(KADAI_N);              //调用显示标题的函数
    for (int i = 0; i < n; i++)
    {
        //显示一个学生
        disp_one(id[i], kadai[i], KADAI_N, hyouten[i], hyoukaIndex[i]);
    }

    //显示平均分
    printf("    平均分:%5.1f分\n", (double)get_gokei(hyouten, n) / n);

    return 0;
}

/*以下的函数与基本示例5-4相同,因此省略,请大家在下面描述与基本示例5-4相同的内容
void disp_title(int kadai_n);
void disp_one(char id[], int kadai[], int kadai_n, int hyouten, int hyoukaIndex);
int  get_gokei(int data[], int n);
int  get_hyouka(int hyouten);
*/
```

读取结果为 EOF 时以 break 结束

循环读人人数次

求总分的函数直接作为实际参数描述

编程助手 **致未能正确运行者**

如果显示“文件不存在”，则会有如下运行结果。

```
    ...
//打开文件
FILE *fp = fopen("seiseki.csv" , "r");
if (fp == NULL)
{
    printf("文件不存在\n");
    return 0;
}
```

把成绩文件复制到和源程序相同的文件夹了吗？成绩文件的文件名和这里描述的文件名一致吗

▼ 运行结果

```
文件不存在
```

▼ 运行结果

```
C:\Cstart>sample5_5k
学号        课题1 课题2 课题3 课题4    得分    评价
A0615         16    40    10    28    94分    优
A2133          4     0     0     0     4分    不合格
A3172         20    40    10    29    99分    优
B0009         20    35    10    25    90分    优
B0014         12    40    10    21    83分    良
B0024         18    40    10    27    95分    优
B0031          8     0     0     0     8分    不合格
B0040         18    40    10    25    93分    优
B0142          6    40    10    22    78分    中
B1005          6    35    10    15    66分    合格
    平均分:  71.0分
```

所以只显示10个人，结果也证明了对数组元素数量的上限检查是正确的

```
/****************************************
   文件 基本示例5-5
****************************************/
#include <stdio.h>
#define     ID_N        5
#define     KADAI_N     4 100
#define     N           10      //准备的数组元素数量
```

如果常数N保持为10，则由于为了存储从成绩文件读取的信息的数组只准备了10个元素

请将 N 的值变为 100 这样较大的值。

▼ 运行结果

```
C:\Cstart>sample5_5k
学号  课题1  课题2  课题3  课题4  得分    评价
学··      0  6566620    8     17  6566645分 优
?号,·   17  4457056   -2   1701552 6158623分    优
?题 1  1952331650 1701784 2004233200 499981157 163280495分    优
课题· -2 1701600 2004049609 128 2005751335分    优
Q,题· 136 4457176 1701576 0 6158888分优
?R,? 4456448 1952723672 136 4457056 1961637312分  优
?题 4  0 3 0 128 131分    优
A0615 16 40 10 28 94分   优
A2133 4  0  0  0  4分  不合格
```

在第一个人的结果前出现乱码显示时

```
//从文件输入
fgets(buf, sizeof(buf), fp);
n = N;          //将人数的初始值设定为数组元素数量
for (int i = 0; i < N ; i++)
{
    if (fscanf(fp , "%5s,%d,%d,%d,%d", id[i], &kadai[i][0], &kadai[i][1], &kadai[i][2], &kadai[i][3]) == EOF)
    {
        n = i;
        break;
    }
```

成绩文件seiseki.csv的第一行是标题行，跳过这个了吗

如果用这个fscanf语句读取全部是字符的标题行，则无法转换成数值，便显示了错误的信息

▼ seiseki.csv

```
学号,课题 1 ,课题 2 ,课题 3 ,课题 4
A0615,16,40,10,28
A2133,4,0,0,0
```

专 栏　函数调试：单体检查

在开发大型程序时，会使用很多函数。这许多函数中的每一个都必须是能正确工作的“部件”。在非常大的系统中，许多程序员共同分担编写程序。因此，即使创建了函数，调用该函数的一侧程序也可能尚未完成；相反，在编写调用侧程序时，并不要求所需的函数都已完成。大型系统的程序员，即使在这样的条件下，也必须完成自己负责的函数，使其正确工作。像这样，调试一个小函数是否正确运行的工作，称为单体检查。随着交货期的临近，往往容易忽略单体检查，但是就像一座大塔因为一个螺丝导致基础崩塌一样，庞大的程序，一个一个的小函数好好地完成，是大前提。

但是，要测试的函数的调用部分尚未完成时，该怎么办呢？另外，在所需的函数还没有完成时，该如何进行测试呢？在这种情况下，可以创建一个仅调用目标函数的虚拟调用程序，或者创建一个只返回所需值的虚拟函数进行测试。虚拟调用侧称为驱动程序，虚拟函数称为桩函数（补白函数），如 Figure 8 和 Figure 9 所示。

▼ Figure 8　驱动程序

驱动程序

```
#include <stdoio.h>

main()
{
    int    x,y;
    scanf("%d",&x);

    y = func(x);


    printf("x=%d y=%d\n",x,y);

}
```

为参数提供各种值以便进行测试

显示信息以便确认函数的返回值是否正确

单体检查的函数

```
int   func(x)
{
    int    n;

    func的处理
    (这里求n)



    return  n;
}
```

▼ Figure 9　桩函数

进行单体检查的函数

```
int    func(x)
{
    int    n;

    ...
    func_sub(n);
    ...
    return n;
}
```

桩函数

```
int    func_sub(n)
{
    int    data;

    scanf("%d",&data);
    return data;

}
```

输入应该返回的值，并确保返回该值

当各函数的单个测试结束后，使用完成的真实调用侧和真实函数进行测试。即使每个函数都正确，如果函数之间的交互（例如，参数的排列顺序或返回值的定义）存在错误，则整体也将无法正确工作。 函数之间的这种交互称为接口。在大型系统中，确认接口是最重要的工作项目之一。此外，使用实际的函数进行的测试称为结合测试。如果没有得到预期的结果，则必须仔细分辨哪个函数错了，或者接口是否有错。也有可能需要从单元检查重新开始。

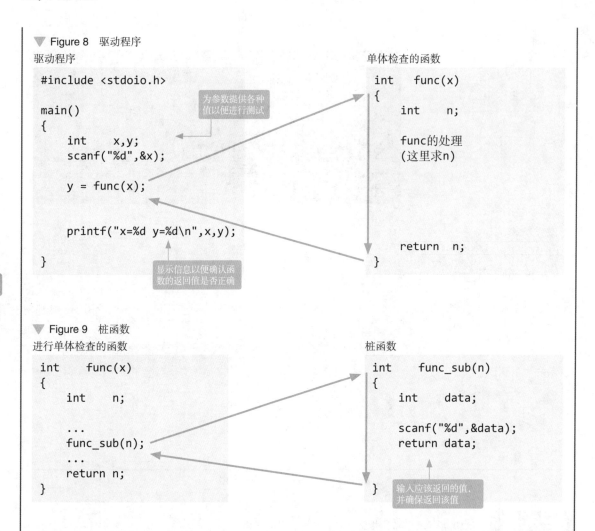

应用示例 5–5

不是显示所有读取的成绩信息，而是显示指定的一个人的成绩。从键盘输入学号，从所有数据中搜索。可以重复多次搜索，只有按 Enter 键时才结束。另外，如果指定的学号不存在时，将显示错误消息。

▼ 运行结果

```
输入想搜索的学号：A3172
学号    课题1   课题2   课题3   课题4   得分   评价
A3172     12     40      10      21    83分    良
输入想搜索的学号：A0024
没有A0024的学生
输入想搜索的学号：Enter
```

□表示来自键盘的输入

学习

STEP 4 线性搜索算法

线性搜索法是从前面开始按顺序比较搜索一致数据的方法，如图 48 所示。

▼ 图 48　线性搜索法

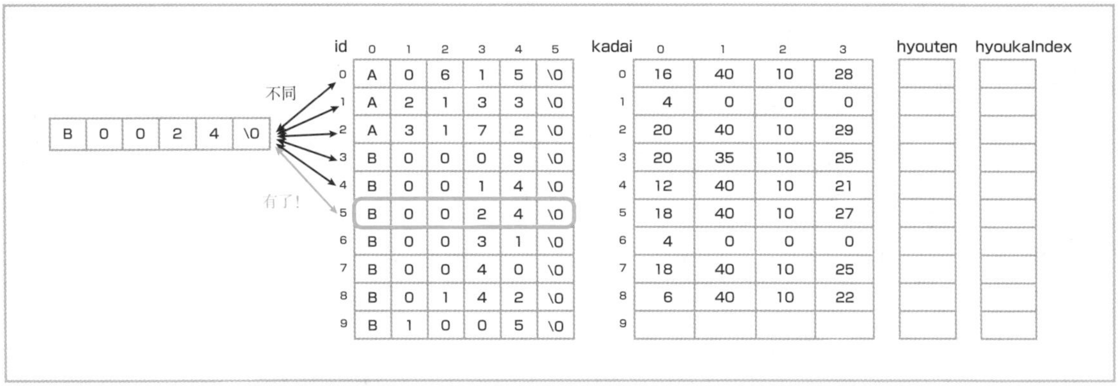

B 0 0 2 4 \0
不同
有了!
id
kadai
hyouten
hyoukaIndex
A 0 6 1 5 \0 | 16 40 10 28
A 2 1 3 3 \0 | 4 0 0 0
A 3 1 7 2 \0 | 20 40 10 29
B 0 0 0 9 \0 | 20 35 10 25
B 0 0 1 4 \0 | 12 40 10 21
B 0 0 2 4 \0 | 18 40 10 27
B 0 0 3 1 \0 | 4 0 0 0
B 0 0 4 0 \0 | 18 40 10 25
B 0 1 4 2 \0 | 6 40 10 22
B 1 0 0 5 \0

直到最后都不一致时，则为“无符合者”。

STEP 5 从键盘输入字符串

到目前为止，从键盘输入一直由 scanf 负责。scanf 是很方便的函数，可以使用 %d 或 %lf 等转换说明符将输入转换为指定的格式，并存储到变量中，但是对于通过 %s 输入字符串，没有机制对准备的 char 类型的数组进行元素数量的检查。这是非常危险的，如图 49 所示。

▼ 图 49　使用 scanf 输入字符串很危险

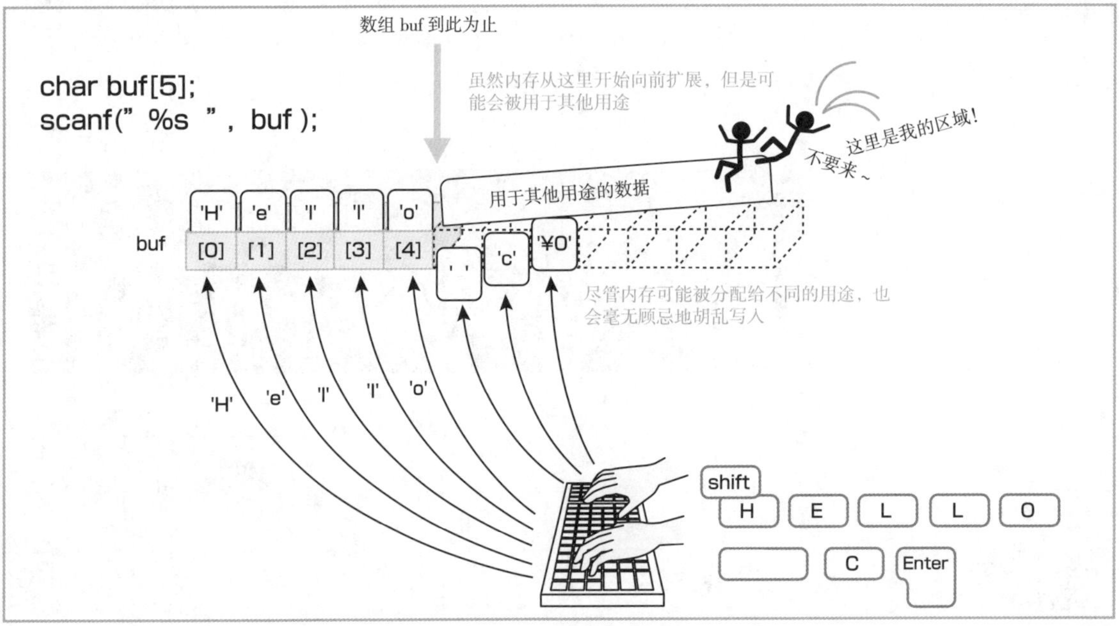
数组 buf 到此为止
char buf[5];
scanf(" %s ", buf);
虽然内存从这里开始向前扩展，但是可能会被用于其他用途
这里是我的区域！
不要来～
用于其他用途的数据
'H' 'e' 'l' 'l' 'o'
buf [0] [1] [2] [3] [4]
' ' 'c' '¥0'
尽管内存可能被分配给不同的用途，也会毫无顾忌地胡乱写入
'H' 'e' 'l' 'l' 'o'
shift
H E L L O
C Enter

因此，从文件输入的 fgets() 函数出场。我们已经学过，fgets() 是一个安全的函数，不会从文件中读取超出给定数组元素的字符串。如果可以用于键盘输入，即使有恶意的人从键盘输入了很长的字符串，也可以防止侵入其他区域。只需将路径链接到键盘而不是文件即可。从键盘输入称为标准输入，在界面上显示称为标准输出；在程序开始的同时创建路径，在程序结束的同时将其废弃。因此，不需要在程序中打开或关闭。这条路径有名字，标准输入用 stdin，标准输出用 stdout。标准输入 / 输出路径如图 50 所示。

▼ 图 50　标准输入 / 输出路径

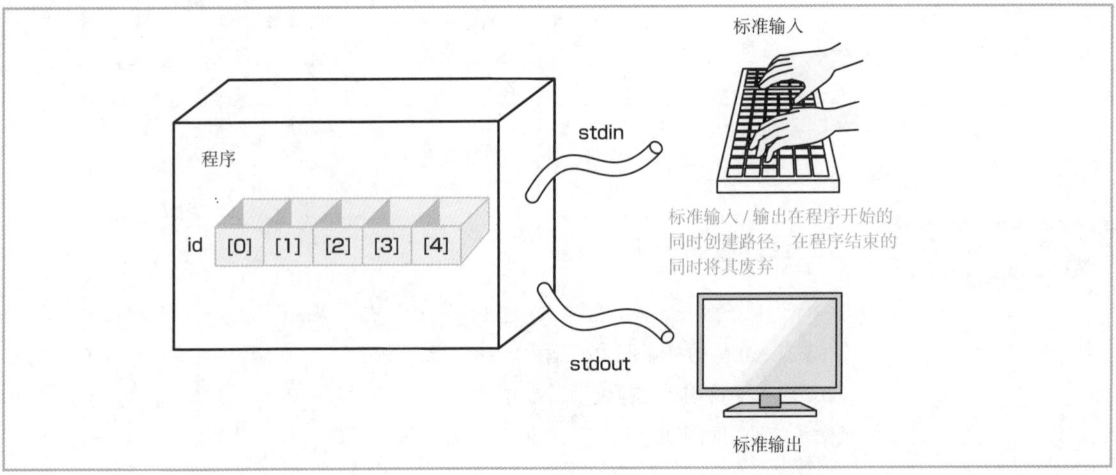
标准输入
stdin
程序
id [0] [1] [2] [3] [4]
标准输入 / 输出在程序开始的同时创建路径，在程序结束的同时将其废弃
stdout
标准输出

▼ 例

```
char key[80];
fgets(key , sizeof(key) , stdin);
```

STEP 6 处理字符串的库函数

字符串的复制或比较使用非常频繁。C 语言中提供了许多处理字符串的库函数。这里介绍字符计数的函数和比较字符串的函数。两者都在头文件

```
<string.h>
```

中包含了原型声明。

▶程序的开始需要有 #include <string.h>。

1. 求字符串长度的库函数 strlen()

检查 '\0' 之前的字符数，如图 51 所示。

▼ 图 51 求字符串长度

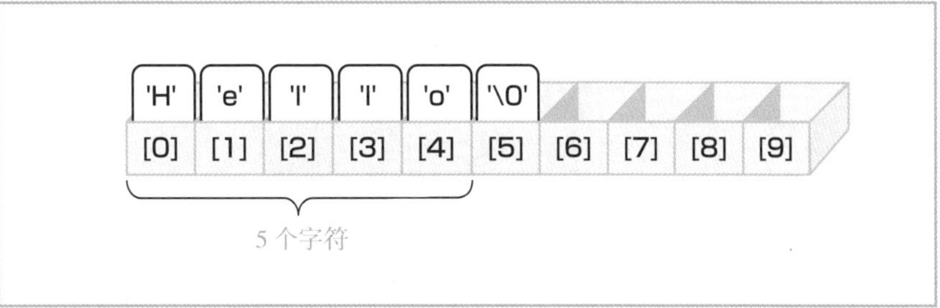
'H'
'e'
'l'
'l'
'o'
'\0'
[0] [1] [2] [3] [4] [5] [6] [7] [8] [9]
5 个字符

全角字符为 2 个字符，如图 52 所示。

▼ 图 52 全角字符数

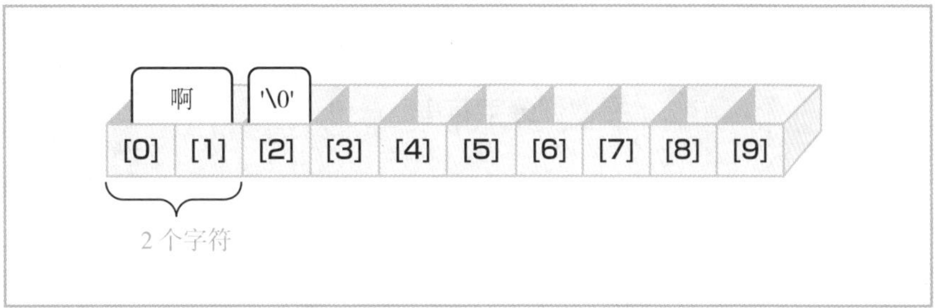
啊
'\0'
[0] [1] [2] [3] [4] [5] [6] [7] [8] [9]
2 个字符

如果只从键盘输入换行符（按 Enter 键），则 “\n” 作为 1 个字符输入，如图 53 所示。

▼ 图 53　只按 Enter 键时

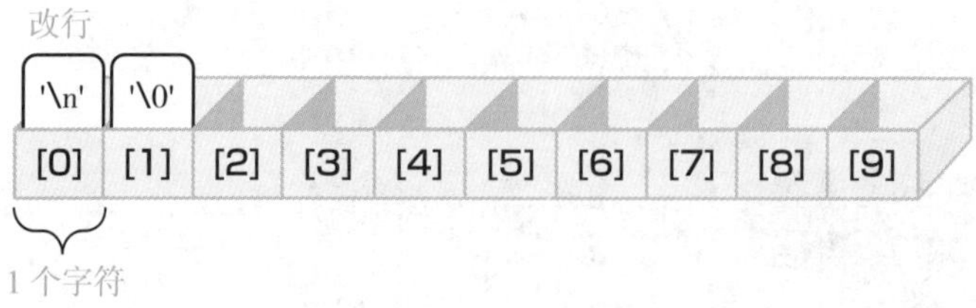
改行
'\n'
'\0'
[0]
[1]
[2]
[3]
[4]
[5]
[6]
[7]
[8]
[9]
1 个字符

▼ 例

```
int n = strlen("Hello");
```

结果为 n=5。

2. 比较字符串的库函数 strcmp()

按照词典的顺序检查前后关系。

▼ 例

```
int kekka = strcmp(字符串1, 字符串2);
```

结果如表 2 所示。

▼ 表 2　字符串比较的结果

字符串的关系	结　果
字符串1 > 字符串2	正数
字符串1 = 字符串2	0
字符串1 < 字符串2	负数

STEP 7　提取部分字符串

如果要在字符串中间截取一部分，则将要截取的位置设为 '\0'，如图 54 所示。

▼ 图 54 字符串的截取

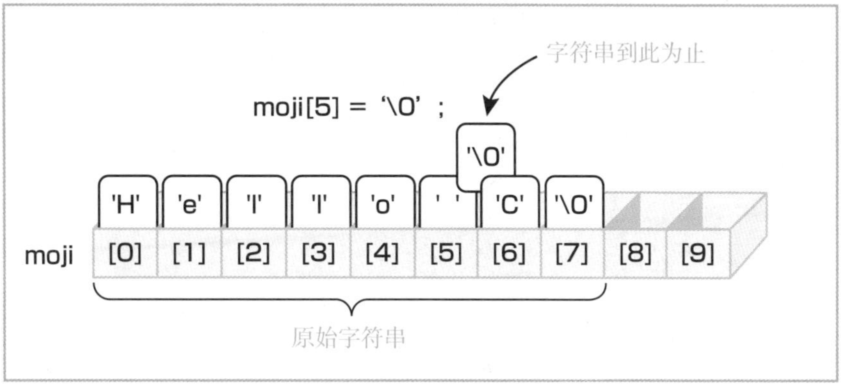
字符串到此为止
moji[5] = '\0' ;
'\0'
'H'
'e'
'l'
'l'
'o'
' '
'C'
'\0'
moji
[0]
[1]
[2]
[3]
[4]
[5]
[6]
[7]
[8]
[9]
原始字符串

从键盘输入时，在末尾有一个换行符（'\n'）。为了比较从键盘输入的字符串和所存储的学号，舍弃换行符，如图 55 所示。

▼ 图 55 舍弃换行符

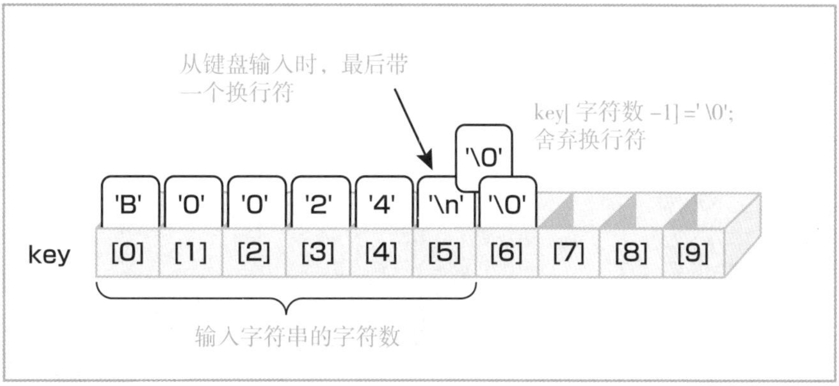
从键盘输入时，最后带
一个换行符
key[字符数 -1] =' \0';
舍弃换行符
'\0'
'B'
'0'
'0'
'2'
'4'
'\n'
'\0'
key
[0]
[1]
[2]
[3]
[4]
[5]
[6]
[7]
[8]
[9]
输入字符串的字符数

STEP 8 次数不确定的循环

在第 4 章应用示例 4-2（P151）中，关于次数不确定的循环，我们进行了与本次示例类似的练习。这里，作为另一种方法，将介绍无条件循环和 break 语句相结合的方法。

正如在第 4 章中学过的那样，循环必须要有结束条件。已经编写过一些示例程序，如重复 N 次就结束、输入得分为负数就结束、标志变为 ON 时结束等。这里介绍的是没有结束条件的循环，即无限循环。如果循环没有结束条件就真的将无限循环下去，因此在循环处理中根据 if 语句进行条件判定，用 break 语句尝试从无限循环中跳出，如图 56 所示。因为循环语句中没有结束条件，始终保持为真（TRUE），程序编写如下：

▶关于通过 break 语句跳出循环，在第 4 章 P186 中进行了说明。

```
while(1)
{
    if(结束条件)
        break;

}
```

▼ 图 56　从无限循环中跳出

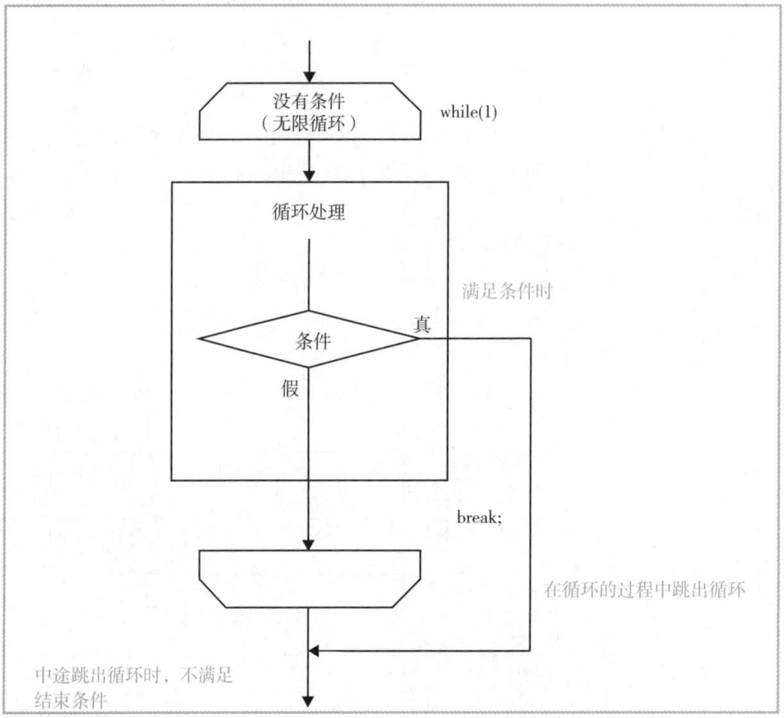

没有条件
（无限循环）
while(1)
循环处理
满足条件时
真
条件
假
break;
在循环的过程中跳出循环
中途跳出循环时，不满足
结束条件

5 使用函数

配套资源

原始文件……rei5_5o.c
完成文件……sample5_5o.c

程序示例

配套资源中的程序中没有写新添加的头文件、函数的原型声明、函数调用和参数、搜索相关的语句等。请大家补充完善后再运行。

```
/****************************************
    搜索　应用示例5-5
****************************************/
#include <stdio.h>
#include <string.h>
#define    ID_N        5        //将学号位数定义为常量
```

```
#define    KADAI_N    4       //将课题数定义为常量
#define    N          100     //将准备的数组元素数量定义为常量


//全局变量的声明和初始化
char    hyoukaList[5][10] = { "优" , "良" , "中" , "合格" , "不合格" }; //评价字符串
int      limit[5] = { 90 , 80 , 70 , 60 , 0 };                      //评价基准

//函数的原型声明
void disp_title(int kadai_n);                            //显示标题的函数
void disp_one(char id[], int kadai[], int kadai_n, int hyouten, int hyoukaIndex);
int  get_gokei(int kadai[], int n);                      //求得分的函数
int  get_hyouka(int hyouten);                            //求评价的函数
int  search_seiseki(char key[], char id[][ID_N + 1], int n);  //搜索学号的函数

int main(void)
{
    //声明变量
    char id[N][ID_N + 1];                                //学号
    int  kadai[N][KADAI_N];                              //课题分数
    int  hyouten[N];                                     //得分
    int  hyoukaIndex[N];                                 //评价的下标
    char buf[256];                                       //文件读取缓冲区
    int  n;                                              //学生人数
    char key[10];                                        //从键盘输入要搜索的学号
    int  moji_su;                                        //输入字符数
    int  index;                                          //搜索结果(下标)

    //打开文件
    FILE *fp = fopen("seiseki.csv", "r");
    if (fp == NULL)
    {
        //文件不存在时程序结束
        printf("文件不存在\n");
        return 0;
    }

    //从文件输入
    fgets(buf, sizeof(buf), fp);                  //输入第一行标题,没有处理
    n = N;                                        //学生人数的初始值是数组元素数量
    for (int i = 0; i < N; i++)
    {
        if (fscanf(fp, "%5s,%d,%d,%d,%d", id[i], &kadai[i][0], &kadai[i][1],
            &kadai[i][2], &kadai[i][3]) == EOF)
        {
            //读取结果为EOF时
            n = i;                                //学生人数为i
            break;                                //循环结束
        }
    }
    fclose(fp);                                   //关闭文件
```

```

    //求得分和评价
    for (int i = 0; i < n; i++)
    {
        hyouten[i] = get_gokei(kadai[i], KADAI_N);    //从一个学生的课题分数求得分
        hyoukaIndex[i] = get_hyouka(hyouten[i]);      //从获得的得分求评价
    }

    //根据学号搜索
    while(1)
    {
        printf("输入想搜索的学号:");                     //显示输入提示信息
        fgets(key , sizeof(key) , stdin);              //从键盘输入学号
        int moji_su = strlen(key);                     //输入字符数(含换行符)
        if (moji_su <= 1)                              //如果只输入换行符
            break;                                     //结束

        key[moji_su - 1] = '\0';                       //丢弃输入的换行符
        int index = search_seiseki(key, id, n);        //调用搜索学号的函数

        if (index >= 0)
        {
            //搜索成功时
            disp_title(KADAI_N);                       //显示标题
            disp_one(id[index],kadai[index], KADAI_N, hyouten[index], hyoukaIndex[index]);
        }
        else
        {
            //没有符合条件者时
            printf("没有%s的学生\n", key);
        }
    }

    return 0;
}

/****************************************
    按学号搜索的函数
    key : 搜索的学号
    id : 全体学生的学号数组
    n : 全体学生的人数(数据个数)
    返回值:存在输入的学号时,返回学号数组的下标
            不存在时返回-1
****************************************/
int search_seiseki(char key[], char id[][ID_N + 1], int n)
{
    for (int i = 0; i < n; i++)
    {
        if(strcmp(key, id[i]) == 0)           //搜索成功时
```

```
            return i;                              //将学号数组的下标作为返回值返回
        }
        //没有符合条件者时
        return -1;
    }

/*以下的函数与基本示例5-4相同,因此省略,请大家在下面描述与基本示例5-4相同的内容
void disp_title(int kadai_n);
void disp_one(char id[], int kadai[], int kadai_n, int hyouten, int hyoukaIndex);
int  get_gokei(int data[], int n);
int  get_hyouka(int hyouten);
*/
```

扩 展　通过递归调用的二分搜索法

在应用示例 5-5 中，从头开始按最简单的顺序查找方法进行了搜索。如果数据是 50 个左右，从头开始顺序查找也没什么大不了，但是如果从更多的数据中搜索，将花费大量处理时间。因此，考虑事先将数据按升序排列，检查数据是在前一半还是后一半，然后将搜索范围各缩小一半，称为二分搜索法。

首先，让我们考虑一个具体的例子。为简单起见，该示例从 10 个按升序排列的整数中搜索指定值（key），如 Figure 10 所示。

▼ Figure 10　搜索指定值(key)的示例

例1 key = 51

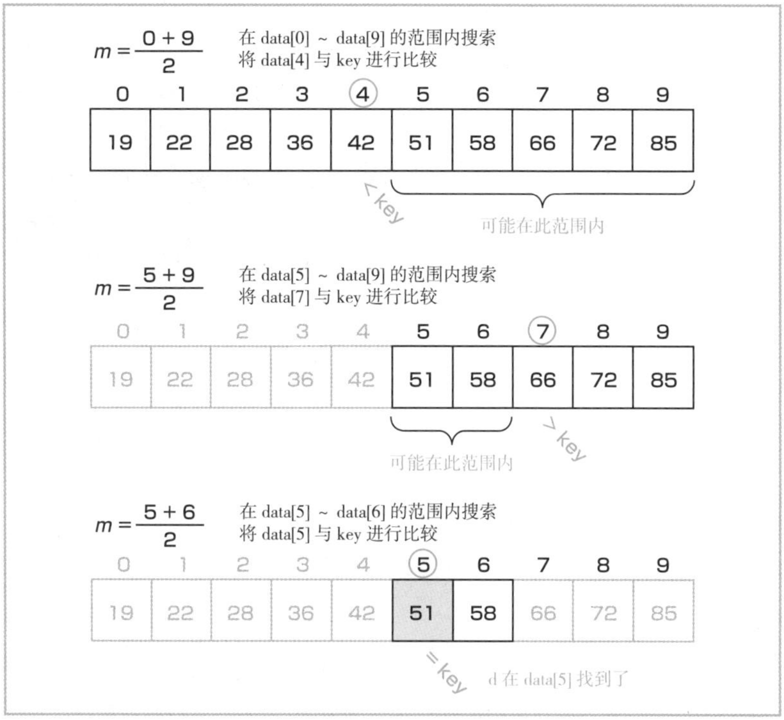

m = (0 + 9) / 2
在 data[0] ~ data[9] 的范围内搜索
将 data[4] 与 key 进行比较
0 1 2 3 4 5 6 7 8 9
19 22 28 36 42 51 58 66 72 85
< key
可能在此范围内
m = (5 + 9) / 2
在 data[5] ~ data[9] 的范围内搜索
将 data[7] 与 key 进行比较
0 1 2 3 4 5 6 7 8 9
19 22 28 36 42 51 58 66 72 85
可能在此范围内
> key
m = (5 + 6) / 2
在 data[5] ~ data[6] 的范围内搜索
将 data[5] 与 key 进行比较
0 1 2 3 4 5 6 7 8 9
19 22 28 36 42 51 58 66 72 85
= key
d 在 data[5] 找到了

例2　key = 50

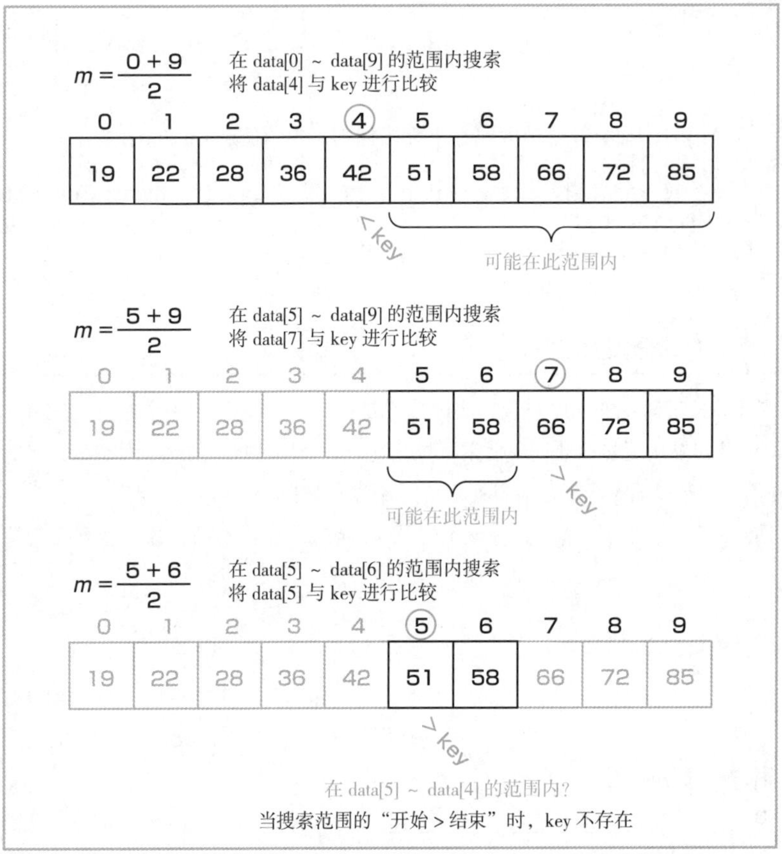

m = (0 + 9) / 2
在 data[0] ~ data[9] 的范围内搜索
将 data[4] 与 key 进行比较
0 1 2 3 4 5 6 7 8 9
19 22 28 36 42 51 58 66 72 85
< key
可能在此范围内
m = (5 + 9) / 2
在 data[5] ~ data[9] 的范围内搜索
将 data[7] 与 key 进行比较
0 1 2 3 4 5 6 7 8 9
19 22 28 36 42 51 58 66 72 85
可能在此范围内
> key
m = (5 + 6) / 2
在 data[5] ~ data[6] 的范围内搜索
将 data[5] 与 key 进行比较
0 1 2 3 4 5 6 7 8 9
19 22 28 36 42 51 58 66 72 85
> key
在 data[5] ~ data[4] 的范围内?
当搜索范围的“开始 > 结束”时，key 不存在

操作非常简单，“将范围中央附近的数据与 key 进行比较，如果相等，就是要找的搜索值；如果不相等，则决定新的范围并再次执行相同的操作”。因为是“执行相同的操作”，所以可以在新的范围内再次调用相同的函数。也就是说，在新的范围内调用自己。可能有点难以想象，但是可以凭直觉编写程序。自己调用自己称为递归调用。二分搜索法流程图如 Figure 11 所示。

Figure 11 二分搜索法流程图

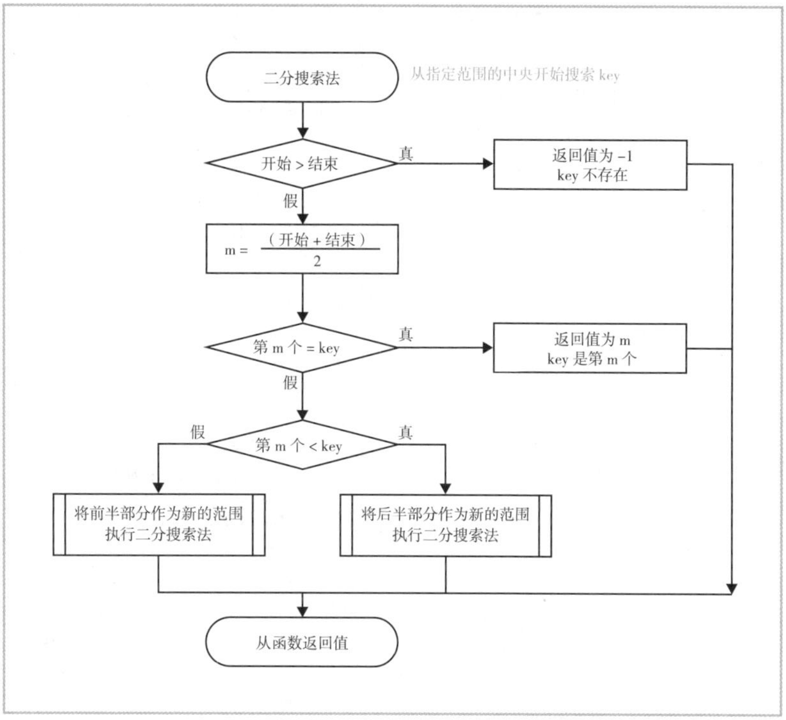
二分搜索法
从指定范围的中央开始搜索 key
开始 > 结束
真
返回值为 -1
key 不存在
假
m = （开始 + 结束）/ 2
第 m 个 = key
真
返回值为 m
key 是第 m 个
假
第 m 个 < key
假
真
将前半部分作为新的范围
执行二分搜索法
将后半部分作为新的范围
执行二分搜索法
从函数返回值

注：也有“开始 > 结束时，key 不存在，结束”这样的条件。

请将应用示例 5-5 的程序（sample5_5o.c）的一部分做如下替换（sample5_ 5o2.c）。

函数的原型声明

```
int search_seiseki(char key[], char id[][ID_N + 1], int start, int end);
```

main()中调用搜索函数

```
int index = search_seiseki(key, id, 0 , n-1);
```

函数search_seiseki()

```
/****************************************
    用二分搜索法搜索学号的函数
    key : 要搜索的学号
    id : 全体学生的学号数组
    start : 搜索范围的开始位置（下标）
    end : 搜索范围的结束位置（下标）
    返回值：存在输入的学号时，返回学号数组的下标
                不存在时返回-1
```

```
*****************************************/
int search_seiseki(char key[], char id[][ID_N + 1], int start , int end)
{
    if (start > end)
        return -1;                      //没有符合条件的，将-1作为返回值返回

    //变量的声明和初始化
    int    m = (start + end) / 2;     //搜索范围中心附近的下标
    int hikaku = strcmp(key, id[m]); //将key与搜索范围中心附近的数据进行比较
    if (hikaku == 0)
    {
        return m;                       //一致时返回下标
    }
    else if (hikaku > 0)
    {
        //当key较大时
        return search_seiseki(key, id, m + 1, end);    //在右半部分进行搜索
    }
    else
    {
        //当key较小时
        return search_seiseki(key, id, start, m - 1);  //在左半部分进行搜索
    }

}
/*以下的函数与基本示例5-4相同，因此省略，请大家在下面描述与基本示例5-4相同的内容
void disp_title(int kadai_n);
void disp_one(char id[], int kadai[], int kadai_n, int hyouten, int hyoukaIndex);
int get_gokei(int data[], int n);
int get_hyouka(int hyouten);
*/
```

总 结

- 将统一的处理作为一个小“部件”处理的称为函数。

- 根据变量的定义位置,变量有不同的作用域。

```
#include <stdio.h>

int    x;

main()
{
    int    y;

    ...
}
```

在所有块之外定义的变量是全局变量

在块内定义的变量是局部变量

- 函数的用法

```
int  kansuu(int a,int b);

main()
{
    ...
    z = kansuu(x,y);
    ...
}

int kansuu(int a,int b)
{
    ...
    return c;
}
```

函数的原型声明

函数调用

实际参数

函数类型

函数定义

形式参数

返回值

- 库函数

要使用编译器提供的函数，请包含头文件。

sample5_x.c

Let's challenge 调查频率分布

有分析大量数值数据的时候，让我们试着调查数据的分布，并创建频率分布表。频率分布表是指将数据的取值范围划分为等距离区域时，检查某个区域包含多少数据的表。

这里，在 sample 文件夹中准备了一个存放 200 个数据的文件 data5.csv。对应于该数据，根据键盘输入的不同宽度，调查相应的频率分布，并绘制图表。图表根据频率并排显示“*”。

▼ 运行结果1

```
等级宽度（最小为10)：10
等级数：10 等级宽度：10
   0～ 10 ( 30) : ******************************
  10～ 20 ( 46) : **********************************************
  20～ 30 ( 37) : *************************************
  30～ 40 ( 29) : *****************************
  40～ 50 ( 8) : ********
  50～ 60 ( 7) : *******
  60～ 70 ( 3) : ***
  70～ 80 ( 11) : ***********
  80～ 90 ( 19) : *******************
  90～100 ( 10) : **********
```

▼ 运行结果2

```
等级宽度（最小为10)：20
等级数：5 等级宽度：20
0～ 20 ( 76) : ****************************************************************************
20～ 40 ( 66) : ******************************************************************
40～ 60 ( 15) : ***************
60～ 80 ( 14) : **************
80～100 ( 29) : *****************************
```

请试着将程序按小部件分开编写。例如，从文件读取的函数、计算频率分布的函数、显示图表的函数等。

5 使用函数

第6章

使用指针

变量和数组是用于存放值（数据）的“箱子”。在第2章中学过，将数据放入此“箱子”意味着“存储在计算机的内存中”。而且，我们还学过内存都有一个一个单元（地址）。到目前为止，数据被作为存储在内存中的信息进行处理，不过，这里将处理地址。来吧，C语言中的最高峰。加油吧！

6-01 指针概述

在学习指针之前，先要理解作为基础的地址。

STEP 1 使用地址表示数据的存储

试着考虑这样的程序，将两个 int 类型变量 x 和 y 的值相加，并赋值给同样是 int 类型的变量 z，如图 1 所示。

▼ 图 1　x + y → z

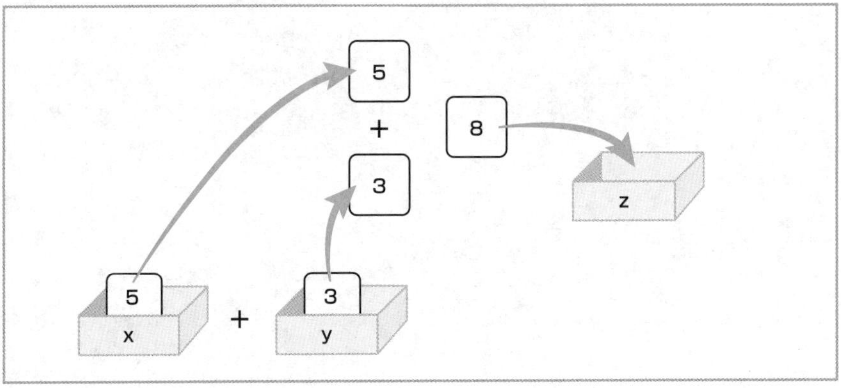
5
+
3
8
z
5
x
+
3
y

取出分别保存在变量 x 和 y 中的值，进行加法运算。将结果赋值给变量 z，但是计算机内部会发生什么呢？

首先，在内存空间适当的位置确保所需的字节数。内存可以通过一个为每个字节连续分配的、称为地址的编号来标识。例如，int 类型变量为 4 个字节时，变量 x 被分配从 10100 地址单元开始的 4 个字节，变量 y 被分配从 10110 地址单元开始的 4 个字节，变量 z 被分配从 10120 地址单元开始的 4 个字节。变量被分到内存的情况如图 2 所示。

▶分配的地址根据计算机和当时的环境而不同。简言之，计算机就是在那个时候分配给自己合适的（空着的）地址。

▼ 图 2 变量被分配到内存的情况

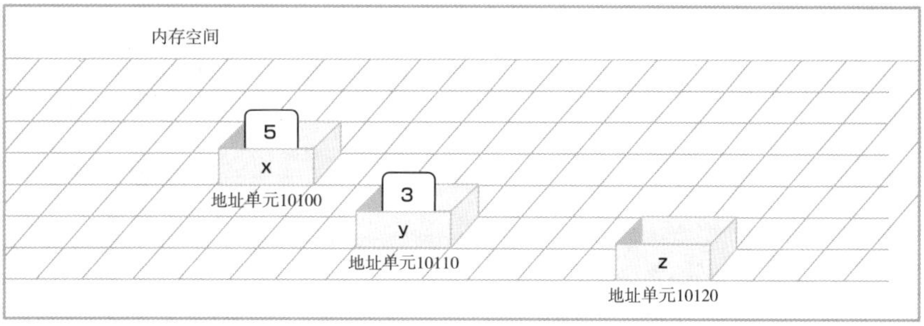
内存空间
5
x
地址单元10100
3
y
地址单元10110
z
地址单元10120

当内存被分配时，语句

z = x + y;

在计算机内部解释为："取出地址单元 10100 的内容和地址单元 10110 的内容进行相加，将其结果保存到地址单元 10120"中。

▶程序员根本无须知道变量被分配到了哪个地址单元。因为不知道，所以指定的是变量名称或数组名称，而不是地址。

接下来考虑数组的情况。在第 3 章中学过，数组的所有元素被分配给连续的地址。数组名是代表数组所有元素的地址的名称，同时表示第一个元素的地址，如图 3 所示。

▶在第 3 章中复习一下。

▼ 图 3 数组被分配到内存的情况

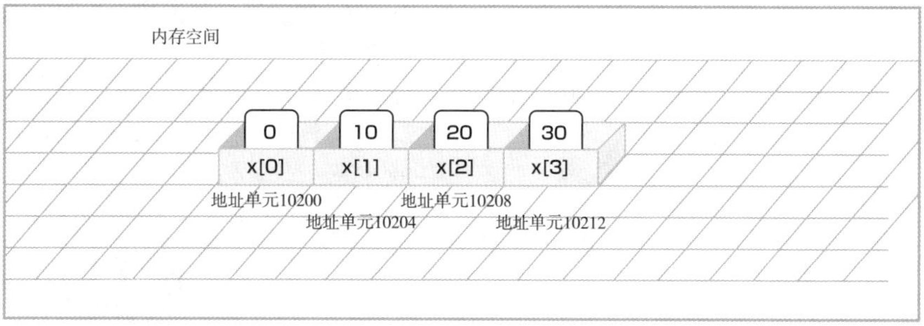
内存空间
0
10
20
30
x[0]
x[1]
x[2]
x[3]
地址单元10200
地址单元10204
地址单元10208
地址单元10212

这时，语句

x[0] = x[2] + x[3];

是取出数组 x 的第 2 个和第 3 个元素，并将相加的结果赋给第 0 个元素，如图 4 所示。

▼ 图 4 数组加法

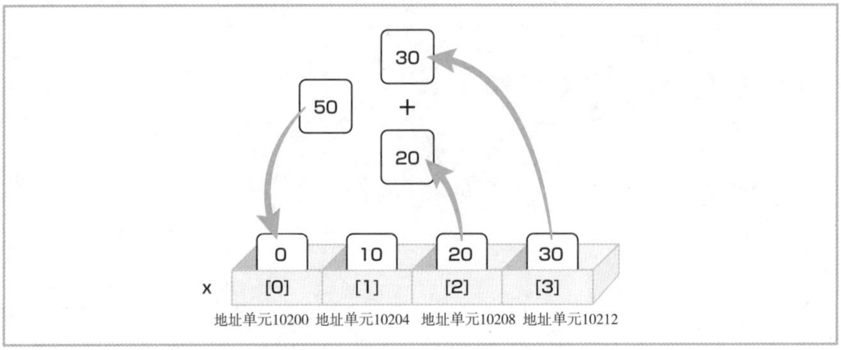
30
+
50
20
0
10
20
30
x
[0]
[1]
[2]
[3]
地址单元10200
地址单元10204
地址单元10208
地址单元10212

在计算机内部的解释为：“取出地址单元 10208 的内容和地址单元 10212 的内容进行相加，将其结果保存到地址单元 10200 中”。

从计算机的角度来看，变量和数组是完全相同的。

STEP 2 处理地址的变量称为指针

可以使用地址以同样的方式处理变量和数组，而不是用变量名和数组名，但是，我们不知道变量或数组被分配到哪个地址单元。变量和数组的地址是在执行的瞬间确定的，所以不但不能“事先”知道，而且各个时刻也不一样。但是，一旦开始运行，计算机就会知道，如图 5 所示。

▶将程序复制到内存称为加载。

▼ 图 5 预先保存变量的地址

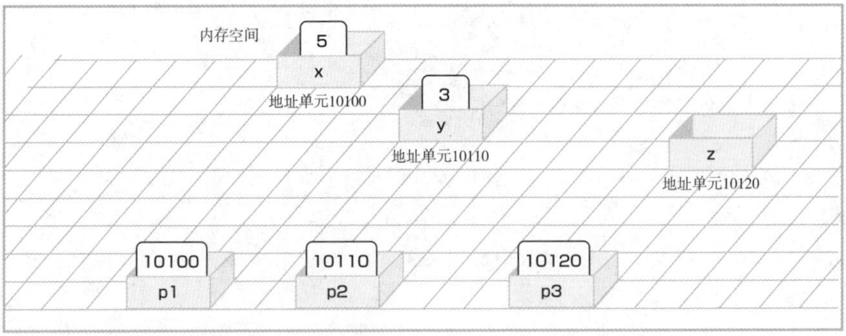
内存空间
5
x
地址单元10100
3
y
地址单元10110
z
地址单元10120
10100
p1
10110
p2
10120
p3

语句

z = x + y;

可以改写成：“取出 p1 中存储的地址单元的内容和 p2 中存储的地址单元的内容进行相加，将其结果保存到 p3 中存储的地址单元中”。

数组也来试一下。准备如图 6 所示的数组。

▼ 图 6　预先保存数组元素的地址

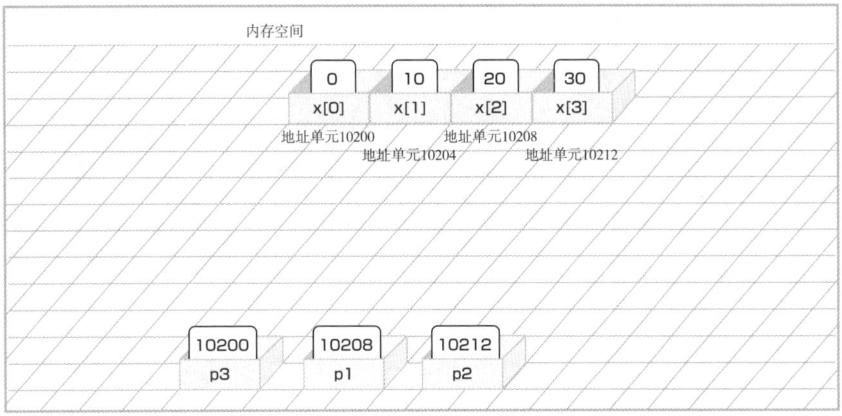
内存空间
0
10
20
30
x[0]
x[1]
x[2]
x[3]
地址单元10200
地址单元10204
地址单元10208
地址单元10212
10200
10208
10212
p3
p1
p2

语句

x[0] = x[2] + x[3];

可以改写成："取出 p1 中存储的地址单元的内容和 p2 中存储的地址单元的内容进行相加，将其结果保存到 p3 中存储的地址单元中"。

▶无论是数组还是变量，都可以用同样的方式编写程序，如果将其应用到第 5 章所学的参数中，就可以编写出通用性非常高的函数。

如果改变存储在 p1、p2、p3 中的地址，那么相同的语句，无论哪个变量、哪个数组，似乎都可以适用。

像这样，存储地址的变量称为指针。

STEP 3　许多指针排列形成一个指针数组

接下来，考虑一下将零乱的数据集中处理的情况，如图 7 所示。

▼ 图 7　零乱的数据

N003
¥100
N004
¥300
N001
¥100
N002
¥200

是否有高效管理它的好方法呢？为了不让气球飞走，用线将其系住。这样一来，从根开始按顺序追溯，就能找到各自的数据，如图 8 所示。

▼ 图 8　好好系住进行管理

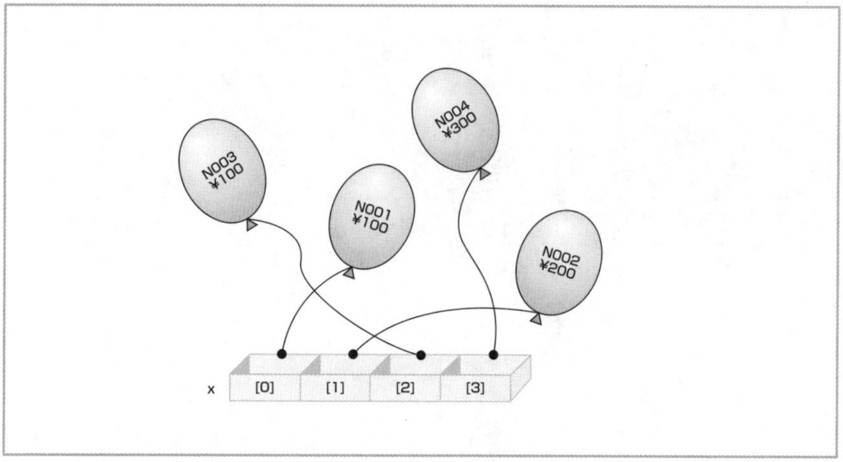
N003
¥100
N001
¥100
N004
¥300
N002
¥200
x
[0]
[1]
[2]
[3]

将数据一一存放到变量中时，如果将每个变量的地址存储在数组中，则可以对分散的变量进行集中管理，如图 9 所示。

▼ 图 9　指针数组

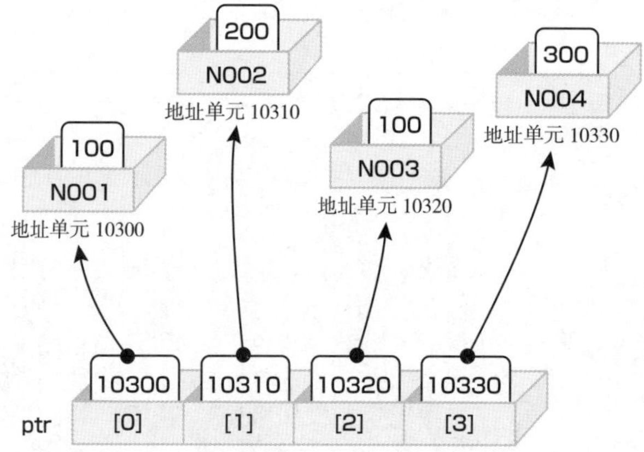
200
N002
地址单元 10310
300
N004
地址单元 10330
100
N001
地址单元 10300
100
N003
地址单元 10320
10300
10310
10320
10330
ptr
[0]
[1]
[2]
[3]

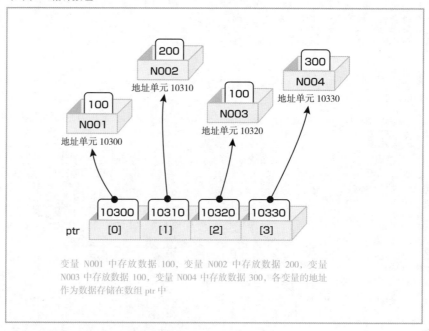

变量 N001 中存放数据 100，变量 N002 中存放数据 200，变量 N003 中存放数据 100，变量 N004 中存放数据 300，各变量的地址作为数据存储在数组 ptr 中

像这样，存放指针的数组称为指针数组。

02 使用指针变量

下面使用指针变量进行练习。

基本示例 6-2

声明一个 int 类型变量 x 和一个指向 int 类型的指针 px，将指针 px 设置为指向 int 类型变量 x，并显示各个值，如图 10 所示。

▼ 图10　指针变量

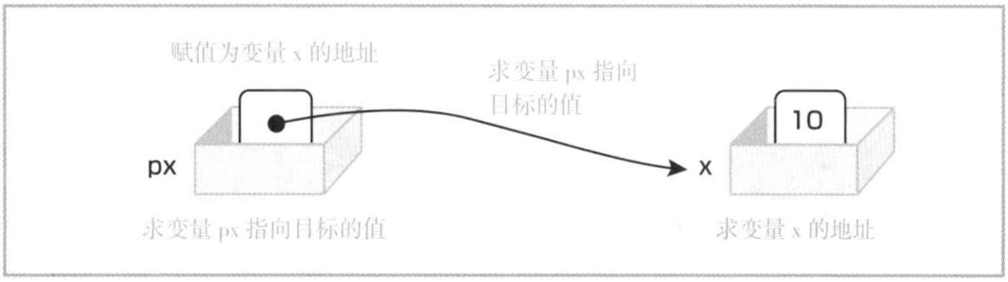
赋值为变量 x 的地址
求变量 px 指向
目标的值
10
px
x
求变量 px 指向目标的值
求变量 x 的地址

▼ 运行结果

```
x的值是 10
x的地址是 0019FF08
px指向目标的值是 10
px的值是0019FF08
px的地址是 0019FF04
```

▶每次运行时，地址都不同，同时与右侧的运行结果也会不同。如果 x 的值和 px 指向目标的值一致，x 的地址和 px 的值一致，并且 px 的值和 px 的地址不同，就可以说结果正确。

学习

STEP 1 声明指针类型变量

当指针保存了另一个变量的地址时，就称指针指向该变量，如图 11 所示。

▼ 图 11　指针指向

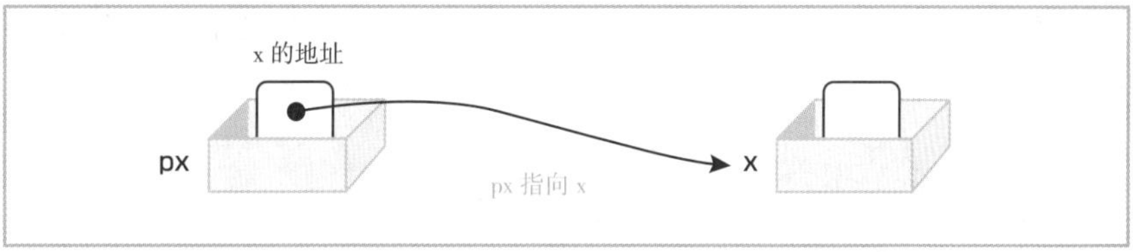
x 的地址
px
x
px 指向 x

在声明普通变量时，必须先明确变量的类型，但是在声明指针类型变量时，除了要明确该变量是指针类型之外，还要明确该指针指向目标的类型。如果没有指向目标的类型，就不知道对方的字节数和数据格式，就无法正确处理指向目标的数据，如图 12 所示。

▶指针类型变量，除非使用强制转换运算符，否则不能指向指定类型以外的类型。

▼ 图 12　为了声明指针类型变量，指向目标的类型是必需的

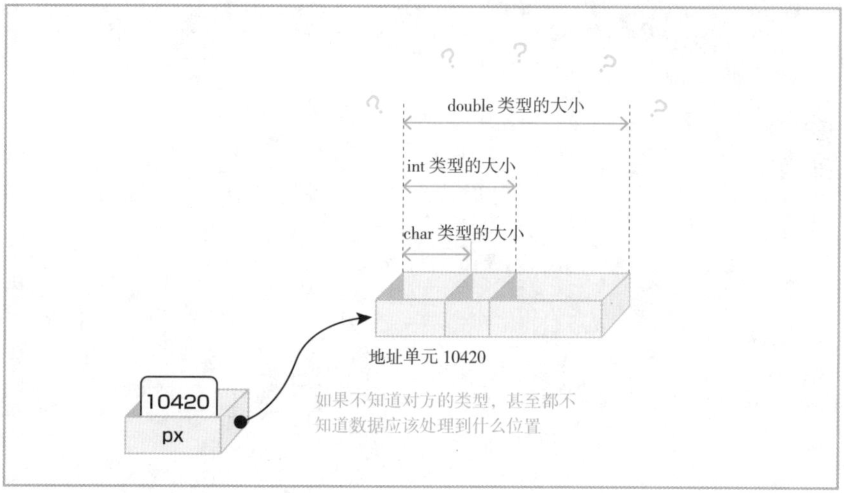
double 类型的大小
int 类型的大小
char 类型的大小
地址单元 10420
10420
px
如果不知道对方的类型，甚至都不
知道数据应该处理到什么位置

▶类型是第 2 章扩展中表 A（P64）所示的类型名称。

指针变量的声明，如下所示。

指向目标的类型 *变量名
指定的是该变量存储的
地址中保存数据的类型
表示该变量是指针类型，
该变量中保存的是地址

“ *”与表示乘法运算的运算符相同。在不同的场合，含义不同，需要注意。因为是声明语句，所以不是乘法。

▶请作如下考虑，指向 int 类型的指针类型是“int * 类型”，指向 char 类型的指针类型是“char * 类型”。int 类型存放整数，char 类型存放字符，而“int *”类型和“char *”类型存放的是地址。

▼ 例

```
int     *px;      //px是指向int类型的指针类型变量
char    *pa;      //pa是指向char类型的指针类型变量
```

▶指针变量名以 p 为前缀，但并不是说必须以 p 为前缀。相反，并不是因为加了 p 就变成指针。
int point;
是普通变量，
int *box;
是指针。让我们在命名上下功夫，以便知道它是一个指针。

指针是用于保存地址的变量。仅准备一个指针是不够的，需要一个实际保存数据的空间。这是因为，指针始终是用来存储实际保存数据空间的地址的变量，如图 13 所示。

▼ 图 13　指针要有指向目标

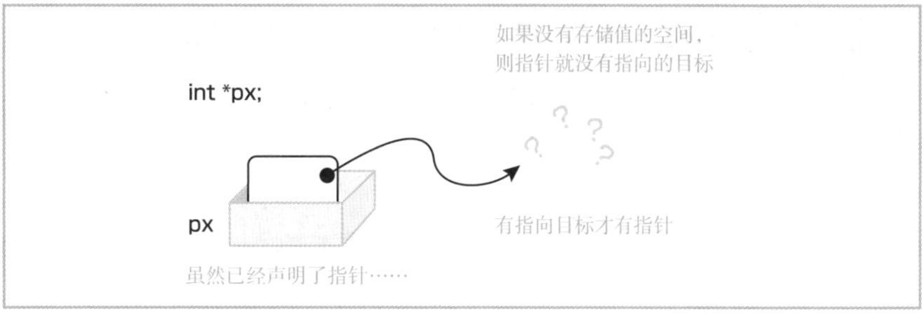
如果没有存储值的空间，
则指针就没有指向的目标
int *px;
px
有指向目标才有指针
虽然已经声明了指针……

STEP 2　将地址赋值给指针类型变量

已准备好存储地址的变量。关键的地址到底是什么地址单元？地址是在运行的瞬间确定的，而且，并不一定每次都一样。因此，需要在运行期间查找地址，如图 14 所示。C 语言中提供了相应的运算符“&”。

▶“&”称为地址运算符。

▶在第 2 章学过的 scanf 中，作为变量名之前必须写的东西，用到了 &，这就是地址运算符。更详细的内容，将在后面的项目中学习。

▼ 例

```
int     x = 10;          //声明int类型变量
int     *px;             //声明指向int类型变量的指针

px = &x;                 //设定地址
```

▼ 图 14　求出地址并赋值

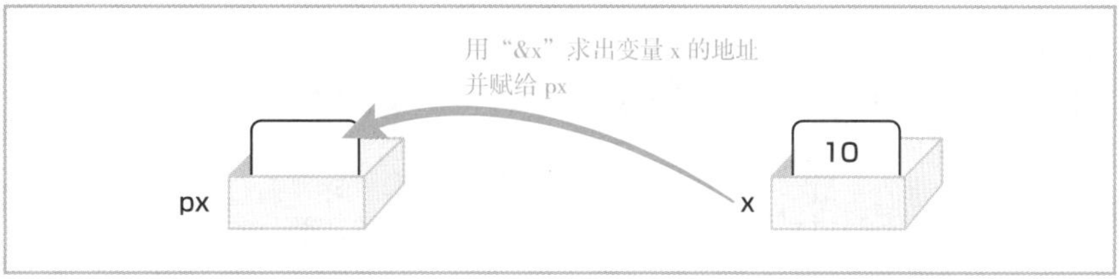
用“&x”求出变量 x 的地址
并赋给 px
px
10
x

即使是指针类型变量，也像普通变量一样是变量，因此将分配地址，如图 15 所示。指针 px 的地址可以通过

&px

获得。

▼ 图 15　指针类型变量也被分配了地址

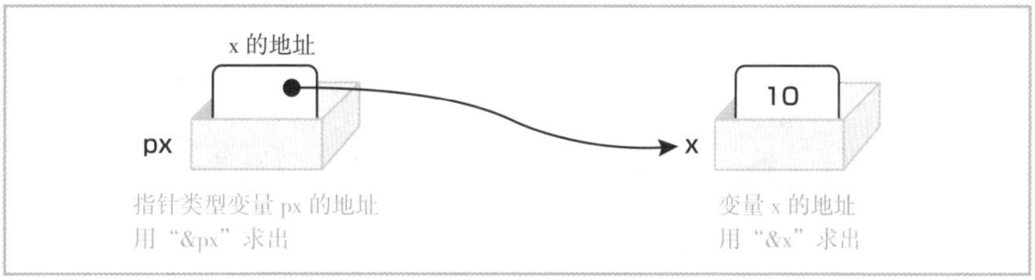
x 的地址
px
10
x
指针类型变量 px 的地址
用“&px”求出
变量 x 的地址
用“&x”求出

STEP 3 使用间接运算符求指向目标的值

使用间接运算符“*”，通过指针类型的变量，能知道保存在指向目标的地址中的值，如图 16 所示。

▶同样是“*”，但是声明语句中的“*”和执行语句中的“*”含义不同。声明语句中表示“此变量存放地址”；但在执行语句中，表示进行“求指向目标的内容”的运算。包括乘法运算在内，“*”有 3 种用法，所以区分是什么含义很重要。指针难以理解的原因之一是，同一个运算符在不同的情况下有不同的含义。

▼ 图 16　使用间接运算符得到指向目标的值

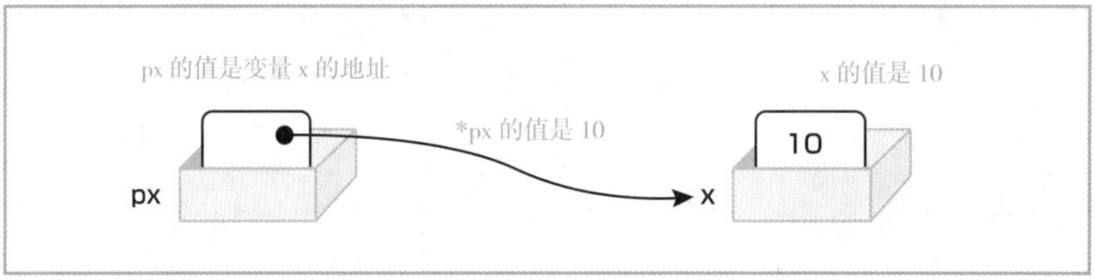
px 的值是变量 x 的地址
x 的值是 10
*px 的值是 10
10
px
x

STEP 4 使用转换说明符显示地址

在 printf() 函数中，为了显示地址，应指定

%p

作为转换说明符。地址以十六进制形式显示。

▼ 例

```
printf("%p\n" , px);
```

STEP 5 没有指向目标的 NULL 指针

指针要有指向目标才能有效地工作。另外，也有不指向任何地方的情况。在这种情况下，为了明确表示“哪里都没有指向”，将指针的值设为 0。将指针的 0 定义了名为 NULL 的常量，如图 17 所示。当指针 p 没有指向任何地方时，写作

p = NULL;

▶系统不可能将数据放入地址单元 0 中。因此，由于不可能指向地址单元 0，所以如果指针的值是 0，则约定“表示没有指向”，这称为 NULL。

▼ 图 17　没有指向任何地方的指针

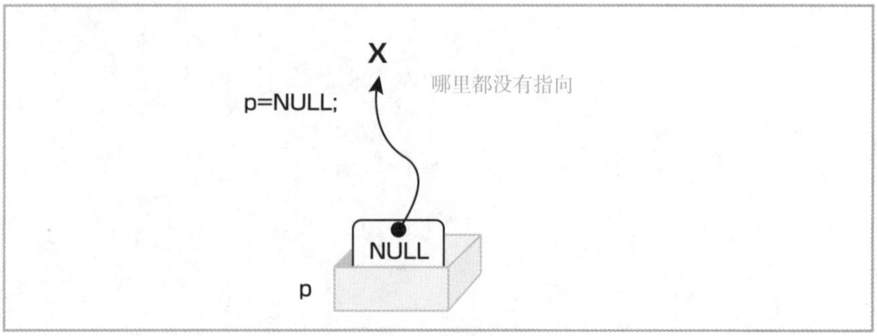
X
哪里都没有指向
p=NULL;
NULL
p

▶在编译阶段，不知道指针的内容是否为NULL。因此，这种错误不会成为编译错误，在运行时才被检测出来，这种错误称为运行时错误。指针中会存储地址，因此，对方无论是变量还是数组，都以相同的方式处理，很方便。但如果放入了错误的地址，将不管在哪里都可以随便引用，这是很可怕的一面。地址的处理需要慎重对待。

当指针类型变量 p 处于图 17 所示的状态时，如果试图应用间接运算符执行“*p”，则会发生错误，并且程序将停止。在使用间接运算符时，必须事先确认指针的值不为 NULL。

▼ 例

```
if(p != NULL)
{
        printf("%d" , *p);
}
```

只有p不是NULL时，才能参照p所指的目标

配套资源 》

原始文件……rei6_2k.c
完成文件……sample6_2k.c

程序示例

配套资源的程序中没有写地址的设定部分和显示部分的部分内容。请大家补充完善后再运行。

```
/***********************************
        指针练习　基本示例6-2
***********************************/
#include <stdio.h>

int main(void)
{
    int x = 10;     //声明int类型变量
    int *px;        //声明指向int类型的指针变量

    px = &x;        //将x的地址赋值给指针变量px

    //显示到命令提示符界面上
    printf("x的值是 %d\n", x);
    printf("x的地址是 %p\n", &x);
    printf("px指向目标的值是 %d\n", *px);
    printf("px的值是 %p\n", px);
    printf("px的地址是 %p\n", &px);
}
```

编 程 助 手　致未能得到正确结果者

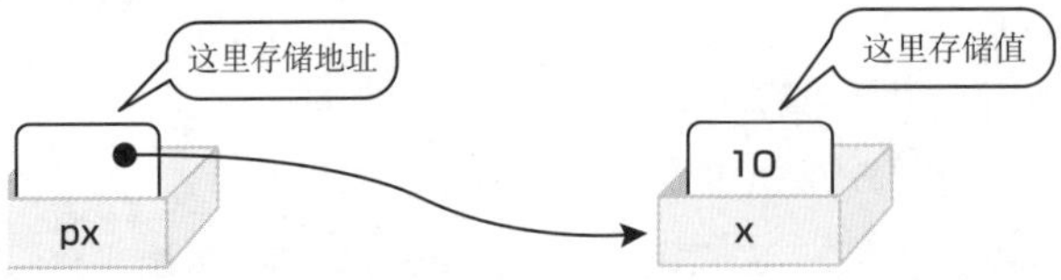
这里存储地址
这里存储值
10
px
x

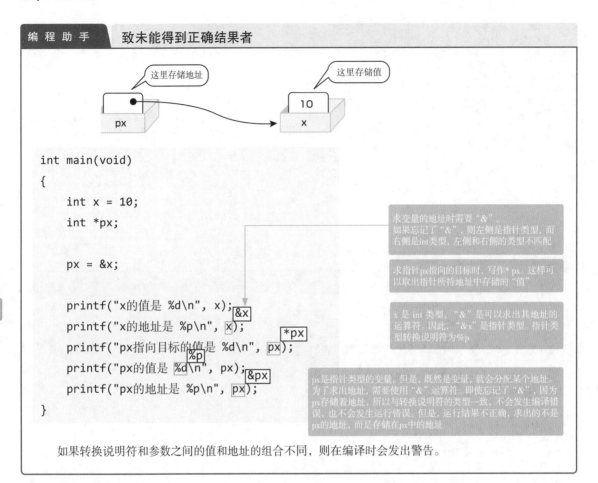

```
int main(void)
{
    int x = 10;
    int *px;

    px = &x;

    printf("x的值是 %d\n", x);
    printf("x的地址是 %p\n", x);
    printf("px指向目标的值是 %d\n", px);
    printf("px的值是 %d\n", px);
    printf("px的地址是 %p\n", px);
}
```

（修正：x → &x；px → *px；%d → %p；px → &px）

求变量的地址时需要“&”。
如果忘记了“&”，则左侧是指针类型，而右侧是int类型，左侧和右侧的类型不匹配

求指针px指向的目标时，写作* px。这样可以取出指针所持地址中存储的“值”

x 是 int 类型，“&”是可以求出其地址的运算符。因此，“&x”是指针类型。指针类型转换说明符为%p

px是指针类型的变量。但是，既然是变量，就会分配某个地址。为了求出地址，需要使用“&”运算符。即使忘记了“&”，因为px存储着地址，所以与转换说明符的类型一致，不会发生编译错误，也不会发生运行错误。但是，运行结果不正确，求出的不是px的地址，而是存储在px中的地址

如果转换说明符和参数之间的值和地址的组合不同，则在编译时会发出警告。

应用示例 6–2

上面求出 4 个课题的总分，将其放在指针指向的变量中并显示。变量和数组的结构如图 18 所示。

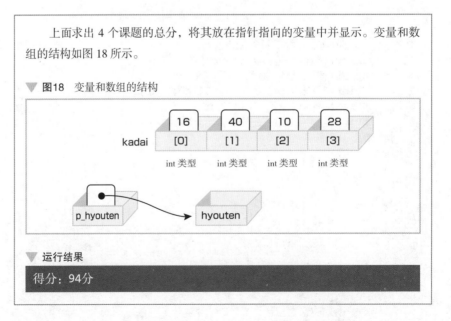

▼ 图18　变量和数组的结构

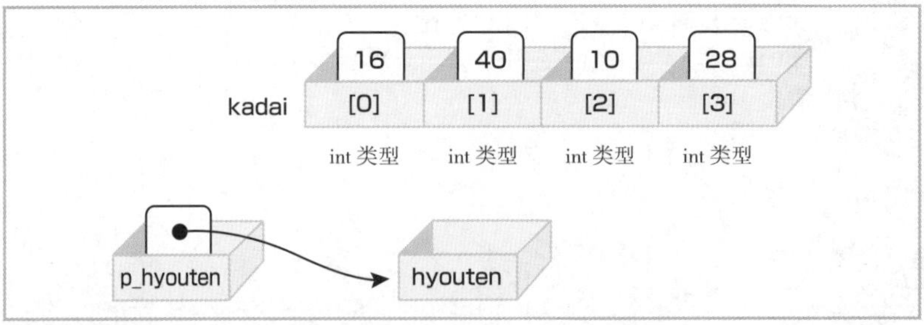
16
40
10
28
kadai
[0]
[1]
[2]
[3]
int 类型
int 类型
int 类型
int 类型
p_hyouten
hyouten

▼ 运行结果

```
得分：94分
```

学习

STEP 6 使用间接运算符赋值

普通运算符不能写在赋值表达式的左边。

▼ 例

```
int     i;
++i = 10;
```

← 错误

间接运算符例外，可以写在赋值表达式的左边，如图 19 所示。

▼ 例

```
*p_hyouten = 94;
```

▼ 图 19 通过指针进行赋值

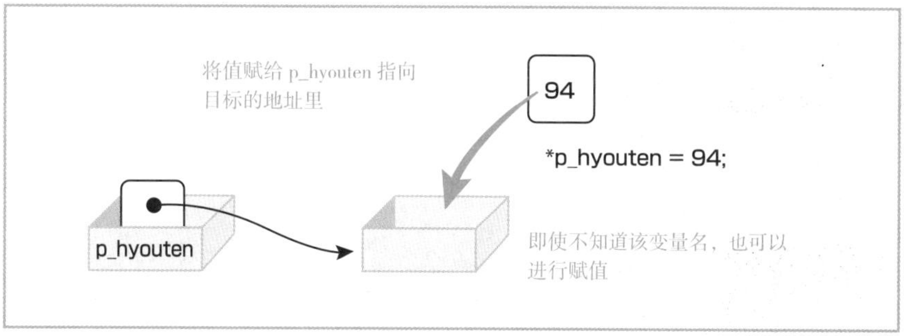
将值赋给 p_hyouten 指向目标的地址里
94
*p_hyouten = 94;
p_hyouten
即使不知道该变量名，也可以进行赋值

配套资源 》
原始文件……rei6_2o.c
完成文件……sample6_2o.c

程序示例

在配套资源的程序中，没有写指针的初始化、赋值和显示部分。请大家补充完善后再运行。

```
/***********************************
    指针练习　应用示例6-2
***********************************/
#include <stdio.h>

#define KADAI_N         4                           //将课题个数定义为常量

int main(void)
{
    int kadai[KADAI_N] = { 16 , 40 , 10 , 28 };     //初始化课题分数
    int hyouten;                                    //得分
```

```
12      int *p_hyouten = &hyouten;                        //初始化指向得分的指针
13
14      //求得分
15      *p_hyouten = 0;                                   //使用指针初始化得分
16      for (int i = 0; i < KADAI_N; i++)
17      {
18          *p_hyouten += kadai[i];                       //将课题分数逐个相加
19      }
20
21      //显示到命令提示符界面上
22      printf("得分:%d分\n", *p_hyouten);
23
24      return 0;
25  }
```

注：第 22 行用指针 p_hyouten 显示得分。

确认一下，如 printf(" 得分：%d 分 \n", hyouten); 这样使用 int 类型变量 hyouten 也可以得到相同的结果。

03 指向数组的指针

当指针指向数组时，通过修改指针中存储的地址，可以逐个处理数组元素。下面使用指针编写与数组下标不同风格的程序。

基本示例 6-3

当课题的分数存放在数组中时，通过指针将数组中的分数相加，并显示各个课题的分数和总得分。关于得分的计算和分数的显示，尝试使用别的方法。数组和指针的结构如图 20 所示。

▼ 图20 数组和指针的结构

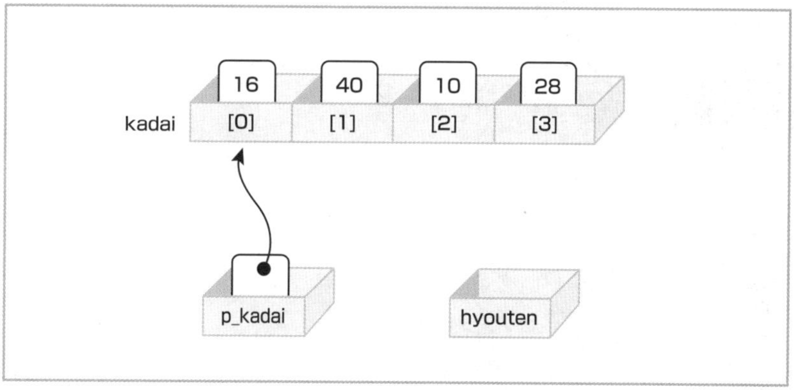
16
40
10
28
kadai
[0]
[1]
[2]
[3]
p_kadai
hyouten

▼ 运行结果

```
课题1 课题2 课题3 课题4      得分
 16    40    10    28        94
```

STEP 1 数组名代表地址

数组名是代表数组的名称，但同时，它表示数组“第一个元素的地址”。因此，在计算数组地址时，不需要地址运算符“&”。变量名和数组名的区别如图 21 所示。

▼ 图 21　变量名和数组名的区别

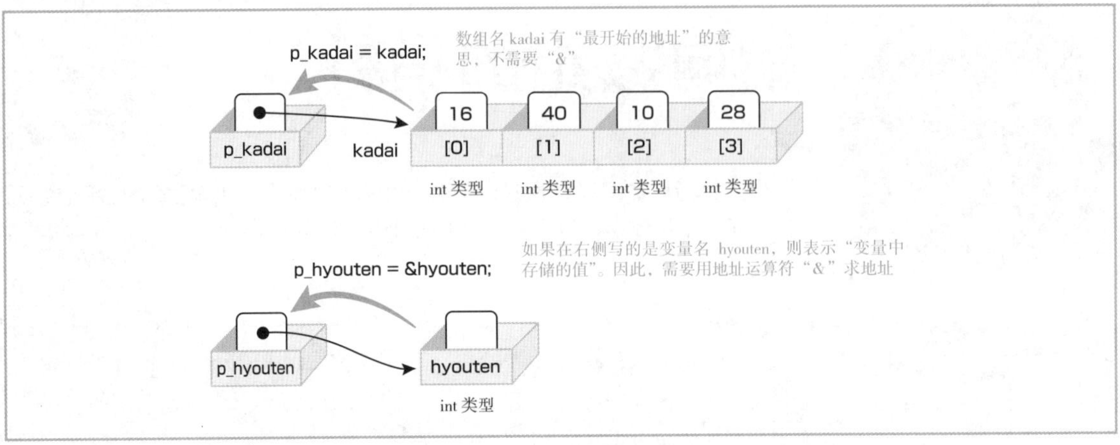
p_kadai = kadai;
数组名 kadai 有“最开始的地址”的意思，不需要“&”
16
40
10
28
p_kadai
kadai
[0]
[1]
[2]
[3]
int 类型
int 类型
int 类型
int 类型
p_hyouten = &hyouten;
如果在右侧写的是变量名 hyouten，则表示“变量中存储的值”。因此，需要用地址运算符“&”求地址
p_hyouten
hyouten
int 类型

如果将数组名写在右边，则表示数组的起始地址。与此相对，如果将变量名写在右边，则表示该变量的内容（存储的数据）。这是变量名和数组名的区别。

STEP 2　指针指向数组元素

当指针指向数组时，不一定必须是数组的第一个元素。如果想在数组中进行处理，也可以将中间的元素作为基准，如图 22 所示。

▶指针的这种使用方法，在与函数相结合的时候，将发挥很大的作用，可以创建通用性更高的函数。

一个数组元素由数组名和下标的组合指定，而在第 3 章中学过，它的工作方式与变量相同。也就是说，为了将指针指向数组中的元素，要将地址运算符应用于数组名称和下标的组合。

▼ 图 22　指向数组中间的指针

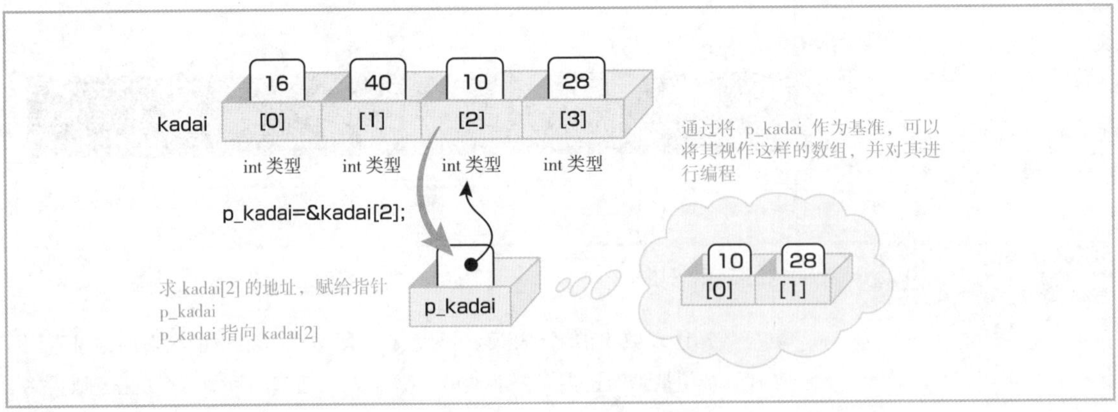
16
40
10
28
kadai
[0]
[1]
[2]
[3]
int 类型
int 类型
int 类型
int 类型
通过将 p_kadai 作为基准，可以将其视作这样的数组，并对其进行编程
p_kadai=&kadai[2];
求 kadai[2] 的地址，赋给指针 p_kadai
p_kadai 指向 kadai[2]
p_kadai
10
28
[0]
[1]

扩 展 多维数组中的地址

在多维数组的情况下，数组名当然表示第一个元素的地址，但是低一维的形式（在 Figure 1 的示例中为 x [0]，x [1] ...）表示该行的第一个元素的地址。

▼ Figure 1 二维数组与地址

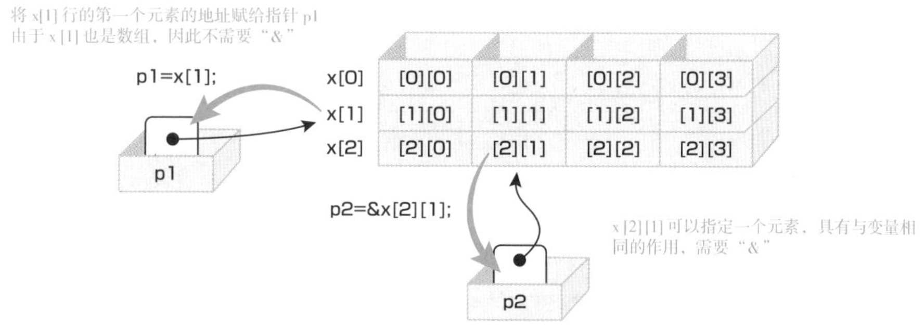
将 x[1] 行的第一个元素的地址赋给指针 p1
由于 x[1] 也是数组，因此不需要“&”
p1=x[1];
x[0]
x[1]
x[2]
[0][0]
[0][1]
[0][2]
[0][3]
[1][0]
[1][1]
[1][2]
[1][3]
[2][0]
[2][1]
[2][2]
[2][3]
p1
p2=&x[2][1];
x[2][1] 可以指定一个元素，具有与变量相同的作用，需要“&”
p2

STEP 3 对指针进行运算

对指针类型变量的运算，只能进行加法运算和减法运算。如果指针的值加 1，则该值将根据指向类型的大小而变化。

例如，假设指针指向一个 int 类型数组的元素。如果执行了

p = p + 1;

不是将 p 的值加 1，而是加上了“指向目标类型的一个单位”的字节数，即指向了下一个元素，如图 23 所示。

▶减法也是如此。从指针的值减去 1，将减去其指向目标类型的字节数，即指向上一个数组元素。

▼ 图 23 指针的加法计算

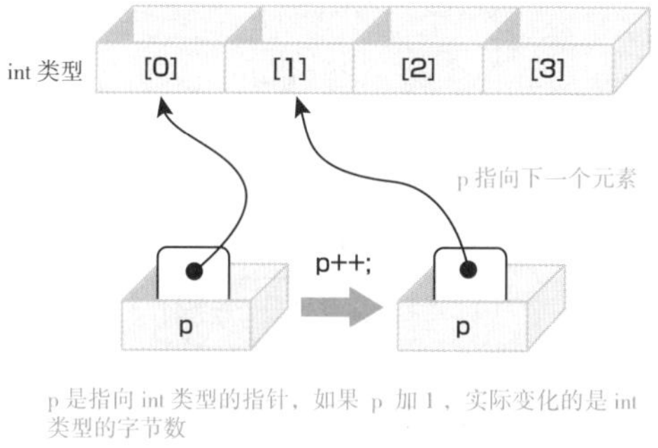
int 类型
[0]
[1]
[2]
[3]
p 指向下一个元素
p++;
p
p
p 是指向 int 类型的指针，如果 p 加 1，实际变化的是 int 类型的字节数

（a）int 类型

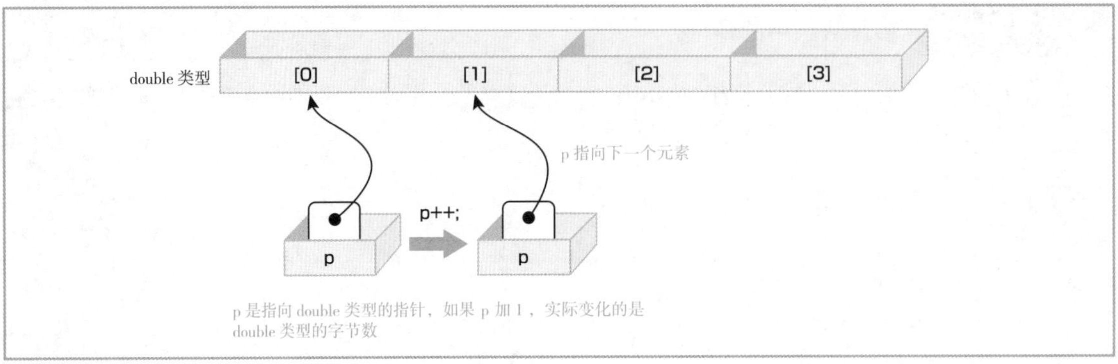
double 类型
[0]
[1]
[2]
[3]
p 指向下一个元素
p++;
p
p
p 是指向 double 类型的指针，如果 p 加 1，实际变化的是
double 类型的字节数

（b）double 类型

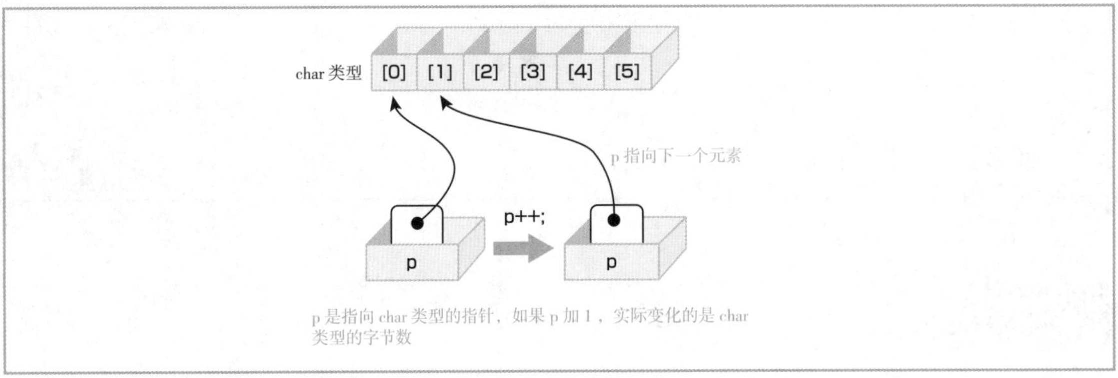
char 类型
[0]
[1]
[2]
[3]
[4]
[5]
p 指向下一个元素
p++;
p
p
p 是指向 char 类型的指针，如果 p 加 1，实际变化的是 char
类型的字节数

（c）char 类型

指针的加减运算与数组下标的加减运算是同样的情况，如图 24 所示。

▼ 图 24　指针的加减运算与数组下标的加减运算是同样的情况

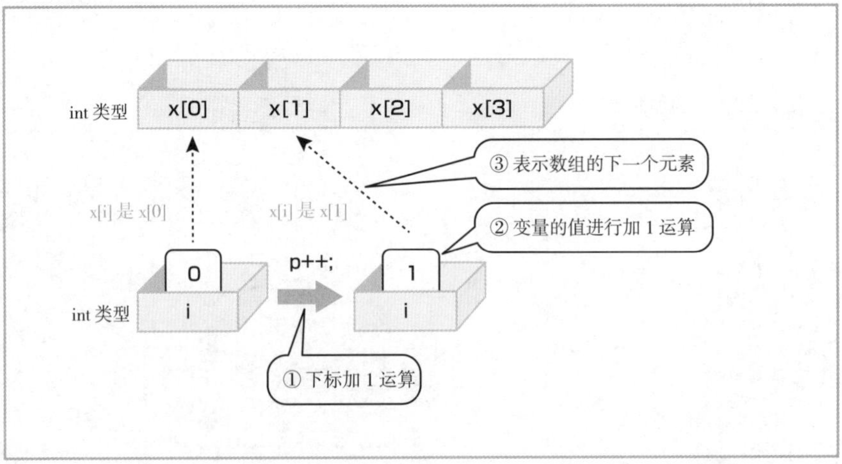
int 类型
x[0]
x[1]
x[2]
x[3]
③ 表示数组的下一个元素
x[i] 是 x[0]
x[i] 是 x[1]
② 变量的值进行加 1 运算
0
p++;
1
int 类型
i
i
① 下标加 1 运算

当指针指向数组时，指针和数组的下标用不同的描述表示相同的目的。

扩 展 指针值的变化

加法运算结果的指针的值会如何变化，下面通过以下的程序来确认。

▼ **列表** 程序示例（sample6_h1.c）

```
/***********************************
    扩展  验证指针的运算
***********************************/
#include <stdio.h>

int main(void)
{
    int     x[5];               //int类型数组
    int     *px;                //指向int类型的指针
    double  y[5];               //double类型数组
    double  *py;                //指向double类型的指针
    char    s[5];               //char类型数组
    char    *ps;                //指向char类型的指针

    //设置指针
    px = x;
    py = y;
    ps = s;

    //显示每种类型的大小
    printf("int类型的大小：%d\n" , sizeof(int));
    printf("double类型的大小：%d\n" , sizeof(double));
    printf("char类型的大小：%d\n" , sizeof(char));

    //显示指针的初始值
    printf("px=%p py = %p ps = %p\n" , px , py , ps);

    //加1运算
    px++;
    py++;
    ps++;

    //显示加法运算后指针的值
    printf("px=%p py = %p ps = %p\n" , px , py , ps);


    return 0;
}
```

请确认，指针加 1 运算后的地址值将发生相应类型大小的变化。

注：地址以十六进制显示。

通过对指针值进行逐次加 1 的运算，就可以一个接一个地指向数组元素，如图 25 所示。

▼ 图 25　指针一个接一个地指向数组元素

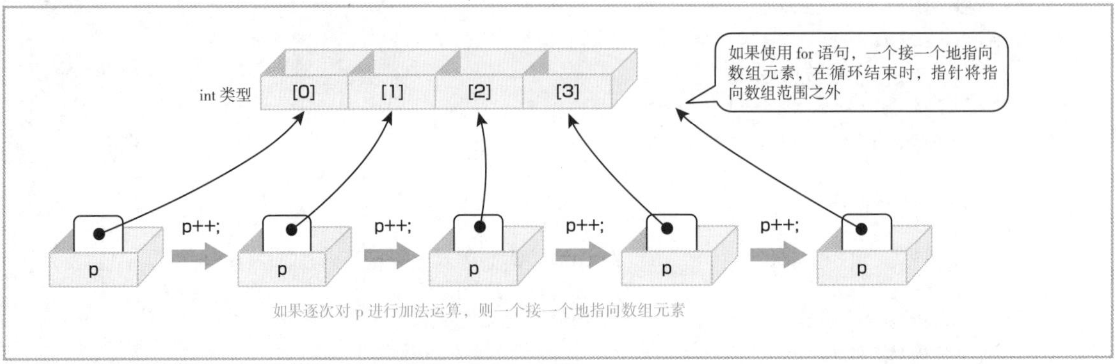
int 类型
[0]
[1]
[2]
[3]
如果使用 for 语句，一个接一个地指向数组元素，在循环结束时，指针将指向数组范围之外
p++;
p++;
p++;
p++;
p
p
p
p
p
如果逐次对 p 进行加法运算，则一个接一个地指向数组元素

使用 for 语句等循环语句处理完数组的所有元素之后，指针将超出数组的有效范围。因此请注意，如果要使用指针再次引用数组元素，则需要重新设置指针的值。

STEP 4　指针运算的优先级

我们已经学过，当指针 p 指向数组时，通过

p ++;

将使指针 p 指向下一个元素。另外，为了得到指针指向目标的值，使用间接运算符，描述为

*p

如果将这两个组合起来，描述为

*(p + 1)

则求得指针 p 指向目标的下一个元素的值，如图 26 所示。

▼ 图 26　间接运算符与加法运算的组合

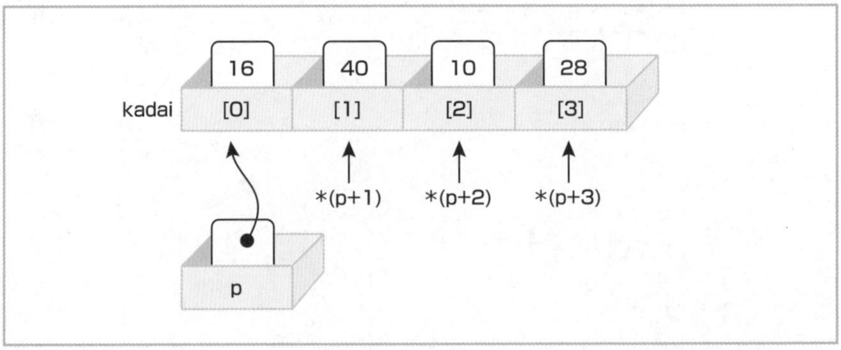
16
40
10
28
kadai
[0]
[1]
[2]
[3]
*(p+1)
*(p+2)
*(p+3)
p

▶与 3 + 4 * 5 和（3 + 4）* 5 的答案不同一样。前者先执行乘法运算，答案为 23；而后者先执行加法运算，因此答案为 35。

此时不能省略 ()。在加法运算符“+”和间接运算符“*”中，间接运算符的运算优先级较高，因此如果省略 ()，描述成

*p+1

则是将指向目标的值进行加 1 运算，如图 27 所示。

▶图 27 中的 p 被声明为指针类型的变量，但也可以像数组那样使用下标来表示。

指针表示	数组表示
*(p+1)	p[1]

两者具有相同的值。

▼ 图 27　运算符优先级导致的结果差异

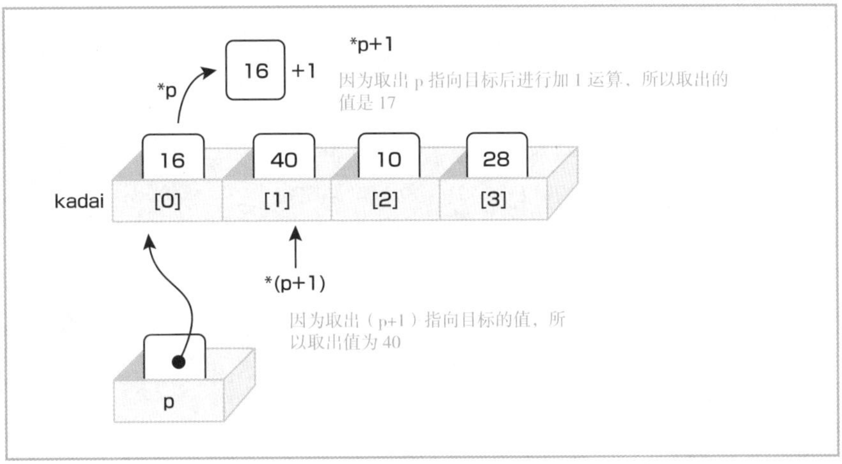
*p+1
16
+1
*p
因为取出 p 指向目标后进行加 1 运算，所以取出的值是 17
16
40
10
28
kadai
[0]
[1]
[2]
[3]
*(p+1)
因为取出（p+1）指向目标的值，所以取出值为 40
p

STEP 5　通过 printf() 函数进行显示

在 printf( ) 函数中，已经学习了在“,”之后描述与转换说明符相对应的变量等。转换说明符 %s 对应数组名，其他转换说明符分别对应变量名和常量值。由于数组名表示“地址”，变量名表示“内容”，换句话说，%s 对应于“地址”，其他的对应于“数据”，如图 28 所示。

▼ 图 28　与格式说明符对应的是地址还是数据

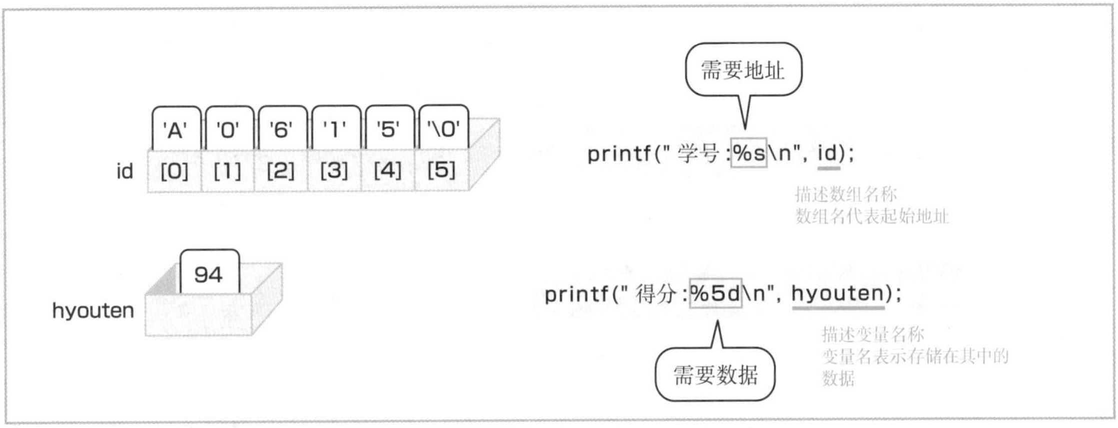
需要地址
'A'
'0'
'6'
'1'
'5'
'\0'
id
[0]
[1]
[2]
[3]
[4]
[5]
printf(" 学号 :%s\n", id);
描述数组名称
数组名代表起始地址
94
hyouten
printf(" 得分 :%5d\n", hyouten);
描述变量名称
变量名表示存储在其中的数据
需要数据

▶简而言之，对应于 %s 的指针不带间接运算符“*”，但是对应于其他转换说明符的指针则带有“*”。

如果抓住了图 28 的基本原理，则可以理解当使用指针而不是数组名或变量名时该如何描述。指针的值对应于需要地址的 %s，指针指向目标的值分别对应于需要数据的转换说明符，如 %d、%f 和 %c 等，如图 29 所示。

▼ 图 29　与转换说明符对应的指针

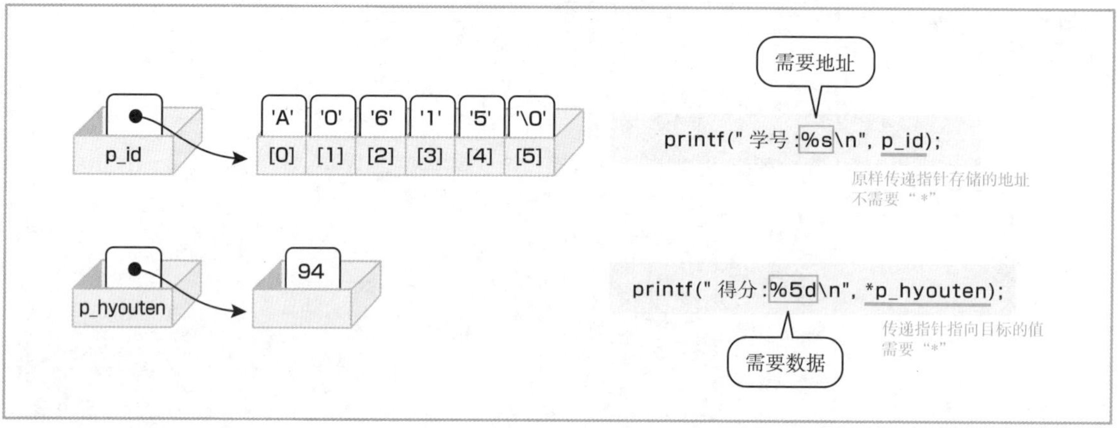

p_id
'A' '0' '6' '1' '5' '\0'
[0] [1] [2] [3] [4] [5]
需要地址
printf(" 学号 :%s\n", p_id);
原样传递指针存储的地址
不需要“*”
p_hyouten
94
printf(" 得分 :%5d\n", *p_hyouten);
需要数据
传递指针指向目标的值
需要“*”

配套资源

原始文件……rei6_3k.c
完成文件……sample6_3k.c

程序示例

配套资源的程序中，没有写指针初始值的赋值和显示部分。请大家补充完善后再运行。

```
/*********************************************
    指向数组的指针　基本示例6-3
**********************************************/
#include <stdio.h>
#define KADAI_N        4                            //将课题个数定义为常量

int main(void)
{
    int kadai[KADAI_N] = { 16 , 40 , 10 , 28 };     //初始化课题分数
    int hyouten;                                    //得分
    int *p_kadai;                                   //指向数组kadai的指针

    //求得分
    hyouten = 0;                                    //初始化得分
    p_kadai = kadai;                                //初始化指向课题的指针
    for (int i = 0; i < KADAI_N; i++ , p_kadai++)
    {
        hyouten += *p_kadai;                        //通过指针将课题的分数相加
```

```
    }

    //在命令提示符界面上显示标题
    for (int i = 0; i < KADAI_N; i++)
    {
        printf("课题%d ", i + 1);                    //显示课题标题
    }
    printf("  得分\n");

    //在命令提示符界面上显示课题的分数和得分
    p_kadai = kadai;
    for (int i = 0; i < KADAI_N; i++)
    {
        printf("%3d   ", *(p_kadai + i));           //显示各课题分数
    }
    printf("%5d\n", hyouten);                       //显示得分

    return 0;
}
```

编程助手　致未能正确运行者

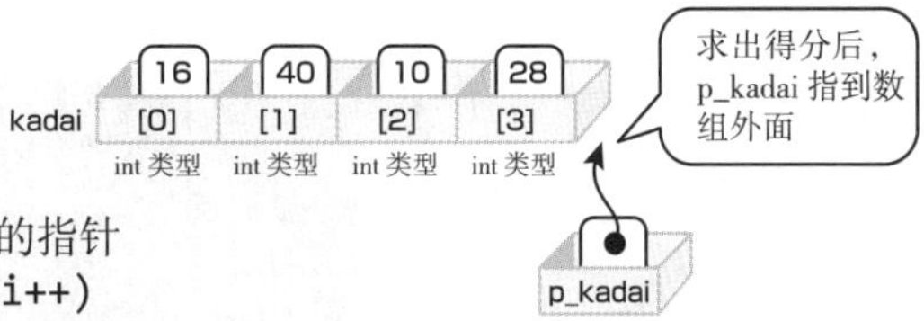

kadai
16
40
10
28
[0]
[1]
[2]
[3]
int 类型
int 类型
int 类型
int 类型
p_kadai
求出得分后，p_kadai 指到数组外面


```
//求得分
hyouten = 0;                  //初始化得分
p_kadai = kadai;              //初始化指向课题的指针
for (int i = 0; i < KADAI_N; i++ , p_kadai++)
{
    hyouten += *p_kadai;  //通过指针将课题的分数相加
}

    <<中间省略>>

//在界面上显示课题的分数和得分
                                  p_kadai = kadai;
for (int i = 0; i < KADAI_N; i++)
{
    printf("%3d   ", *p_kadai + i);   //显示各课题分数
}                       *(p_kadai + i)
printf("%5d\n", hyouten);             //显示得分
```

此处必须将指针p_kadai还原。如果忘记，虽然不会出现编译错误，但在运行时第二行的显示将不正确

不要忘记( )。如果没有( )，就会先计算*p_kadai，将始终获取第一个要素，再将结果加上 i，程序不会发生编译错误

▼ 错误的运行示例

```
课题1         课题2     课题3        课题4    得分
 0          1703808   4237654       1       94
```

▼ 错误的运行示例

```
课题1   课题2    课题3     课题4    得分
 16      17      18        19      94
```

应用示例 6-3

将第 5 章的基本示例 5-5 的输入部分变更为无风险的库函数 fgets()，在进行字符串处理后求出评价和得分。下面理解字符串的处理并扩大程序范围，如图 30 所示。

▼ 图30 字符串处理

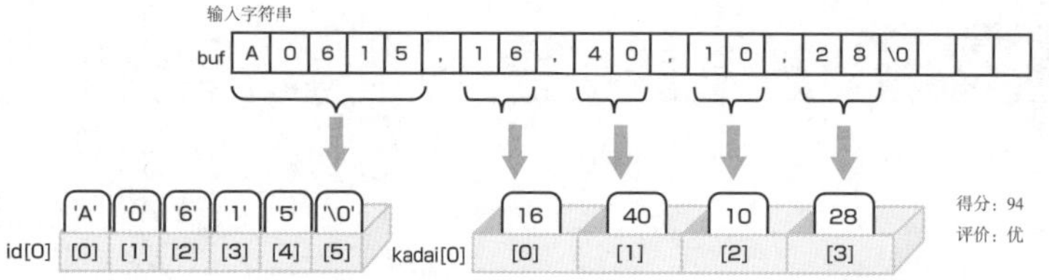
输入字符串
buf A 0 6 1 5 , 1 6 , 4 0 , 1 0 , 2 8 \0
'A' '0' '6' '1' '5' '\0'
id[0] [0] [1] [2] [3] [4] [5]
16 40 10 28
kadai[0] [0] [1] [2] [3]
得分：94
评价：优

▼ 运行结果

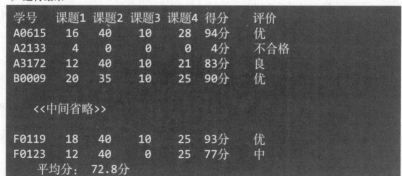

```
学号    课题1  课题2  课题3  课题4  得分     评价
A0615    16     40     10     28   94分     优
A2133     4      0      0      0    4分     不合格
A3172    12     40     10     21   83分     良
B0009    20     35     10     25   90分     优

   <<中间省略>>

F0119    18     40     10     25   93分     优
F0123    12     40      0     25   77分     中
    平均分： 72.8分
```

STEP 6 从输入字符串中提取数据的步骤

输入字符串以“,”分隔，在搜索“,”的同时提取它们之间的字符串。首先，取出学号，接着取出课题的分数。有 4 个课题，但是需要注意，最后没有“,”。步骤如下。

1. 从头开始搜索“,”，将之前的内容复制到学号数组中

如图 31 所示，通过将“,”位置的字符用“\0”替换分隔学号。将分隔的字符串复制到第一个学生的学号数组 id [0] 中。

▼ 图 31 从字符串中提取数据的步骤 1

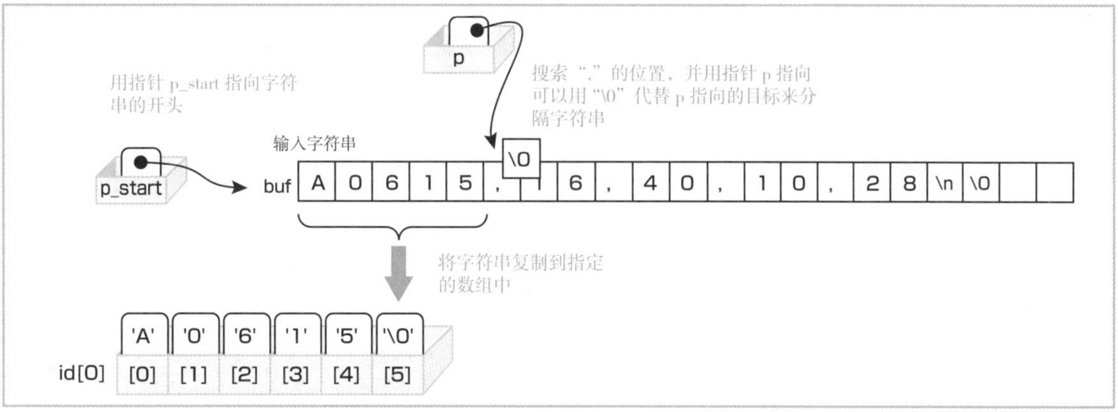
p
搜索“,”的位置，并用指针 p 指向
可以用“\0”代替 p 指向的目标来分隔字符串
用指针 p_start 指向字符串的开头
输入字符串
p_start
buf
A 0 6 1 5 , 1 6 , 4 0 , 1 0 , 2 8 \n \0
\0
将字符串复制到指定的数组中
'A' '0' '6' '1' '5' '\0'
id[0] [0] [1] [2] [3] [4] [5]

2. 搜索下一个“,”，将其间的数字转换为数值存储到课题数组中

如图 32 所示，从学号的下一个字符开始是课题分数。如果从 p_start 开始搜索下一个“,”，则到那里为止是课题 1 的分数，将“,”的位置改写为字符“\0”，作为字符串。然后将其转换为数值，作为第一个学生课题 1 的分数。

▼ 图 32 从字符串中提取数据的步骤 2

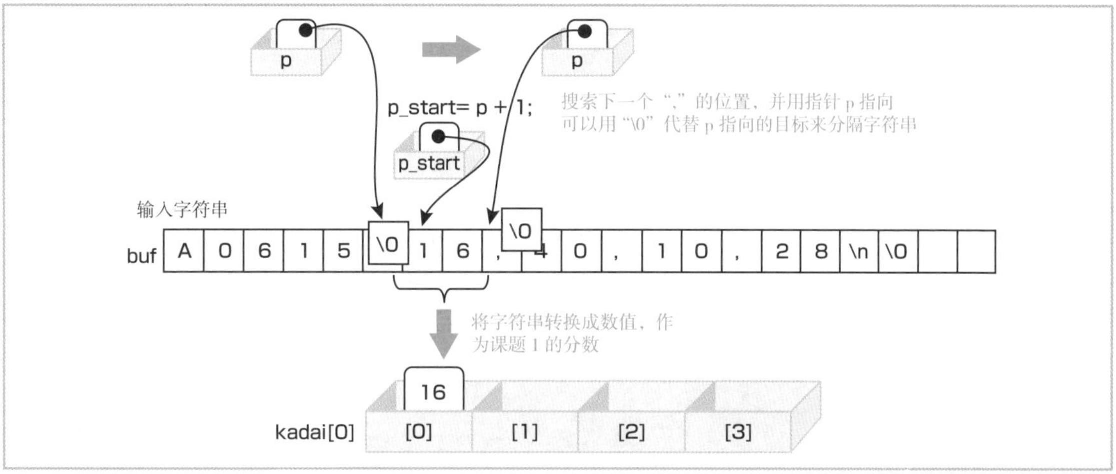
p
p
p_start= p + 1;
搜索下一个“,”的位置，并用指针 p 指向
可以用“\0”代替 p 指向的目标来分隔字符串
p_start
输入字符串
buf
A 0 6 1 5 \0 1 6 , 4 0 , 1 0 , 2 8 \n \0
\0
将字符串转换成数值，作为课题 1 的分数
16
kadai[0] [0] [1] [2] [3]

3. 重复步骤 2，次数为课题数

最后不是“,”，是将“\n”替换为“\0”，并将其转换为数值，如图 33 所示。

▼ 图 33　从字符串中提取数据的步骤 3

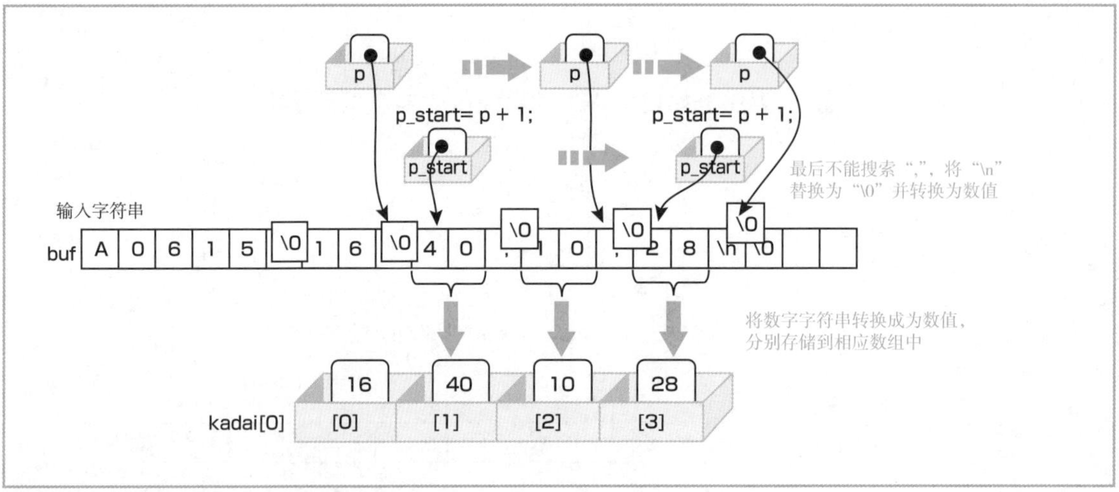
p
p
p
p_start= p + 1;
p_start= p + 1;
p_start
p_start
最后不能搜索“,”，将“\n”替换为“\0”并转换为数值
输入字符串
buf
A 0 6 1 5 \0 1 6 \0 4 0 , \0 1 0 , \0 2 8 \n \0
将数字字符串转换成为数值，分别存储到相应数组中
16 40 10 28
kadai[0]
[0] [1] [2] [3]

STEP 7　搜索字符串中的特定字符

要在字符串中搜索特定字符，需逐个改变指向字符串的指针的值，从而依次指向数组元素，然后检查指向的目标是否为“,”，如图 34 所示。

▼ 图 34　从字符串中搜索特定字符

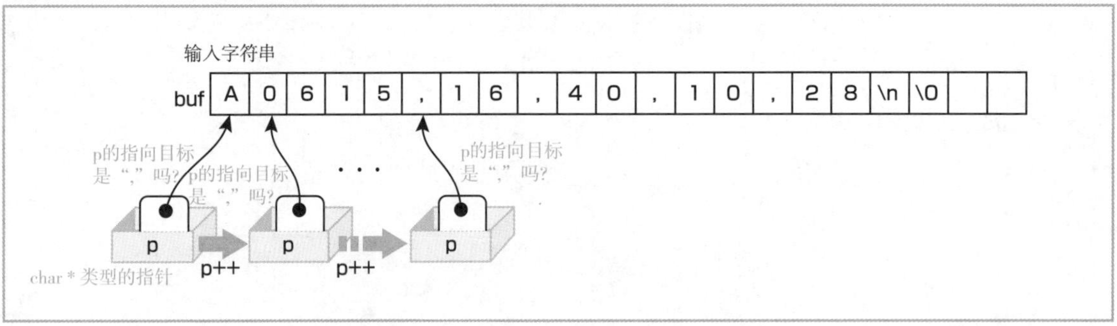
输入字符串
buf
A 0 6 1 5 , 1 6 , 4 0 , 1 0 , 2 8 \n \0
p的指向目标是“,”吗?
p的指向目标是“,”吗?
p的指向目标是“,”吗?
· · ·
p
p
p
p++
p++
char * 类型的指针

当 p 的指向目标为“,”时，循环结束。换句话说，当 p 的指向目标不是“,”时，可以连续更新 p 保存的地址。但是，p 的指向目标必须是字符串。也应考虑到超出“\0”的地方已经不再是字符串了，如图 35 所示。

▼ 图 35　一直到字符串结束都没有找到特定的字符

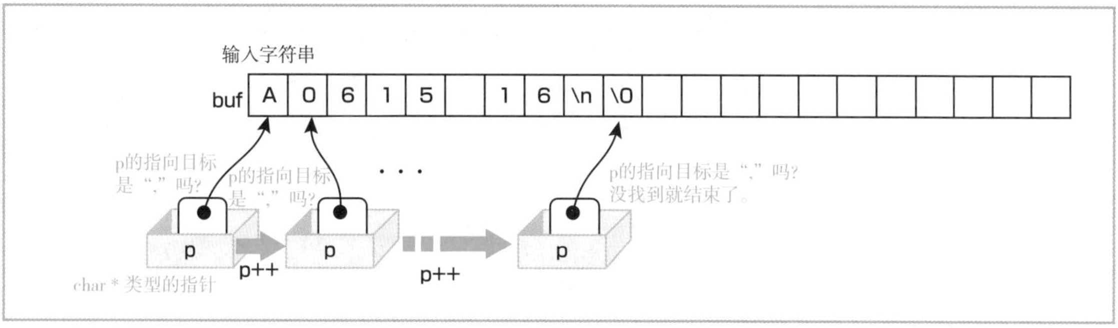
输入字符串
buf
A
0
6
1
5
1
6
\n
\0
p的指向目标是“,”吗?
p的指向目标是“,”吗?
・・・
p的指向目标是“,”吗?没找到就结束了。
p
p++
p
p++
p
char * 类型的指针

此外，最后一个课题检测到的是“\n”而不是“,”。如果对上述进行编程，代码如下所示。

```
char *p;
for (p = buf; *p != '\0' && *p != ',' && *p != '\n'; p++);
```

STEP 8 复制字符串

要将字符串复制到另一个数组中，请逐个字符地进行。如图 36 所示，如果检测到“\0”，则字符串到此结束，复制操作也到此为止。在 for 等循环语句中，因为循环条件为不是“\0”时循环，所以最后的“\0”不会被复制，但最后需要另外复制“\0”。

▼ 图 36　复制字符串

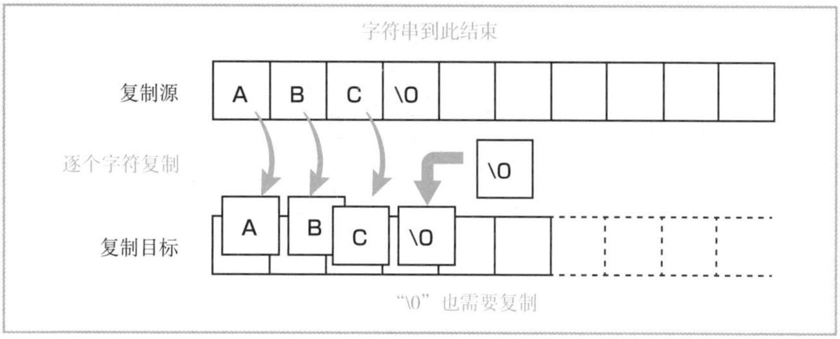
字符串到此结束
复制源
A
B
C
\0
逐个字符复制
\0
复制目标
A
B
C
\0
“\0”也需要复制

但是，不能进行超出复制目标数组的复制。如图 37 所示，如果复制了复制目标数组的全部空间，就不称其为字符串。保留“\0”的位置进行复制，并在末尾赋值为“\0”。

图 37　不要进行超出空间的复制

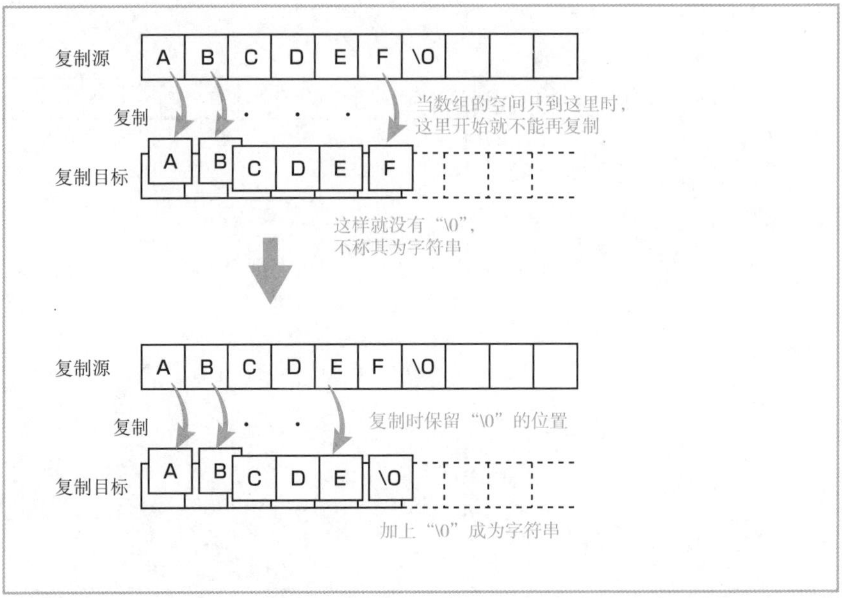
复制源
A B C D E F \0
复制
当数组的空间只到这里时，
这里开始就不能再复制
复制目标
A B C D E F
这样就没有“\0”，
不称其为字符串
复制源
A B C D E F \0
复制
复制时保留“\0”的位置
复制目标
A B C D E \0
加上“\0”成为字符串

处理第 1 个学生的成绩数据时，第 1 个学生的学号将存储在 id[0] 中，如图 38 所示。

图 38　第 1 个学生的学号

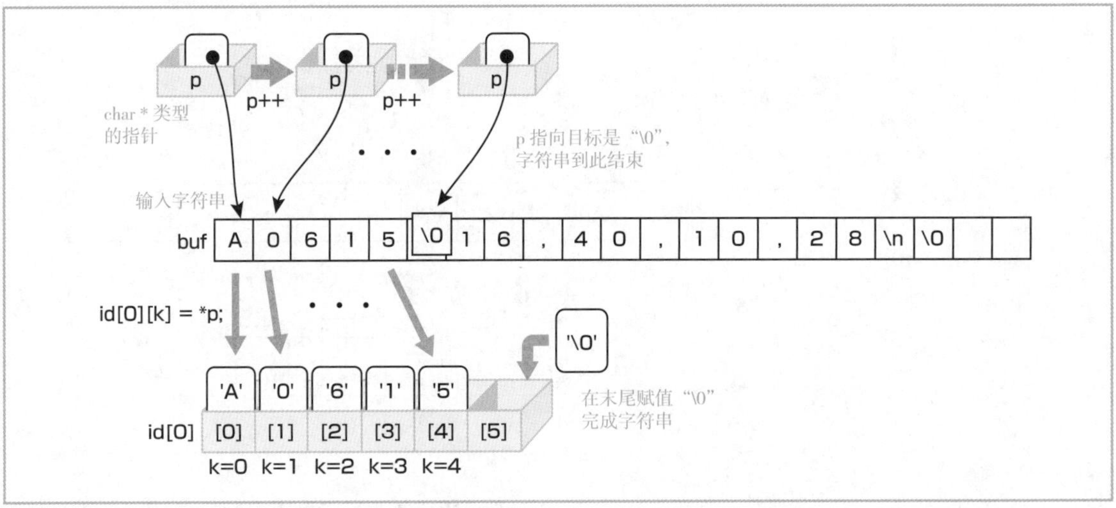
p
p++
p
p++
p
char * 类型
的指针
p 指向目标是“\0”，
字符串到此结束
输入字符串
buf A 0 6 1 5 \0 1 6 , 4 0 , 1 0 , 2 8 \n \0
id[0][k] = *p;
'\0'
'A' '0' '6' '1' '5'
id[0] [0] [1] [2] [3] [4] [5]
在末尾赋值“\0”
完成字符串
k=0 k=1 k=2 k=3 k=4

如果这是第 j 个学生，则学号将存放到 id[j] 中。从输入的字符串中提取学号并将其存储到数组 id 中的代码如下所示。

▶ID_N 是定义为常量的学号位数。在程序开始时描述为 #define ID_N 5

▼ 例

```
//复制学号
int k;                          //数组id[j]的下标
for (k = 0,p=p_start; k < ID_N && *p != '\0'; k++,p++)
{
    id[j][k] = *p;              //逐个字符进行复制
}
id[j][k] = '\0';                //字符串结束
```

STEP 9 将数字字符串转换成数值

使用从文件安全读取的 fgets() 函数，获取的都是字符串。课题分数也成了字符串，这样就无法按原样进行求得分的运算。需要将数字字符串转换为数值。

要将多个数字字符串转换为数值，需要进行以下两个步骤。

▶关于数字字符串和数值之间的区别，让我们回顾一下 3-01 节 STEP 2（P106–P107）中的内容。

1. 将一位数字字符串转换为数值

请回想一下第 2 章中学过的 ASCII 码表，如表 1 所示。

▼ 表 1 数字的 ASCII 码

字 符	二进制数	十进制数
0	0011 0000	48
1	0011 0001	49
2	0011 0010	50
3	0011 0011	51
4	0011 0100	52
5	0011 0101	53
6	0011 0110	54
7	0011 0111	55
8	0011 1000	56
9	0011 1001	57

由于数字的 ASCII 码是连续的号码，因此如果减去 '0'，就可以将数字字符转换为数值。

▼ 例

```
'1' - '0' →1
```

2. 考虑位数，组合成一个数值

当多个一位的数字并排时，将对各个位进行加权。从上（左）位开始处理时，依次乘以 10，如图 39 所示。

图 39　依次乘以 10

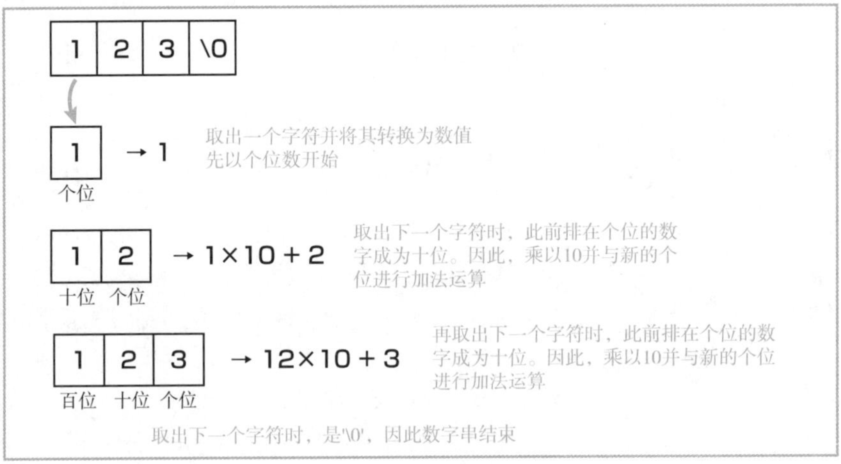
1 2 3 \0
1 → 1
个位
取出一个字符并将其转换为数值
先以个位数开始
1 2 → 1×10＋2
十位 个位
取出下一个字符时，此前排在个位的数字成为十位。因此，乘以10并与新的个位进行加法运算
1 2 3 → 12×10＋3
百位 十位 个位
再取出下一个字符时，此前排在个位的数字成为十位。因此，乘以10并与新的个位进行加法运算
取出下一个字符时，是'\0'，因此数字串结束

▶输入数据并不一定完整。本来应想到可能会出现以下情况：完全没有“,”，或者学号错误地包含 5 个字符以上，或者学号的前后有空格等。即使输入数据不完整，也务必要避免程序中途停止。本来就不存在输入数据正确的“前提”。由于本书是用于初次学习程序的入门书，为了使初学者更容易理解，在此假设输入的数据正确。但是，对于不完整的输入数据，应该进行处理，希望能够记住。

综上所述，程序如下。

```
//求课题分数的数值
int ten = 0;
for (p = p_start; *p != '\0' && *p >= '0' && *p <= '9'; p++)
{
    ten = ten * 10 + *p - '0';
}
```

程序示例

配套资源
原始文件……sample5_5k.c
完成文件……sample6_3o.c

在基本示例 5-5 程序的基础上，将从文件输入更改为 fgets()。尝试对配套资源中的程序进行填空后运行。

```
/****************************************
    从文件读取　应用示例6-3
****************************************/
#include <stdio.h>
#define    ID_N        5      //将学号位数定义为常量
#define    KADAI_N     4      //将课题数定义为常量
#define    N           100    //将准备的数组元素数量定义为常量



//全局变量的声明和初始化
char   hyoukaList[5][10] = { "优" , "良" , "中" , "合格" , "不合格" }; //评价字符串
```

```
int    limit[5] = { 90 , 80 , 70 , 60 , 0 };                                //评价基准

//函数的原型声明
void disp_title(int kadai_n);                                //显示标题的函数
void disp_one(char id[], int kadai[], int kadai_n, int hyouten, int hyoukaIndex);
int  get_gokei(int kadai[], int n);                          //求得分的函数
int  get_hyouka(int hyouten);                                //求评价的函数

int main(void)
{
    //声明变量
    char id[N][ID_N + 1];                                    //学号
    int  kadai[N][KADAI_N];                                  //课题分数
    int  hyouten[N];                                         //得分
    int  hyoukaIndex[N];                                     //评价的下标
    char buf[256];                                           //从文件读取缓冲区
    int  n;                                                  //读入的学生人数
    FILE *fp;                                                //文件控制变量

    //打开文件
    fp = fopen("seiseki.csv", "r");
    if (fp == NULL)
    {
        //文件不存在时
        printf("文件不存在\n");
        return 0;
    }

    //从文件输入
    fgets(buf, sizeof(buf), fp);                             //输入第一行的标题。没有处理
    n = N;                                                   //学生人数的初始值为数组元素的数量
    for (int j = 0; j < N; j++)
    {
        if (fgets(buf, sizeof(buf), fp) == NULL)
        {
            //文件到此结束
            n = j;                                           //读入的学生人数(数据条数)
            break;                                           //循环结束
        }

        //将输入字符串分开存放
        char *p_start = buf;                                 //p_start指向buf的开始
        char *p;                                             //指向字符串的指针
        //搜索','
        for (p = p_start; *p != '\0' && *p != ',' && *p != '\n'; p++);
        *p = '\0';

        //复制学号
        int k;                                               //数组id[j]的下标
        for (k = 0,p=p_start; k < ID_N && *p != '\0'; k++,p++)
        {
            id[j][k] = *p;                                   //逐个字符复制
```

```
        }
        id[j][k] = '\0';                      //字符串结束

        //以数值方式提取课题分数
        for (int i = 0; i < KADAI_N; i++)
        {
            p_start = p + 1;                  //从','的下一个字符开始
            //搜索','
            for (p++; *p != '\0' && *p != ',' && *p != '\n'; p++);
            *p = '\0';

            //以数值方式求课题分数
            int ten = 0;                      //初始化分数
            for (p = p_start; *p != '\0' && *p >= '0' && *p <= '9'; p++)
            {
                ten = ten * 10 + (*p - '0'); //乘以10移位后与个位数相加
            }
            kadai[j][i] = ten;                //分数存储在数组中
        }
    }
    fclose(fp);                               //关闭文件

    //求得分和评价
    for (int i = 0; i < n; i++)
    {
        hyouten[i] = get_gokei(kadai[i], KADAI_N);  //求得分
        hyoukaIndex[i] = get_hyouka(hyouten[i]);    //求评价
    }

    //显示到命令提示符界面上
    disp_title(KADAI_N);                                //显示标题
    for (int i = 0; i < n; i++)
    {
        //显示一个人
        disp_one(id[i], kadai[i], KADAI_N, hyouten[i], hyoukaIndex[i]);
    }

    //显示平均分
    printf("   平均分:%5.1f分\n", (double)get_gokei(hyouten, n) / n);

    return 0;
}
/*
以下的函数与基本示例5-4相同,因此省略,请大家在下面描述与基本示例5-4相同的内容
void disp_title(int kadai_n);
void disp_one(char id[], int kadai[], int kadai_n, int hyouten, int hyoukaIndex);
int  get_gokei(int data[], int n);
int  get_hyouka(int hyouten);
*/
```

04 指针数组

使用指针数组，可以将作为变量分散保存的数据进行集中管理。

基本示例 6-4

当表示评价的字符串分别存储在单独的 char 类型数组中时，可以用指针类型数组进行集中管理和统一显示，如图 40 所示。

▼ 图40　初始化字符串

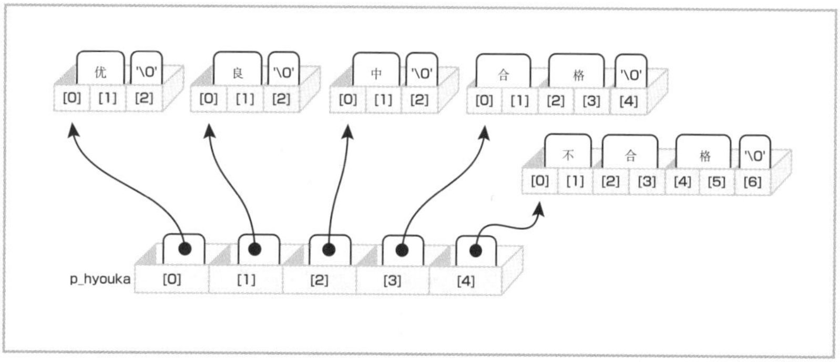
优
'\0'
[0]
[1]
[2]
良
'\0'
[0]
[1]
[2]
中
'\0'
[0]
[1]
[2]
合
格
'\0'
[0]
[1]
[2]
[3]
[4]
不
合
格
'\0'
[0]
[1]
[2]
[3]
[4]
[5]
[6]
p_hyouka
[0]
[1]
[2]
[3]
[4]

▼ 运行结果

```
优
良
中
合格
不合格
```

STEP 1　声明指针类型的数组

在第 3 章中学过，数组是相同类型变量的排列。并且，数组声明必须指明类型、数组名和元素数量。即使排列的变量是指针类型，也完全相同。声明描述类型、数组名和元素数量，与普通数组一样。

▶对于指针类型来说，“类型”是指向目标的类型和表示指针的“*”的组合，如 char * 或 int * 等。

指向目标的类型　*数组名[元素数量]；

▶与声明变量一样，声明语句中使用的“*”表示“此数组是指针，存储地址”的含义。不是求“指向目标”内容的运算符。

▼ 例

```
char *p_hyouka[5];
```

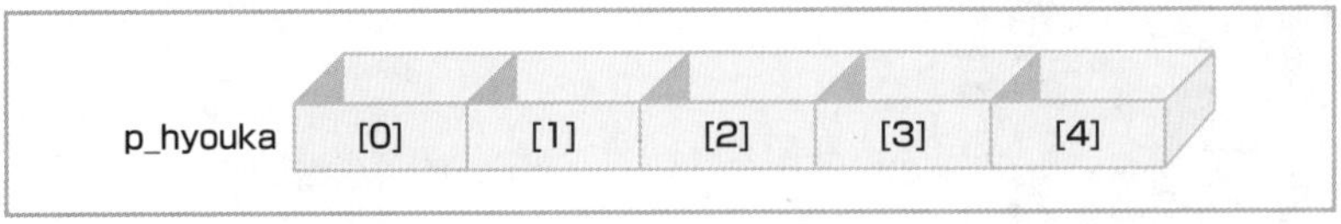

p_hyouka
[0]
[1]
[2]
[3]
[4]

STEP 2 从指针类型数组获取指向目标的值

为获得指针类型数组的元素所指向的目标，请进行如下描述：

```
*数组名称[下标]
```

“*”是求指向目标值的间接运算符，与指针类型变量相同。指定一个数组元素的是 [] 和下标，与普通的数组相同，可将两者结合表示。

当指向 int 类型的指针数组，每个元素的指向目标设置为如图 41 所示时，通过指针类型数组指定指向目标。图 41 的描述实例如表 2 所示。

▼ 图 41　指向 int 类型的指针数组示例

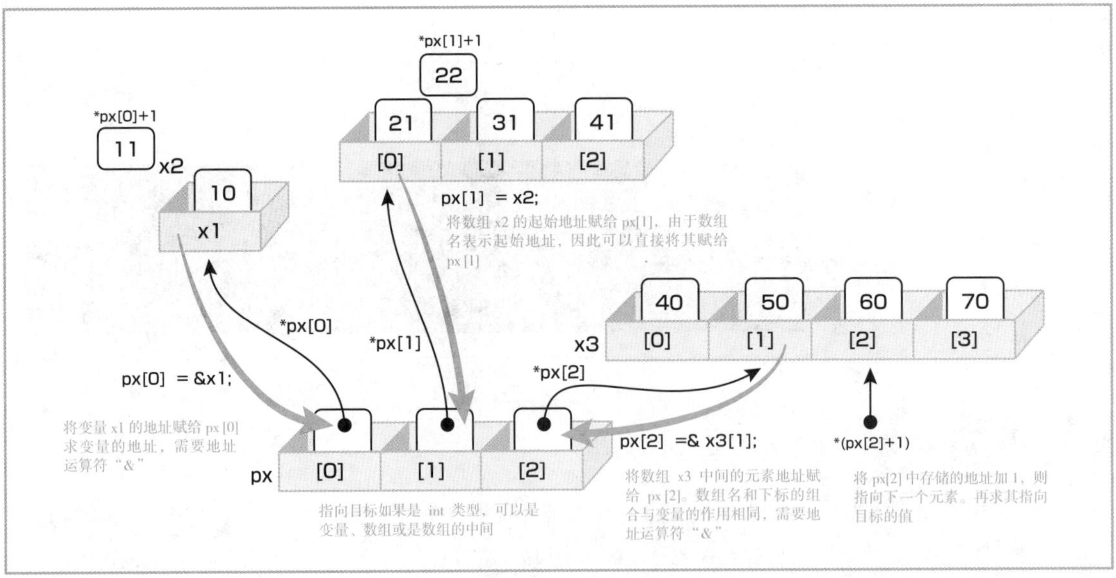

*px[1]+1
22
21
31
41
[0]
[1]
[2]
*px[0]+1
11
x2
10
x1
px[1] = x2;
将数组 x2 的起始地址赋给 px[1]，由于数组名表示起始地址，因此可以直接将其赋给 px [1]
40
50
60
70
x3
[0]
[1]
[2]
[3]
*px[0]
*px[1]
*px[2]
px[0] = &x1;
将变量 x1 的地址赋给 px [0] 求变量的地址，需要地址运算符“&”
px
[0]
[1]
[2]
px[2] =& x3[1];
*(px[2]+1)
指向目标如果是 int 类型，可以是变量、数组或是数组的中间
将数组 x3 中间的元素地址赋给 px [2]。数组名和下标的组合与变量的作用相同，需要地址运算符“&”
将 px[2] 中存储的地址加 1，则指向下一个元素。再求其指向目标的值

▼ 表 2 图 41 的描述示例

描述示例	值	说　　明	不使用指针的描述
*px[0]	10	px[0]指向目标的值	x1
*px[0]+1	11	px[0]指向目标的值+1	x1+1
*px[1]	21	px[1]指向目标的值	x2[0]
*px[1]+1	22	px[1]指向目标的值+1	x2[0]+1
*px[2]	50	px[2]指向目标的值	x3[1]
*(px[2]+1)	60	px[2]指向目标的下一个元素的值	x3[2]

STEP 3 初始化指向字符串的指针

我们已经学过将字符串常量值用“"”括起来表示。如果声明一个 char 类型的数组，同时用字符串对其进行初始化，则该数组如图 42 所示。

```
char hyouka[] = "优";
```

▼ 图 42 初始化字符串

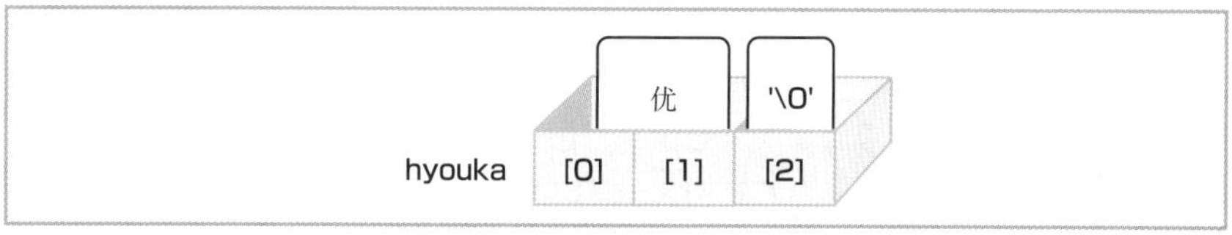
优
'\0'
hyouka
[0]
[1]
[2]

表示字符串的常量值，与数组名一样表示起始地址。既然是地址，则应该能够将其赋给指针。使用此方法，可以在声明一个指向字符串的指针的同时，保留指向目标的数组空间，并且初始化数组中的字符串和指针中的起始地址，如图 43 所示。代码编写如下。

▼ 例

```
char *p = "优"; //声明指向字符串的指针
```

▼ 图 43 初始化指针对应的字符串

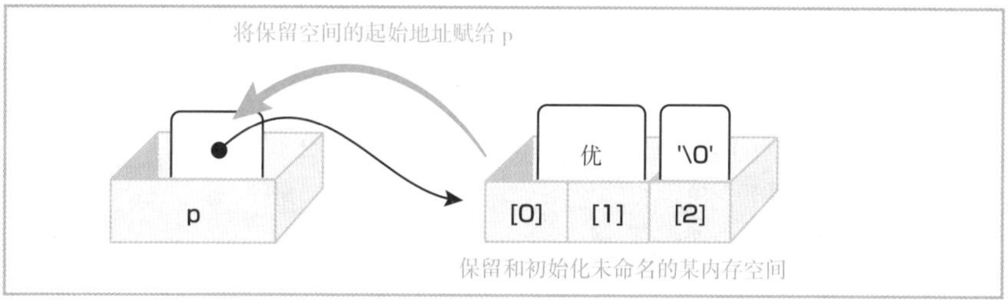
将保留空间的起始地址赋给 p
p
优
'\0'
[0]
[1]
[2]
保留和初始化未命名的某内存空间

当然，并非“优”的全部都放入指针 p 中。根据需要保留未命名的某内存空间，并在此初始化字符串。此外，将指针 p 初始化为该空间的起始地址。

STEP 4 初始化指向字符串的指针数组

在有很多字符串时，需要相应数量的指针。将指针作为数组进行管理就可以了。如果将字符串常量作为初始值排列，则会为每个字符串保留一个未命名空间，并用各空间的起始地址对指针类型数组进行初始化，如图 44 所示。

▶这是基本示例 6-4 的数据结构。

▼ 例

```
char *p_hyoukaList[] = { "优" , "良" , "中" , "合格" , "不合格" };
```

▼ 图 44 初始化指针数组

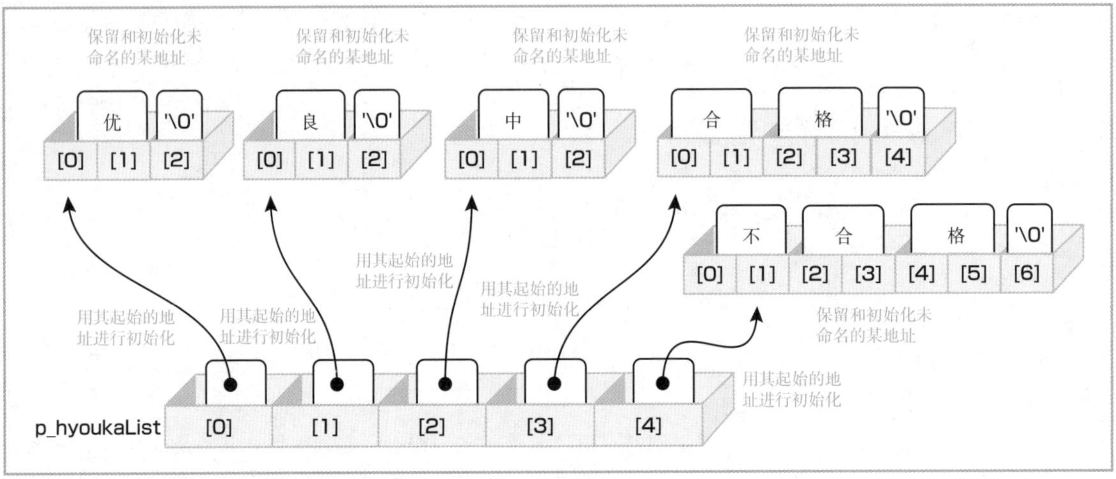

保留和初始化未命名的某地址
优 '\0'
[0] [1] [2]
良 '\0'
中 '\0'
合 格 '\0'
[0] [1] [2] [3] [4]
不 合 格 '\0'
[0] [1] [2] [3] [4] [5] [6]
用其起始的地址进行初始化
p_hyoukaList
[0] [1] [2] [3] [4]

配套资源 》

原始文件……rei6_4k.c
完成文件……sample6_4k.c

程序示例

配套资源的程序中没有编写显示评价的部分。请大家补充完善后再运行。

```
/****************************************
        基本示例6-4  指针类型数组
****************************************/
#include <stdio.h>

int main(void)
{
    char *p_hyoukaList[] = { "优" , "良" , "中" , "合格" , "不合格" };

    //求数组元素数量
    int n = sizeof(p_hyoukaList) / sizeof(char *);
```

```

    //显示到命令提示符界面上
    for (int i = 0; i < n; i++)
    {
        printf("%s\n", p_hyoukaList[i]);
    }

    return 0;
}
```

编程助手 致未能正确运行者

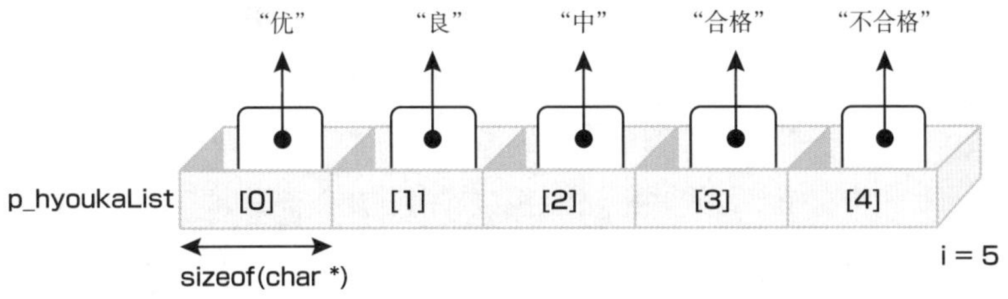

"优"
"良"
"中"
"合格"
"不合格"
p_hyoukaList
[0]
[1]
[2]
[3]
[4]
sizeof(char *)
i = 5


```
//求数组元素数量
int n = sizeof(p_hyoukaList) / sizeof(char);
                                      char *
//显示到命令提示符界面上
for (int i = 0; i < n; i++)
{                          p_hyokaList[i]
    printf("%s\n", p_hyokaList);
}
```

要计算数组元素的数量，请将整个数组的大小除以类型的大小。由于p_hyoukalist是指向char类型的指针类型数组，因此如果错误地将char*类型描述成sizeof (char)，将无法正确计算数组元素的数量，但是不会发生编译错误。如果要运行的话，将超出数组的范围，会发生运行错误

printf() 函数中的 %s 是一个需要地址的转换说明符。评价字符串的起始地址由指针数组p_ hyoukaList管理，每个地址都使用下标来指定。如果没有指定下标，可能会出现"类型不同"的编译警告

应用示例 6–4

根据应用示例 6–3 的程序，将评价列表变更为指向字符串的指针数组。请体验一下，即使将 char 类型的二维数组的评价列表变更为指向 char 类型的指针数组，在程序中也只有一点点的变更，如图 45 所示。

▼ 图45 变更为指针数组

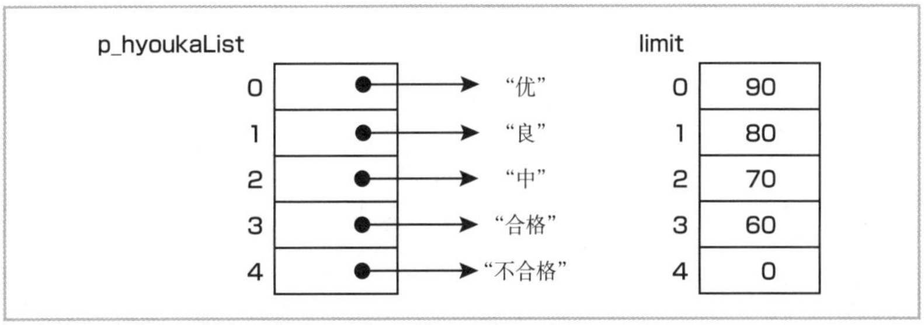

p_hyoukaList
0
1
2
3
4
"优"
"良"
"中"
"合格"
"不合格"
limit
0
1
2
3
4
90
80
70
60
0

▼ 运行结果

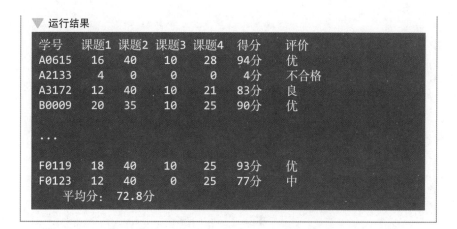

```
学号   课题1 课题2 课题3 课题4  得分    评价
A0615   16   40    10    28   94分    优
A2133    4    0     0     0    4分    不合格
A3172   12   40    10    21   83分    良
B0009   20   35    10    25   90分    优

...

F0119   18   40    10    25   93分    优
F0123   12   40     0    25   77分    中
    平均分:  72.8分
```

STEP 5　指针数组与二维数组

评价在 disp_one() 函数中显示。在应用示例 6-3 中，代码描述如下。

```
printf(" %3d分    %s\n", hyouten, hyoukaList[hyoukaIndex]);
```

此时，hyoukaList 是一个 char 类型的二维数组，并指定了其中一行，如图 46 所示。

▼ 图 46　指定二维数组中的一个字符串

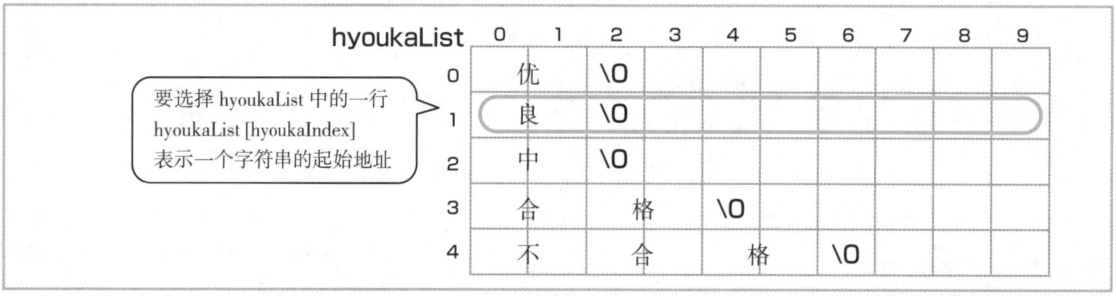
hyoukaList
0 1 2 3 4 5 6 7 8 9
0 优 \0
1 良 \0
2 中 \0
3 合 格 \0
4 不 合 格 \0
要选择 hyoukaList 中的一行
hyoukaList [hyoukaIndex]
表示一个字符串的起始地址

数组名表示起始地址，但是由于评价列表是二维数组，因此如果像

hyoukaList [hyoukaIndex]

这样有一个下标，则表示该行的起始地址。这只是一个指针。

如果将评价列表变成指针，将按如图 47 所示进行指定。

▼ 图 47　指定指针数组中的一个字符串

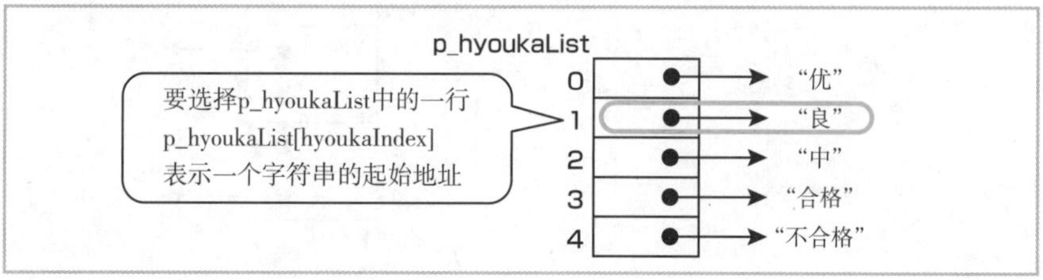
p_hyoukaList
0 "优"
1 "良"
2 "中"
3 "合格"
4 "不合格"
要选择p_hyoukaList中的一行
p_hyoukaList[hyoukaIndex]
表示一个字符串的起始地址

尽管更改了数组名称，但是指定一个字符串的表达式没有任何变化。显示评价的语句如下所示。

```
printf(" %3d分    %s\n", hyouten, p_hyoukaList[hyoukaIndex]);
```

配套资源 》

原始文件……sample6_3o.c
完成文件……sample6_4o.c

程序示例

试着将应用示例 6-3 的程序的评价改写为指针执行。

```
/*******************************************
      指针数组  应用示例6-4
*******************************************/
#include <stdlib.h>
#define    ID_N     5                     //将学号位数定义为常量
#define    KADAI_N  4                     //将课题个数定义为常量
#define    N        100                   //准备的数组元素数量


//全局变量
char    *p_hyoukaList[5] = { "优" , "良" , "中" , "合格" , "不合格" }; //评价字符串
int      limit[5] = { 90 , 80 , 70 , 60 , 0 };                        //评价基准

//函数的原型声明
void disp_title(int kadai_n);                   //显示标题的函数
void disp_one(char id[], int kadai[], int kadai_n, int hyouten, int hyoukaIndex);
int  get_gokei(int kadai[], int kadai_n);       //求得分的函数
int  get_hyouka(int hyouten);                   //求评价的函数

int main(void)
{
    <<主程序没有变化>>

    return 0;
}
/*******************************************
  显示一个人的信息
  id : 一个人的学号(字符串)
  kadai : 一个人的课题分数
  kadai_n : 课题数量
  hyouten : 一个人的得分
  hyoukaIndex : 评价字符串的下标
*******************************************/
void disp_one(char id[], int kadai[], int kadai_n, int hyouten, int hyoukaIndex)
{
    printf("%-10s", id);                        //学号
    for (int i = 0; i < kadai_n; i++)
```

```
    {
        printf("%5d ", kadai[i]);            //各课题分数
    }

    printf(" %3d分    %s\n", hyouten, p_hyoukaList[hyoukaIndex]);  //得分与评价
}

/*
以下的函数与第 5 章基本示例 5-4 相同,因此省略,请大家在下面描述与第 5 章基本示例 5-4 相同的内容
void disp_title(int kadai_n);
int  get_gokei(int data[], int n);
int  get_hyouka(int hyouten);
*/
```

扩 展　指向指针的指针

指针指向 char 类型或 int 类型等基本类型的变量或数组，也就是存储其地址，但也允许指向目标是指针。由于指向目标是指针，因此该目标有基本类型，并且存储了值。

指向指针的指针用两个 "*" 声明，如 Figure 2 所示。

Figure 2　指向指针的指针

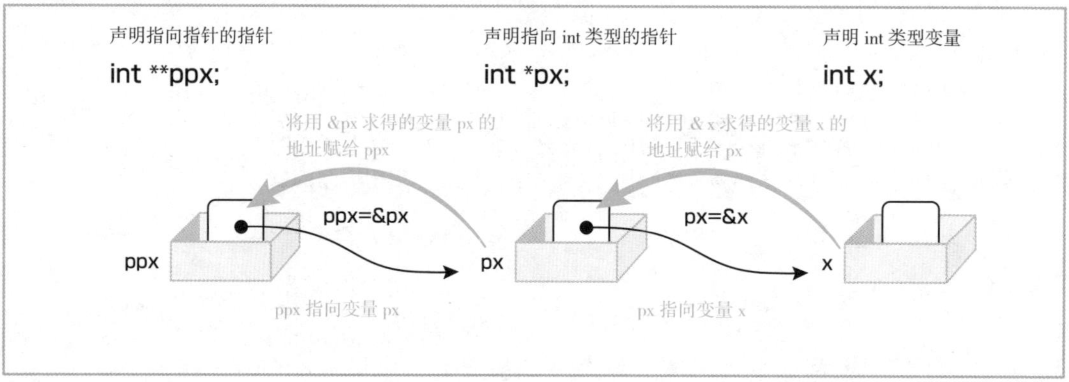
声明指向指针的指针
int **ppx;
声明指向 int 类型的指针
int *px;
声明 int 类型变量
int x;
将用 &px 求得的变量 px 的地址赋给 ppx
将用 & x 求得的变量 x 的地址赋给 px
ppx=&px
px=&x
ppx
px
x
ppx 指向变量 px
px 指向变量 x

当存在如 Figure 2 所示的关系时，要通过指向指针的指针 ppx 取得变量 x 的值，需要写两个间接运算符 "*" 进行 "指向目标的指向目标" 的运算。

```
printf("%d\n" , **ppx);
```

指向指针的指针，在指向指针类型数组的时候，会发挥作用，如 Figure 3 所示。

▼ Figure 3 指向指针的指针指向指针类型的数组

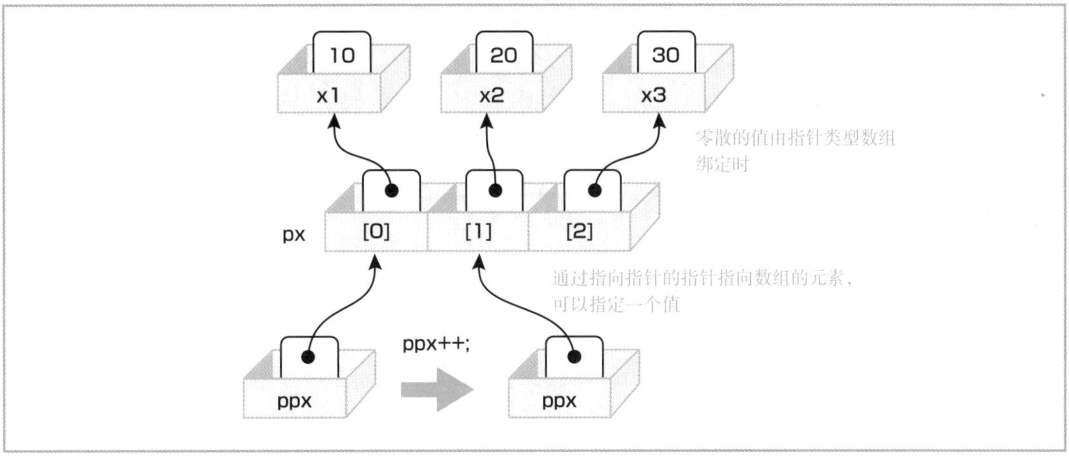
10
20
30
x1
x2
x3
零散的值由指针类型数组绑定时
px
[0]
[1]
[2]
通过指向指针的指针指向数组的元素，可以指定一个值
ppx++;
ppx
ppx

像 Figure 3 这样的结构可以通过以下程序显示 3 个值。

```
for (int i = 0; i < 3; i++,ppx++)
{
    printf("%d ", **ppx);
}
printf("\n");
```

不改变 ppx 的值，以下程序也可以。

```
for (int i = 0; i < 3; i++)
{
    printf("%d ", **(ppx+i));
}
printf("\n");
```

上面的程序示例也可以用数组的形式表示。

```
for (int i = 0; i < 3; i++)
{
    printf("%d ", *ppx[i]);
}
printf("\n");
```

注：可执行的源程序包含在配套资源中，请参考 sample6_h2.c。

6 05 指定指针作为函数的参数

指针只有和函数结合使用才能发挥真正作用。下面指定指针作为参数，以使函数更加灵活。

基本示例 6-5

用函数重写将从文件输入的字符串进行拆分的部分。函数只能返回一个值，但是使用指针可以返回多个结果。下面，我们就挑战一下指针和函数相结合的技术。

▼ 运行结果

```
学号    课题1 课题2 课题3 课题4 得分    评价
A0615    16    40    10    28  94分    优
A2133     4     0     0     0   4分    不合格
A3172    12    40    10    21  83分    良
B0009    20    35    10    25  90分    优

...

F0119    18    40    10    25  93分    优
F0123    12    40     0    25  77分    中
    平均分:  72.8分
```

STEP 1 参数的值传递和引用传递有什么不同

在第 5 章中学过，将参数传递给函数时，如果是变量，则实际参数将被复制到形式参数中。即使在函数侧进行了更改，毕竟是副本，对调用侧没有任何影响，这种传递参数的方式称为值传递，如图 48 所示。

与此相对，将数组作为参数传递时，实际上是从函数侧直接查看调用侧声明的空间，并且可以更改其值，这称为引用传递，如图 49 所示。

▼ 图 48 参数的值传递

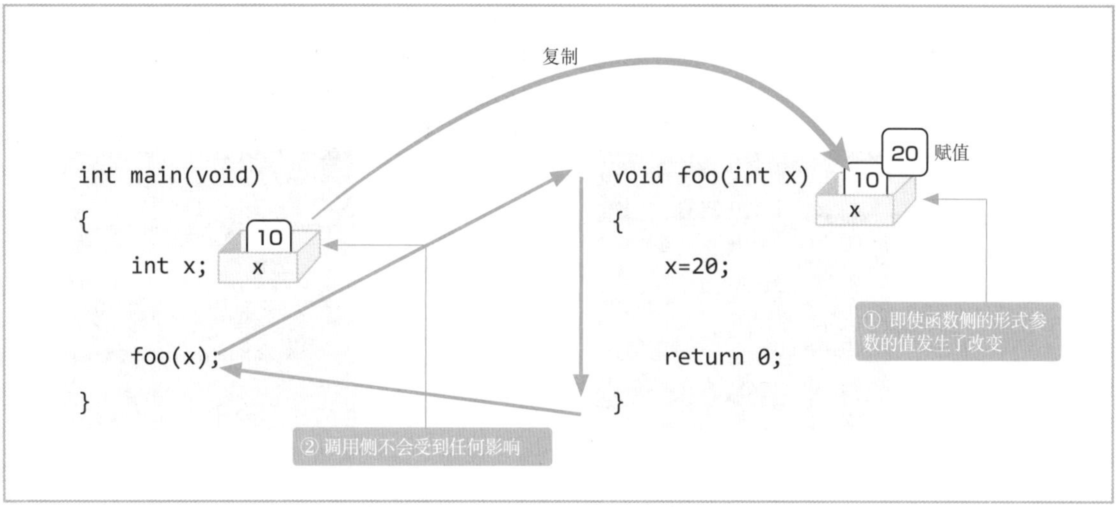
复制
int main(void)
{
int x;
10
x
foo(x);
}
void foo(int x)
{
x=20;
return 0;
}
20
赋值
10
x
① 即使函数侧的形式参数的值发生了改变
② 调用侧不会受到任何影响

▼ 图 49 参数的引用传递

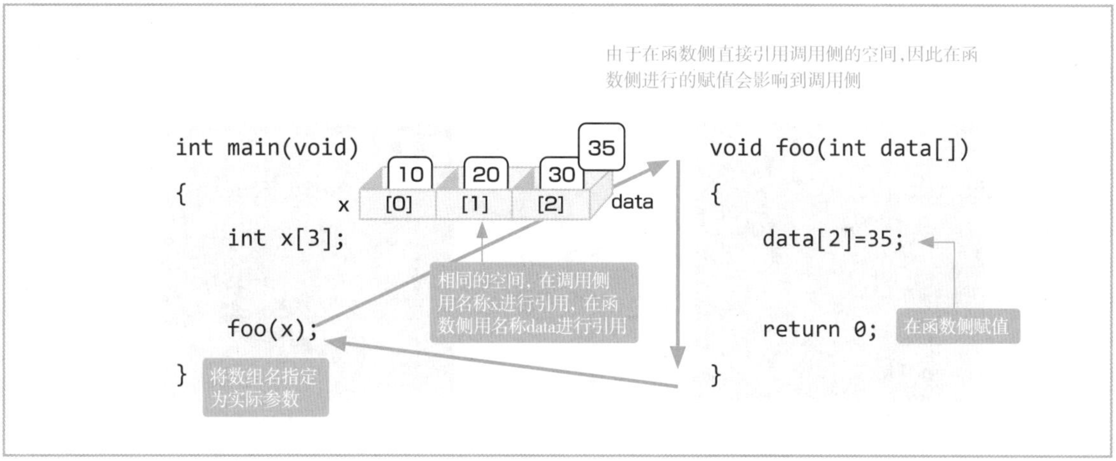
由于在函数侧直接引用调用侧的空间，因此在函数侧进行的赋值会影响到调用侧
int main(void)
{
int x[3];
foo(x);
}
x
10
20
30
35
[0]
[1]
[2]
data
void foo(int data[])
{
data[2]=35;
return 0;
}
相同的空间，在调用侧用名称x进行引用，在函数侧用名称data进行引用
在函数侧赋值
将数组名指定为实际参数

在值传递时，实际参数被复制到函数侧；而在引用传递时，函数侧直接引用调用侧的空间。

STEP 2 使用指针进行引用传递

由于数组名表示地址，因此将数组名传递给形式参数，与将数组起始地址传递给形式参数相同，如图 50 所示。

▼ 图 50　利用指针进行参数的引用传递

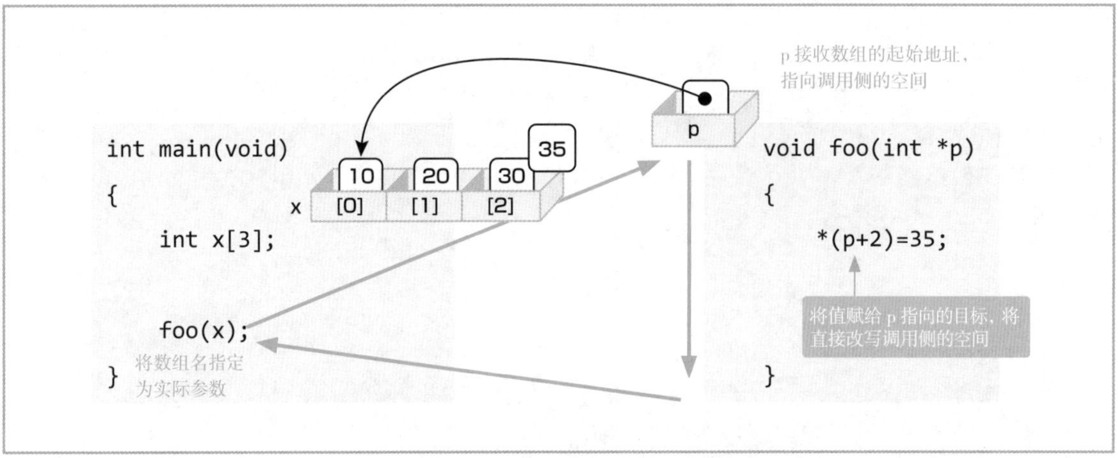
p 接收数组的起始地址，
指向调用侧的空间
int main(void)
{
int x[3];
foo(x);
}
将数组名指定
为实际参数
x
[0]
[1]
[2]
10
20
30
35
p
void foo(int *p)
{
*(p+2)=35;
}
将值赋给 p 指向的目标，将
直接改写调用侧的空间

引用传递只要传递地址就可以了，因此不仅可以指定数组的起始地址，也可以指定变量的地址，如图 51 所示。

▼ 图 51　变量的引用传递

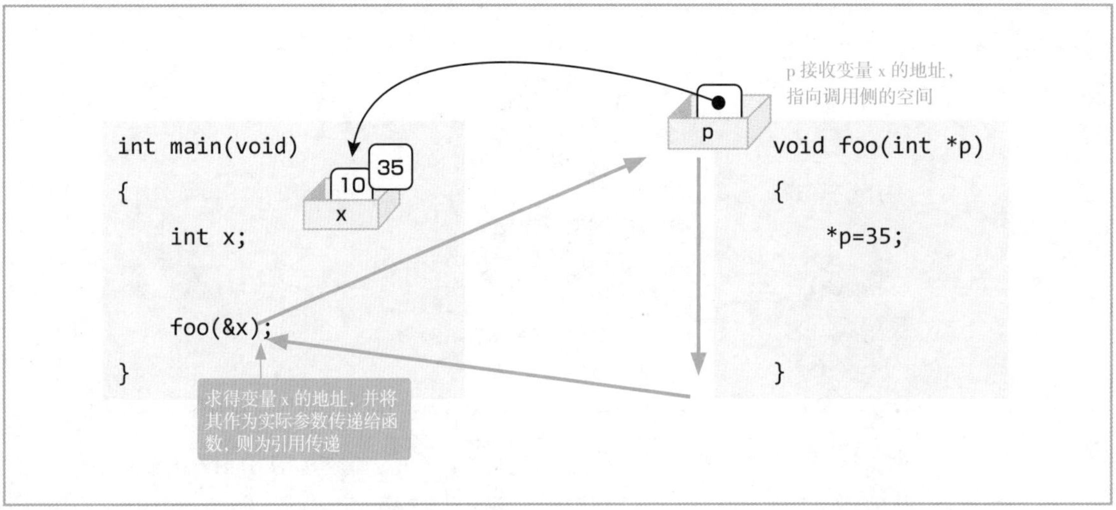
p 接收变量 x 的地址，
指向调用侧的空间
int main(void)
{
int x;
foo(&x);
}
10
35
x
p
void foo(int *p)
{
*p=35;
}
求得变量 x 的地址，并将
其作为实际参数传递给函
数，则为引用传递

如图 52 所示，也可以将数组的中间元素地址传递给函数。在函数侧，把传递来的空间视作整个数组进行处理。

▼ 图 52　从数组的中间引用传递

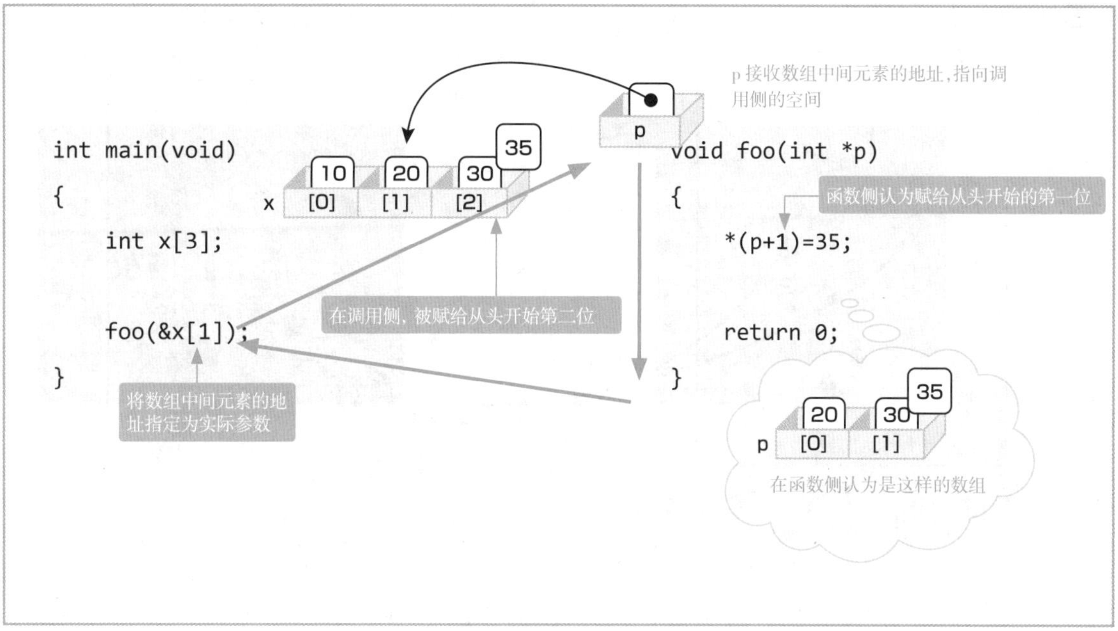
p 接收数组中间元素的地址，指向调用侧的空间
p
35
int main(void)
{
int x[3];
foo(&x[1]);
}
x
10
20
30
[0]
[1]
[2]
在调用侧，被赋给从头开始第二位
将数组中间元素的地址指定为实际参数
void foo(int *p)
{
函数侧认为赋给从头开始的第一位
*(p+1)=35;
return 0;
}
p
20
30
35
[0]
[1]
在函数侧认为是这样的数组

扩 展　scanf 函数中“&”的含义

请回想从键盘输入的 scanf 函数。在第 2 章中，像“咒语”一样强调变量之前需要“&”。

▼ 例

```
int  x;
scanf("%d" , &x);
```

这无非就是求得变量的地址并作为实际参数传递给库函数 scanf，如 Figure 4 所示。通过传递地址，可以从函数侧直接赋值给调用侧准备的变量 x 。

为此，一次可以输入多个。

▼ 例

```
int x,y;
scanf("%d%d") , &x , &y);
```

▼ Figure 4　scanf 函数中“&”的含义

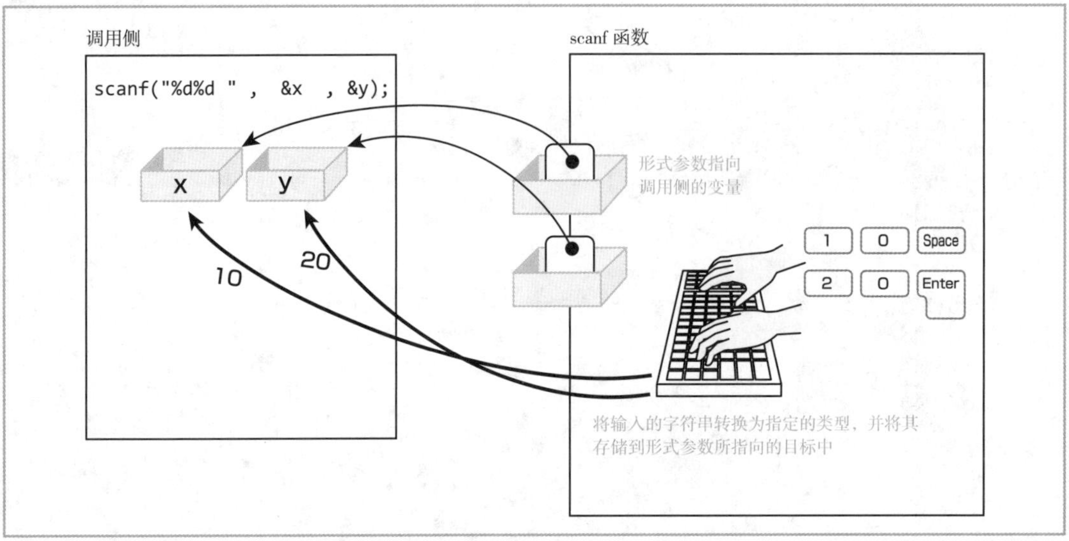
调用侧
scanf("%d%d " , &x , &y);
x
y
10
20
scanf 函数
形式参数指向
调用侧的变量
1
0
Space
2
0
Enter
将输入的字符串转换为指定的类型，并将其
存储到形式参数所指向的目标中

另外，输入字符串时，不需要“&”。由于数组名称表示起始地址，因此不需要用于获取地址的运算符“&”。

STEP 3　使用复制字符串的库函数

字符串处理在许多场合都很有用。为此，提供了很多有用的库函数。在这里，介绍两个使用频率高、特别常用的复制字符串的库函数。

1. strcpy(char *pd , char *ps)

▶strcpy 函数是一个危险的函数，会在不考虑目标空间的情况下持续进行复制（请参阅第 6 章 P311–P312）。

▶关于头文件，请参阅第 5 章 P259。

头文件：string.h。

将 ps 指向目标的字符串复制到 pd 指向目标的空间。不考虑复制目标的空间，一直复制到“\0”。可以用数组名代替指针来描述。

2. strncpy(char *pd , char *ps , int n)

头文件：string.h。

将 ps 指向目标的字符串，最多复制 n 个字符到 pd 指向目标的空间。如果在 n 中指定了作为复制目标而准备的空间的字符数，就不会有超出空间进行复制的风险。需要注意的是，如果复制源字符串超过 n 个字符，则不会复制“\0”，并且将无法作为字符串完成。可以用数组名代替指针来描述。

在基本示例 6-5 中，从文件输入的字符串中提取学号进行复制时使用。

STEP 4 使用库函数将数字字符串转换为数值

在很多情况下需要将数字字符串转换为数值，C 语言也提供了库函数。

1. atoi(char *p)

头文件：stdlib.h。

将数字字符串转换为 int 类型值。字符串开头的空格将被忽略，在检测到除字符 0 ~ 9 和开头的符号以外的字符前，字符串均为操作对象。

在基本示例 6–5 中，从文件输入的字符串中提取课题分数，赋值给 int 类型数组。

2. atof(char *p)

头文件：stdlib.h。

将数字字符串转换为浮点数。字符串开头的空格将被忽略，在检测到除字符 0 ~ 9 和开头的符号以及 “.” 等表示浮点的字符以外的字符前，字符串均为操作对象。

STEP 5 创建分解输入字符串的函数

创建一个函数，将从文件中输入的一行字符串分解为学号和 4 个课题分数。函数只能返回一个返回值，但是如果将多个指针作为参数传递，则可以向调用侧提供多个值，如图 53 所示。

▼ 图 53 向调用侧提供多个值

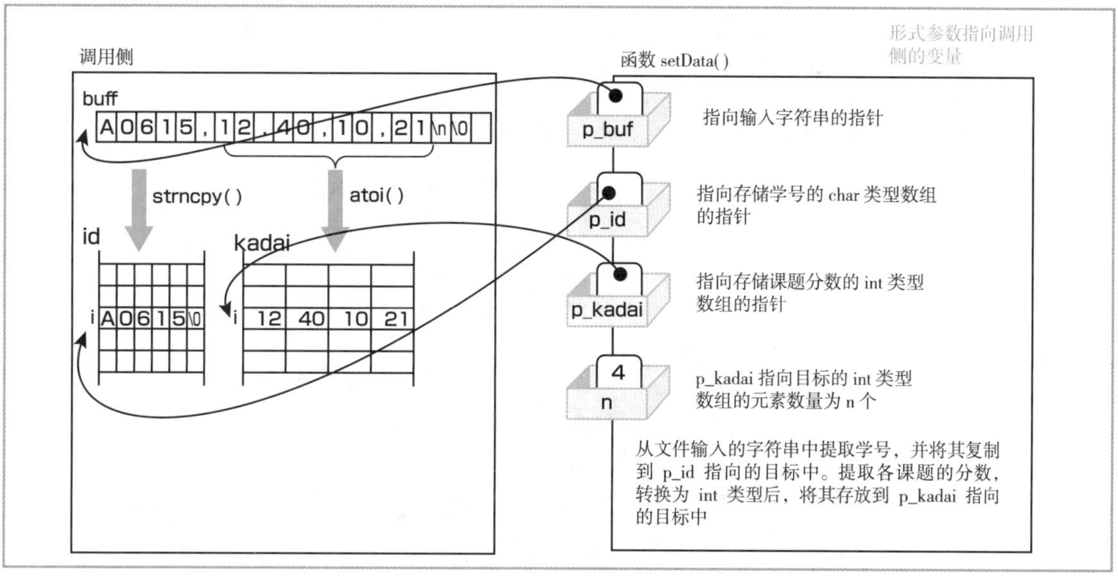
形式参数指向调用侧的变量
调用侧
buff
A 0 6 1 5 , 1 2 , 4 0 , 1 0 , 2 1 \n \0
strncpy( )
atoi( )
id
kadai
i A 0 6 1 5 \0
i 12 40 10 21
函数 setData( )
p_buf
指向输入字符串的指针
p_id
指向存储学号的 char 类型数组的指针
p_kadai
指向存储课题分数的 int 类型数组的指针
4
n
p_kadai 指向目标的 int 类型数组的元素数量为 n 个
从文件输入的字符串中提取学号，并将其复制到 p_id 指向的目标中。提取各课题的分数，转换为 int 类型后，将其存放到 p_kadai 指向的目标中

STEP 6 用指针重写数组

下面全部用指针重写形式参数接收数组的函数。

```
void disp_one(char id[], int kadai[], int kadai_n, int hyouten, int hyoukaIndex);
```

↓

```
void disp_one(char *p_id, int *p_kadai, int kadai_n, int hyouten, int hyoukaIndex);
```

```
int    get_gokei(int data[], int n);
```

↓

```
int    get_gokei(int *p_data, int n);
```


随着参数的变化，函数的处理也会发生一些变化。即 kadai[i] 变为 *(p_kadai + i)，data[i] 变为 *(p_data + i)。

配套资源

原始文件……sample6_4o.c
完成文件……sample6_5k.c

程序示例

下面将应用示例 6-4 的程序中对从文件输入的字符串进行解析的部分替换为函数，将数组的形式参数改写为指针，然后执行。

```
/*******************************************
    以指针作为参数的函数  基本示例6-5
*******************************************/
#include <stdio.h>
#include <string.h>
#include <stdlib.h>
#define    ID_N       5              //将学号位数定义为常量
#define    KADAI_N    4              //将课题个数定义为常量
#define    N          100            //将准备的数组元素数量定义为常量

//全局变量
char   *p_hyoukaList[5] = { "优" , "良" , "中" , "合格" , "不合格" }; //评价字符串
int    limit[5] = { 90 , 80 , 70 , 60 , 0 };                          //评价基准

//函数的原型声明
void disp_title(int kadai_n);
void disp_one(char *p_id, int *p_kadai, int kadai_n, int hyouten, int hyoukaIndex);
int  get_gokei(int *p_data, int n);   //求得分的函数
int  get_hyouka(int hyouten);         //求评价的函数
void setData(char *p_buf, char *p_id, int *p_kadai, int n);
```

数组改写为指针

增加解析输入字符串的函数

```c

int main(void)
{
    //声明变量
    char id[N][ID_N + 1];                              //学号
    int  kadai[N][KADAI_N];                            //课题分数
    int  hyouten[N];                                   //得分
    int  hyoukaIndex[N];                               //评价的下标
    char buf[256];                                     //从文件读取缓冲区
    int  n;                                            //读入的学生人数
    FILE *fp;                                          //文件控制变量

    //打开文件
    fp = fopen("seiseki.csv", "r");
    if (fp == NULL)
    {
        //文件不存在时
        printf("文件不存在\n");
        return 0;
    }

    //从文件输入
    fgets(buf, sizeof(buf), fp);                       //输入第一行的标题。没有处理
    n = N;                                             //人数的初始值为数组元素的数量
    for (int i= 0; i< N; i++)
    {
        if (fgets(buf, sizeof(buf), fp) == NULL)
        {
            //文件到此结束
            n = i;                                     //读入的学生人数(数据条数)
            break;                                     //循环结束
        }

        //分解输入的字符串并存储
        setData(buf, id[i], kadai[i], KADAI_N);
    }
    fclose(fp);

    //求得分和评价
    for (int i = 0; i < n; i++)
    {
        hyouten[i] = get_gokei(kadai[i], KADAI_N);    //求得分
        hyoukaIndex[i] = get_hyouka(hyouten[i]);      //求评价
    }

    //显示到命令提示符界面上
    disp_title(KADAI_N);                               //调用显示标题的函数
    for (int i = 0; i < n; i++)
    {
```

调用解析输入字符串的函数

即使将形式参数更改为指针，实际参数也不更改

```
        //显示一个人
        disp_one(id[i], kadai[i], KADAI_N, hyouten[i], hyoukaIndex[i]);
    }

    //显示平均分
    printf("    平均分:%5.1f分\n", (double)get_gokei(hyouten, n) / n);

    return 0;
}
```

即使将形式参数更改为指针，实际参数也不更改

```

/***********************************************
    一个人的数据集
    p_buf : 一行输入字符串
    p_id : 指向存储学号的空间的指针
    p_kadai : 指向存储课题分数的数组的指针
    n : 课题个数
***********************************************/
void setData(char *p_buf, char *p_id , int *p_kadai , int n)
{
    //将输入字符串分开存放
    char *p_start = p_buf;                      //p_start指向buf的开始
    char *p;                                    //指向字符串的指针

    //搜索','
    for (p = p_start; *p != '\0' && *p != ',' && *p != '\n'; p++);
    *p = '\0';
    //复制学号
    strncpy(p_id, p_start,ID_N);
    p_id[ID_N] = '\0';                          //对于超过id的字符数的情况

    //以数值方式提取课题分数
    for (int i = 0; i < n; i++ , p_kadai++)
    {
        p_start = p + 1;                        //从','的下一个字符开始
        //搜索','
        for (p++; *p != ',' && *p != '\0' && *p != '\n'; p++);
        *p = '\0';
        //求数值形式的课题分数
        *p_kadai = atoi(p_start);               //转换为整数并赋值
    }
}
```

定义解析输入字符串的函数。将main()中描述的内容移到函数中

```
/*****************************************
    显示一个人信息的函数
    p_id : 指向一个人的学号(字符串)的指针
    p_kadai : 指向一个人的课题分数数组的指针
    kadai_n : 课题数
    hyouten : 一个人的得分
    hyoukaIndex : 评价字符串的下标
```

6 使用指针

```
****************************************/
void disp_one(char *p_id, int *p_kadai, int kadai_n, int hyouten, int hyoukaIndex)
{
    printf("%-10s", p_id);                                  //学号
    for (int i = 0; i < kadai_n; i++)
    {
        printf("%5d ", *(p_kadai + i));                     //各课题分数
    }
    printf(" %3d分    %s\n", hyouten, p_hyoukaList[hyoukaIndex]);    //得分与评价
}

/*******************************************
    计算数组元素的合计
    p_kadai : 数组
    n : 数组元素数量
    返回值：数组元素的合计值
*******************************************/
int    get_gokei(int *p_data, int n)
{
    //声明变量
    int    gokei;                                           //总分

    gokei = 0;                                              //初始化总分
    for (int i = 0; i < n; i++)
    {
        gokei += *(p_data + i);                             //总分累加
    }

    return gokei;                                           //求得总分作为返回值返回
}
/*
以下的函数与基本示例5-4相同，因此省略，请大家在下面描述与基本示例5-4相同的内容。
void disp_title(int kadai_n);
int  get_hyouka(int hyouten);
*/
```

编程助手 致未能正确运行者

▼运行结果

```
学号        课题1 课题2 课题3 课题4    得分     评价
F0123          12     40      0     25    77分     中
S          1701544 1939617666 1701776 1997677824  -354268486分     不合格
         -1853195879     -2 1701592 1997490553  145996264分     优
              128    136 5440216 1701568  7142048分     优
                0 5439488 1940009688    136  1945449312分     优
A          5440096      0      3      0  5440099分     优
              128      0 5474824 131520  5606472分     优
         1701628 1997490158      0 1997490158  -298285352分     不合格
              ...
```

```
int main(void)
{
        ...
    for (int i = 0; i < N; i++)
    {
        if (fgets(buf, sizeof(buf), fp) == NULL)
        {
            //文件到此结束
            n = i;          //读入的学生人数（数据条数）
            break;
        }

        //分解输入的字符串并存储
        setData(buf, id, kadai, KADAI_N);
    }           id[i]   kadai[i]
        ...
}
```

从文件中一行一行地依次输入，进行处理

如果没有下标，将始终指定数组id和数组kadai的起始地址，每次都把学号和课题分数覆盖到第一个人的空间里

编译的时候，将发生“类型不同”的警告

结果，最后一个学生的数据存储在第一个人的空间里，第二个人以后没有进行赋值，内容就变得不确定了

```
int main(void)
{
        ...
    for (int i = 0; i < N; i++)
    {
        if (fgets(buf, sizeof(buf), fp) == NULL)
        {
            //文件到此结束
            n = i;                    //读入的学生人数（数据条数）
            break;
        }

        //分解输入的字符串并存储
        setData(buf, &id[i], &kadai[i], KADAI_N);
    }               id[i]    kadai[i]
        ...
}
```

虽然用地址作为实际参数，很容易想加上“&”，但是id和kadai都是二维数组，id [i]和kadai [i]相当于其中一行，所以仅此就表示地址。数组不需要“&”

在编译时，将发生“类型不同”的警告，但是因为传递了每行的起始地址，结果是正确的。但这绝不是正确的程序

```
void setData(char *p_buf, char *p_id , int *p_kadai , int n)
{
    //将输入字符串分开存放
    char *p_start = p_buf;          //p_start指向buf的开始
    char *p;                        //指向字符串的指针

    //搜索','
    for (p = p_start; *p != '\0' && *p != ',' && *p != '\n'; p++);
    *p = '\0';
    //复制学号  p_id
    strncpy(*p_id, p_start,ID_N);//复制学号
    p_id[ID_N] = '\0';  //对于超过ID的字符数的情况

    //以数值方式提取课题分数
    for (int i = 0; i < n; i++ , p_kadai++)
    {
        p_start = p + 1;           //从','的下一个字符开始
        //查找','
        for (p++; *p != ',' && *p != '\0' && *p != '\n'; p++);
        *p = '\0';
        //求数值方式的课题得分
        p_kadai = atoi(p_start);  //转换为整数并赋值
    }  *p_kadai
}
```

尽管在调用侧将其视为二维数组

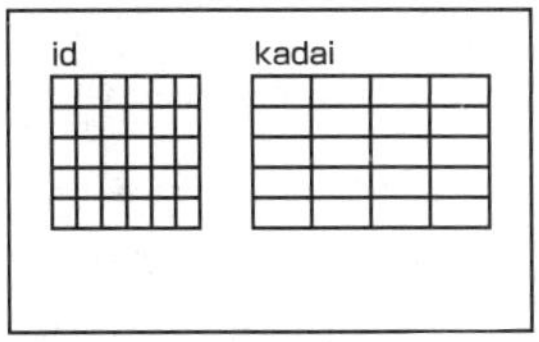
id
kadai

在 setData 函数侧看起来像这样

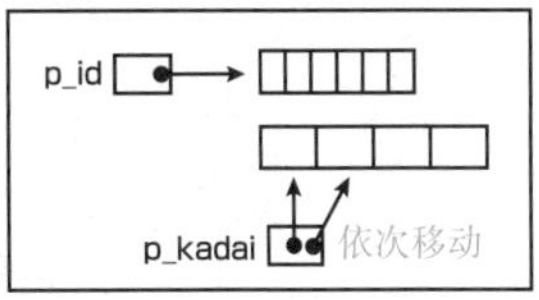
p_id
p_kadai
依次移动

因为p_id是地址，所以直接成为库函数strncpy的实际参数。如果加上“*”，就是指向目标的值，将试图复制到不是正常地址的位置。在编译时，将发生“类型不同”的警告，无法获得正确的运行结果

p_kadai依次移动指向目标

库函数 atoi() 返回字符串转换后的数值。由于p_kadai是指针，因此需要用间接运算符来代入数值

扩 展 命令行参数

main( ) 也是函数，因此可以接收参数。main( ) 函数接收的参数称为命令行参数。使用命令行参数，可以在运行开始时将参数传递给程序。当每次运行都想改变值进行测试时，使用这种方式会很方便。

要传递命令行参数，请在运行开始时，在程序名称后指定参数。

```
程序名称  字符串  字符串  ...
```

为了接收命令行参数，main( ) 函数的定义描述如下：

```
int main(int argc , char *argv[])
{


}
```


从命令行给出的参数，每个都是用空格分隔的字符串，如 Figure 5 所示，存储并传递给 main() 函数。

▼ 例

```
sample6_h3△42△+△127
```

注：△表示空格。

▼ Figure 5　命令行参数的结构

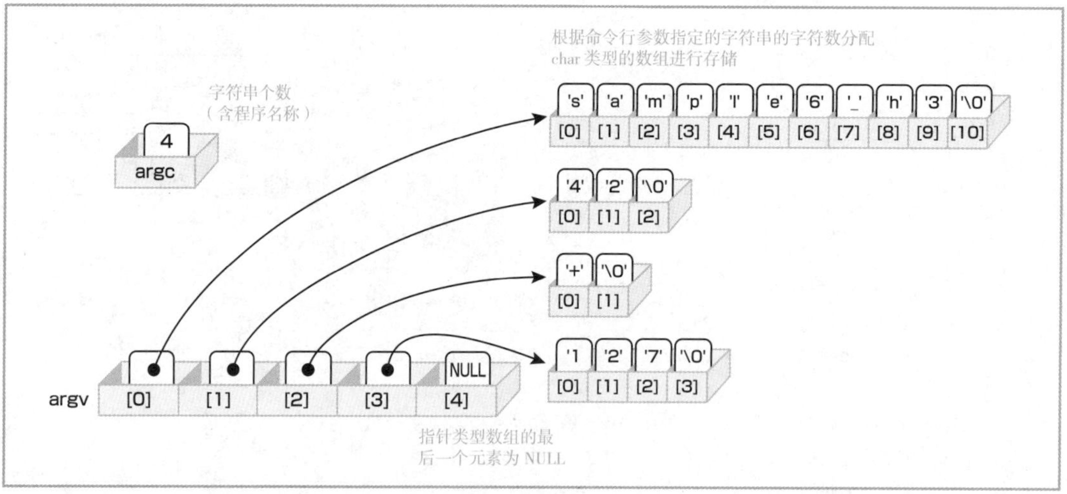

根据命令行参数指定的字符串的字符数分配
char 类型的数组进行存储
字符串个数
（含程序名称）
4
argc
's' 'a' 'm' 'p' 'l' 'e' '6' '_' 'h' '3' '\0'
[0] [1] [2] [3] [4] [5] [6] [7] [8] [9] [10]
'4' '2' '\0'
[0] [1] [2]
'+' '\0'
[0] [1]
'1' '2' '7' '\0'
[0] [1] [2] [3]
argv
[0] [1] [2] [3] [4]
NULL
指针类型数组的最
后一个元素为 NULL

从命令行输入的所有内容均为字符串。即使输入了 42 或 127，也不过是字符的“4”和“2”，以及表示字符串结束的“\0”，而不是数值的 42 和 127。

显示命令行参数的 3 个程序示例如下所示，每个都同样可以引用字符串。

▼ 列表 程序示例（sample6_h3.c）

```
/**************************************
  扩展  命令行参数
**************************************/
#include <stdio.h>

int main(int argc , char *argv[])
{
    //方法1  通过argc获取字符串的个数
    for(int i = 0; i < argc; i++)
    {
        printf("%s\n" , argv[i]);
    }

    //方法2  如果argv的元素值为NULL，则可以判定没有更多的字符串
    printf("\n");
    for(int i = 0 ; argv[i] != NULL; i++)
    {
        printf("%s\n" , argv[i]);
    }

    //方法3  字符串结束的判定与方法2相同
    //将argv作为指向指针类型数组的指针依次指向数组元素
    //注意argv的值将发生变更
    printf("\n");
    for( ; *argv !=  NULL; argv++)
    {
        printf("%s\n" , *argv);
    }

    return 0;
}
```

应用示例 6–5

从文件中读取成绩信息时，学号的前后可能会有空格。在基本示例 6–5 的程序中，原样反映了前面的空格。删除前后空格，实现输入文件名可以从键盘输入，以便在程序运行时可以选择成绩文件，如图 54 所示。

▼ 图54　删除空格

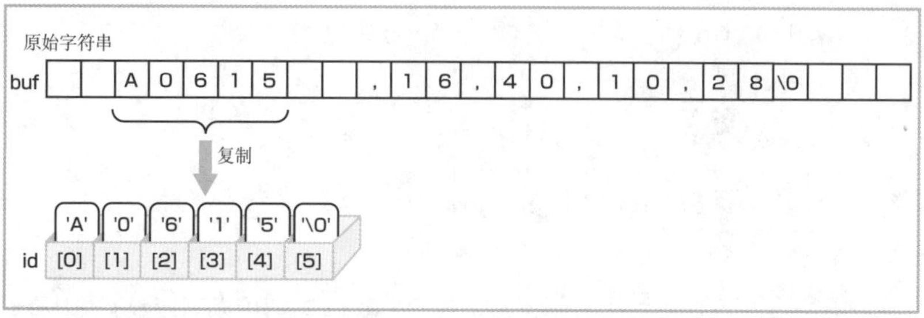
原始字符串
buf
A 0 6 1 5 , 1 6 , 4 0 , 1 0 , 2 8 \0
复制
'A' '0' '6' '1' '5' '\0'
id [0] [1] [2] [3] [4] [5]

▼ 运行结果

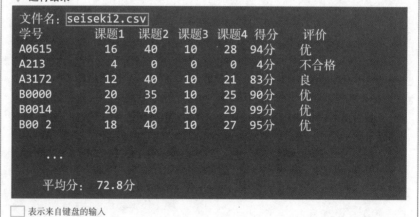

```
文件名：seiseki2.csv
学号          课题1  课题2  课题3  课题4  得分    评价
A0615           16     40     10     28   94分   优
A213             4      0      0      0    4分   不合格
A3172           12     40     10     21   83分   良
B0000           20     35     10     25   90分   优
B0014           20     40     10     29   99分   优
B00 2           18     40     10     27   95分   优

    ...

   平均分： 72.8分
```

□ 表示来自键盘的输入

STEP 7　复制删除空格的输入字符串

从文件中读取成绩信息时，学号的前后可能会有空格。即使在这种情况下，也要创建一个能够正确提取学号的函数，如图 55 所示。

▼ 图 55 复制删除空格的字符串的方法

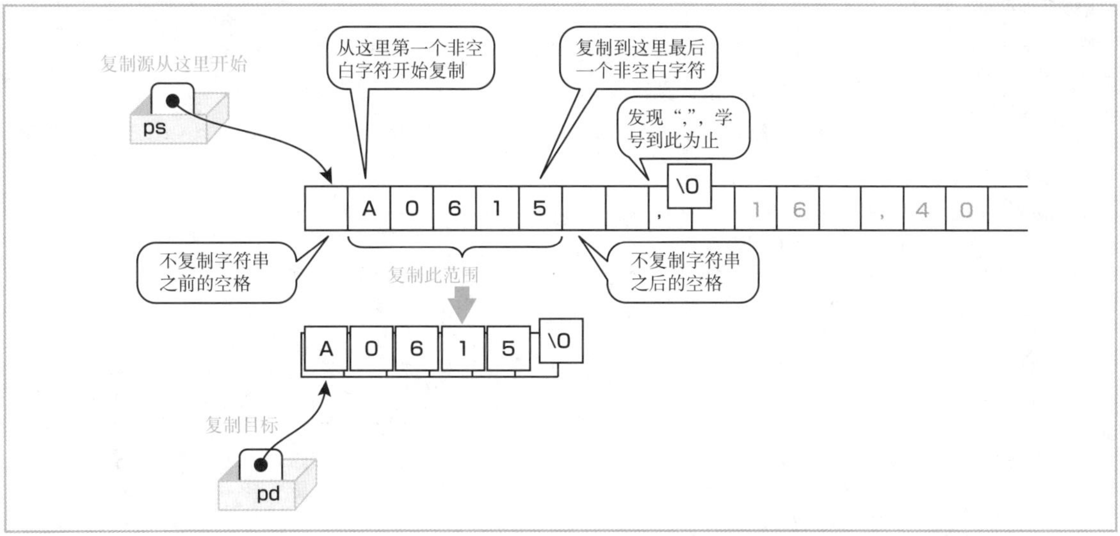
复制源从这里开始
ps
从这里第一个非空白字符开始复制
复制到这里最后一个非空白字符
发现“,”，学号到此为止
\0
A 0 6 1 5
, 1 6 , 4 0
不复制字符串之前的空格
复制此范围
不复制字符串之后的空格
A 0 6 1 5 \0
复制目标
pd

复制删除空格的字符串的步骤如下（见图 56）。

① 从字符串的开头检索，找到第一个非空白字符，从这里开始复制。

② 从字符串的末尾检索，找到最后一个非空白字符。

③ 将最后一个非空白字符的下一个元素设置为“\0”，即复制到这里为止。

④ 复制该范围。

⑤ 在末尾加上“\0”。

▼ 图 56 复制删除空格的字符串的步骤

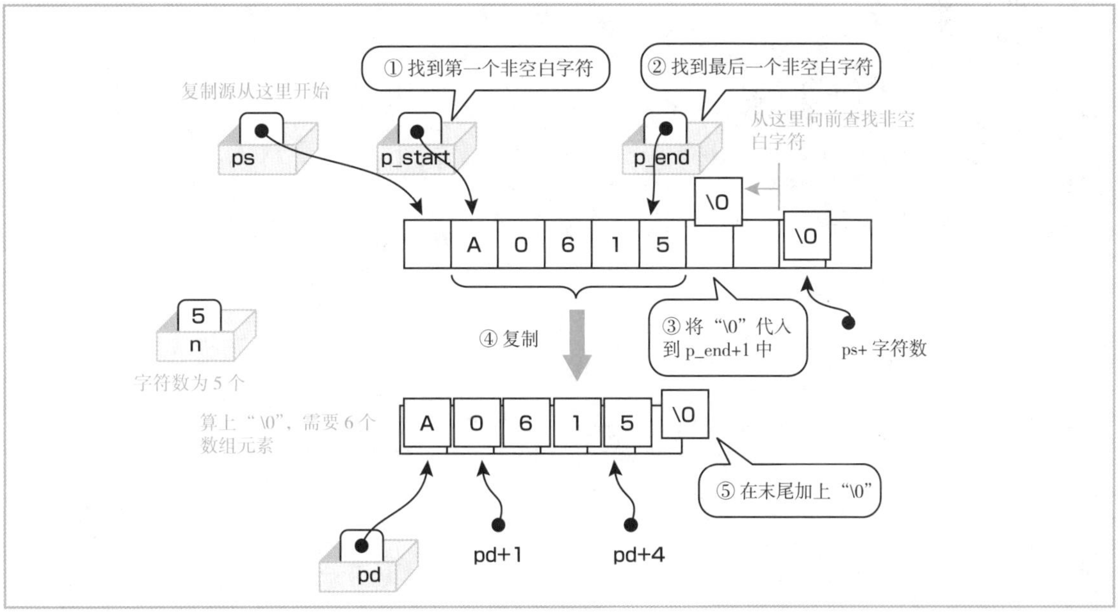
① 找到第一个非空白字符
② 找到最后一个非空白字符
复制源从这里开始
ps
p_start
p_end
从这里向前查找非空白字符
\0
A 0 6 1 5
\0
5
n
字符数为 5 个
④ 复制
③ 将“\0”代入到 p_end+1 中
ps+ 字符数
算上“\0”，需要 6 个数组元素
A 0 6 1 5 \0
⑤ 在末尾加上“\0”
pd
pd+1
pd+4

配套资源 ››

原始文件……sample6_5k.c
完成文件……sample6_5o.c

程序示例

对于基本示例 6-5 的程序，下面进行以下两点修改，然后运行。

① 允许从键盘输入文件名。

② 即使在学号前后有空格，也可以处理。

```
/*********************************************************
    指针作为参数的函数( 删除空格 ) 应用示例6-5
*********************************************************/
#include <stdio.h>
#include <string.h>
#include <stdlib.h>
#define    ID_N      5                        //将学号位数定义为常量
#define    KADAI_N   4                        //将课题个数定义为常量
#define    N         100                      //将准备的数组元素数量定义为常量

//全局变量的声明和初始化
char    *p_hyoukaList[5] = { "优" , "良" , "中" , "合格" , "不合格" }; //评价字符串
int     limit[5] = { 90 , 80 , 70 , 60 , 0 };                        //评价基准

//函数的原型声明
void disp_title(int kadai_n);                 //显示标题的函数
void disp_one(char *p_id, int *p_kadai, int kadai_n, int hyouten, int hyoukaIndex);
int  get_gokei(int *p_kadai, int kadai_n);    //求得分的函数
int  get_hyouka(int hyouten);                 //求评价的函数
void setData(char *p_buf, char *p_id, int *p_kadai, int n);
void trim(char *pd, char *ps, int n);         //控制空白的函数

int main(void)
{
    //声明变量
    char id[N][ID_N + 1];                     //学号
    int  kadai[N][KADAI_N];                   //课题分数
    int  hyouten[N];                          //得分
    int  hyoukaIndex[N];                      //评价的下标
    char buf[256];                            //从文件读取缓冲区
    int  n;                                   //读入的学生人数
    FILE *fp;                                 //文件控制变量
    char fileName[256];                       //存放文件名的变量

    //输入文件名
    printf("文件名:");                         //显示输入提示信息
    fgets(fileName, sizeof(fileName), stdin); //从键盘输入文件名
    fileName[strlen(fileName) - 1] = '\0';    //删除'\n'

    //打开文件
    fp = fopen(fileName, "r");
    if (fp == NULL)
```

```
    {
        //文件不存在时
        printf("文件不存在\n");
        return 0;
    }

    //从文件输入
    fgets(buf, sizeof(buf), fp);                    //输入第一行的标题,没有处理
    n = N;                                          //学生人数的初始值为数组元素的数量
    for (int i = 0; i < N; i++)
    {
        if (fgets(buf, sizeof(buf), fp) == NULL)
        {
            //文件到此结束
            n = i;                                  //读入的学生人数(数据条数)
            break;                                  //循环结束
        }

        //分解输入的字符串并存储
        setData(buf, id[i], kadai[i], KADAI_N);
    }
    fclose(fp);                                     //关闭文件

    //求得分和评价
    for (int i = 0; i < n; i++)
    {
        hyouten[i] = get_gokei(kadai[i], KADAI_N);   //求得分
        hyoukaIndex[i] = get_hyouka(hyouten[i]);     //求评价
    }

    //显示到命令提示符界面上
    disp_title(KADAI_N);                                //显示第一行(标题)
    for (int i = 0; i < n; i++)
    {
        //显示一个人
        disp_one(id[i], kadai[i], KADAI_N, hyouten[i], hyoukaIndex[i]);
    }

    //显示平均分
    printf("    平均分:%5.1f分\n", (double)get_gokei(hyouten, n) / n);

    return 0;
}

/*********************************************
    一个人的数据集
    p_buf : 一行输入字符串
    p_id : 指向存储学号的空间的指针
    p_kadai : 指向存储课题分数的数组的指针
```

```
    n : 课题个数
*********************************************/
void setData(char *p_buf, char *p_id, int *p_kadai, int n)
{
    //将输入字符串分开存放
    char *p_start = p_buf;                      //p_start指向p_buf的开始
    char *p;                                    //指向字符串的指针
    //查找','
    for (p = p_start; *p != '\0' && *p != ',' && *p != '\n'; p++);
    *p = '\0';
    //删除空格,获得学号
    trim(p_id, p_start , ID_N);

    //以数值形式提取课题分数
    for (int i = 0; i < n; i++, p_kadai++)
    {
        p_start = p + 1;                        //从','的下一个字符开始
        //查找','
        for (p++; *p != ',' && *p != '\0' && *p != '\n'; p++);
        *p = '\0';
        //求数值形式的课题分数
        *p_kadai = atoi(p_start);               //转换为整数并赋值
    }
}

/*************************************************
    复制除空格外的字符串
    pd: 指向复制目标字符串的指针
    ps: 指向复制源字符串的指针
    n: 复制目标空间中可以存储的最大字符数
*************************************************/
void trim(char *pd, char *ps, int n)
{
    char *p_start;                              //字符串的开始
    char *p_end;                                //字符串的结束
    int  len;                                   //字符数

    //从前面查找不是空格的地方
    for (p_start = ps; *p_start != '\0' && *p_start == ' '; p_start++);

    //检查字符数
    len = strlen(ps);

    //查找不是空格的最后位置
    for (p_end = ps + len - 1; *p_end == ' '; p_end--);
    *(p_end + 1) = '\0';

    //复制
    strncpy(pd, p_start, n);
    *(pd + n) = '\0';
}

```

```
/*
以下的函数与基本示例6-5相同,因此省略,请大家在下面描述与基本示例6-5相同的内容
void disp_title(int kadai_n);
void disp_one(char *p_id, int *p_kadai, int kadai_n, int hyouten, int hyoukaIndex);
int  get_gokei(int *p_kadai, int kadai_n);
int  get_hyouka(int hyouten);
*/
```

注：seiseki2.csv 作为测试数据存储在配套资源的 sample 文件夹中。该文件包含了以下专栏中列举的例子。

专栏 测试已创建的函数

应用示例 6-5 中创建的函数，是为了删除字符串前后的空格，并且确保不超过复制目标的数组空间的函数。这样通用性高的函数，也可以在其他情况下使用。为此，下面尽可能地假设各种情况进行测试。

测试 1 普通例子

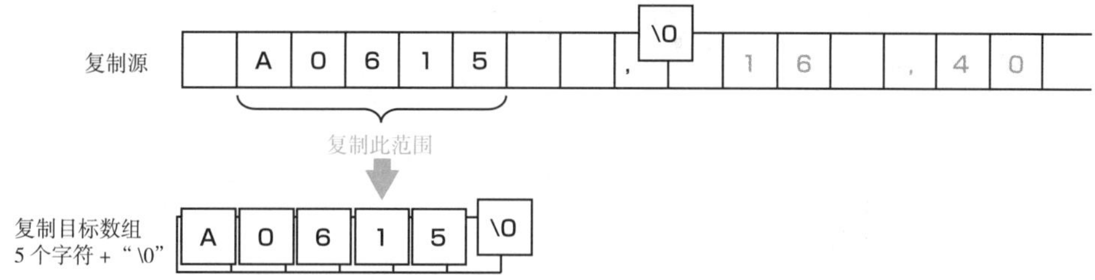
复制源
A
0
6
1
5
,
\0
1
6
,
4
0
复制此范围
复制目标数组
5 个字符 + "\0"
A
0
6
1
5
\0

测试 2 要复制的字符数少的例子

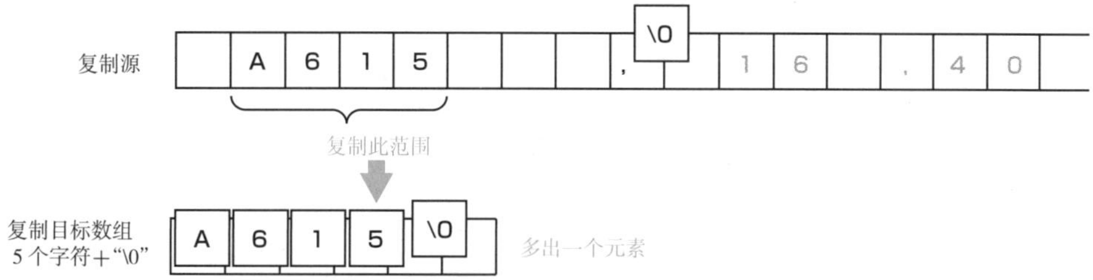
复制源
A
6
1
5
,
\0
1
6
,
4
0
复制此范围
复制目标数组
5 个字符＋"\0"
A
6
1
5
\0
多出一个元素

▼ 测试3　要复制的字符数多的例子

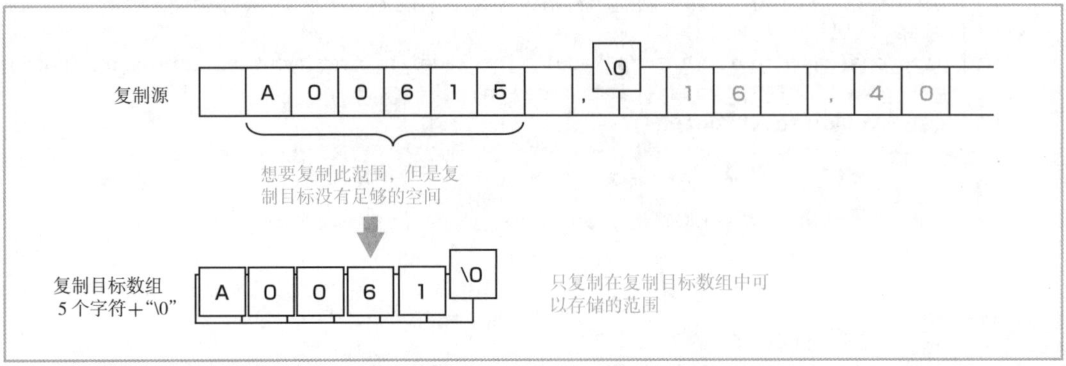
复制源
A 0 0 6 1 5 , \0 1 6 , 4 0
想要复制此范围，但是复制目标没有足够的空间
复制目标数组
5 个字符+“\0”
A 0 0 6 1 \0
只复制在复制目标数组中可以存储的范围

▼ 测试 4　前后没有空格的例子

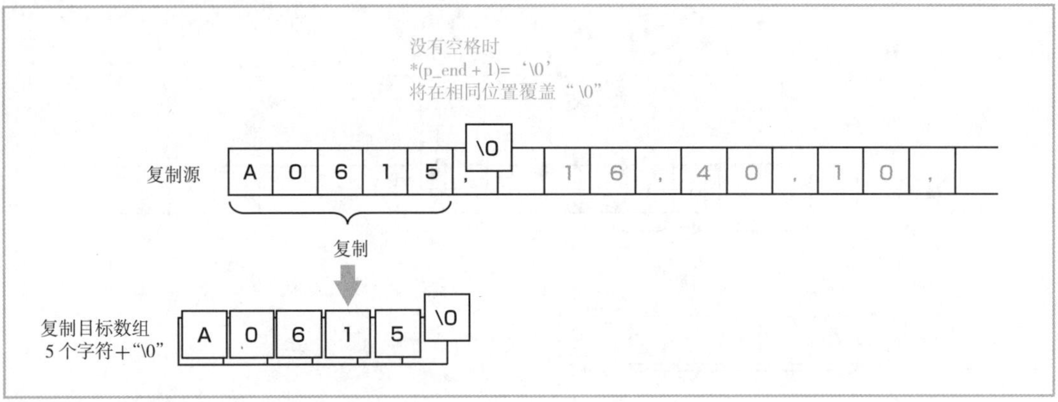
没有空格时
*(p_end + 1)= '\0'
将在相同位置覆盖“\0”
复制源
A 0 6 1 5 , \0 1 6 , 4 0 , 1 0 ,
复制
复制目标数组
5 个字符+“\0”
A 0 6 1 5 \0

▼ 测试 5　字符串中间有空格的例子

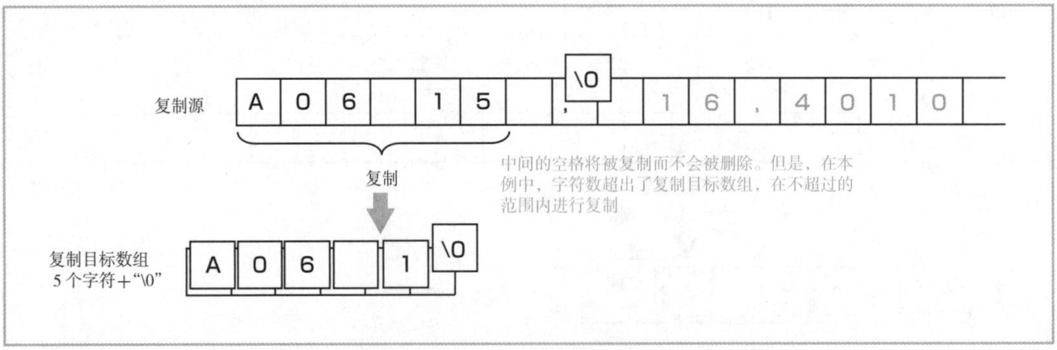
复制源
A 0 6 1 5 , \0 1 6 , 4 0 1 0
中间的空格将被复制而不会被删除。但是，在本例中，字符数超出了复制目标数组，在不超过的范围内进行复制
复制
复制目标数组
5 个字符+“\0”
A 0 6 1 \0

在编程中，能设想多少测试例子，能对应多少测试例子，这样的能力非常重要。需要想象力和创造力。

06 指定指针作为函数的返回值

作为函数的返回值，也可以返回地址，即为指针类型的函数。

基本示例 6-6

到目前为止，每个评价都存放了评价列表的下标。下面将其修改为指向评价列表中字符串的指针，并接收指针作为求评价函数的返回值，如图 57 所示。

▼ 图57　接收指针作为函数的返回值

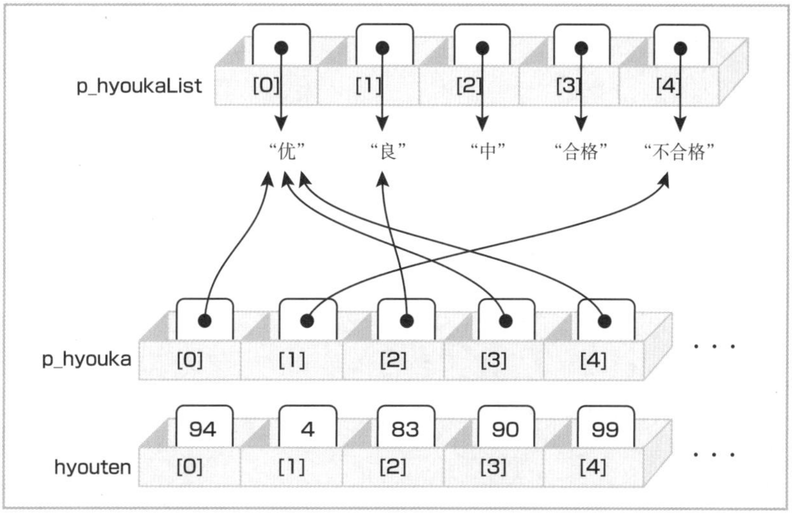
p_hyoukaList
[0]
[1]
[2]
[3]
[4]
“优”
“良”
“中”
“合格”
“不合格”
p_hyouka
[0]
[1]
[2]
[3]
[4]
...
94
4
83
90
99
hyouten
[0]
[1]
[2]
[3]
[4]
...

▼ 运行结果

```
文件名: seiseki.csv
学号        课题1  课题2  课题3  课题4   得分    评价
A0615         16     40     10     28   94分    优
A2133          4      0      0      0    4分    不合格
A3172         12     40     10     21   83分    良
B0009         20     35     10     25   90分    优

    ...

F0119         18     40     10     25   93分    优
F0123         12     40      0     25   77分    中
    平均分:  72.8分
```

□ 表示来自键盘的输入

STEP 1 定义指针类型的函数

我们在第 5 章中学过，函数具有类型，即它的返回值的类型。可以将地址作为返回值返回，即为指针类型的函数。声明指针类型变量时，需要指明指针所指向目标的类型，函数也同样如此，描述如下：

▶由于该部分是函数声明，因此“*”不是求指向目标的间接运算符，而是表示“此函数的返回值是地址”。

```
指向目标类型 *函数名称(形式参数列表)
```

▼ 例

```
char *get_hyouka(int ten);
```

对于返回指针的函数，return 语句之后描述的返回值也必须是指向相同类型的指针。在调用侧也用指向相同类型的指针接收返回值，如图 58 所示。

▼ 图 58 指针类型函数返回地址

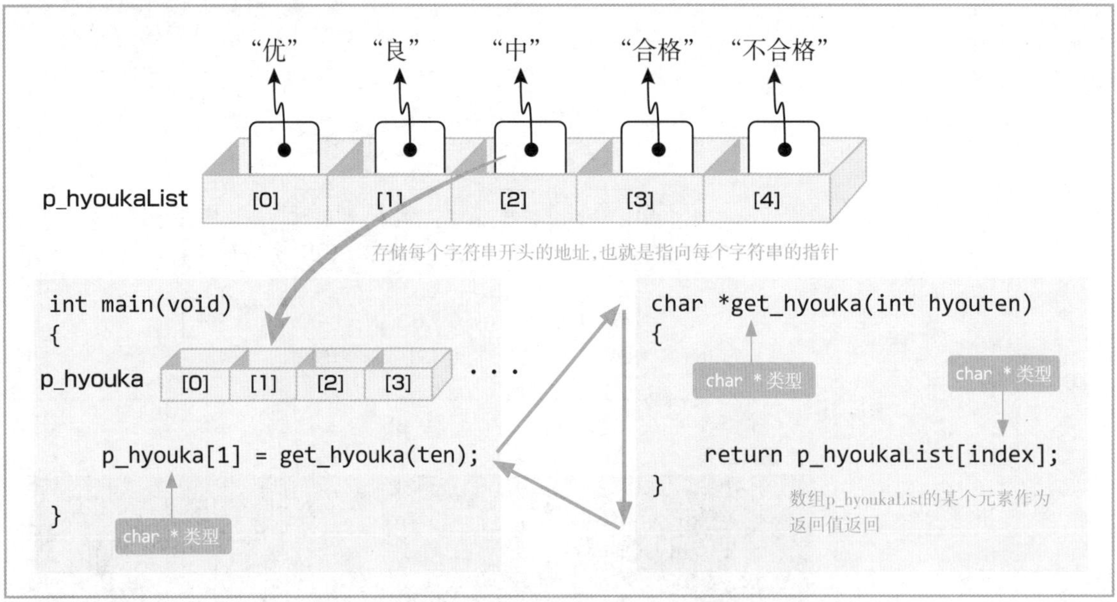
“优”
“良”
“中”
“合格”
“不合格”
p_hyoukaList
[0]
[1]
[2]
[3]
[4]
存储每个字符串开头的地址，也就是指向每个字符串的指针
int main(void)
{
p_hyouka
[0]
[1]
[2]
[3]
. . .
p_hyouka[1] = get_hyouka(ten);
}
char * 类型
char *get_hyouka(int hyouten)
{
char * 类型
char * 类型
return p_hyoukaList[index];
}
数组p_hyoukaList的某个元素作为返回值返回

在第 4 章的基本示例 4-6 中，从存放评价基准的数组 limit 和存放评价的数组 hyoukaList 获得评价的下标。在这里，可以获得指向评价字符串的指针，而不是下标，并将其变更为按学生存放在指向 char 类型的指针数组中。

例如，如果第 i 个学生的得分为 83 分，就将评价为“良”的地址存放在 p_hyoukaList[1] 中。如果将该地址赋给存放每个学生的评价的数组 p_hyouka[i]，就可以存放指向评价字符串的指针。

STEP 2 在指针类型参数中描述指针类型函数

在第 5 章中学过了将函数的返回值直接用作另一个函数参数的描述方法，而且即使返回值是指针，也可以同样描述。例如，复制字符串的库函数 strcpy() 将复制目标的起始地址作为返回值返回。复制目标的起始地址原本就是通过参数传递的，所以对于调用侧而言，返回值是已知的。因此，虽然没有必要特意将其设置为返回值，但是通过返回值返回，可以进行如下描述。

▼ 例

```
char s[] = "Hello";
char d[80];

printf("%s\n" , strcpy(d , s));
```

在该程序示例中，将数组 s 的内容复制到数组 d 后显示。

是否能设计出使用方便的函数，返回值的选择也可以说是其主要原因之一。

STEP 3 不要返回函数中局部变量的地址

函数中的局部变量将在函数结束的同时消失，如图 59 所示。因此，如果将函数中的局部变量的地址返回给调用侧，则当调用侧试图引用该地址指向的目标时，那里已经不存在有效的值。

▼ 图 59　函数中局部变量的地址在函数结束后无效

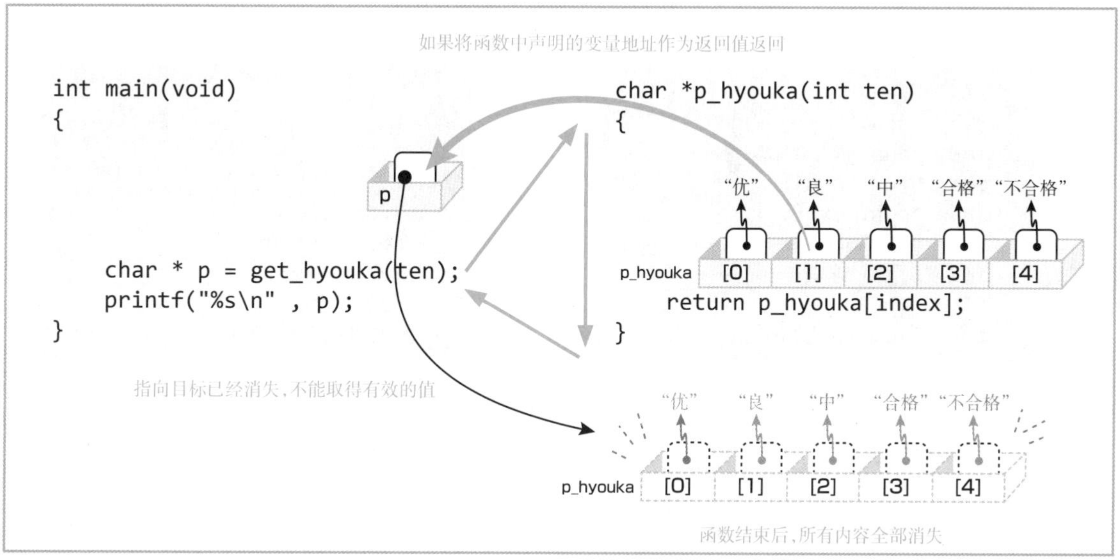
如果将函数中声明的变量地址作为返回值返回
int main(void)
{
char * p = get_hyouka(ten);
printf("%s\n" , p);
}
p
char *p_hyouka(int ten)
{
"优" "良" "中" "合格" "不合格"
p_hyouka [0] [1] [2] [3] [4]
return p_hyouka[index];
}
指向目标已经消失，不能取得有效的值
"优" "良" "中" "合格" "不合格"
p_hyouka [0] [1] [2] [3] [4]
函数结束后，所有内容全部消失

配套资源

原始文件……sample6_5o.c
完成文件……sample6_6k.c

程序示例

下面将应用示例 6-5 的程序变更为每个学生的评价为指向评价列表中的字符串的指针，然后再执行。

```
/**********************************************************
    指针类型函数  基本示例6-6
**********************************************************/
#include <stdio.h>
#include <string.h>
#include <stdlib.h>
#define     ID_N        5                   //将学号位数定义为常量
#define     KADAI_N     4                   //将课题数定义为常量
#define     N           100                 //将准备的数组元素数量定义为常量


//全局变量的声明和初始化
char   *p_hyoukaList[5] = { "优" , "良" , "中" , "合格" , "不合格" };//评价字符串
int     limit[5] = { 90 , 80 , 70 , 60 , 0 };                    //评价基准

//函数的原型声明
void disp_title(int kadai_n);                   //显示标题的函数
void disp_one(char *p_id, int *p_kadai, int kadai_n, int hyouten, char *p_hyouka);
int  get_gokei(int *p_data, int n);             //求得分的函数
char *get_hyouka(int hyouten);                  //求评价的函数
void setData(char *p_buf, char *p_id, int *p_kadai, int n);
void trim(char *pd, char *ps, int n);           //删除空格的函数

int main(void)
{
    //声明变量
    char id[N][ID_N + 1];                       //学号
    int  kadai[N][KADAI_N];                     //课题分数
    int  hyouten[N];                            //得分
    char *p_hyouka[N];                          //指向评价的指针
    char buf[256];                              //从文件读取缓冲区
    int  n;                                     //读入的学生人数
    FILE *fp;                                   //文件控制变量
    char fileName[256];                         //存放文件名的变量

    //输入文件名
    printf("文件名:");                           //显示输入提示信息
    fgets(fileName, sizeof(fileName), stdin);//输入文件名
    fileName[strlen(fileName) - 1] = '\0';  //删除'\n'

    //打开文件
    fp = fopen(fileName, "r");
```

```
    if (fp == NULL)
    {
        //文件不存在时
        printf("文件不存在\n");
        return 0;
    }

    //从文件输入
    fgets(buf, sizeof(buf), fp);                //输入第一行的标题,没有处理
    n = N;                                      //学生人数的初始值为数组元素的数量
    for (int i = 0; i < N; i++)
    {
        if (fgets(buf, sizeof(buf), fp) == NULL)
        {
            //文件到此结束
            n = i;                              //读入的学生人数(数据条数)
            break;                              //循环结束
        }

        //分解输入的字符串并存储
        setData(buf, id[i], kadai[i], KADAI_N);
    }
    fclose(fp);                                 //关闭文件

    //计算得分和评价
    for (int i = 0; i < n; i++)
    {
        hyouten[i]  = get_gokei(kadai[i], KADAI_N);     //求得分
        p_hyouka[i] = get_hyouka(hyouten[i]);           //求评价
    }

    //显示到命令提示符界面上
    disp_title(KADAI_N);                                //显示第一行(标题)
    for (int i = 0; i < n; i++)
    {
        //显示一个人
        disp_one(id[i], kadai[i], KADAI_N, hyouten[i], p_hyouka[i]);
    }

    //显示平均分
    printf("    平均分:%5.1f分\n", (double)get_gokei(hyouten, n) / n);

    return 0;
}
```

```
/*************************************************
    显示一个人信息的函数
    p_id : 指向一个人的学号(字符串)的指针
    p_kadai : 指向一个人的课题分数数组的指针
```

```
    kadai_n : 课题数
    hyouten : 一个人的得分
    p_hyouka : 指向评价字符串的指针
***********************************************/
void disp_one(char *p_id, int *p_kadai, int kadai_n, int hyouten, char *p_hyouka)
{
    printf("%-10s", id);                                //学号
    for (int i = 0; i < kadai_n; i++)
    {
        printf("%5d ", *(p_kadai + i));                 //课题分数
    }

    printf(" %3d分    %s\n", hyouten, p_hyouka);    //得分与评价
}
```

```
/**************************************************
    求评价的函数
    hyouten:  得分
    返回值: 指向评价字符串的指针
**************************************************/
char *get_hyouka(int hyouten)
{
    //声明变量
    char     *p_kekka;                                  //指向评价字符串的指针
    int n = sizeof(limit) / sizeof(int);                //评价基准的数组元素数量

    p_kekka = p_hyoukaList[n-1];                        //初始化指针
    for (int i = 0; i < n - 1; i++)
    {
        if (hyouten >= limit[i])                        //如果得分在limit[i]以上
        {
            p_kekka = p_hyoukaList[i];                  //指向相应字符串的指针
            break;                                      //循环结束
        }
    }

    return p_kekka;
}
/*
以下的函数与应用示例6-5相同,因此省略,请大家在下面描述与应用示例6-5相同的内容
void disp_title(int kadai_n);
int  get_gokei(int *p_data, int n);
void setData(char *p_buf, char *p_id, int *p_kadai, int n);
void trim(char *pd, char *ps, int n);
*/
```

编程助手 致未能正确运行者

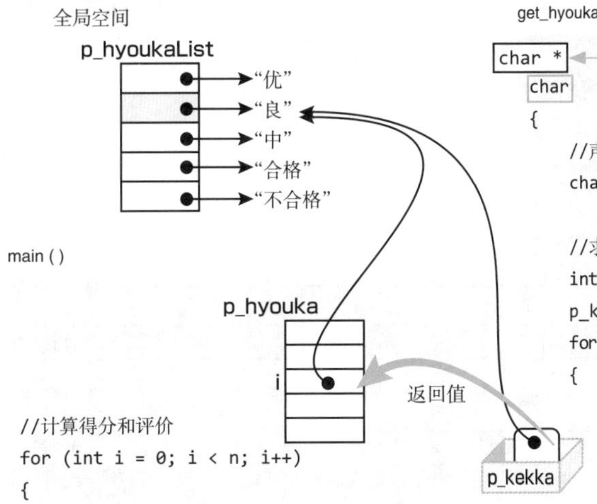

全局空间
p_hyoukaList
“优”
“良”
“中”
“合格”
“不合格”
main ()
p_hyouka
i
返回值
p_kekka


```
//计算得分和评价
for (int i = 0; i < n; i++)
{
    hyouten[i] = get_gokei(kadai[i], KADAI_N);
    p_hyouka[i] = get_hyouka(hyouten[i]);
}
```

是否还没有正确理解指针及其操作符，进行了加上“&”或“*”等各种尝试？作为手段，试错法有时是有用的，但首先要理解并用理论来实践是很重要的

get_hyouka函数侧

调用侧需要指向char类型的指针，因此get_hyouka函数的类型是char *类型。

```
char *
char    get_hyouka(int hyouten)
{
    //声明变量
    char     *p_kekka;                  //指向评价字符串的指针

    //求评价
    int n = sizeof(limit) / sizeof(int); //求数组元素数量
    p_kekka = *p_hyoukaList[n-1];       //初始化指针
    for (int i = 0; i < n - 1; i++)   p_hyoukaList[n-1];
    {
        if (hyouten >= limit[i])
        {
            //超出评价基准的地方就是评价
            p_kekka = *p_hyoukaList[i];
            break;       p_hyoukaList[i];
        }
    }
    return p_kekka;
}
```

变量p_kekka是返回值。为此，必须将指向评价字符串的指针赋给p_kekka

由于评价字符串的起始地址存储在指针数组p_hyoukaList中，因此必须将该数组本身的元素值赋给p_kekka。所以不需要“*”

```
void disp_one(char *p_id, int *p_kadai, int kadai_n, int hyouten,
char *p_hyouka)
{
    printf("%-10s", id);
    for (int i = 0; i < kadai_n; i++)
    {
        printf("%5d ", *(p_kadai + i));
    }
                                        p_hyouka
    printf(" %3d分    %s\n", hyouten, p_hyouka[i]);
}
```

在不声明变量i的情况下指定[i]，会导致编译错误。

调用侧和函数侧都使用相同名称的p_hyouka变量，但是由于它们都是局部变量，因此分别是不同的变量。函数侧的p_hyouka是形式参数，它接收并复制调用侧数组p_hyouka的一个元素

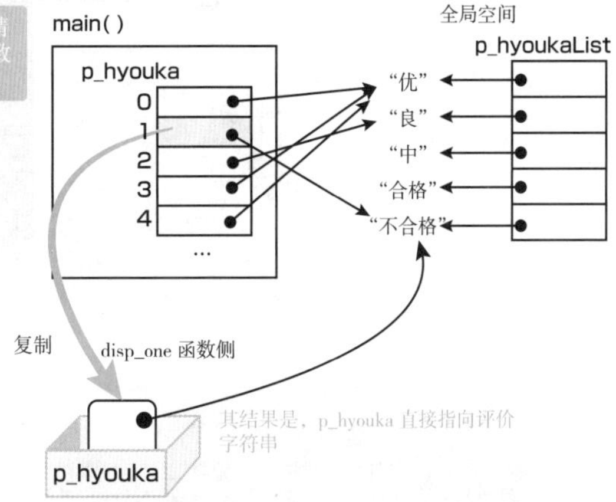

全局空间
p_hyoukaList
main( )
p_hyouka
0
1
2
3
4
…
“优”
“良”
“中”
“合格”
“不合格”
复制
disp_one 函数侧
p_hyouka

其结果是，p_hyouka 直接指向评价字符串

调用侧的p_hyouka是一个指针数组，而函数侧的p_hyouka是一个指针类型的变量。因此，这里不带下标

应用示例 6–6

如果不从文件读取，就不知道文件中存储的成绩数据的数量，也就是学生的人数，因此要多准备些数组元素以存储如学号和课题分数之类的数据，如图 60 所示。在此，我们根据人数保留所需的内存。另外，引入一个从字符串中检索字符的库函数，习惯使用将指针作为返回值返回的函数。

▼ 图60　可变长数组

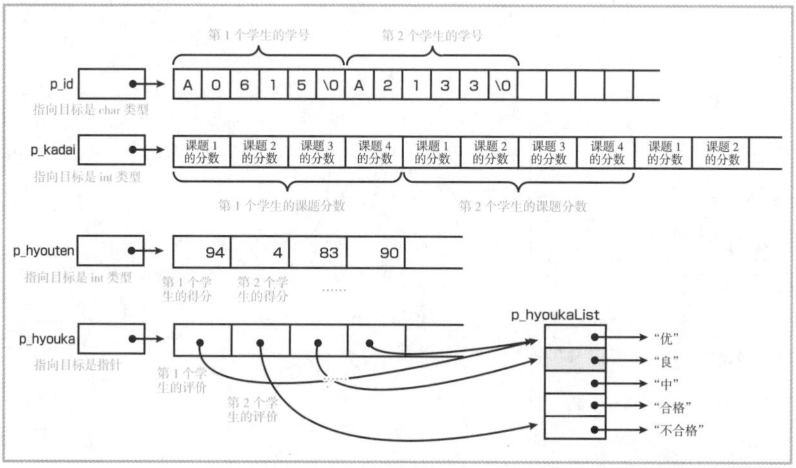

第 1 个学生的学号
第 2 个学生的学号
p_id
A 0 6 1 5 \0 A 2 1 3 3 \0
指向目标是 char 类型
p_kadai
课题 1 的分数
课题 2 的分数
课题 3 的分数
课题 4 的分数
指向目标是 int 类型
第 1 个学生的课题分数
第 2 个学生的课题分数
p_hyouten
94 4 83 90
指向目标是 int 类型
第 1 个学生的得分
第 2 个学生的得分
……
p_hyoukaList
p_hyouka
指向目标是指针
第 1 个学生的评价
第 2 个学生的评价
"优"
"良"
"中"
"合格"
"不合格"

▼ 运行结果

```
文件名: seiseki.csv
学号        课题1  课题2 课题3  课题4 得分     评价
A0615        16    40    10    28  94分     优
A2133         4     0     0     0   4分     不合格
A3172        12    40    10    21  83分     良
B0009        20    35    10    25  90分     优


    ...


F0119        18    40    10    25  93分     优
F0123        12    40     0    25  77分     中
   平均分:  72.8分
```

□ 表示来自键盘的输入

STEP 4　使用从字符串中查找字符的库函数

下面介绍从字符串中查找字符的 3 个库函数。

1. strchr(char *p , int c)

头文件：string.h。

从 p 所指向的字符串的开头搜索字符 c，并返回第一次找到的字符地址。如果在字符串中找不到指定的字符，则返回 NULL，如图 61 所示。

▼图 61 strchr

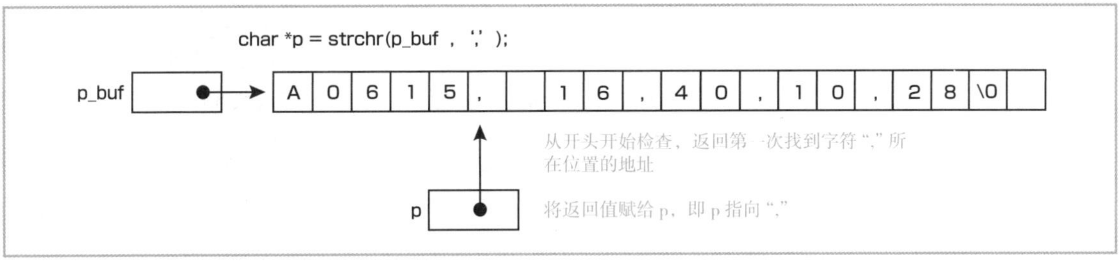

char *p = strchr(p_buf , ',');
p_buf
A 0 6 1 5 , 1 6 , 4 0 , 1 0 , 2 8 \0
从开头开始检查，返回第一次找到字符“,”所在位置的地址
p
将返回值赋给 p，即 p 指向“,”

2. strrchr(char *p , int c)

头文件：string.h。

从 p 所指向的字符串的末尾搜索字符 c，并返回第一次找到的字符地址。如果在字符串中找不到指定的字符，则返回 NULL。

3. strstr(char *p1 , char *p2)

头文件：string.h。

▶有关头文件，请参见第 5 章 P259。

从 p1 所指向的字符串的开头搜索 p2 指向的字符串，并返回第一次找到的字符串地址。如果在字符串中找不到指定的字符串，则返回 NULL。

STEP 5 动态分配内存

数组中元素的数量必须在声明时确定。也就是说，如果不试着运行程序，不知道所需的元素数量时，就不知道数组应该设置为多少元素。像这种情况，要做到需要的时候分配所需的空间，不需要的时候就释放。C 语言为此提供了库函数，分配空间的函数是 malloc( )，释放空间的函数是 free( )。

1. malloc(int size)

头文件：stdlib.h。

分配指定字节数的内存空间，并返回起始地址。由于返回值的类型为 void * 类型，因此应根据使用该分配空间的类型进行转换。

2. free(void *p)

释放通过 malloc( ) 函数分配的空间。空间不会自动释放。使用 malloc( ) 函数获取的内存空间，在程序结束之前务必将其释放。如果忘记释放，已经不再使用的内存将一直被保留，可以使用的内存将会减少，称为内存泄漏。

STEP 6 使用分配的空间

要存储一个人的学号，每个人需要 5 个字符 + 一个 char 类型的空间，要存储一个人的分数，每个人需要 4 个 int 类型的空间。因此，按人数存储信息的字节数计算方法如表 3 所示。

表 3 字节数的计算方法

学号	char类型的字节数 × 人数 ×（学号字符数＋ 1 ）
课题分数	int类型的字节数 × 人数 × 课题数
得分	int类型的字节数 × 人数
评价	指向指针的指针字节数 × 人数

分配存储空间的程序如下。

```
p_id = (char *)malloc(n * sizeof(char) * (ID_N + 1));
p_kadai = (int *)malloc(n * sizeof(int) * KADAI_N);
p_hyouten = (int *)malloc(n * sizeof(int));
p_hyouka = (char **)malloc(n * sizeof(char **));
```

如何要获得第 i 个学生的学号和课题分数，则可以按照如图 62 所示进行考虑。

图 62 指定第 i 个学生的学号和课题分数

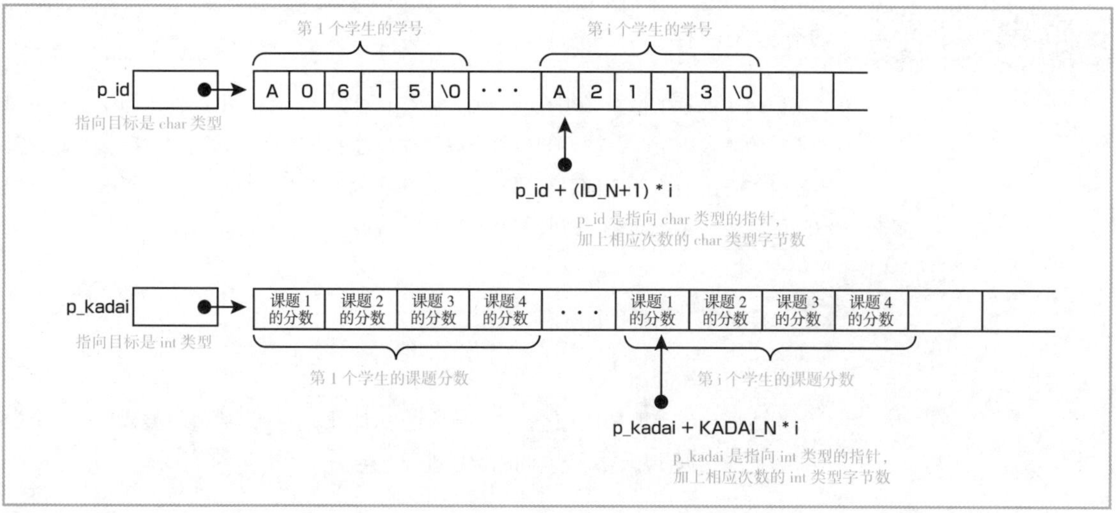
第 1 个学生的学号
第 i 个学生的学号
p_id
A 0 6 1 5 \0 · · · A 2 1 1 3 \0
指向目标是 char 类型
p_id + (ID_N+1) * i
p_id 是指向 char 类型的指针，
加上相应次数的 char 类型字节数
p_kadai
课题 1 的分数
课题 2 的分数
课题 3 的分数
课题 4 的分数
· · ·
指向目标是 int 类型
第 1 个学生的课题分数
第 i 个学生的课题分数
p_kadai + KADAI_N * i
p_kadai 是指向 int 类型的指针，
加上相应次数的 int 类型字节数

在将来自文件的输入字符串进行分解并存储到这些数组中的函数 setData( ) 和在命令提示符界面上显示一个人的数据的函数 disp_one( ) 中，将每个学生开头的指针作为参数接收。

第 i 个学生的学号的地址是 p_id +（ID_N + 1）* i ；

第 i 个学生的课题的地址是 p_kadai + KADAI_N * i 。

另外，将每个学生各自的得分写入 (p_hyouten + i) 指向的地方，如图 63 所示。

▼ 图 63　求得分

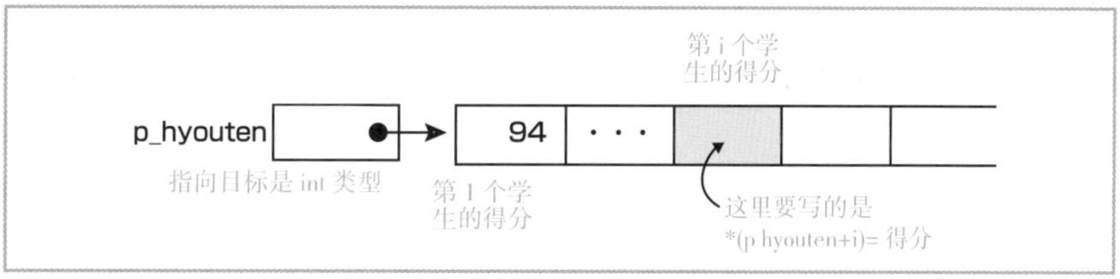
第 i 个学生的得分
p_hyouten
94
· · ·
指向目标是 int 类型
第 1 个学生的得分
这里要写的是
*(p_hyouten+i)= 得分

计算得分的函数 get_gokei( ) 返回 int 类型的数值，将其存放写作

```
*(p_hyouten + i) = get_gokei(p_kadai+KADAI_N*i, KADAI_N);
```

另外，为了获得评价，须调用 get_hyouka( ) 函数，作为参数需要传递 int 类型的得分。指向第 i 个学生的得分的指针是

p_hyouten + i

其指向的值是

*（p_hyouten + i）

接着，将 get_hyouka( ) 函数的返回值存储到 p_hyouka 的第 i 个位置写作

```
*(p_hyouka+i) = get_hyouka(*(p_hyouten+i));
```

配套资源 》

原始文件……sample6_6k.c

完成文件……sample6_6o.c

程序示例

下面将基本示例 6-6 的程序改写成分配所需内存空间的方式后执行。

```
/**********************************************************
    指针类型函数  应用示例6-6
**********************************************************/
#include <stdio.h>
#include <string.h>
#include <stdlib.h>
#define     ID_N        5                       //将学号位数定义为常量
#define     KADAI_N     4                       //将课题数定义为常量

```

删除 N 的定义

```

//全局变量的声明和初始化
char   *p_hyoukaList[5] = { "优" , "良" , "中" , "合格" , "不合格" }; //评价字符串
int    limit[5] = { 90 , 80 , 70 , 60 , 0 };                          //评价基准

//函数的原型声明
void disp_title(int kadai_n);                          //显示标题的函数
void disp_one(char p_id, int p_kadai, int kadai_n, int hyouten, char *p_hyouka);
int  get_gokei(int *p_data, int n);                    //求得分的函数
char *get_hyouka(int hyouten);                         //求评价的函数
void setData(char *p_buf, char *p_id, int *p_kadai, int n);
void trim(char *pd, char *ps, int n);                  //删除空格的函数
int  get_kosu(char *p_name);                           //计算数据条数

int main(void)
{
    //声明变量
    char   *p_id;                                      //指向学号的指针
    int    *p_kadai;                                   //指向课题分数的指针
    int    *p_hyouten;                                 //指向得分的指针
    char   **p_hyouka;                                 //指向评价数组的指针
    char   buf[256];                                   //从文件读取缓冲区
    int    n;                                          //读入的学生人数
    FILE   *fp;                                        //文件控制变量
    char   fileName[256];                              //存放文件名的变量

    //输入文件名
    printf("文件名:");                                  //显示输入提示信息
    fgets(fileName, sizeof(fileName), stdin);          //从键盘输入文件名
    fileName[strlen(fileName) - 1] = '\0';             //删除'\n'

    //检查数据个数
    n = get_kosu(fileName);
    if (n == 0)
    {
        printf("无法从文件读取数据\n);
        return 0;
    }

    //分配空间
    p_id = (char *)malloc(n * sizeof(char) * (ID_N + 1));
    p_kadai = (int *)malloc(n * sizeof(int) * KADAI_N);
    p_hyouten = (int *)malloc(n * sizeof(int));
    p_hyouka = (char **)malloc(n * sizeof(char **));

    //读取数据
    fp = fopen(fileName, "r");

    //从文件输入
    fgets(buf, sizeof(buf), fp);                       //输入第一行的标题,没有处理
```

6

使用指针

删除 n 的初始化

```
    for (int i = 0; i < n; i++)
    {
        //读入一行
        fgets(buf, sizeof(buf), fp);

        //分解输入的字符串并存储
        setData(buf, p_id + (ID_N + 1)*i, p_kadai + KADAI_N*i, KADAI_N);
    }
    fclose(fp);                                     //关闭文件

    //求得分和评价
    for (int i = 0; i < n; i++)
    {
        //求得分
        *(p_hyouten + i) = get_gokei(p_kadai+KADAI_N*i, KADAI_N);

        //求评价
        *(p_hyouka+i) = get_hyouka(*(p_hyouten+i));
    }

    //显示到命令提示符界面上
    disp_title(KADAI_N);                            //调用显示标题的函数
    for (int i = 0; i < n; i++)
    {
        //显示一个人
        disp_one(p_id + (ID_N + 1)*i, p_kadai + KADAI_N*i, KADAI_N, *(p_hyouten + i),
                        *(p_hyouka + i));
    }

    //显示平均分
    printf("  平均分:%5.1f分\n", (double)get_gokei(p_hyouten, n) / n);

    //释放空间
    free(p_id);
    free(p_kadai);
    free(p_hyouten);
    free(p_hyouka);

    return 0;
}

/********************************************
    检查数据个数
    p_name:文件名
*********************************************/
int get_kosu(char *p_name)
{
    int         n;                                  //数据个数
    char    buf[256];                               //输入缓冲区
    FILE *fp;                                       //文件控制变量
```

```
    //打开文件
    fp = fopen(p_name, "r");
    if (fp == NULL)
    {
        //无法打开文件
        n = 0;                              //数据个数为0
    }
    else
    {
        //文件打开了
        fgets(buf, sizeof(buf), fp);        //跳过第一行的标题

        //逐行读取,对数据个数计数
        for (n = 0; fgets(buf, sizeof(buf), fp) != NULL; n++);

        //关闭文件
        fclose(fp);
    }

    return n;
}

/********************************************
    一个人的数据集
    p_buf : 一行输入字符串
    p_id : 指向存储学号的空间的指针
    p_kadai : 指向存储课题分数的数组的指针
    n : 课题个数
********************************************/
void setData(char *p_buf, char *p_id , int *p_kadai , int n)
{
    //将输入字符串分开存放
    char *p_start = p_buf;                  //p_start指向buf的开始
    char *p;                                //指向字符串的指针

    //提取学号
    p = strchr(p_start, ',');               //搜索','
    *p = '\0';                              //替换为'\0'
    trim(p_id , p_start , ID_N);            //删除空格,获得学号

    //以数值方式提取课题分数
    for (int i = 0; i < n; i++ , p_kadai++)
    {
        p_start = p + 1;                    //从','的下一个字符开始
        p = strchr(p_start , ',');          //搜索','
        if(p != NULL)                       //最终分数之后没有','
        {
            *p = '\0';                      //替换为'\0'
        }
```

```
        *p_kadai = atoi(p_start);                  //转换为整数并赋值
    }
}
/*
以下的函数与基本示例6-6相同,因此省略,请大家在下面描述与基本示例6-6相同的内容
void disp_title(int kadai_n);
void disp_one(char *p_id, int *p_kadai, int kadai_n, int hyouten, char *p_hyouka);
int  get_gokei(int *p_data, int n);
char *get_hyouka(int hyouten);
void trim(char *pd, char *ps, int n);
*/
```

总　结

● 将变量和数组的地址作为数据的类型称为指针类型

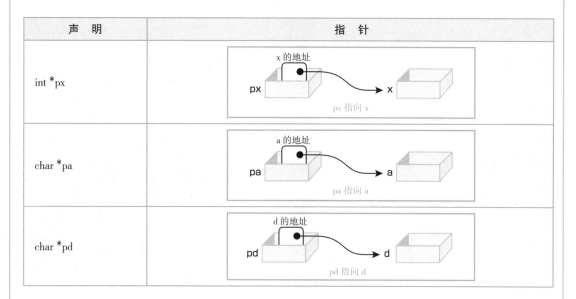

声　明	指　针
int *px	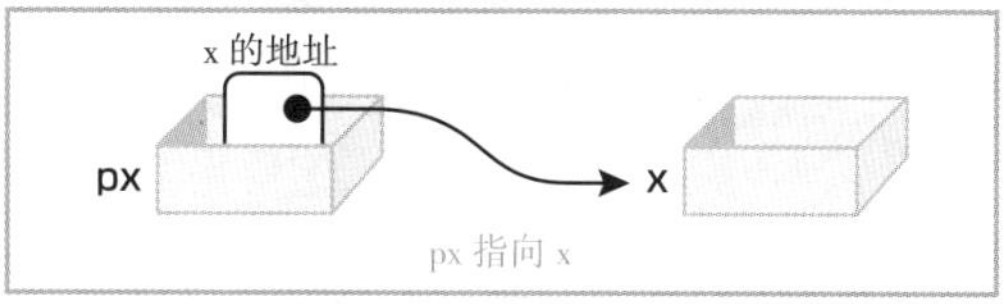 x 的地址 px x px 指向 x
char *pa	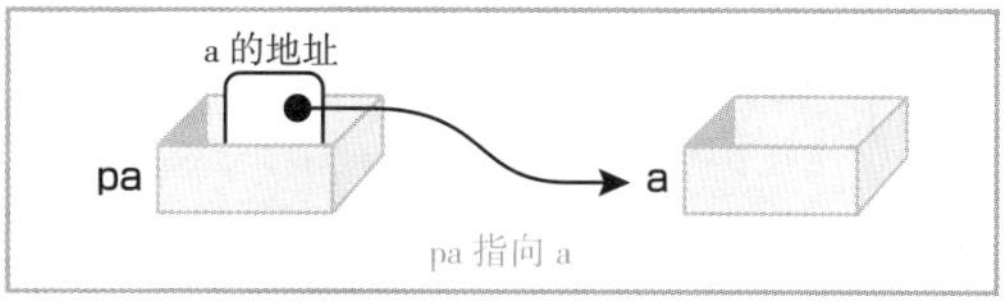 a 的地址 pa a pa 指向 a
char *pd	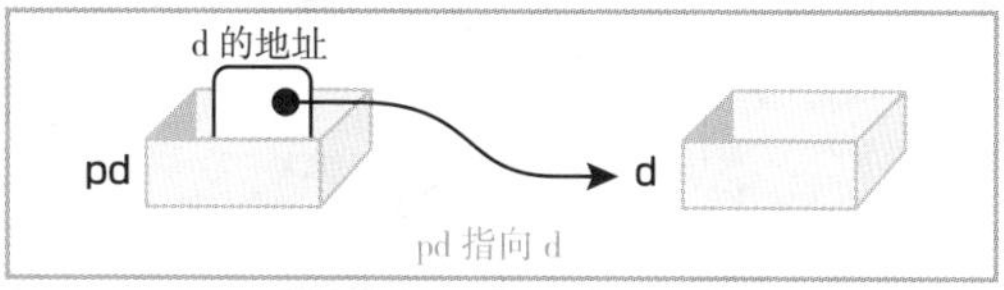 d 的地址 pd d pd 指向 d

● 指针运算符

	运 算 符	说　明
地址运算符	&	获得地址
间接运算符	*	获得指针指向目标的内容

● 指针的加减运算

如果指针加 1，将加上指针指向目标的大小，如果指向目标是数组，将指向下一个元素。

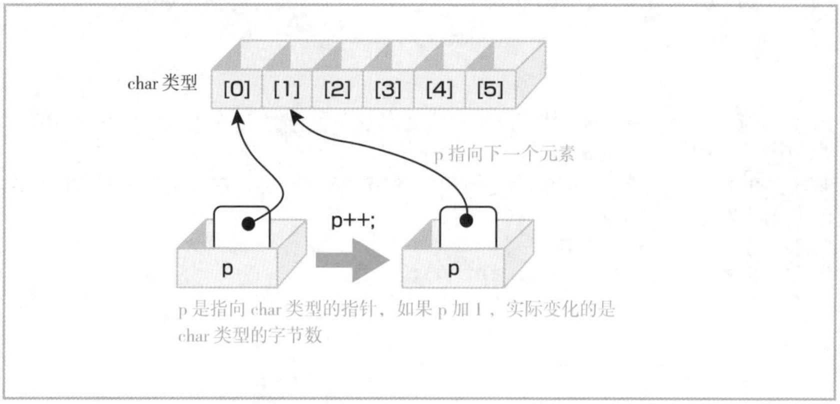
char 类型
[0]
[1]
[2]
[3]
[4]
[5]
p 指向下一个元素
p++;
p
p
p 是指向 char 类型的指针，如果 p 加 1，实际变化的是
char 类型的字节数

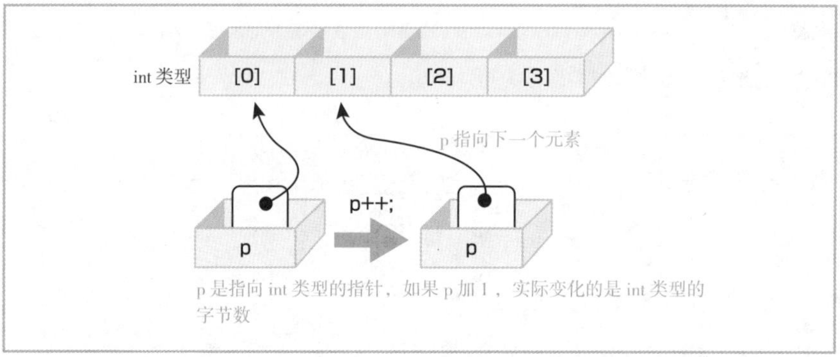
int 类型
[0]
[1]
[2]
[3]
p 指向下一个元素
p++;
p
p
p 是指向 int 类型的指针，如果 p 加 1，实际变化的是 int 类型的
字节数

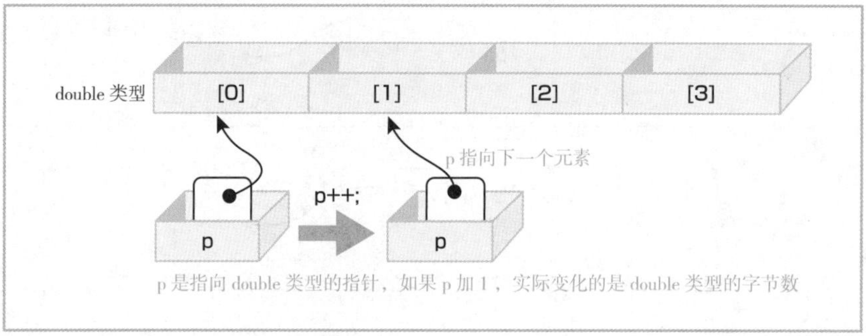
double 类型
[0]
[1]
[2]
[3]
p 指向下一个元素
p++;
p
p
p 是指向 double 类型的指针，如果 p 加 1，实际变化的是 double 类型的字节数

- *(ps+i) 与 *ps+i

  *(ps + i) 是从指针 ps 开始计数的第 i 个数组元素的内容

  * ps + i 是指针 ps 指向目标的内容 + i

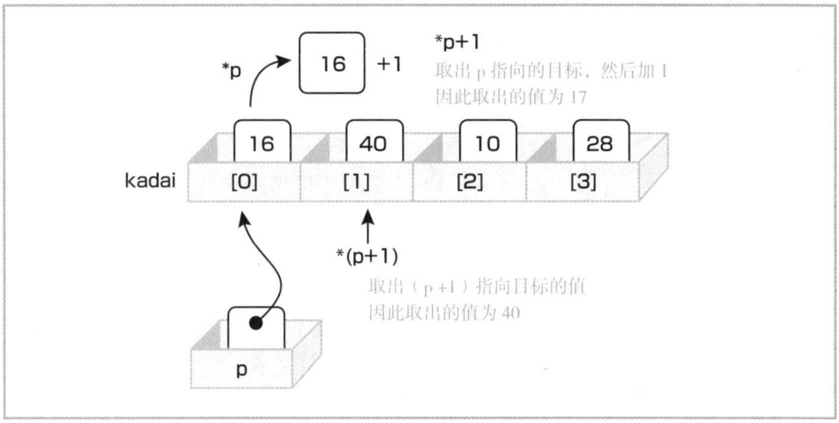
*p
16
+1
*p+1
取出 p 指向的目标，然后加 1
因此取出的值为 17
16
40
10
28
kadai
[0]
[1]
[2]
[3]
*(p+1)
取出（p+1）指向目标的值
因此取出的值为 40
p

● 函数与指针

函数可以将指针作为参数，也可以将指针作为返回值。通过在函数之间交换地址，可以访问任何地方声明的空间。

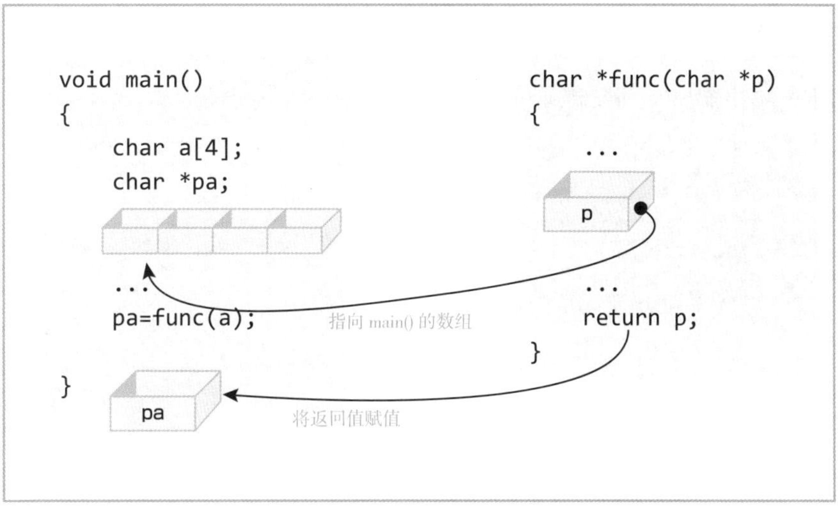
void main()
{
char a[4];
char *pa;
...
pa=func(a);
}
pa
指向 main() 的数组
将返回值赋值
char *func(char *p)
{
...
p
...
return p;
}

sample6_x.c

Let's challenge　合 并

将预先按升序排列的两个数组汇总，生成一个按升序排序的数据列。假设接收的数组元素数量足够多。

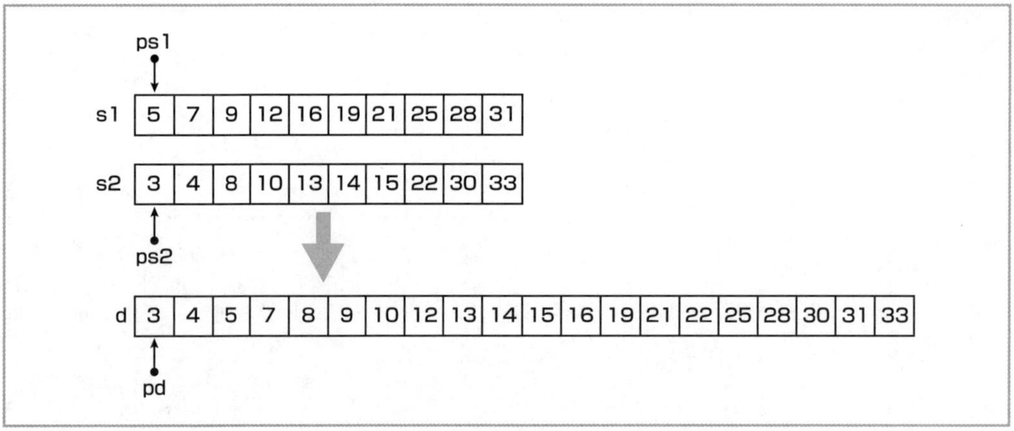
ps1
s1
5
7
9
12
16
19
21
25
28
31
s2
3
4
8
10
13
14
15
22
30
33
ps2
d
3
4
5
7
8
9
10
12
13
14
15
16
19
21
22
25
28
30
31
33
pd

将 *ps1 和 *ps2 中较小的一方复制到 *pd，并将复制方的指针向前推进。

第7章

用结构体处理数据

虽然都是数据，但也有很多不同的类型。例如，从一条个人信息来看，姓名是字符，年龄、身高和体重是数值；即使同样是数值，年龄是整数，身高和体重却带着小数点。也就是说，虽然姓名是 char 类型数组，年龄是 int 类型，但是身高和体重是 double 类型…… 虽然是这样不同类型的数据，但是如果将其作为一个人归类处理，则会很方便。在本章中，让我们来学习使之成为可能的结构体。到目前为止构建的程序终于将迎来最终形态。

7

01 使用结构体

将相关联的数据捆绑进行处理，是怎么回事呢？首先学习概念。

STEP 1 什么是结构体

数组是将相同类型的数据排列在一起的，因此，不能将不同类型的数据捆绑在一起，如图 1 所示。

▼ 图 1　数组都是相同类型

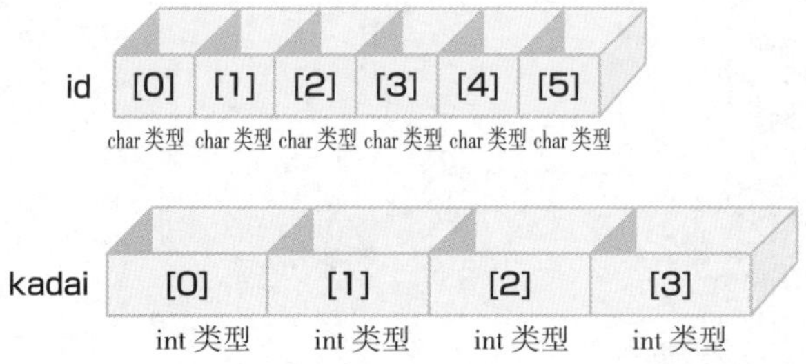
id
[0]
[1]
[2]
[3]
[4]
[5]
char 类型
char 类型
char 类型
char 类型
char 类型
char 类型
kadai
[0]
[1]
[2]
[3]
int 类型
int 类型
int 类型
int 类型

但是，一个人的信息并非都是同一类型。可以归纳为 char 类型的学号、int 类型的课题分数，还有课题分数总计的得分及基于得分的评价。虽然课题分数和得分是 int 类型，但是数据的含义不同，因此不建议将它们混在一起放入数组。由于得分是一个人一条信息，因此先将其设为 int 类型变量。同样，评价也是一个人一条信息，设为指向 char 类型的指针。

这样，将不同类型的变量、数组排列并统一进行处理的数据集合称为结构体。而形成结构体的变量或数组称为成员。用于区分构成结构体内的变量或数组的名称称为成员名。

结构体，可以全部整合成像一个变量那样处理。给人一种将一个人所有的数据都放在托盘上集中处理的印象，如图 2 所示。

▼ **图 2** 所谓结构体，就是把成员放在托盘上

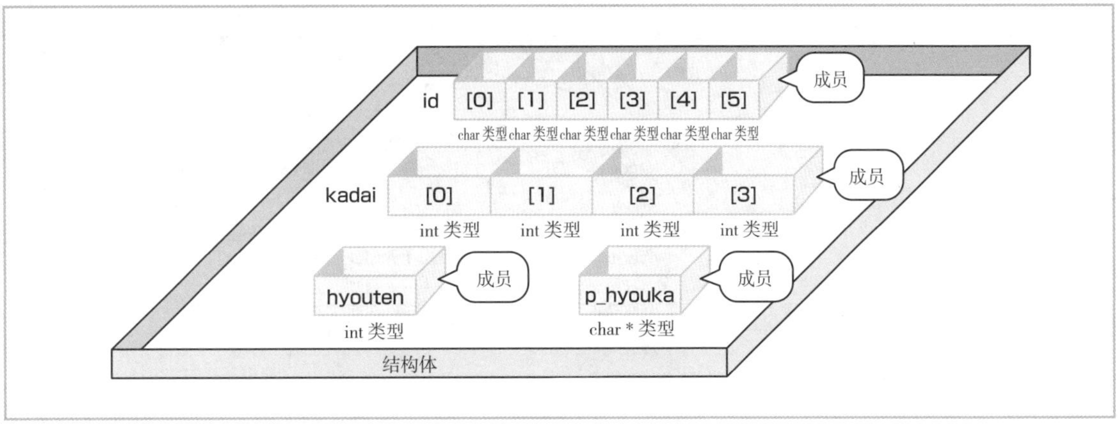
id
[0]
[1]
[2]
[3]
[4]
[5]
char 类型char 类型char 类型char 类型char 类型char 类型
成员
kadai
[0]
[1]
[2]
[3]
int 类型
int 类型
int 类型
int 类型
成员
hyouten
int 类型
成员
p_hyouka
char * 类型
成员
结构体

STEP 2 将结构体排列成数组

另外，也可以将相同形状的多个结构体排列成数组。每个数组元素都是结构体，如图 3 所示。

▼ **图 3** 结构体数组

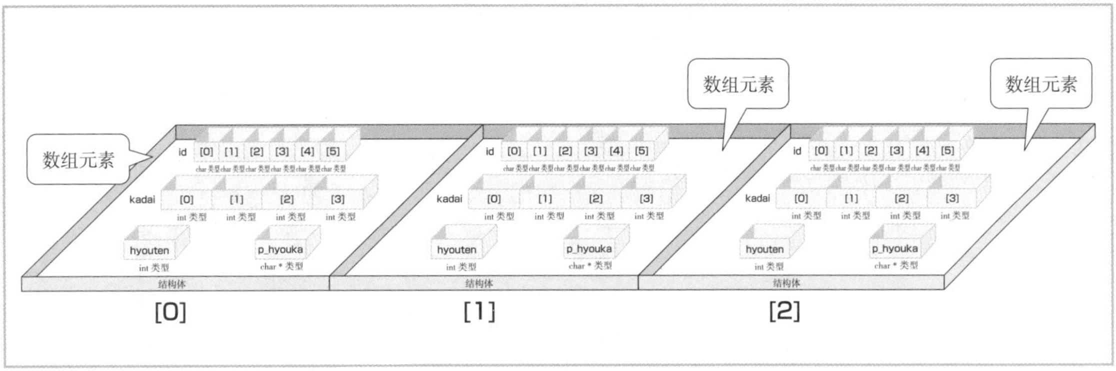
数组元素
数组元素
数组元素
id
kadai
hyouten
p_hyouka
结构体
[0]
[1]
[2]

STEP 3 指向结构体类型的指针保存结构体的起始地址

可以像对待普通变量和数组一样对待结构体类型的变量和数组，也可以使用指向结构体的指针，如图 4 所示。

▼ 图 4　指向结构体的指针

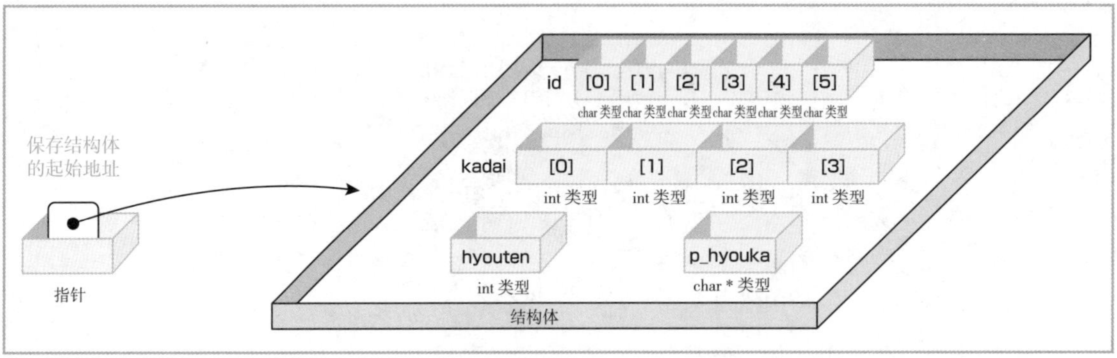
保存结构体
的起始地址
指针
id [0] [1] [2] [3] [4] [5]
char 类型 char 类型 char 类型 char 类型 char 类型 char 类型
kadai [0] [1] [2] [3]
int 类型 int 类型 int 类型 int 类型
hyouten
int 类型
p_hyouka
char * 类型
结构体

STEP 4　结构体与函数的结合

可以在函数的参数或返回值中指定结构体类型，如图 5 和图 6 所示。

▼ 图 5　将结构体作为参数传递给函数

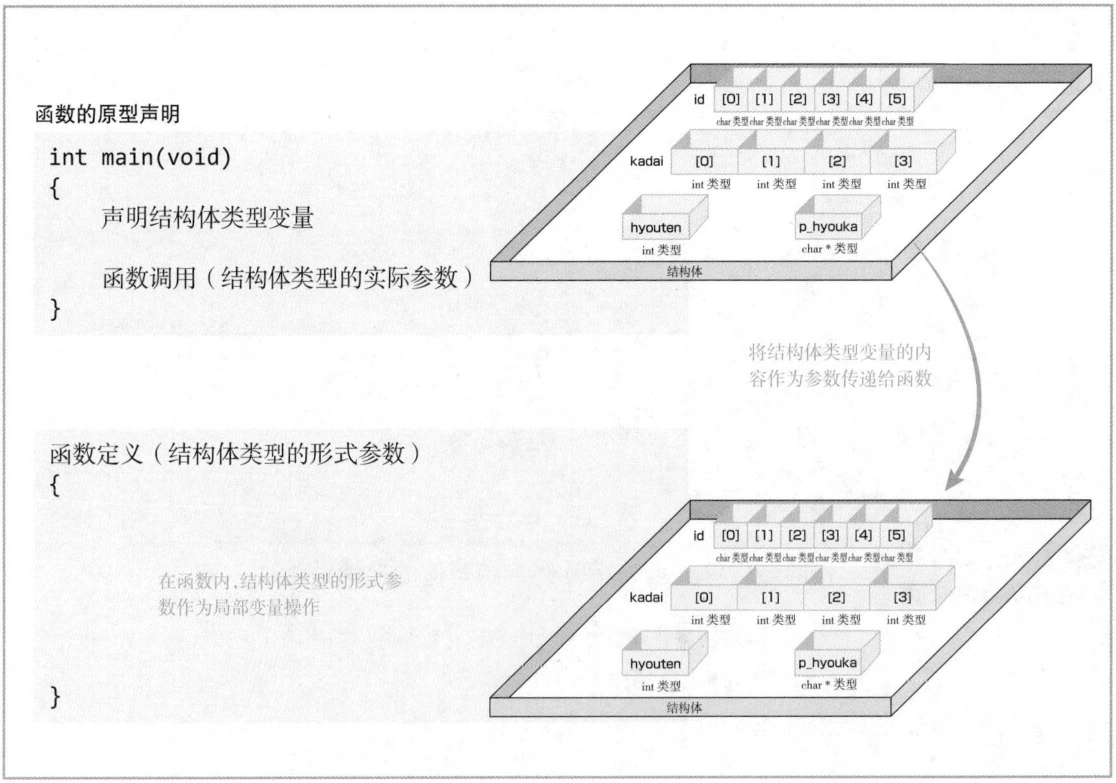
函数的原型声明
int main(void)
{
声明结构体类型变量
函数调用（结构体类型的实际参数）
}
函数定义（结构体类型的形式参数）
{
在函数内，结构体类型的形式参数作为局部变量操作
}
将结构体类型变量的内容作为参数传递给函数
id [0] [1] [2] [3] [4] [5]
kadai [0] [1] [2] [3]
int 类型
hyouten
p_hyouka
char * 类型
结构体

▼ **图6** 结构体作为函数的返回值返回

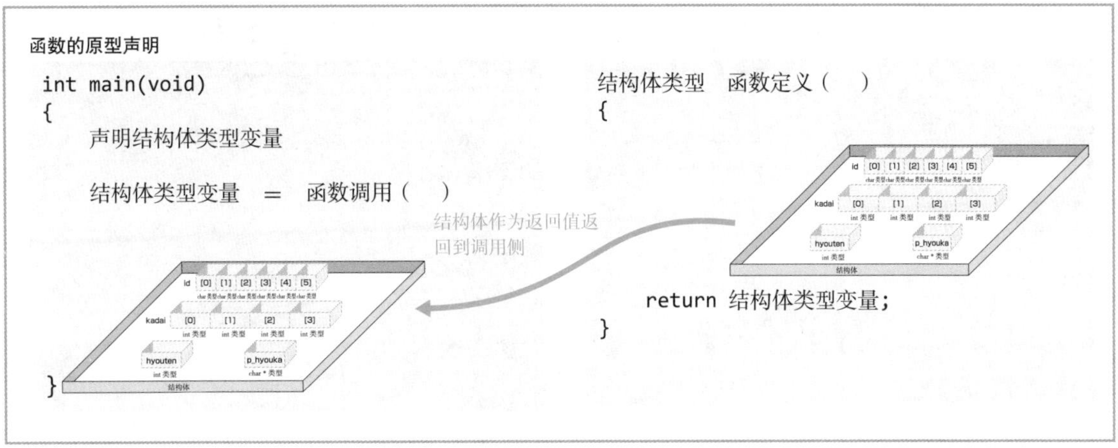
函数的原型声明
int main(void)
{
声明结构体类型变量
结构体类型变量 ＝ 函数调用（ ）
结构体作为返回值返回到调用侧
}
结构体类型 函数定义（ ）
{
return 结构体类型变量;
}
id
[0]
[1]
[2]
[3]
[4]
[5]
kadai
int 类型
hyouten
p_hyouka
char * 类型
结构体

▶以数据为中心的程序设计技术称为面向对象。C语言中没有提供描述面向对象的语法，但是结构体是面向对象思维方式的基础。也为了学习C++、Java和C#等具备面向对象的语言，让我们掌握结构体的处理。

结构体是与数据库中的记录相对应的处理方法。如果将一组数据集中进行处理，则可以关联到以数据为中心的程序设计。

7-02 使用结构体类型变量

下面来学习如何处理一组结构体数据。

基本示例 7-2

让我们来显示存放在结构类型变量中一个人的数据。学号和课题分数将赋值，得分根据课题分数进行计算，将指向“优”的指针赋予评价，如图 7 所示。

▼ 图7　指针赋值

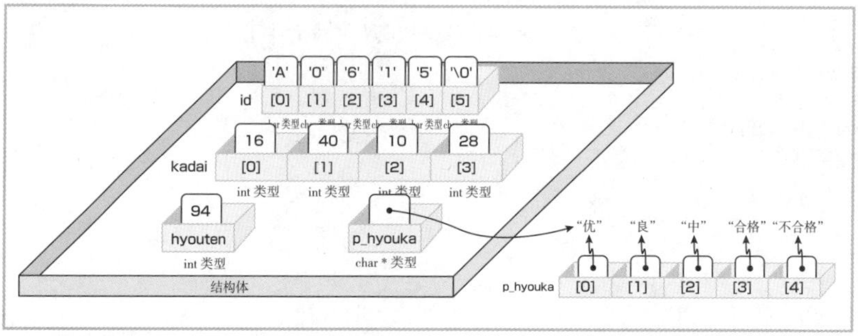

'A'
'0'
'6'
'1'
'5'
'\0'
id
[0]
[1]
[2]
[3]
[4]
[5]
16
40
10
28
kadai
[0]
[1]
[2]
[3]
int 类型
int 类型
int 类型
int 类型
94
hyouten
int 类型
p_hyouka
char * 类型
结构体
“优”
“良”
“中”
“合格”
“不合格”
p_hyouka
[0]
[1]
[2]
[3]
[4]

▼ 运行结果

```
学号        课题1  课题2  课题3  课题4  得分   评价
A0615        16     40     10     28    94分   优
```

学习

STEP 1　定义结构体并声明变量

结构体是将一组信息集中进行处理。给人的印象是把必要的信息全部放在托盘上，而这个托盘可以像变量一样处理。换句话说，托盘是一个包含多个信息的新的“类型”。

使用结构体时，预先定义该结构体包含什么类型的变量和数组，以及先后顺序。然后给这个用结构体新定义的“类型”命名。定义如下：

▶由结构体定义的类型名称为“struct 结构体标签”。

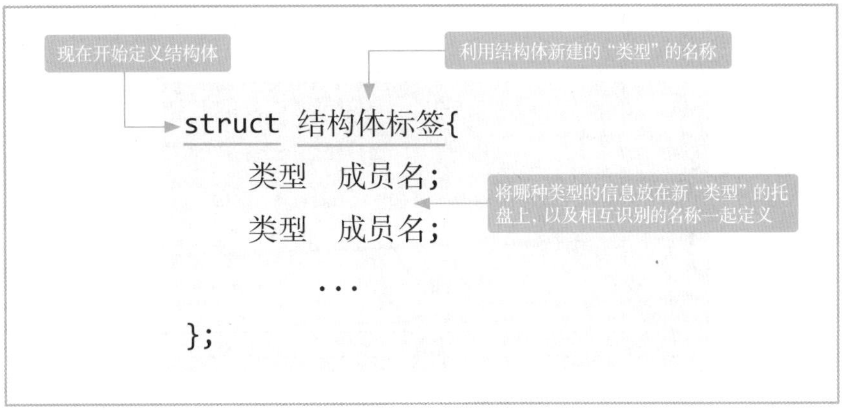
现在开始定义结构体
利用结构体新建的“类型”的名称
struct 结构体标签{
类型 成员名;
类型 成员名;
...
};
将哪种类型的信息放在新“类型”的托盘上，以及相互识别的名称一起定义

在以下示例中，定义了包含 4 个成员的 struct seiseki 类型。

▼ 例

```
struct seiseki
{
    char id[ID_N + 1];              //学号
    int  kadai[KADAI_N];            //课题分数
    int  hyouten;                   //得分(课题分数合计)
    char *p_hyouka;                 //指向评价字符串的指针
};
```

▶例如，如果对char类型进行说明，将是“大小为1个字节，用于存储字符代码的类型”等。结构体的定义与此相同，不过就是说明了“struct seiseki类型是结构类型”。

原则上，定义是为了确定新的“类型”，虽然描述了结构体的定义，但并没有在存储器中为其分配存储空间。

如果创建了新的类型，需要声明变量以实际存储数据。和之前处理的普通变量一样，要描述类型名称和变量名称。

▶到目前为止使用的普通类型，如 int 类型、char 类型、double 类型等统称为基本类型。与此相对，将基本类型组合在一起的类型称为派生类型，除了结构体，还包括数组。

▼ 例

```
struct seiseki  data1;
struct seiseki  data2;
```

在此示例中，变量名称为 data1 和 data2，这样才算是分配了存储空间，如图 8 所示。

▼ 图 8　变量 data1 和 data2 的声明

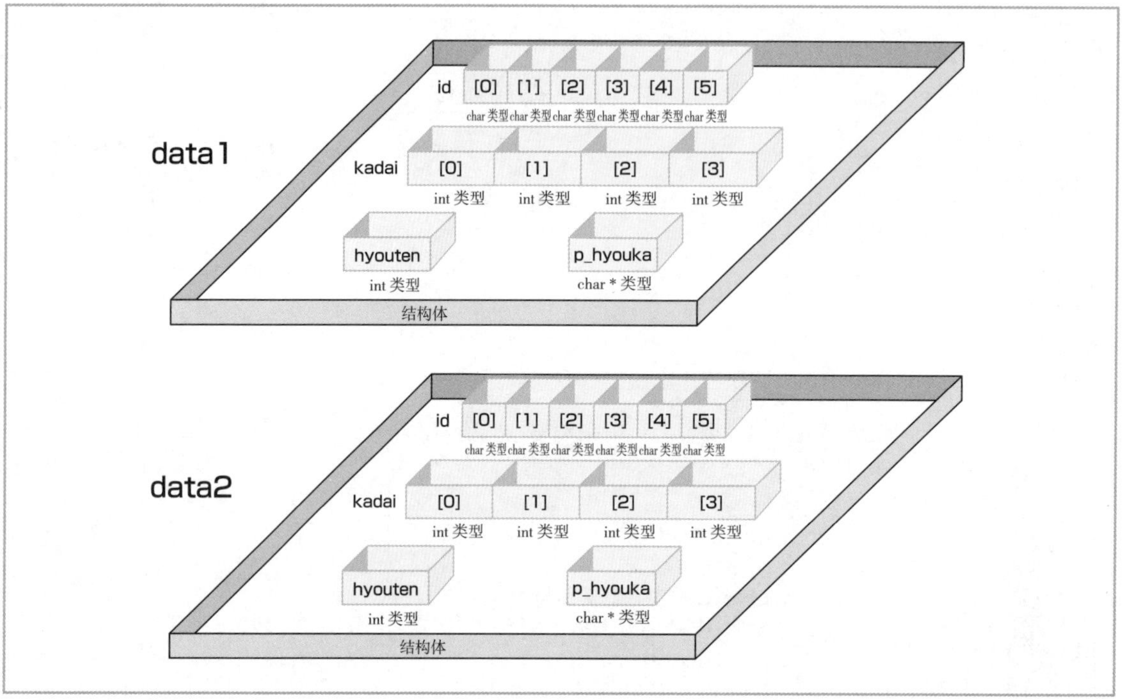
data1
id [0] [1] [2] [3] [4] [5]
char 类型char 类型char 类型char 类型char 类型char 类型
kadai [0] [1] [2] [3]
int 类型 int 类型 int 类型 int 类型
hyouten
int 类型
p_hyouka
char * 类型
结构体
data2
id [0] [1] [2] [3] [4] [5]
char 类型char 类型char 类型char 类型char 类型char 类型
kadai [0] [1] [2] [3]
int 类型 int 类型 int 类型 int 类型
hyouten
int 类型
p_hyouka
char * 类型
结构体

STEP 2　使用类型定义声明变量

▶类型名称通常都用大写字母来描述。C语言中是区分大小写的，因此seiseki和SEISEKI被认为是不同的。另外，类型名称并未规定结构体标签名称要大写，因此可以自由命名。

如果类型名称是 struct seiseki 类型，则两个单词处理起来会很不方便，希望能像 int 类型一样用一个词表示的名称，因此，这种时候使用 typedef 的描述如下。

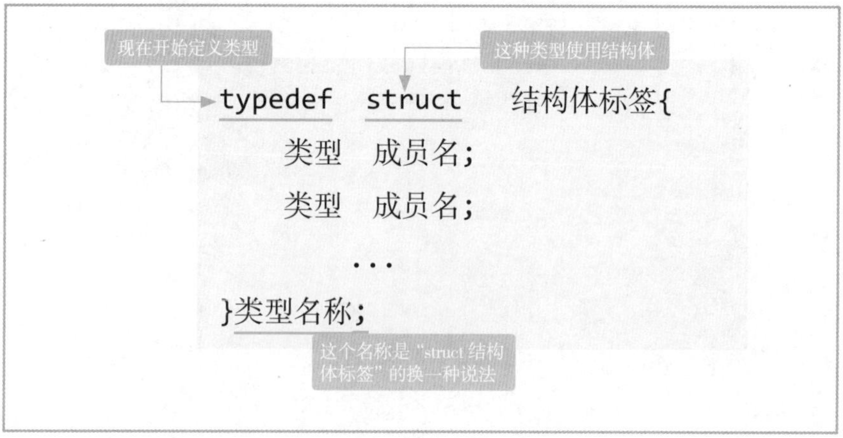
现在开始定义类型
这种类型使用结构体
typedef struct 结构体标签{
类型 成员名;
类型 成员名;
...
}类型名称;
这个名称是"struct 结构体标签"的换一种说法

▶使用 typedef 定义类型名称时，可以省略结构体标签。

▼ 例

```
typedef struct seiseki
{
    char id[ID_N + 1];              //学号
    int  kadai[KADAI_N];            //课题分数
    int  hyouten;                   //得分(课题总分)
    char *p_hyouka;                 //指向评价字符串的指针
}SEISEKI;
```

这样就定义了类型，下面来声明 SEISEKI 类型的变量。

▼ 例

```
SEISEKI  data1;
SEISEKI  data2;
```

这样，就分配了与图 8 相同的空间。

扩 展　typedef的使用方法

由于 typedef 是给类型赋予了名称，因此可以用结构体以外的其他类型。当希望类型具有特殊含义的情况下也可以使用。例如 :

typedef unsigned int size_t;

就可以定义 size_t 类型。 size_t 类型与 unsigned int 类型具有完全相同的性质。在头文件 stddef.h 中将 size_t 类型定义为表示变量和数组等大小的类型。 如果要声明 size_t 类型的变量 data_len，则请描述如下。

```
size_t    data_len;
```

类型名　变量名

这个和

unsigned int data_len;

在语法上完全相同。 但是如果类型名称使用 size_t，就更加清楚地表明 data_len 是表示变量或数组大小的变量。

STEP 3 给结构体类型变量的每个成员逐个赋值

下面为声明的结构体类型变量进行赋值。实际上，是对该变量的每个成员逐个进行赋值，如图 9 所示。 使用结构体成员运算符 “.” 指定结构体中的某个成员。

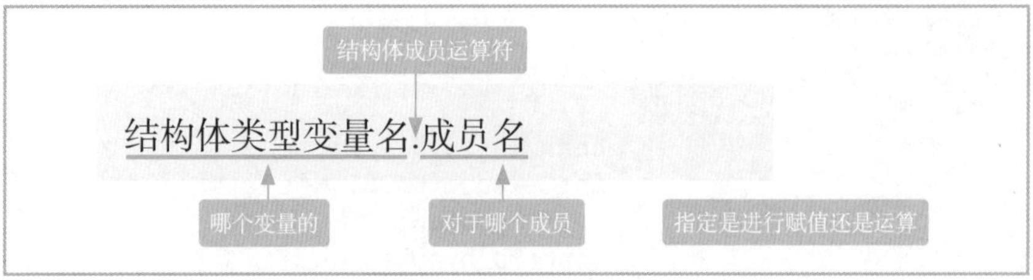
结构体成员运算符
结构体类型变量名.成员名
哪个变量的
对于哪个成员
指定是进行赋值还是运算

▶要将字符串赋给char类型的数组，需要将每个字符依次赋给数组元素。必须写作
data1.id[0] = 'A';
data1.id[1] = '0';
data1.id[2] = '6';
…
data1.id[5] = '\0';
由库函数 strcpy() 负责完成。关于成员为数组时的赋值，将在 STEP 4 中进行说明。

▼ 例

```
strcpy(data1.id , "A0615");
data1.kadai[0] = 16;
data1.kadai[1] = 40;
data1.kadai[2] = 10;
data1.kadai[3] = 28;
```

▼ 图 9　给结构体类型变量的各成员赋值

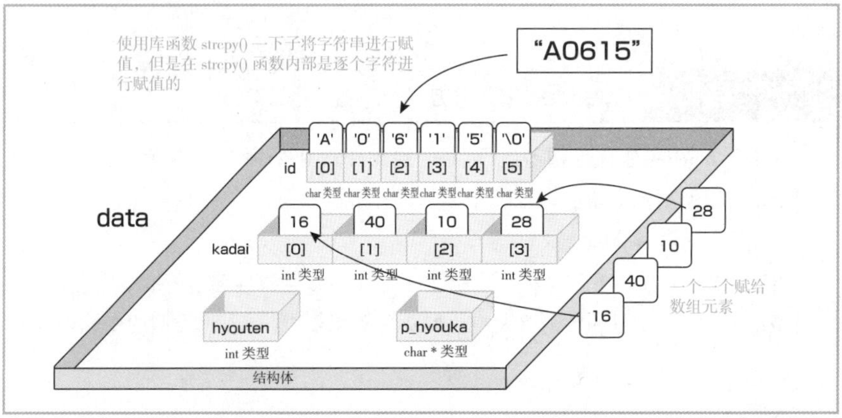
使用库函数 strcpy() 一下子将字符串进行赋值，但是在 strcpy() 函数内部是逐个字符进行赋值的
"A0615"
'A' '0' '6' '1' '5' '\0'
id [0] [1] [2] [3] [4] [5]
char 类型 char 类型 char 类型 char 类型 char 类型 char 类型
data
16 40 10 28
kadai [0] [1] [2] [3]
int 类型 int 类型 int 类型 int 类型
28
10
40
16
一个一个赋给数组元素
hyouten
int 类型
p_hyouka
char * 类型
结构体

STEP 4　指定数组类型的结构体成员

如果结构体成员是数组，则在成员名称中添加下标，如图 10 所示。

▼ 图 10　指定数组类型成员的元素

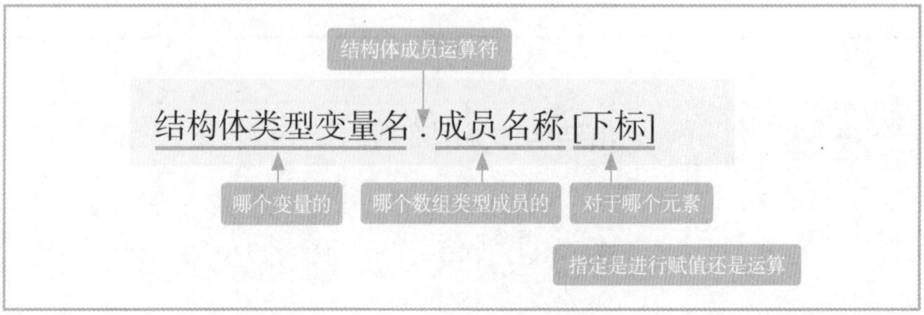
结构体成员运算符
结构体类型变量名.成员名称[下标]
哪个变量的
哪个数组类型成员的
对于哪个元素
指定是进行赋值还是运算

将课题分数依次相加并存储到得分成员的程序如下。这里 KADAI_N 是定义为常量的课题数。

▼ 例

```
//计算得分
data.hyouten = 0;                         //初始化得分
for (int i = 0; i < KADAI_N; i++)
{
    data.hyouten += data.kadai[i];        //课题分数依次相加
}
```

数组类型成员的课题分数依次相加

STEP 5 将地址赋给指针类型的成员

即使成员是指针类型，也和基本类型的成员一样，用结构体类型的变量名和成员名来指定。将地址赋给指针类型的成员，类似于普通指针类型的变量，如图 11 所示。

▼ 图 11 将地址赋给指针类型的成员

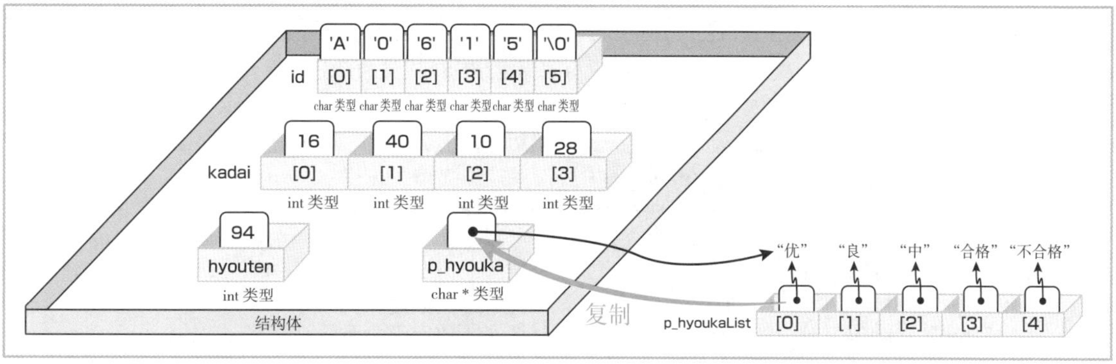

'A' '0' '6' '1' '5' '\0'
id [0] [1] [2] [3] [4] [5]
char 类型 char 类型 char 类型 char 类型 char 类型 char 类型
16 40 10 28
kadai [0] [1] [2] [3]
int 类型 int 类型 int 类型 int 类型
94
hyouten
int 类型
p_hyouka
char * 类型
结构体
复制
"优" "良" "中" "合格" "不合格"
p_hyoukaList [0] [1] [2] [3] [4]

▼ 例

```
data.p_hyouka = p_hyoukaList[0];
```

STEP 6 结构体类型变量的相互赋值

从结构体类型变量给结构体类型变量赋值时，所有成员将被完整复制。到目前为止，唯一的方法是逐个复制数组的每个元素，但是如果数组是结构体的成员，则将整个复制，如图 12 所示。

▼ 例

```
data2 = data1;
```

▼ 图 12　结构体类型变量的相互赋值

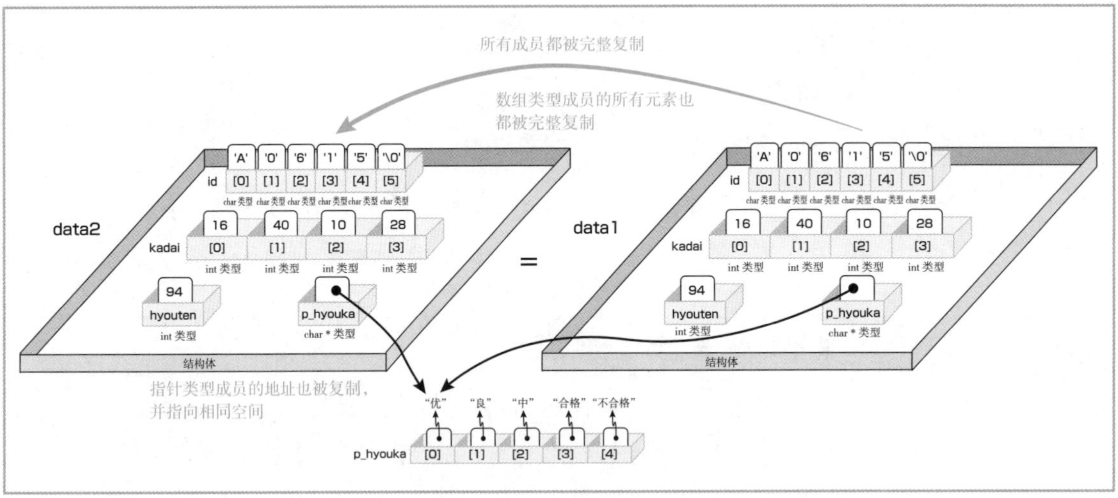
所有成员都被完整复制
数组类型成员的所有元素也
都被完整复制
data2
data1
=
id
'A' '0' '6' '1' '5' '\0'
[0] [1] [2] [3] [4] [5]
char 类型
kadai
16 40 10 28
[0] [1] [2] [3]
int 类型
94
hyouten
int 类型
p_hyouka
char * 类型
结构体
指针类型成员的地址也被复制，
并指向相同空间
"优" "良" "中" "合格" "不合格"
p_hyouka [0] [1] [2] [3] [4]

配套资源 ≫

原始文件⋯⋯rei7_2k.c
完成文件⋯⋯sample7_2k.c

程序示例

配套资源的程序中没有写指定结构体成员的部分。请大家补充完善后再运行。

```
/***********************************************
    使用结构体              基本示例7-2
***********************************************/
#include <stdio.h>
#include <string.h>
#define    ID_N        5                //将学号位数定义为常量
#define    KADAI_N     4                //将课题数定义为常量

//将一个人的成绩信息集中定义为结构体
typedef struct seiseki
{
    char id[ID_N + 1];                  //学号
    int  kadai[KADAI_N];                //课题分数
    int  hyouten;                       //得分(课题总分)
    char *p_hyouka;                     //指向评价字符串的指针
}SEISEKI;

//全局变量的声明和初始化
char    *p_hyoukaList[5] = { "优" , "良" , "中" , "合格" , "不合格" }; //评价字符串

//函数的原型声明
void disp_title(int kadai_n);           //显示标题的函数

```

```
int main(void)
{
    //声明变量
    SEISEKI data;                           //存储一个人数据的变量

    //学号和课题分数赋值
    strcpy(data.id, "A0615");
    data.kadai[0] = 16;
    data.kadai[1] = 40;
    data.kadai[2] = 10;
    data.kadai[3] = 28;

    //计算得分
    data.hyouten = 0;                       //初始化得分
    for (int i = 0; i < KADAI_N; i++)
    {
        data.hyouten += data.kadai[i];      //课题分数依次相加
    }

    //赋值为指向评价字符串的指针
    data.p_hyouka = p_hyoukaList[0];

    //在命令提示符界面上显示标题
    disp_title(KADAI_N);

    //在命令提示符界面上显示一个人的信息
    printf("%-10s", data.id);               //显示学号
    //显示课题分数
    for (int i = 0; i < KADAI_N; i++)
    {
        printf("%5d", data.kadai[i]);
    }
    //显示得分和评价
    printf(" %3d分    %s\n", data.hyouten, data.p_hyouka);

    return 0;
}


/*
以下的函数与第5章基本示例5-4相同,因此省略,请大家在下面描述与基本示例5-4相同的内容
void disp_title(int kadai_n);
*/
```

编程助手 致编译出错者

```
//在命令提示符界面上显示一个人的信息
printf("%-10s", id);        //显示学号
//显示课题分数      data.id
for (int i = 0; i < KADAI_N; i++)
{
    printf("%5d ", kadai[i]);
}                      data.kadai[i]
//显示得分和评价
printf(" %3d分    %s\n", hyouten, p_hyouka);
               data.hyouten       data.p_hyouka
```

没有指定结构体变量名称，就直接描述成员名称时，将出现"使用了未定义的变量名称"的错误。
请指定结构体变量名称，然后在结构体成员运算符之后描述成员名称。

应用示例 7-2

学习结构体的初始化。另外，我们将结构体成员传递给第 6 章创建的函数，通过函数计算得分和评价。

▼ 运行结果

```
学号        课题1  课题2  课题3  课题4  得分   评价
A0615        16     40     10     28   94分   优
```


学 习

STEP 7 声明结构体类型变量的同时初始化

像变量和数组一样，结构体类型的变量也只能在声明时指定初始值。初始值按结构体成员的顺序给出，用逗号分隔。

▼ 例

```
SEISEKI data1 = { "A0615" , 16 , 40 , 10 , 28 };
```

变量 data1 的内容与图 9 相同。

STEP 8 将结构体成员传递给函数，将返回值赋给成员

在第 5 章中，我们学习了将变量和数组作为函数参数传递。如果将结构体类型变量的成员指定为实际参数，则在第 6 章之前创建的函数可以原封不动地使用，如图 13 所示。

在函数方面，不知道传递的数组是结构体类型变量的一部分成员，将其视为普通的变量或数组。

另外，也可以将函数的返回值赋给结构体成员。从函数侧返回的值，此后会如何使用，与函数方面没有关系，只要类型一致就可以了。

图 13　将结构体类型的成员作为函数参数传递

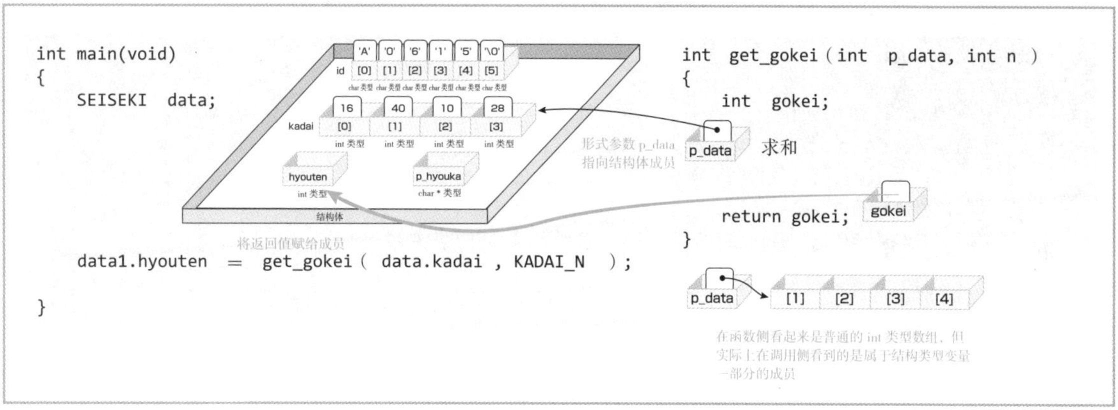

int main(void)
{
SEISEKI data;
data1.hyouten = get_gokei (data.kadai , KADAI_N);
}
'A' '0' '6' '1' '5' '\0'
id [0] [1] [2] [3] [4] [5]
16 40 10 28
kadai [0] [1] [2] [3]
int 类型
hyouten
p_hyouka
char * 类型
结构体
将返回值赋给成员
形式参数 p_data 指向结构体成员
int get_gokei (int p_data, int n)
{
int gokei;
p_data
求和
return gokei;
gokei
}
p_data
[1] [2] [3] [4]
在函数侧看起来是普通的 int 类型数组，但实际上在调用侧看到的是属于结构类型变量一部分的成员

配套资源

原始文件……sample7_2k.c
完成文件……sample7_2o.c

程序示例

下面针对以下两点改写基本示例 7-2 的程序后执行。

① 初始化结构体类型变量。

② 使用第 6 章之前创建的函数求得分和评价。

```
/*********************************************
    使用结构体　应用示例7-2
*********************************************/
#include <stdio.h>
#define    ID_N        5                   //将学号位数定义为常量
#define    KADAI_N     4                   //将课题数定义为常量

//将一个人的成绩信息集中定义为结构体
typedef struct seiseki
{
    char id[ID_N + 1];                      //学号
    int  kadai[KADAI_N];                    //课题分数
    int  hyouten;                           //得分(课题总分)
    char *p_hyouka;                         //指向评价字符串的指针
}SEISEKI;

//全局变量
char    *p_hyoukaList[5] = { "优" , "良" , "中" , "合格" , "不合格" }; //评价字符串
int     limit[5] = { 90 , 80 , 70 , 60 , 0 };                        //评价基准

//函数的原型声明
void disp_title(int kadai_n);                    //显示标题的函数
int  get_gokei(int kadai[], int kadai_n);        //求得分的函数
char *get_hyouka(int hyouten);                   //求评价的函数
void disp_one(char *p_id, int kadai[], int kadai_n, int hyouten, char *p_hyouka);
```

```
                                                   //显示一个人的函数

int main(void)
{
    //变量声明和初始化
    SEISEKI data  = { "A0615" , 16,40,10,28 };

    //计算得分
    data.hyouten  = get_gokei(data.kadai, KADAI_N);

    //求评价
    data.p_hyouka = get_hyouka(data.hyouten);

    //显示到命令提示符界面上
    disp_title(KADAI_N);                           //调用显示标题的函数
    //显示一个人
    disp_one(data.id, data.kadai, KADAI_N, data.hyouten, data.p_hyouka);

    return 0;
}

/*
以下的函数与第6章基本示例6-6相同,因此省略,请大家在下面描述与基本示例6-6相同的内容
void disp_title(int kadai_n);
void disp_one(char id[], int kadai[], int kadai_n, int hyouten, char *p_hyouka);
int  get_gokei(int *p_data, int n);
char *get_hyouka(int hyouten);
*/
```

03 使用结构体类型数组

当汇集成一组的数据有多个时，可以使用结构体类型数组。下面尝试用数组进行连续处理。

基本示例 7–3

我们按顺序显示在结构体类型数组中设定的信息，如图 14 所示。

▼ 图14　结构体类型数组

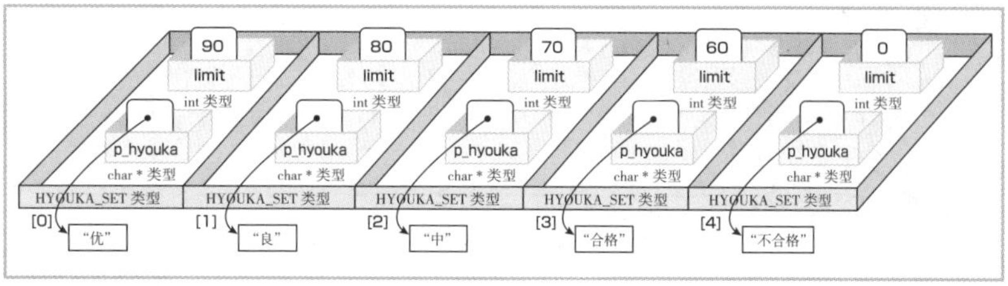

90
limit
int 类型
p_hyouka
char * 类型
HYOUKA_SET 类型
[0]
"优"
80
[1]
"良"
70
[2]
"中"
60
[3]
"合格"
0
[4]
"不合格"

结构体 HYOUKA_SET 的定义如下。

```
//定义根据得分求评价时的指标
typedef struct hyouka_set
{
    int  limit;                              //如果在此分数以上
    char *p_hyouka;                          //这个评价
}HYOUKA_SET;
```

▼ 运行结果

```
90分以上：优
80分以上：良
70分以上：中
60分以上：合格
0分以上：不合格
```

学习

STEP 1 将结构体引入评价指标

关于成绩评价的数据，到目前为止，作为评价的基准分数和该分数以上能获得的成绩字符串，分别被放在不同的数组中。这里将基准分数和评价字符串放在一个结构体中，由此可以明确基准分数和评价字符串之间的关系，如图 15 所示。

▼ 图 15　评价指标的数据结构变更

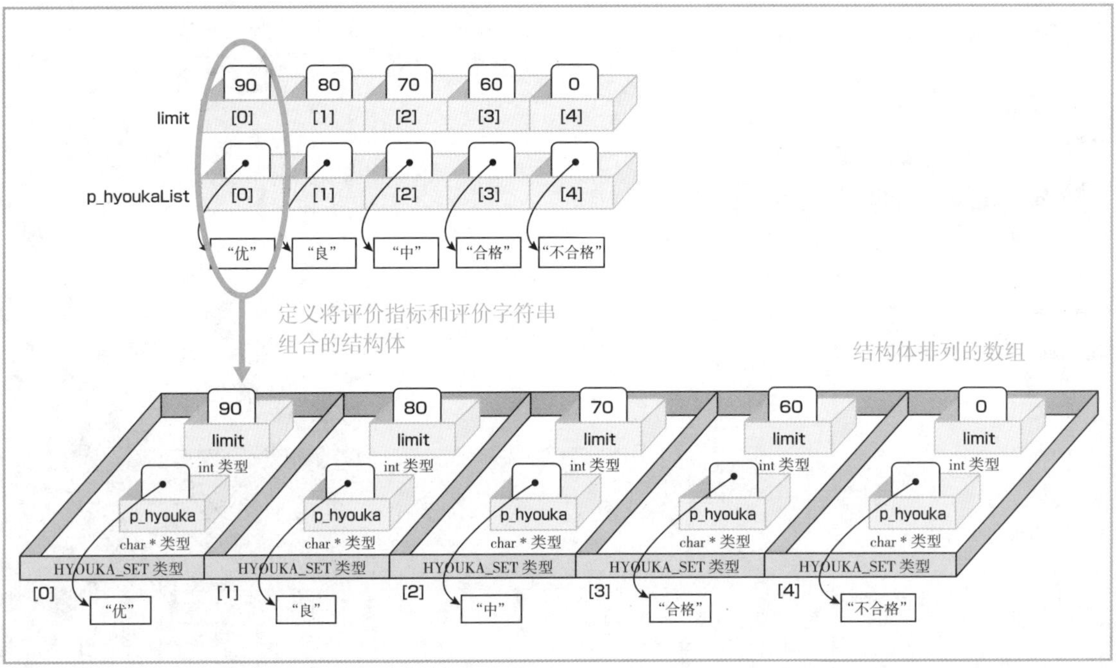

limit
90
80
70
60
0
[0]
[1]
[2]
[3]
[4]
p_hyoukaList
"优"
"良"
"中"
"合格"
"不合格"
定义将评价指标和评价字符串组合的结构体
结构体排列的数组
limit
int 类型
p_hyouka
char * 类型
HYOUKA_SET 类型

STEP 2　声明结构体类型数组

结构体类型数组的声明与普通数组的声明完全相同，明确类型名称、数组名、数组元素数量和维数。

```
类型名称　　数组名[元素数量];
```

与普通数组相同。此时，每一个数组元素都是结构体类型。

▼ 例

```
HYOUKA_SET hyoukaList[5];
```

这个例子中声明了 HYOUKA_SET 类型的数组，数组名是 hyoukaList，数组元素的数量是 5 个。

STEP 3　给结构体类型数组赋值

即使是普通的数组，在赋值时，必须为每个元素逐一赋值。在结构体类型的数组中，也必须给每个元素的各个成员逐一赋值。通过数组名和下标指定数组元素，再用结构体成员运算符连接成员名称来指定。

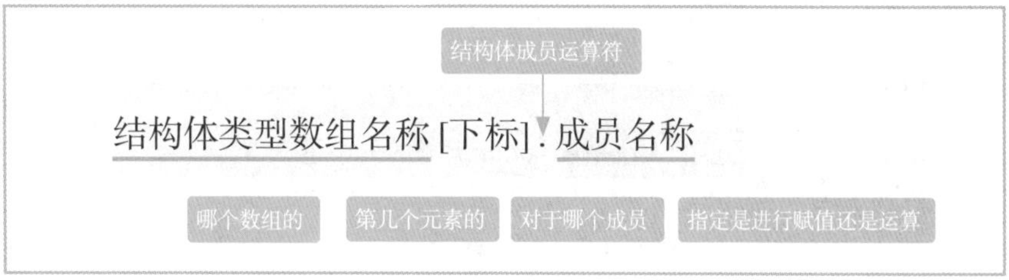
结构体成员运算符
结构体类型数组名称 [下标] . 成员名称
哪个数组的
第几个元素的
对于哪个成员
指定是进行赋值还是运算

▼ 例

```
set[0].limit = 90;
char tmp0[] = "优";                  //初始化字符串
set[0].p_hyouka = tmp0;              //赋值为字符串的地址
```

STEP 4 初始化结构体类型的数组

与普通数组一样，结构体类型的数组也只能在声明的时候可以指定初始值。按结构体成员的顺序用逗号分隔，再按数组元素的顺序排列，提供初始值。

▼ 例

```
HYOUKA_SET hyoukaList[] = {
    { 90 , "优" } ,          //初始化hyoukaList[0]
    { 80 , "良" },           //初始化hyoukaList[1]
    { 70 , "中" } ,          //初始化hyoukaList[2]
    { 60 , "合格" } ,        //初始化hyoukaList[3]
    { 0 , "不合格" }         //初始化hyoukaList[4]
};
```

▶在第6章中学过了指向字符串的指针的初始化，现在在这里应用了它。参照第6章应用示例6–3（P308）。

初始化成基本示例 7–3（见图 14）。

STEP 5 结构体类型的大小

▶到目前为止，也用于检查数组的大小。

通过 sizeof 运算符可以求出结构体类型的字节数。

由于结构体类型是成员的集合，因此应该是每个成员的大小之和，但并非总是如此。试着使用以下程序进行实验。

```
#include <stdio.h>

typedef struct jikken
{
    int  x;
    char moji[5];
}JIKKEN;
```

```
int main(void)
{
    printf("int类型的大小是%d char类型的大小是%d\n" , sizeof(int) , sizeof(char));
    printf("结构体的大小是%d\n" , sizeof(JIKKEN));
}
```

▶为了成为对计算机来说方便的4的倍数或8的倍数，结构体类型中有时会包含空白空间。因处理系统的不同而异。

类型的大小因处理系统而异，但是在 int 类型为 4 个字节的环境中，如果与 5 个 char 类型进行组合就是 9 个字节。但是，当运行上述程序时，JIKKEN 类型的大小可能并不一定是 9 个字节。请务必使用 sizeof 运算符求结构体类型的大小。

配套资源 》

原始文件……rei7_3k.c
完成文件……sample7_3k.c

程序示例

配套资源中的程序没有写指定结构体成员的部分。请大家补充完善后再运行。

```
/****************************************
    结构体类型数组  基本示例7-3
****************************************/
#include <stdio.h>

//使用结构体定义从得分求评价时的指标
typedef struct hyouka_set
{
    int  limit;                         //如果在这个分数以上
    char *p_hyouka;                     //这个评价
}HYOUKA_SET;

//全局变量的声明和初始化
HYOUKA_SET    hyoukaList[] = {          //评价指标
    {90 , "优"} , {80 , "良"} , {70 , "中" } , {60 , "合格"} , {0 , "不合格"}
};

int main(void)
{
    //检查评价指标数组的个数
    int n = sizeof(hyoukaList) / sizeof(HYOUKA_SET);

    //在命令提示符界面上显示数组内容
    for (int i = 0; i < n; i++)
    {
        printf("%3d分以上:%s\n", hyoukaList[i].limit, hyoukaList[i].p_hyouka);
    }

    return 0;
}
```

编程助手 致编译出错者

```
int main(void)
{
    //检查评价指标数组的个数
    int n = sizeof(hyoukaList) / sizeof(HYOUKA_SET);

    //在命令提示符界面上显示数组内容
    for (int i = 0; i < n; i++)
    {                              hyoukaList[i].limit  hyoukaList[i].p_hyouka
        printf("%3d分以上：%s\n", hyoukaList.limit, hyoukaList.p_hyouka);
    }

    return 0;
}
```

如果不指定数组下标就描述成员名称，就会发生“进行成员引用的不是结构体”的错误。hyoukaList是数组名。数组名表示起始地址的含义。因此，如果不写下标，就会变成对地址指定成员。有一个原则是数组名和下标的组合与变量起着相同的作用，而即使是结构体也是如此

应用示例 7-3

每个人的成绩信息也使用数组，根据从文件中读入的人数进行处理，如图 16 所示。除了计算评价的函数以外，第 6 章中创建的函数可以直接使用。

▼ 图16 评价指标的数据结构变更

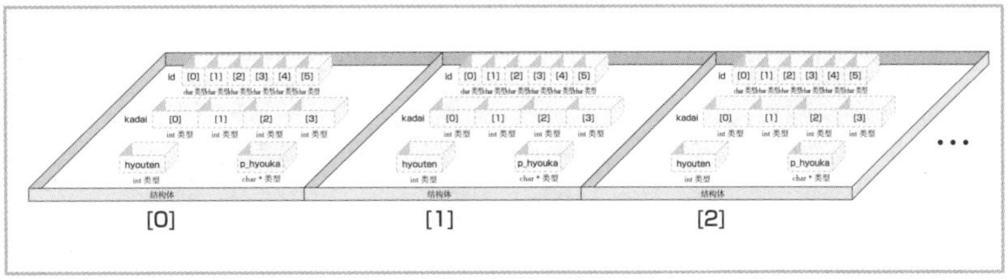
id
[0]
[1]
[2]
[3]
[4]
[5]
kadai
hyouten
p_hyouka
结构体
[0]
[1]
[2]
...

▼ 运行结果

```
文件名：seiseki.csv
学号          课题1  课题2  课题3  课题4  得分    评价
A0615           16     40     10     28   94分    优
A2133            4      0      0      0    4分    不合格
A3172           12     40     10     21   83分    良
B0009           20     35     10     25   90分    优

      ...

F0119           18     40     10     25   93分    优
F0123           12     40      0     25   77分    中
```

□ 表示来自键盘的输入

▶由于变更了成绩数据的结构，在进行全体人员合计分数的处理时，不能再使用求数组元素合计的函数。这里省略了所有人的平均分数。

学 习

STEP 6 指定结构体类型数组的成员

在第 6 章的基本示例 6-6 的程序中，为每个项目准备了数组并进行存储。这里将使用数组存储放有一个人信息的结构体，如图 17 所示。

▼ 图 17 从数组到结构体

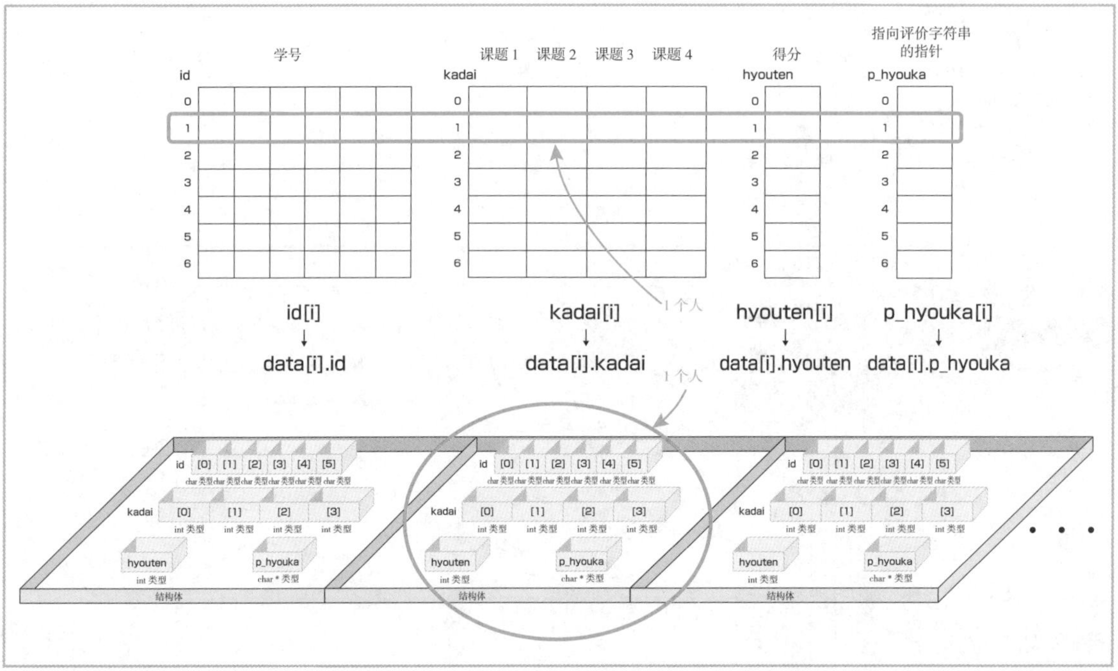

学号
课题 1 课题 2 课题 3 课题 4
得分
指向评价字符串的指针
id
kadai
hyouten
p_hyouka
1 个人
id[i]
↓
data[i].id
kadai[i]
↓
data[i].kadai
hyouten[i]
↓
data[i].hyouten
p_hyouka[i]
↓
data[i].p_hyouka
1 个人
id [0] [1] [2] [3] [4] [5]
char 类型
kadai [0] [1] [2] [3]
int 类型
hyouten
int 类型
p_hyouka
char * 类型
结构体

配套资源

原始文件……sample6_6k.c
完成文件……sample7_3o.c

程序示例

下面用结构体改写第 6 章基本示例 6-6 中程序的数据结构，然后运行。可以发现函数几乎没有变化。

```
/************************************************
    使用结构体数组  应用示例7-3
************************************************/
#include <stdio.h>
#include <string.h>
#include <stdlib.h>
#define    ID_N        5                    //将学号位数定义为常量
#define    KADAI_N     4                    //将课题数定义为常量
#define    N           100                  //将准备的数组的元素数量定义为常量

```

```
//将一个人的成绩信息集中定义为结构体
typedef struct seiseki
{
    char id[ID_N + 1];                              //学号
    int  kadai[KADAI_N];                            //课题分数
    int  hyouten;                                   //得分(课题总分)
    char *p_hyouka;                                 //指向评价字符串的指针
}SEISEKI;

//定义从得分求评价时的指标
typedef struct hyouka_set
{
    int  limit;                                     //如果在这个分数以上
    char *p_hyouka;                                 //这个评价
}HYOUKA_SET;

//全局变量的声明和初始化
HYOUKA_SET    hyoukaList[] = {
    { 90 , "优" } ,{ 80 , "良" } ,{ 70 , "中" } ,{ 60 , "合格" } ,{ 0 , "不合格" }
};


//函数的原型声明
void disp_title(int kadai_n);                       //显示标题的函数
void disp_one(char *p_id, int *p_kadai, int kadai_n, int hyouten, char *p_hyouka);
                                                    //显示一个人的函数
int  get_gokei(int kadai[], int kadai_n);           //求得分的函数
char *get_hyouka(int hyouten);                      //求评价的函数
void setData(char *p_buf, char *p_id, int *p_kadai, int n);  //解析输入字符串的函数
void trim(char *pd, char *ps, int n);               //删除空格的函数

int main(void)
{
    //声明变量
    SEISEKI data[N];                                //N个人的成绩信息
    char    buf[256];                               //从文件读取缓冲区
    int     n;                                      //读入的学生人数
    FILE    *fp;                                    //文件控制变量
    char    fileName[256];                          //存放文件名的变量

    //输入文件名
    printf("文件名:");                              //显示输入提示信息
    fgets(fileName, sizeof(fileName), stdin);       //从键盘输入文件名
    fileName[strlen(fileName) - 1] = '\0';          //删除'\n'

    //打开文件
    fp = fopen(fileName, "r");
    if (fp == NULL)
    {
```

```
        //文件不存在时
        printf("文件不存在\n");
        return 0;
    }

    //从文件输入
    fgets(buf, sizeof(buf), fp);                    //输入第一行的标题,没有处理
    n = N;                                          //学生人数的初始值为数组元素的数量
    for (int i = 0; i < N; i++)
    {
        if (fgets(buf, sizeof(buf), fp) == NULL)
        {
            //文件到此结束
            n = i;                                  //读入的学生人数(数据条数)
            break;                                  //循环结束
        }

        //分解输入的字符串并存储
        setData(buf, data[i].id, data[i].kadai, KADAI_N);
    }
    fclose(fp);                                     //关闭文件

    //求得分和评价
    for (int i = 0; i < n; i++)
    {
        data[i].hyouten  = get_gokei(data[i].kadai, KADAI_N);  //求得分
        data[i].p_hyouka = get_hyouka(data[i].hyouten);        //求评价
    }

    //显示到命令提示符界面上
    disp_title(KADAI_N);                            //显示标题
    for (int i = 0; i < n; i++)
    {
        //显示一个人
        disp_one(data[i].id, data[i].kadai, KADAI_N, data[i].hyouten, data[i].p_hyouka);
    }

    return 0;
}
```

```
/********************************************
    求评价的函数
    hyouten :  得分
    返回值 : 指向评价字符串的指针
*********************************************/
char *get_hyouka(int hyouten)
{
    //声明变量
    char    *p_kekka;                               //指向评价字符串的指针
```

```
    int n = sizeof(hyoukaList) / sizeof(HYOUKA_SET);    //评价数组的元素数量

    //求评价
    p_kekka = hyoukaList[n - 1].p_hyouka;               //初始化指针
    for (int i = 0; i < n - 1; i++)
    {
        if (hyouten >= hyoukaList[i].limit)             //如果得分在基准以上
        {
            //超过评价基准的就是评价
            p_kekka = hyoukaList[i].p_hyouka;           //指向相应字符串的指针
            break;                                      //循环结束
        }
    }

    return p_kekka;
}

/*
以下的函数与第6章基本示例6-6相同,因此省略,请大家在下面描述与基本示例6-6相同的内容
void disp_title(int kadai_n);
void disp_one(char *p_id, int *p_kadai, int kadai_n, int hyouten, char *p_hyouka);
int  get_gokei(int kadai[], int kadai_n);
void trim(char *pd, char *ps, int n);
以下的函数与第6章应用示例6-6相同,因此省略,请大家在下面描述与应用示例6-6相同的内容
void    setData(char *p_buf, char *p_id, int *p_kadai, int n);
*/
```

04 指定结构体类型作为函数的参数和返回值

可以将结构体类型指定为函数的参数，将其整体传递给函数。另外，如果将结构体类型指定为返回值，则可以整体返回给调用侧。

基本示例 7-4

下面用函数重写基本示例 7-2 的成绩处理以及显示一个人的数据的程序。

▼ 运行结果

```
文件名: seiseki.csv
学号        课题1  课题2  课题3  课题4   得分    评价
A0615         16     40     10     28   94分    优
A2133          4      0      0      0    4分    不合格
A3172         12     40     10     21   83分    良
B0009         20     35     10     25   90分    优

    ...

F0119         18     40     10     25   93分    优
F0123         12     40      0     25   77分    中
```

□ 表示来自键盘的输入

学习

STEP 1 结构体类型的参数

可以将结构体作为函数参数传递。在这种情况下，调用侧的实际参数将被整体复制到函数侧的形式参数中，如图 18 所示。

▼ 图 18 结构体类型参数

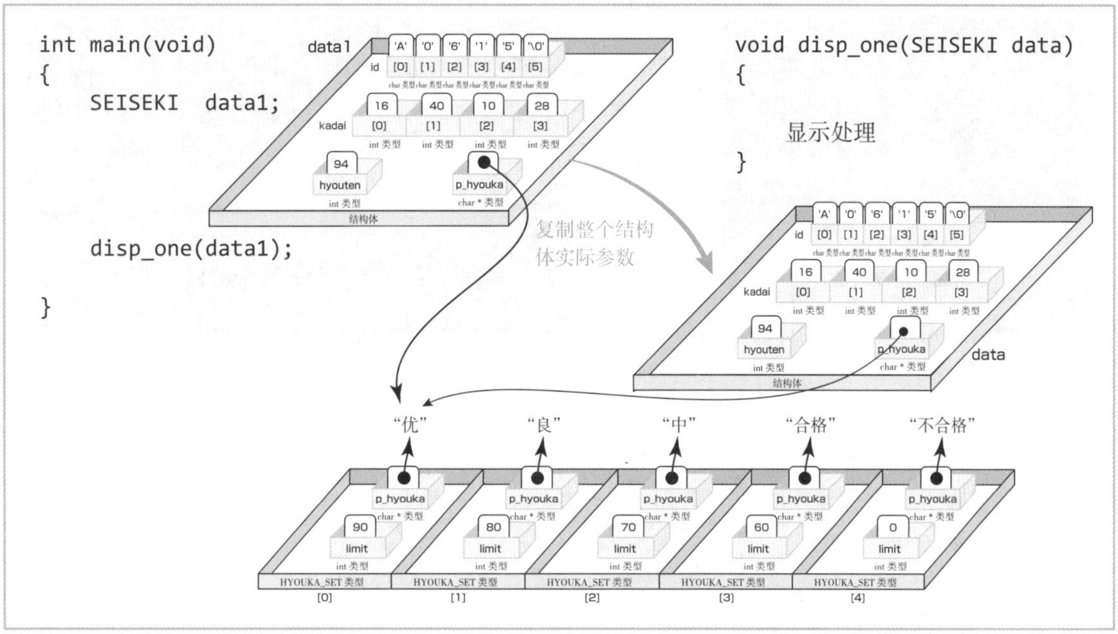
int main(void)
{
SEISEKI data1;
disp_one(data1);
}
data1
id
kadai
hyouten
p_hyouka
结构体
void disp_one(SEISEKI data)
{
显示处理
}
复制整个结构体实际参数
data
"优"
"良"
"中"
"合格"
"不合格"
HYOUKA_SET 类型

STEP 2 将结构体类型数组作为参数传递

▶实际上，数组的起始地址将被传递给函数侧，与普通数组的情况相同。

如果将结构体类型数组作为参数传递，则函数侧将直接引用调用侧的空间，如图 19 所示。

▼ 图 19 将结构体类型数组作为参数

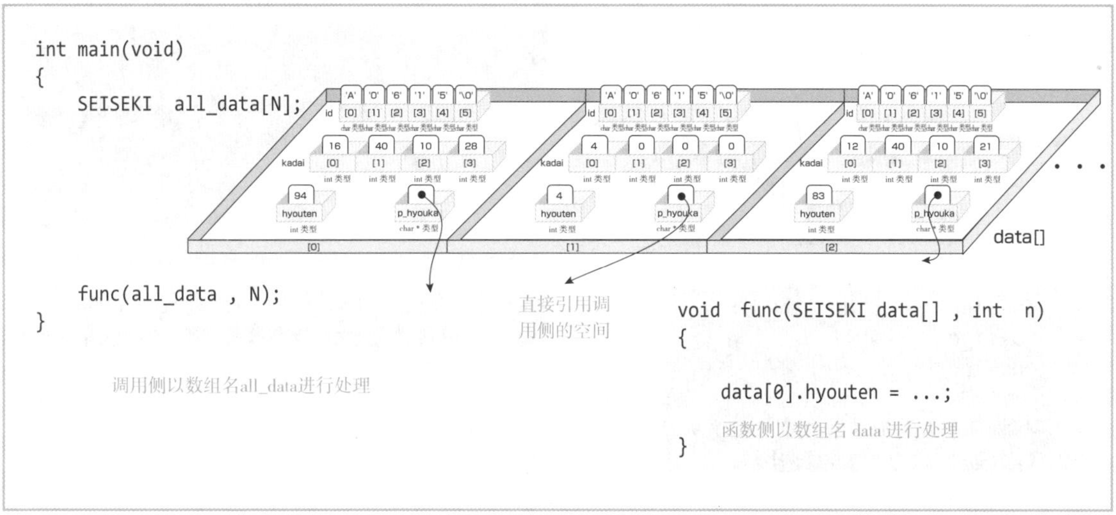
int main(void)
{
SEISEKI all_data[N];
func(all_data , N);
}
调用侧以数组名all_data进行处理
直接引用调用侧的空间
data[]
void func(SEISEKI data[] , int n)
{
data[0].hyouten = ...;
函数侧以数组名 data 进行处理
}

STEP 3 结构体类型返回值

如果将结构体作为返回值返回，将被批量复制到调用侧的变量。

返回值只能返回一个值，但是如果以结构体形式组合在一起，则可以将多个值作为成员返回，如图 20 所示。

▼ 图 20　结构体类型返回值

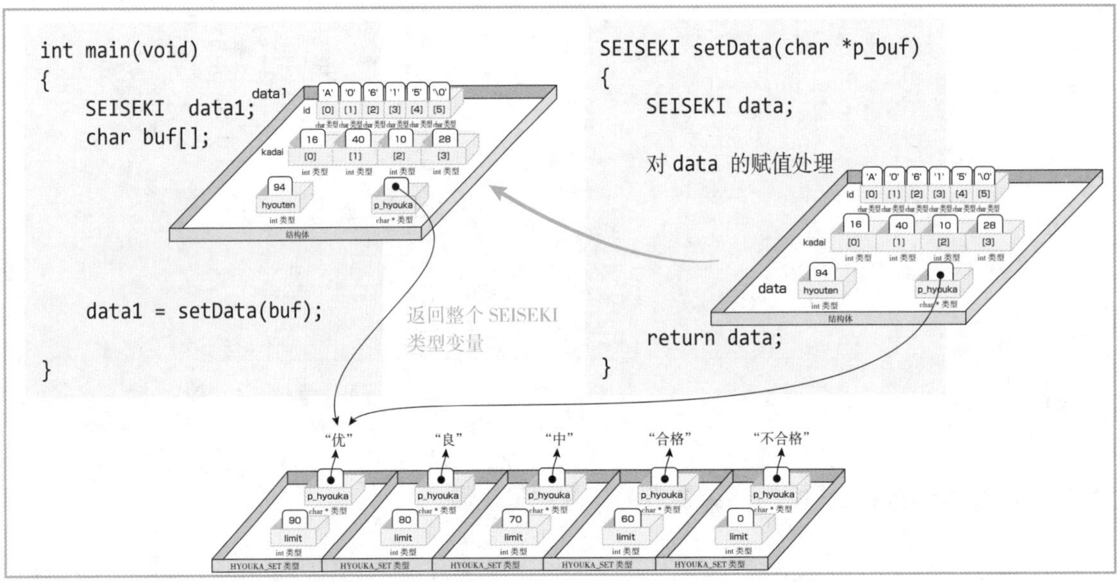
int main(void)
{
SEISEKI data1;
char buf[];
data1 = setData(buf);
}
data1
'A' '0' '6' '1' '5' '\0'
id [0] [1] [2] [3] [4] [5]
kadai
16 40 10 28
[0] [1] [2] [3]
int 类型
94
hyouten
int 类型
p_hyouka
char * 类型
结构体
SEISEKI setData(char *p_buf)
{
SEISEKI data;
对 data 的赋值处理
return data;
}
data
返回整个 SEISEKI 类型变量
“优”
“良”
“中”
“合格”
“不合格”
p_hyouka
char * 类型
90
80
70
60
0
limit
int 类型
HYOUKA_SET 类型

配套资源

原始文件……sample7_3o.c
完成文件……sample7_4k.c

程序示例

下面将应用示例 7-3 的程序用结构体改写传递给函数的参数和返回值，然后运行。

```
/*********************************************
    结构体与函数  基本示例7-4
*********************************************/
#include <stdio.h>
#include <string.h>
#include <stdlib.h>
#define    ID_N        5                    //将学号位数定义为常量
#define    KADAI_N     4                    //将课题数定义为常量
#define    N           100                  //将准备的数组的元素数量定义为常量

//将一个人的成绩信息集中定义为结构体
typedef struct seiseki
{
    char id[ID_N + 1];                      //学号
    int  kadai[KADAI_N];                    //课题分数
```

```
    int  hyouten;                            //得分(课题总分)
    char *p_hyouka;                          //指向评价字符串的指针
}SEISEKI;

//定义从得分求评价时的指标
typedef struct hyouka_set
{
    int  limit;                              //如果在这个分数以上
    char *p_hyouka;                          //这个评价
}HYOUKA_SET;


//全局变量的声明和初始化
HYOUKA_SET    hyoukaList[] = {
    { 90 , "优" } ,{ 80 , "良" } ,{ 70 , "中" } ,{ 60 , "合格" } ,{ 0 , "不合格" }
};

//函数的原型声明
void    disp_title(int kadai_n);             //显示标题的函数
void    disp_one(SEISEKI data_one);          //显示一个人的函数
int     get_gokei(int *p_data, int n);       //求得分的函数
char    *get_hyouka(int hyouten);            //求评价的函数
SEISEKI setData(char *p_buf);                //解析输入字符串的函数
void    trim(char *pd, char *ps, int n);     //删除空格的函数

int main(void)
{
    //声明变量
    SEISEKI data[N];                         //N个人的成绩信息
    char    buf[256];                        //从文件读取缓冲区
    int     n;                               //读入的学生人数
    FILE    *fp;                             //文件控制变量
    char    fileName[256];                   //文件名

    //输入文件名
    printf("文件名:");                       //显示输入提示信息
    fgets(fileName, sizeof(fileName), stdin);//输入文件名
    fileName[strlen(fileName)-1] = '\0';

    //打开文件
    fp = fopen(fileName, "r");
    if (fp == NULL)
    {
        //文件不存在时
        printf("文件不存在\n");
        return 0;
    }

    //从文件输入
```

```
    fgets(buf, sizeof(buf), fp);                //输入第一行的标题,没有处理
    n = N;                                      //学生人数的初始值为数组元素的数量
    for (int i = 0; i < N; i++)
    {
        if (fgets(buf, sizeof(buf), fp) == NULL)
        {
            //文件到此结束
            n = i;                              //读入的学生人数(数据条数)
            break;                              //循环结束
        }

        //分解输入的字符串并存储
        data[i] = setData(buf);
    }
    fclose(fp);                                 //关闭文件

```

由于得分的计算和评价的计算在函数 setData () 中进行，因此删除单个函数调用

```
    //显示到命令提示符界面上
    disp_title(KADAI_N);                        //显示标题
    for (int i = 0; i < n; i++)
    {
        disp_one(data[i]);                      //显示一个人
    }

    return 0;
}


/*********************************************
    一个人数据的集合
    p_buf : 一行输入字符串
    返回值:一个人的数据
*********************************************/
SEISEKI setData(char *p_buf)
{
    //声明变量
    SEISEKI data_one;                           //往这里读入数据
    char *p_start = p_buf;                      //p_start指向p_buf的开始
    char *p;                                    //指向字符串的指针

    //提取学号
    p = strchr(p_start, ',');                   //搜索','
    *p = '\0';                                  //替换为'\0'
    trim(data_one.id, p_start, ID_N);           //消除空格获得学号

    //提取课题分数
    for (int i = 0; i < KADAI_N; i++)
```

删除p_kadai++

```
    {
        p_start = p + 1;                        //从','的下一个字符开始
        p = strchr(p_start , ',');              //搜索','
```

```
        if (p != NULL)                          //最后一个分数之后没有','
        {
            *p = '\0';                          //替换为'\0'
        }
        data_one.kadai[i] = atoi(p_start);      //将字符转换为数值并赋值
    }

    data_one.hyouten  = get_gokei(data_one.kadai, KADAI_N);   //求得分
    data_one.p_hyouka = get_hyouka(data_one.hyouten);         //求评价


    return data_one;                            //一个人的数据作为返回值返回
}

/***************************************
    在命令提示符界面上显示一个人
    data_one:一个人的数据
***************************************/
void disp_one(SEISEKI data_one)
{
    printf("%-10s", data_one.id);               //显示学号

    //显示课题分数
    for (int i = 0; i < KADAI_N; i++)
    {
        printf("%5d ", data_one.kadai[i]);      //各课题分数
    }

    //显示得分和评价
    printf(" %3d分    %s\n", data_one.hyouten, data_one.p_hyouka);
}


/*
以下的函数与应用示例7-3相同,因此省略,请大家在下面描述与应用示例7-3相同的内容
int  get_gokei(int *p_data, int n);
void disp_title(int kadai_n);
void trim(char *pd, char *ps, int n);
char *get_hyouka(int hyouten);
*/
```

编 程 助 手　致编译出错者

```
int main(void)
{
    ...
    //显示到命令提示符界面上
    disp_title(KADAI_N);          //显示第一行（标题）
    for (int i = 0; i < n; i++)
    {
        disp_one( data  );        //显示一个人
    }          data[i]
```

将一个人的数据传递给函数 disp_one( )，形式参数是 SEISEKI 类型变量，由于 main( )函数的 data 是存储所有人数据的数组，因此实际参数由数组名+下标的组合指定一个数组元素。如果不写下标，则会发生形式参数和实际参数类型不同的错误

```
/****************************************************
    在命令提示符界面上显示一个人
    data_one：一个人的数据
****************************************************/
void disp_one(SEISEKI data_one)
{
    显示一个人的数据
}
```

形式参数是SEISEKI类型变量

```
void disp_one(SEISEKI data_one)
{
    printf("%-10s", data_one.id);

    //显示课题分数
    for (int i = 0; i < KADAI_N; i++)
    {
        printf("%5d ", data_one[i].kadai[i]);
    }
                 data_one.kadai[i]
    //显示得分和评价
    printf(" %3d分    %s\n", data_one.hyouten, data_one.p_hyouka);
}
```

形式参数是SEISEKI类型变量

由于形式参数data_one是变量，因此如果写上下标，则会发生“不是数组的内容有下标”的错误。当成员是数组的时候，在成员名称后要写下标，但是不要给结构类型变量写下标

编程助手 致未能获得正确运行结果者

▼ 运行结果

```
文件名: seiseki.csv
学号         课题1 课题2 课题3    课题4    得分     评价
               1      1 1701151    80  1638449分    $.

Ews     1701704 1701151 1701668 1997618803  115分    ル·
·        1702048 1997620403     0     1
```

```
int main(void)
{
        ...
        //分解输入的字符串并存储
        data[i] = setData(buf);
        ...
}
```

从函数 setData( ) 返回一个 SEISEKI 类型变量，其中填充了一个人的数据。在调用侧必须将该返回值存放到适当的空间。如果不存放，则调用侧的空间内不会存储任何数据，所以会显示意义不明的字符

```
/*********************************************
    一个人数据的集合
    p_buf : 一行输入字符串
    返回值：一个人的数据
*********************************************/
SEISEKI setData(char *p_buf)
{
        ...
```

返回值是 SEISEKI 类型变量

应用示例 7-4

不仅要求从文件中读取每个人的数据的结果，而且还要显示所有学生得分的平均分和获得最高分的学生的学号，即结构体和函数的协作。

▼ 运行结果

```
文件名: seiseki.csv
学号         课题1 课题2 课题3  课题4 得分    评价
A0615          16    40    10    28   94分    优
A2133           4     0     0     0    4分    不合格
A3172          12    40    10    21   83分    良
B0009          20    35    10    25   90分    优

...

F0119          18    40    10    25  93分    优
F0123          12    40     0    25  77分    中

    平均分: 72.8分

最高分
B1107          20    40    10    30  100分   优
```

□表示来自键盘的输入

学习

STEP 4

求最大值的位置

在第 4 章的应用示例 4–6 中，从存储在数组的信息中求出了最大值。这次不是求最大值本身，而是求最大值所在元素的下标。由于结构体中包含了一个人的所有信息，所以通过指定结构体数组的下标，不仅可以知道最高分，还可以知道是谁（学号），以怎样的成绩（评价）成为最高分的，即一个人完整的信息。

首先，试着用普通的数组来处理。请与第 4 章相关内容进行比较（P191）。

① 准备一个变量用于存放最大值的位置，如图 21 所示。

② 将第一个下标 0 设定为临时最大值的位置，如图 22 所示。

▼ 图 21　求最大值位置的方法 1

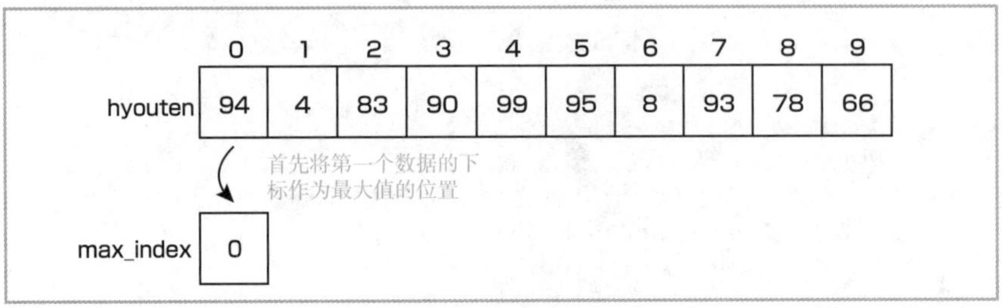
0 1 2 3 4 5 6 7 8 9
hyouten
94 4 83 90 99 95 8 93 78 66
首先将第一个数据的下标作为最大值的位置
max_index
0

③ 将下一个数据与作为临时最大值位置的下标对应的值进行比较。只有在临时最大值位置的数据较小时才更改 max_index，如图 23 所示。

▼ 图 22　求最大值位置的方法 2

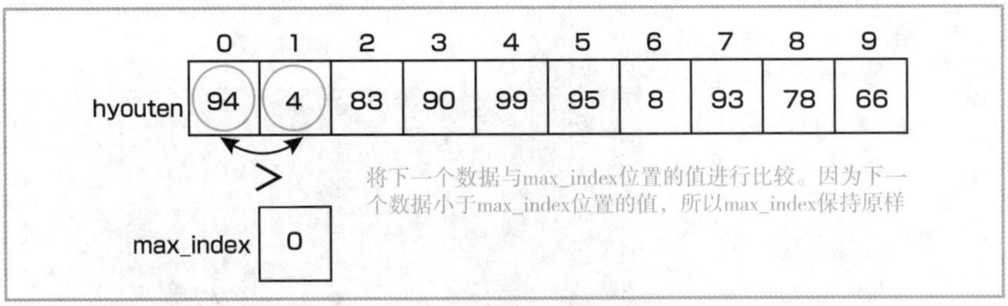
0 1 2 3 4 5 6 7 8 9
hyouten
94 4 83 90 99 95 8 93 78 66
>
将下一个数据与max_index位置的值进行比较。因为下一个数据小于max_index位置的值，所以max_index保持原样
max_index
0

（a）

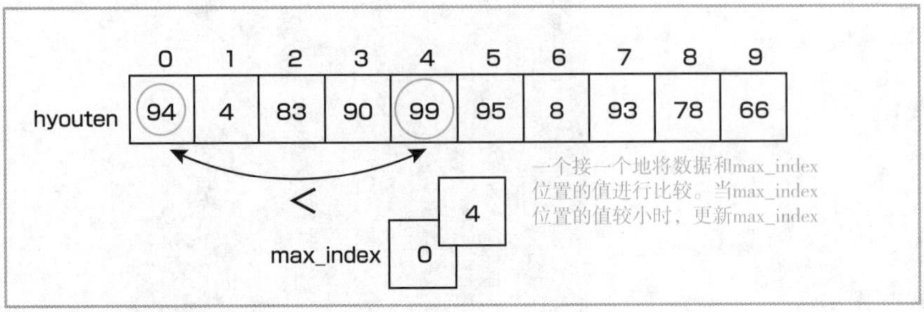
0 1 2 3 4 5 6 7 8 9
hyouten
94 4 83 90 99 95 8 93 78 66
<
一个接一个地将数据和max_index位置的值进行比较。当max_index位置的值较小时，更新max_index
4
max_index
0

（b）

④ 与全部数据比较完成时，max_index 是最大值的位置。

▼ 图 23　求最大值位置的方法 3

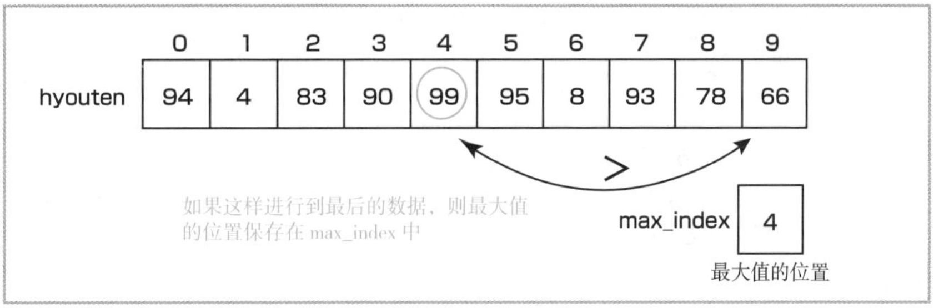
0 1 2 3 4 5 6 7 8 9
hyouten
94 4 83 90 99 95 8 93 78 66
>
如果这样进行到最后的数据，则最大值的位置保存在 max_index 中
max_index
4
最大值的位置

即使数组是结构体类型，基本上也一样。通过在数组名 + 下标后带成员名称来指定。

▼ 例

```
int get_max(SEISEKI data[], int n)
{
    int max_index = 0;                //取得最高分的学生的下标
                                      //初始值为0
    for (int i = 1; i < n; i++)
    {
        if (data[max_index].hyouten < data[i].hyouten)
        {
            //如果得分大于最大值,则替换下标
            max_index = i;
        }
    }

    return max_index;
}
```

指定成员名　指定成员名　替换下标

配套资源 》
原始文件……sample7_4k.c
完成文件……sample7_4o.c

程序示例

下面在基本示例 7-4 的程序中，添加一个显示全体学生的平均分和最高分学生信息的函数，并运行。

```
/************************************************
    全体汇总  应用示例7-4
************************************************/
#include <stdio.h>
#include <string.h>
#include <stdlib.h>
#define    ID_N        5                    //将学号位数定义为常量
```

```
#define    KADAI_N      4                          //将课题数定义为常量
#define    N            100                        //将准备的数组的元素数量定义为常量

//将一个人的成绩信息集中定义为结构体
typedef struct seiseki
{
    char id[ID_N + 1];                             //学号
    int  kadai[KADAI_N];                           //课题分数
    int  hyouten;                                  //得分(课题总分)
    char *p_hyouka;                                //指向评价字符串的指针
}SEISEKI;

//定义从得分求评价时的指标
typedef struct hyouka_set
{
    int  limit;                                    //如果在这个分数以上
    char *p_hyouka;                                //这个评价
}HYOUKA_SET;

//全局变量的声明和初始化
HYOUKA_SET    hyoukaList[] = {
    { 90 , "优" } ,{ 80 , "良" } ,{ 70 , "中" } ,{ 60 , "合格" } ,{ 0 , "不合格" }
};

//函数的原型声明
void    disp_title(int kadai_n);                   //显示标题的函数
void    disp_one(SEISEKI data_one);                //显示一个人的函数
int     get_gokei(int *p_data, int n);             //求得分的函数
char    *get_hyouka(int hyouten);                  //求评价的函数
SEISEKI setData(char *p_buf);                      //解析输入字符串的函数
void    trim(char *pd, char *ps, int n);           //删除空格的函数
double  get_heikin(SEISEKI data[], int n);         //求得分平均值的函数
int     get_max(SEISEKI data[], int n);            //求得分最高分的学生

int main(void)
{

  <<主程序没有变化>>


    //在命令提示符界面上显示全体学生的平均分和最高分
    printf("\n    平均分:%5.1f分\n", get_heikin(data, n));
    printf("\n最高分\n");
    disp_one(data[get_max(data, n)]);

    return 0;
}
```

```
/**********************************************
    求全体学生的平均分
    data : 全体学生的成绩数据( SEISEKI结构体 )
    n : 人数
    返回值:得分平均值
**********************************************/
double    get_heikin(SEISEKI data[] , int n)
{
    int gokei = 0;                    //初始化求和的变量

    //求n个人的得分总和
    for (int i = 0; i < n; i++)
    {
        gokei += data[i].hyouten;    //依次相加
    }

    return (double)gokei / n;        //返回平均值
}

/**********************************************
    最高分是谁?
    data : 全体学生的成绩数据( SEISEKI结构体 )
    n : 人数
    返回值:最高分学生的下标
**********************************************/
int    get_max(SEISEKI data[], int n)
{
    int max_index = 0;                //获得最高分学生的下标
                                      //初始值为0

    for (int i = 1; i < n; i++)
    {
        if (data[max_index].hyouten < data[i].hyouten)
        {
            //如果得分大于最大值,则替换下标
            max_index = i;
        }
    }

    return max_index;
}

/*
以下的函数与基本示例7-4相同,因此省略,请大家在下面描述与基本示例7-4相同的内容
int     get_gokei(int *p_data, int n);
char    *get_hyouka(int hyouten);
void    disp_title(int kadai_n);
void    disp_one(SEISEKI data_one);
SEISEKI setData(char *p_buf);
void    trim(char *pd, char *ps, int n);
*/
```

7-05 使用指向结构体的指针

如果能够根据需要准备任意数量的结构体类型变量，则可以取消通过数组元素的数量对数据数量的限制。下面使用指向结构体的指针构建列表结构。

基本示例 7-5

动态分配所需的空间，并在空间中构建结构体。多准备些指向结构体的指针数组即可，使用指针管理分配的结构体。可以通过指针引用结构体内的值或写入结构体的成员中。 指向结构体的指针数组如图 24 所示。

▼ 图24 指向结构体的指针数组

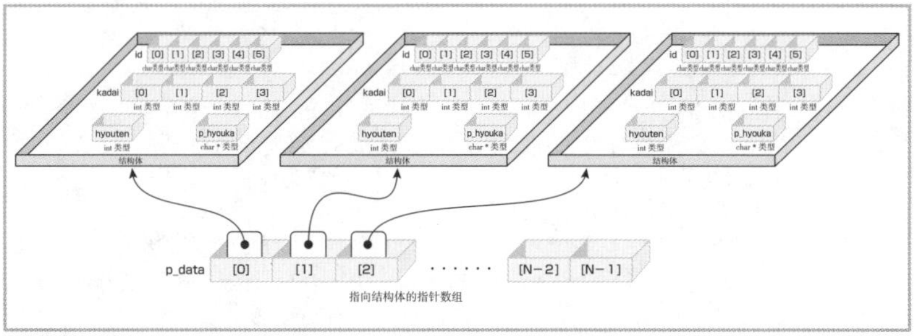
id [0] [1] [2] [3] [4] [5]
kadai [0] [1] [2] [3]
int 类型
hyouten
p_hyouka
char * 类型
结构体
p_data [0] [1] [2] ······ [N-2] [N-1]
指向结构体的指针数组

▼ 运行结果

```
文件名: seiseki.csv
学号        课题1  课题2 课题3 课题4 得分    评价
A0615        16     40    10    28   94分    优
A2133         4      0     0     0    4分    不合格
A3172        12     40    10    21   83分    良
B0009        20     35    10    25   90分    优

    ...

F0119        18     40    10    25   93分    优
F0123        12     40     0    25   77分    中

   平均分:  72.8分

最高分
B1107        20     40    10    30  100分     优
```

□ 表示来自键盘的输入

学 习

STEP 1 声明指向结构体的指针并赋值

在第 6 章中学过，在声明指针变量时，要指定指向目标的类型。要指向的目标是结构体时，则指定结构体的类型。

```
结构体的类型 *变量名;
```

▼ 例

```
SEISEKI *p;
```

声明指向 SEISEKI 类型的指针 p，如图 25 所示。

为了将指向结构体类型的指针指向结构体类型的变量，则要将变量的地址赋给指针。使用地址运算符“&”求变量的地址。

▶与指向普通类型的指针相同。让我们复习一下第6章。

▼ 例

```
SEISEKI data1;
SEISEKI *p = &data1;
```

▼ 图 25 指向结构体的指针

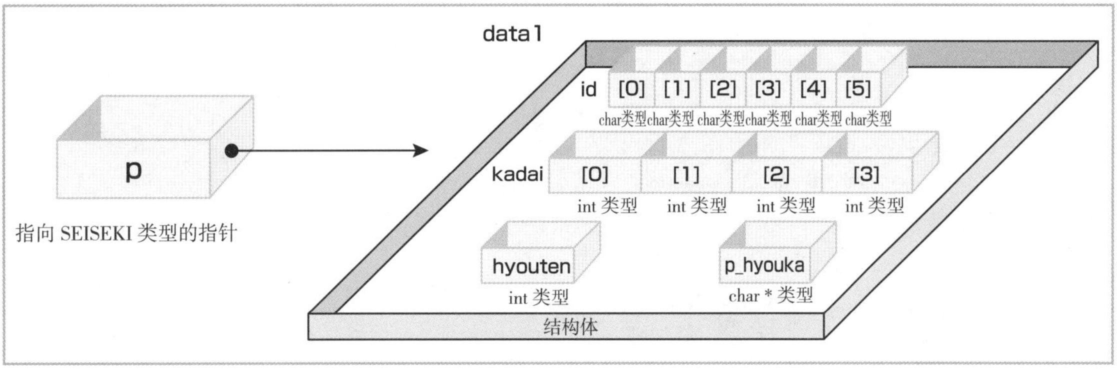
data1
id
[0]
[1]
[2]
[3]
[4]
[5]
char类型
char类型
char类型
char类型
char类型
char类型
p
kadai
[0]
[1]
[2]
[3]
int 类型
int 类型
int 类型
int 类型
指向 SEISEKI 类型的指针
hyouten
int 类型
p_hyouka
char * 类型
结构体

STEP 2 使用指针引用成员

当指针指向结构体时，使用专用运算符指定目标变量中的一个成员。

```
指针变量名 -> 成员名
```

在第 6 章中学过，通过指向普通变量的指针引用目标变量的内容，要使用间接运算符“*”。下面在图 26 中抓住不同点。

▼ 图 26　用指向结构体的指针指定成员

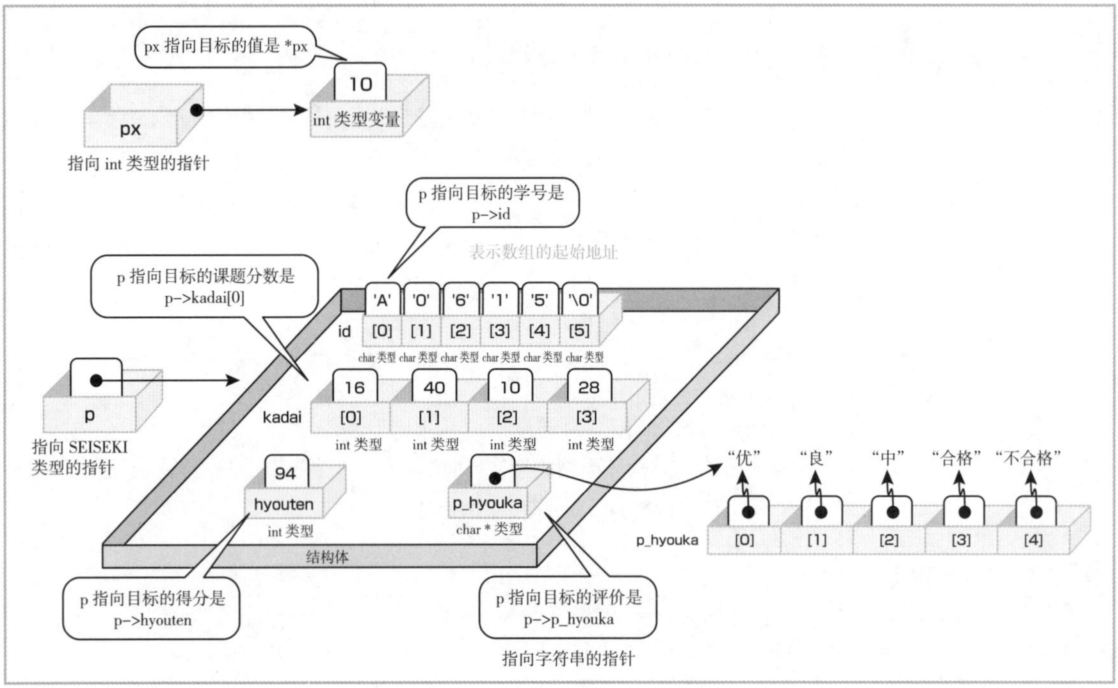
px 指向目标的值是 *px
10
int 类型变量
px
指向 int 类型的指针
p 指向目标的学号是
p->id
表示数组的起始地址
p 指向目标的课题分数是
p->kadai[0]
'A' '0' '6' '1' '5' '\0'
id [0] [1] [2] [3] [4] [5]
char 类型 char 类型 char 类型 char 类型 char 类型 char 类型
16 40 10 28
kadai [0] [1] [2] [3]
int 类型 int 类型 int 类型 int 类型
p
指向 SEISEKI
类型的指针
94
hyouten
int 类型
p_hyouka
char * 类型
结构体
"优" "良" "中" "合格" "不合格"
p_hyouka [0] [1] [2] [3] [4]
p 指向目标的得分是
p->hyouten
p 指向目标的评价是
p->p_hyouka
指向字符串的指针

在为指针指向的结构变量中的成员赋值时，也使用相同的运算符。

▼ 例

```
p->hyouten = 94;
```

当成员是数组时，程序如下所示。

▼ 例

```
p ->kadai[0] = 16;
```

STEP 3　对指向结构体类型的指针进行加减运算

指针的加减运算将改变指向目标类型的单位大小。如果指向目标是结构体，则一个单位的大小要比 int 等类型大得多，但是无论大小如何，都是加减一个单位大小，如图 27 所示。

▼ 图 27　指向结构体类型数组的指针的加减运算

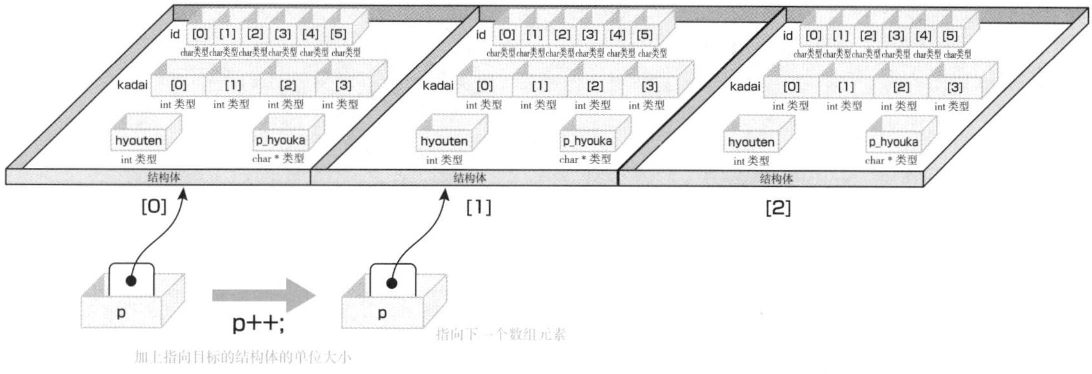
id [0] [1] [2] [3] [4] [5]
char类型 char类型 char类型 char类型 char类型 char类型
kadai [0] [1] [2] [3]
int 类型 int 类型 int 类型 int 类型
hyouten
int 类型
p_hyouka
char * 类型
结构体
[0]
[1]
[2]
p
p++;
p
加上指向目标的结构体的单位大小
指向下一个数组元素

STEP 4 在需要的时候获取所需的空间

▶让我们回顾一下第6章应用示例 6–6 中的 STEP 5（P355）。

▶SEISEKI类型所需的空间大小可以使用sizeof运算符进行计算。

▶malloc( ) 函数的返回值是void * 类型，不指定指向目标的类型。因此，需要与分配空间用途相匹配的强制转换运算符。

第 6 章中学习的动态内存分配也可以用于结构体。可以用相同的方式使用分配空间的 malloc( ) 函数和释放空间的 free( ) 函数，如图 28 和图 29 所示。

▼ 例

```
SEISEKI *p_data;
p_data = (SEISEKI *)malloc(sizeof(SEISEKI));

free(p_data);
```

▼ 图 28　通过 malloc( ) 函数分配空间

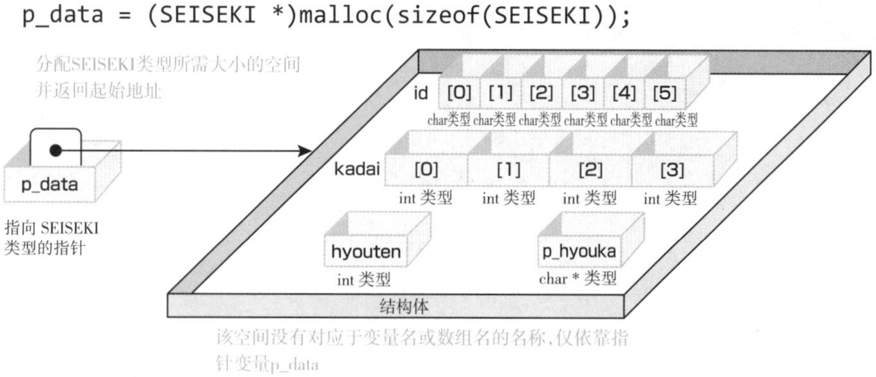
p_data = (SEISEKI *)malloc(sizeof(SEISEKI));
分配SEISEKI类型所需大小的空间
并返回起始地址
p_data
指向 SEISEKI
类型的指针
id [0] [1] [2] [3] [4] [5]
char类型 char类型 char类型 char类型 char类型 char类型
kadai [0] [1] [2] [3]
int 类型 int 类型 int 类型 int 类型
hyouten
int 类型
p_hyouka
char * 类型
结构体
该空间没有对应于变量名或数组名的名称，仅依靠指
针变量p_data

使用后请务必释放分配的空间。

▶由 malloc( ) 函数分配的空间不会自动释放。请务必使用 free( ) 函数释放。如果不释放，不需要的空间将不断堆积，可能会耗尽内存，这称为内存泄漏。在最坏的情况下，计算机将停止运行。

▼ 图 29　通过 free() 函数释放空间

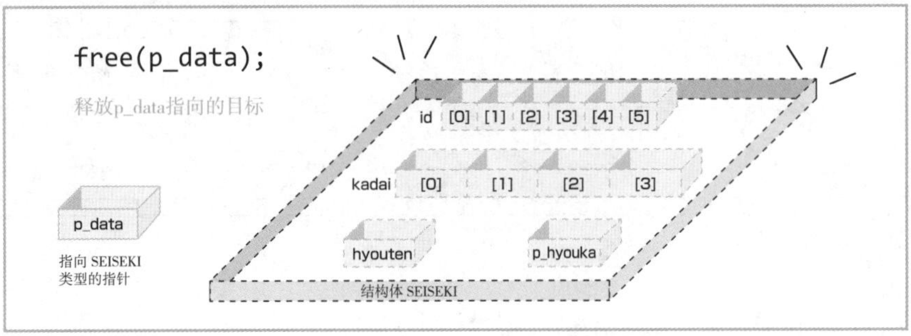
free(p_data);
释放p_data指向的目标
p_data
指向 SEISEKI 类型的指针
id [0] [1] [2] [3] [4] [5]
kadai [0] [1] [2] [3]
hyouten
p_hyouka
结构体 SEISEKI

STEP 5　将指向结构体的指针作为参数传递给函数

可以指定指向结构体类型的指针作为函数的参数。这时，结构体的主体位于调用侧，通过指针从函数直接引用调用侧的空间，如图 30 所示。

▼ 图 30　指向结构体的指针作为参数的函数

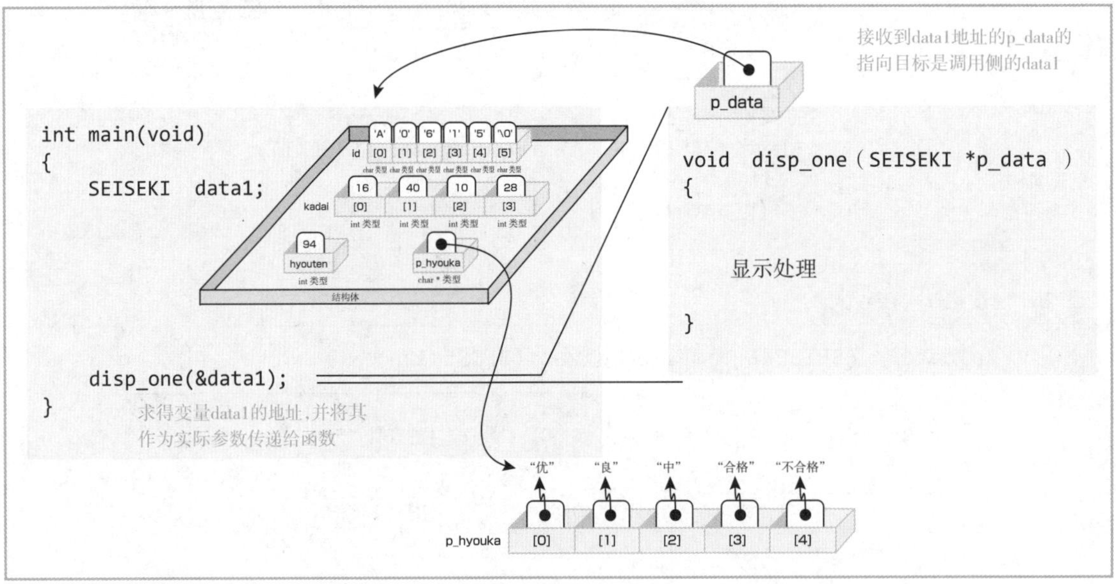
接收到data1地址的p_data的指向目标是调用侧的data1
p_data
int main(void)
{
SEISEKI data1;
disp_one(&data1);
}
求得变量data1的地址，并将其作为实际参数传递给函数
void disp_one (SEISEKI *p_data)
{
显示处理
}
'A' '0' '6' '1' '5' '\0'
id [0] [1] [2] [3] [4] [5]
kadai 16 40 10 28
hyouten 94
p_hyouka
结构体
"优" "良" "中" "合格" "不合格"
p_hyouka [0] [1] [2] [3] [4]

当调用侧由指向结构体的指针管理时，该指针将直接作为实际参数，如图 31 所示。

▼ 图 31　指向结构体的指针是实际参数

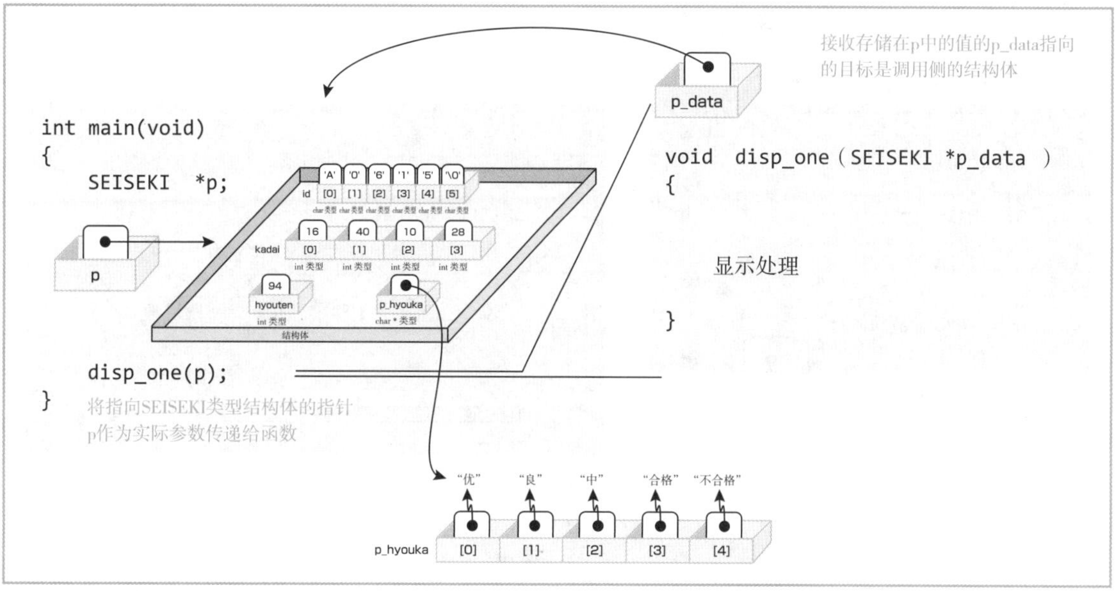
接收存储在p中的值的p_data指向的目标是调用侧的结构体
p_data
int main(void)
{
SEISEKI *p;
p
id
kadai
hyouten
p_hyouka
结构体
disp_one(p);
}
将指向SEISEKI类型结构体的指针p作为实际参数传递给函数
void disp_one (SEISEKI *p_data)
{
显示处理
}
"优"
"良"
"中"
"合格"
"不合格"
p_hyouka

STEP 6　作为函数的返回值返回指向结构体的指针

可以在函数内分配空间，并将指针作为返回值返回。函数内部声明的局部变量在函数结束时会消失，但是由 malloc( ) 函数分配的空间，即使函数结束也不会释放，可以在调用侧继续使用，如图 32 所示。

▼ 图 32　返回指向结构体的指针

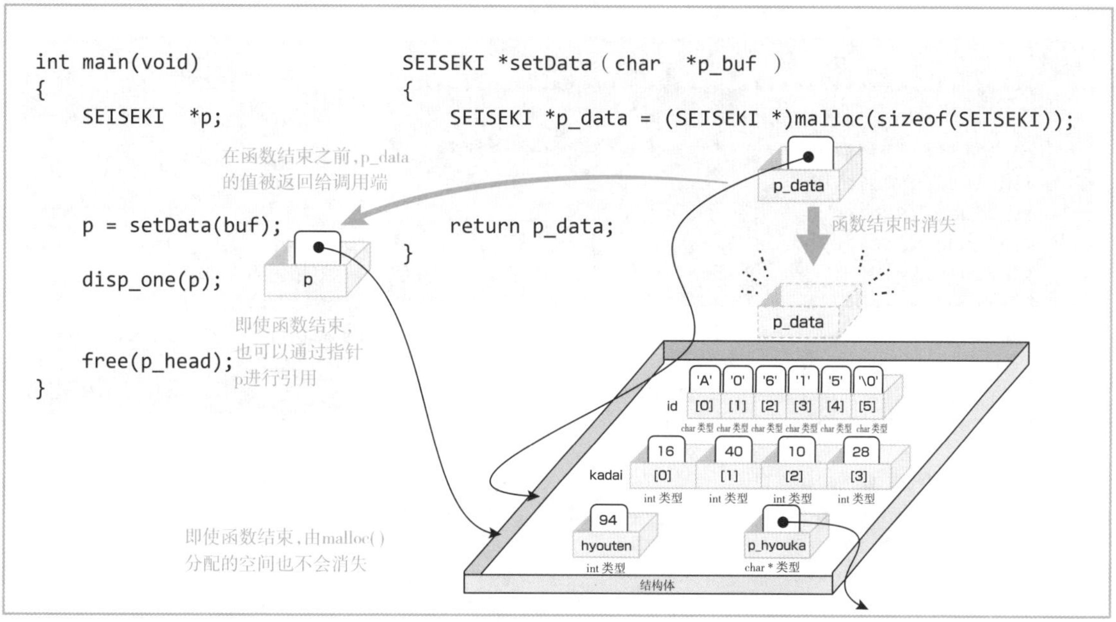
int main(void)
{
SEISEKI *p;
在函数结束之前，p_data的值被返回给调用端
p = setData(buf);
p
disp_one(p);
即使函数结束，也可以通过指针p进行引用
free(p_head);
}
SEISEKI *setData (char *p_buf)
{
SEISEKI *p_data = (SEISEKI *)malloc(sizeof(SEISEKI));
p_data
return p_data;
}
函数结束时消失
p_data
id
kadai
hyouten
p_hyouka
结构体
即使函数结束，由malloc()分配的空间也不会消失

另外，函数中声明的局部变量在函数结束时会消失。需要注意的是，即使将指针返回给调用端，该地址也已经无效，如图 33 所示。

图 33　函数结束时局部变量消失

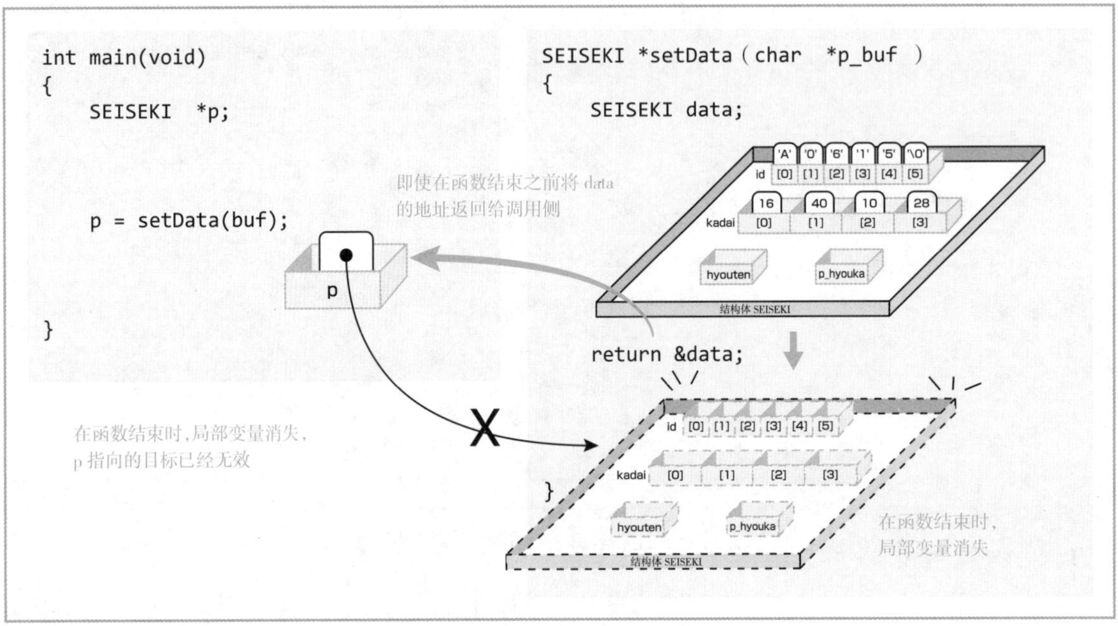
int main(void)
{
SEISEKI *p;
p = setData(buf);
}
SEISEKI *setData (char *p_buf)
{
SEISEKI data;
return &data;
}
即使在函数结束之前将 data 的地址返回给调用侧
在函数结束时，局部变量消失，p 指向的目标已经无效
在函数结束时，局部变量消失
id
kadai
hyouten
p_hyouka
结构体 SEISEKI

配套资源

原始文件……sample7_4o.c
完成文件……sample7_5k.c

程序示例

基于应用示例 7-4 的程序，更改为在需要的时候分配所需的结构体空间，并用指向结构体的指针数组进行管理，然后运行程序。

```
/**********************************************
    指向结构体的指针  基本示例7-5
**********************************************/
#include <stdio.h>
#include <string.h>
#include <stdlib.h>
#define    ID_N        5                    //将学号位数定义为常量
#define    KADAI_N     4                    //将课题数定义为常量
#define    N           100                  //将准备的数组的元素数量定义为常量

//将一个人的成绩信息集中定义为结构体
typedef struct seiseki
{
    char id[ID_N + 1];                      //学号
    int  kadai[KADAI_N];                    //课题分数
    int  hyouten;                           //得分(课题总分)
    char *p_hyouka;                         //指向评价字符串的指针
```

```
}SEISEKI;


//在结构体中定义从得分求评价时的指标
typedef struct hyouka_set
{
    int  limit;                                 //如果在这个分数以上
    char *p_hyouka;                             //这个评价
}HYOUKA_SET;

//全局变量的声明和初始化
HYOUKA_SET    hyoukaList[] = {
    { 90 , "优" } ,{ 80 , "良" } ,{ 70 , "中" } ,{ 60 , "合格" } ,{ 0 , "不合格" }
};

//函数的原型声明
void    disp_title(int kadai_n);                //显示标题的函数
void    disp_one(SEISEKI *p_data);              //显示一个人的函数
int     get_gokei(int *p_data, int n);          //求得分的函数
char    *get_hyouka(int hyouten);               //求评价的函数
SEISEKI *setData(char *p_buf);                  //解析输入字符串的函数
void    trim(char *pd, char *ps, int n);        //删除空格的函数
double  get_heikin(SEISEKI *p_data[], int n);//求所有学生的得分平均值的函数
int     get_max(SEISEKI *p_data[], int n);  //求得分最高的学生
void    free_area(SEISEKI *p[]);                //释放成绩信息空间的函数

int main(void)
{
    //声明变量
    SEISEKI *p_data[N];                         //指向成绩信息空间的指针数组

    char    buf[256];                           //从文件读取缓冲区
    int     n;                                  //读入的学生人数
    FILE *fp;                                   //文件控制变量
    char    fileName[256];                      //存放文件名的变量

    //输入文件名
    printf("文件名:");                          //显示输入提示信息
    fgets(fileName, sizeof(fileName), stdin);//从键盘输入文件名
    fileName[strlen(fileName)-1] = '\0';    //删除'\n'

    //打开文件
    FILE *fp = fopen(fileName, "r");
    if (fp == NULL)
    {
        //文件不存在时
        printf("文件不存在\n");
        return 0;
    }
```

```

    //从文件输入
    fgets(buf, sizeof(buf), fp);                //输入第一行的标题,没有处理
    n = N;                                      //人数的初始值为数组元素的数量
    for (int i = 0; i < N ; i++)
    {
        if (fgets(buf, sizeof(buf), fp) == NULL)
        {
            //文件到此结束
            n = i;                              //读入的学生人数(数据条数)
            break;                              //循环结束
        }

        //分解输入的字符串并存储
        p_data[i] = setData(buf);
    }
    fclose(fp);                                 //关闭文件


    //显示到命令提示符界面上
    disp_title(KADAI_N);                        //调用显示标题的函数
    for (int i = 0; i < n; i++)
    {
        disp_one(p_data[i]);                    //显示一个人
    }

    //在命令提示符界面上显示所有学生的平均分和最高分
    printf("\n  平均分:%5.1f分\n", get_heikin(p_data, n));
    printf("\n最高分\n");
    disp_one(p_data[get_max(p_data, n)]);

    //释放空间
    free_area(p_data);

    return 0;
}

/**********************************************
    一个人数据的集合
    p_buf : 一行输入字符串
    返回值:指向一个人数据的指针
**********************************************/
SEISEKI *setData(char *p_buf)
{
    //声明变量
    SEISEKI *p_data;                            //指向成绩数据的指针
    char *p_start = p_buf;                      //输入缓冲区的起始地址
    char *p;                                    //指向字符串的指针

```

```
    //分配空间
    p_data = (SEISEKI *)malloc(sizeof(SEISEKI));   //一个人的

    //提取学号
    p = strchr(p_start , ',');                     //搜索','
    *p = '\0';                                     //将','替换为'\0'
    trim(p_data->id, p_start, ID_N);               //消除空格获得学号

    //提取课题分数
    for (int i = 0; i < KADAI_N; i++)
    {
        p_start = p + 1;                           //从','的下一个字符开始
        p = strchr(p_start, ',');                  //搜索','
        if (p != NULL)                             //最后一个分数之后没有','
        {
            *p = '\0';                             //将','替换为'\0'
        }
        p_data->kadai[i] = atoi(p_start);          //转换为整数后赋值
    }

    //计算得分和评价
    p_data->hyouten  = get_gokei(p_data->kadai, KADAI_N);  //求得分
    p_data->p_hyouka = get_hyouka(p_data->hyouten);         //求评价

    return p_data;                                 //返回指向一个人数据的指针
}

/*************************************
    在命令提示符界面上显示一个人
    p_data:指向一个人数据的指针
*************************************/
void disp_one(SEISEKI *p_data)
{
    printf("%-10s", p_data->id);                   //显示学号

    //显示课题分数
    for (int i = 0; i <  KADAI_N; i++)
    {
        printf("%5d ", p_data->kadai[i]);          //各课题分数
    }

    //显示得分和评价
    printf(" %3d分    %s\n", p_data->hyouten, p_data->p_hyouka);
}

/*********************************************
    求所有学生的平均分
    p_data : 指向全体学生成绩数据的指针数组
```

```
    n : 人数
    返回值:得分的平均分
***********************************************/
double    get_heikin(SEISEKI *p_data[], int n)
{
    int gokei = 0;                            //初始化求和的变量
    //求n个人的得分总和
    for (int i = 0; i < n; i++)
    {
        gokei += p_data[i]->hyouten;          //依次相加
    }

    return (double)gokei / n;                 //返回平均值
}

/***********************************************
    最高分是谁?
    p_data : 指向全体学生成绩数据的指针数组
    n : 人数
    返回值:最高分学生的下标
***********************************************/
int    get_max(SEISEKI *p_data[], int n)
{
    int max_index = 0;                        //获得最高分学生的下标
                                              //初始值为0

    for (int i = 1; i < n; i++)
    {
        if (p_data[max_index]->hyouten < p_data[i]->hyouten)
        {
            //如果得分大于最大值,则替换下标
            max_index = i;
        }
    }

    return max_index;                         //返回最高分学生的下标
}

/**********************************************
    释放空间
    p : 指向成绩信息的指针数组
**********************************************/
void free_area(SEISEKI *p[])
{
    for (int i = 0; i < N; i++, p++)
    {
        if (p[i] != NULL)                     //确认空间被分配
        {
            free(p[i]);
```

```
            }
        }
    }
    /*
    以下的函数与应用示例7-4相同,因此省略,请大家在下面描述与应用示例7-4相同的内容。
    int  get_gokei(int *p_data, int n);
    char *get_hyouka(int hyouten);
    void disp_title(int kadai_n);
    void trim(char *pd, char *ps, int n);
    */
```

编程助手　致编译出错者

```
******************************************
    一个人数据的集合
    p_buf : 一行输入字符串
    返回值: 指向一个人数据的指针
******************************************/
SEISEKI *setData(char *p_buf)
{
    //分配空间
    SEISEKI *p_data = (SEISEKI *)malloc(sizeof(  SEISEKI  ));

    //分开存储输入的字符串
    char *p_start = p_buf;                      //p_start指向输入缓冲区的开始

    //提取学号
    char *p = strchr(p_start , ',');            //搜索','
    *p = '\0';
    trim(  p_data.id  , p_start, ID_N);
                 p_data->id
    //提取课题分数
    for (int i = 0; i < KADAI_N; i++)
    {
        p_start = p + 1;
        p = strchr(p_start, ',');
        if (p != NULL)
        {
            *p = '\0';
        }
        p_data.kadai[i] = atoi(p_start);
    }            p_data->kadai[i]

    //计算得分和评价
    p_data.hyouten = get_gokei(  p_data.kadai  , KADAI_N);     //求得分
      p_data -> hyouten            p_data -> kadai
    p_data.p_hyouka = get_hyouka(  p_data.hyouten  );           //求评价
                p_data->p_hyouka         p_data->p_hyouten
    return p_data;
}
```

p_data是指向结构体的指针由于不是结构体变量名,所以使用间接运算符->

编程助手　致未能得到正确的运行结果者

```
/*********************************************
    一个人数据的集合
    p_buf : 一行输入字符串
    返回值：指向一个人数据的指针
**********************************************/
SEISEKI *setData(char *p_buf)
{
    //分配空间
    SEISEKI *p_data = (SEISEKI *)malloc(sizeof( p_data ));
                                                SEISEKI

    //分开存储输入的字符串
    char *p_start = p_buf;     //p_start指向输入缓冲区的开始
```

▼ 运行结果

```
文件名：seiseki.csv
学号      课题1  课题2     课题3     课题4  得分   评价
A0615     16  36320048  808465729   50    4分   7磧
A2133      4  36320048  808465729   51   20分   7磧
A3172     12  36320048  808465729   52   20分   7磧
B0009     20  36320048  808465729   53   12分   7磧
B0014     20  36320048  808465729   54   18分   7磧
```

引用了未分配的空间

如果在 sizeof() 函数的实际参数中描述了p_data，虽然不会发生编译错误，但无法获得正确的运行结果。sizeof() 函数必须为结构体分配空间。p_data 是指向结构体的指针，而不是结构体。指针是只能存放一个地址的空间，可以分配的空间只有一个指针大小。即使尝试在其中存放或引用相当于结构体变量的信息，也会因为空间不够而溢出。认真区分构造体和指向构造体的指针吧

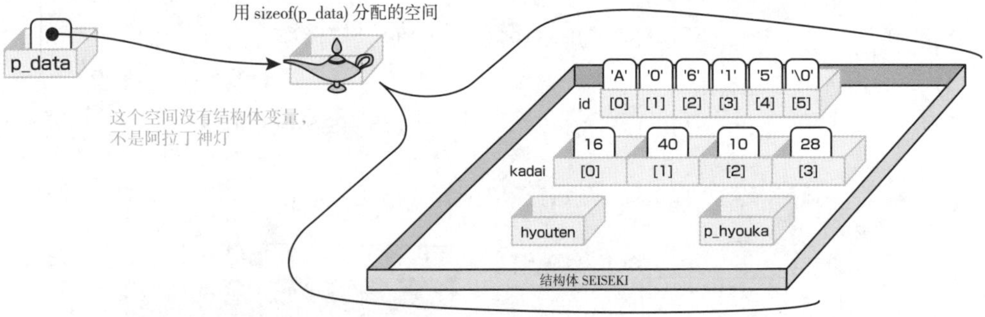

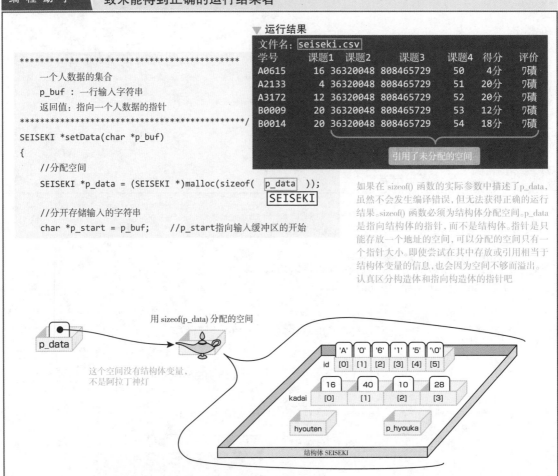

用 sizeof(p_data) 分配的空间
p_data
这个空间没有结构体变量，
不是阿拉丁神灯
'A' '0' '6' '1' '5' '\0'
id [0] [1] [2] [3] [4] [5]
16 40 10 28
kadai [0] [1] [2] [3]
hyouten
p_hyouka
结构体 SEISEKI

应用示例 7-5

在 SEISEKI 结构体中追加指向相同结构体的指针，构建列表结构，进行数据数量没有限制的成绩处理。程序终于要完成了。

变更结构体 SEISEKI 的定义如下所示。

```
//定义一个人的成绩信息的结构体
typedef struct seiseki
{
    char    id[ID_N + 1];             //学号
    int     kadai[KADAI_N];           //课题分数
    int     hyouten;                  //得分（课题总分）
    char    *p_hyouka;                //指向字符串的指针
    struct seiseki *p_next;           //指向下一个数据的指针
}SEISEKI;
```

▼ 运行结果

```
文件名: seiseki.csv
学号        课题1  课题2 课题3 课题4  得分    评价
A0615         16    40    10    28   94分   优
A2133          4     0     0     0    4分   不合格
A3172         12    40    10    21   83分   良
B0009         20    35    10    25   90分   优

...

F0119         18    40    10    25   93分   优
F0123         12    40     0    25   77分   中

   平均分:  72.8分

最高分
B1107         20    40    10    30  100分   优
```

□ 表示来自键盘的输入

学习

STEP 7 成员中包含指向相同结构体的指针

可以为结构体成员指定指针已经在基本示例 7-2 的 STEP 3 中处理了指向 char 类型的指针。同样，也可以将指向结构体的指针作为成员，如图 34 所示。

▼ 图 34　将指向结构体的指针作为成员

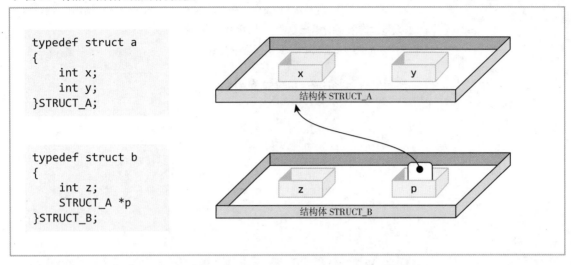

```
typedef struct a
{
    int x;
    int y;
}STRUCT_A;
```

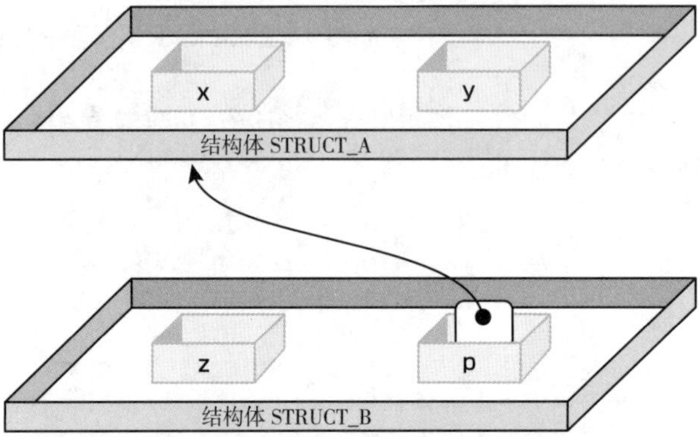
x
y
结构体 STRUCT_A
z
p
结构体 STRUCT_B

```
typedef struct b
{
    int z;
    STRUCT_A *p
}STRUCT_B;
```

将指向相同类型结构体的指针作为成员时，要使用结构体标签名称。这是因为必须在 typedef 定义的名称之前描述成员。像这样在成员中包含指向相同类型的指针的结构体称为自引用结构体，如图 35 所示。

▼ 图 35　自引用结构体

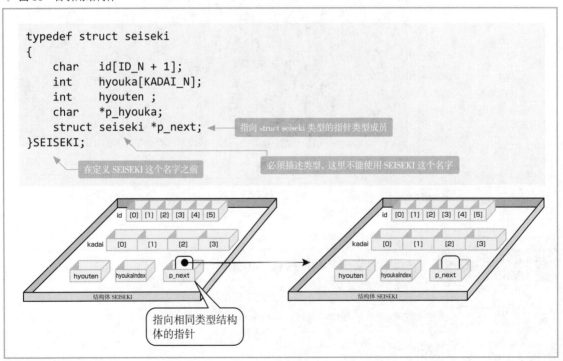

```
typedef struct seiseki
{
    char   id[ID_N + 1];
    int    hyouka[KADAI_N];
    int    hyouten ;
    char   *p_hyouka;
    struct seiseki *p_next;
}SEISEKI;
```

指向 struct seiseki 类型的指针类型成员

在定义 SEISEKI 这个名字之前

必须描述类型，这里不能使用 SEISEKI 这个名字

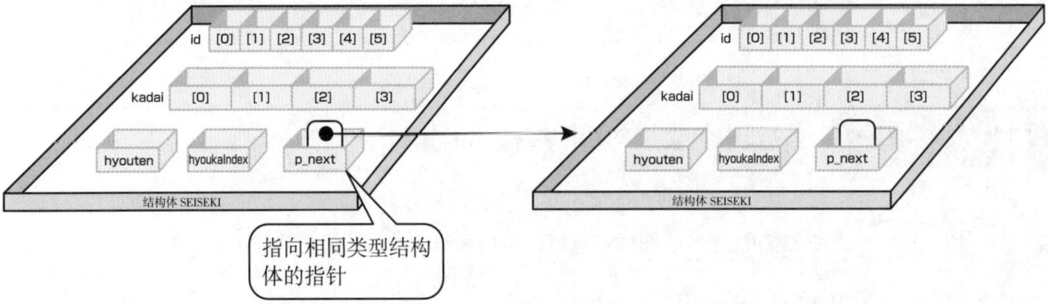
id [0] [1] [2] [3] [4] [5]
kadai [0] [1] [2] [3]
hyouten
hyoukaIndex
p_next
结构体 SEISEKI
指向相同类型结构体的指针
id [0] [1] [2] [3] [4] [5]
kadai [0] [1] [2] [3]
hyouten
hyoukaIndex
p_next
结构体 SEISEKI

STEP 8 构建列表结构

如果在结构体的成员中包含指向相同结构体的指针，则可以构建一个数据结构，该数据结构一个接一个地指向相同类型的结构体类型，这种数据结构称为列表结构，如图 36 所示。由于是通过指针连接一个个独立的变量，因此只要有内存就可以增加数据，而不必像数组那样必须事先确定元素数量的限制。

▼ 图 36 列表结构

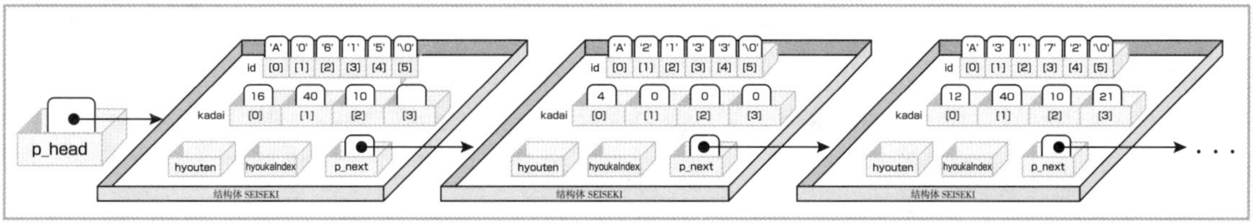
p_head
id
kadai
hyouten
hyoukaIndex
p_next
结构体 SEISEKI
. . .

STEP 9 跟随列表结构的指针

在列表结构中，当指向下一个数据的指针为 NULL 时结束。从头开始逐个跟随指针，重复处理直到指针变为 NULL，如图 37 所示。

▼ 例

```
for(SEISEKI *p = p_head ; p != NULL; p = p ->p_next)
{
    disp(p);                        //显示每个人的成绩
}
```

▼ 图 37 跟随列表结构

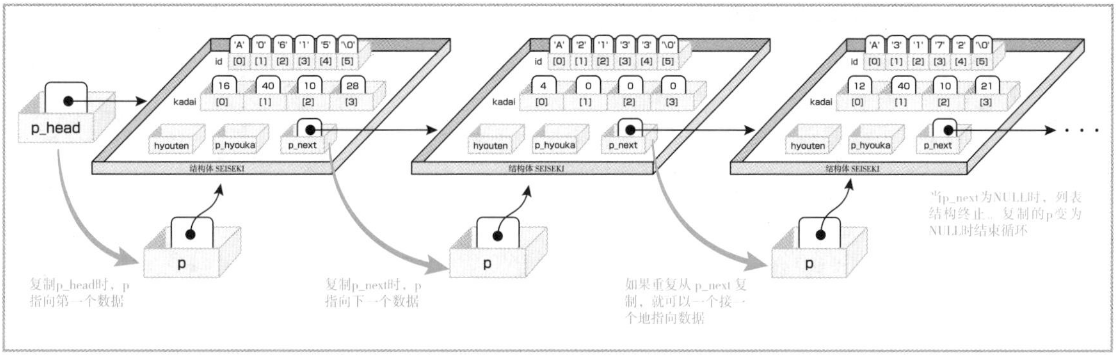
p_head
id
kadai
hyouten
p_hyouka
p_next
结构体 SEISEKI
p
复制p_head时，p指向第一个数据
复制p_next时，p指向下一个数据
如果重复从 p_next 复制，就可以一个接一个地指向数据
当p_next为NULL时，列表结构终止。复制的p变为NULL时结束循环
. . .

STEP 10 构建列表结构

列表结构的构建按照如图 38 所示的步骤进行。

① 通过 malloc () 分配空间。

② 将分配的空间的 p_next 设置为 NULL。

③ 记录数据。

④ 对于第一个数据，将指针连接到 p_head 上。

⑤ 从第二个数据开始，指针连接到前一个数据的 p_next 上。

▼ 图 38　列表的构建步骤

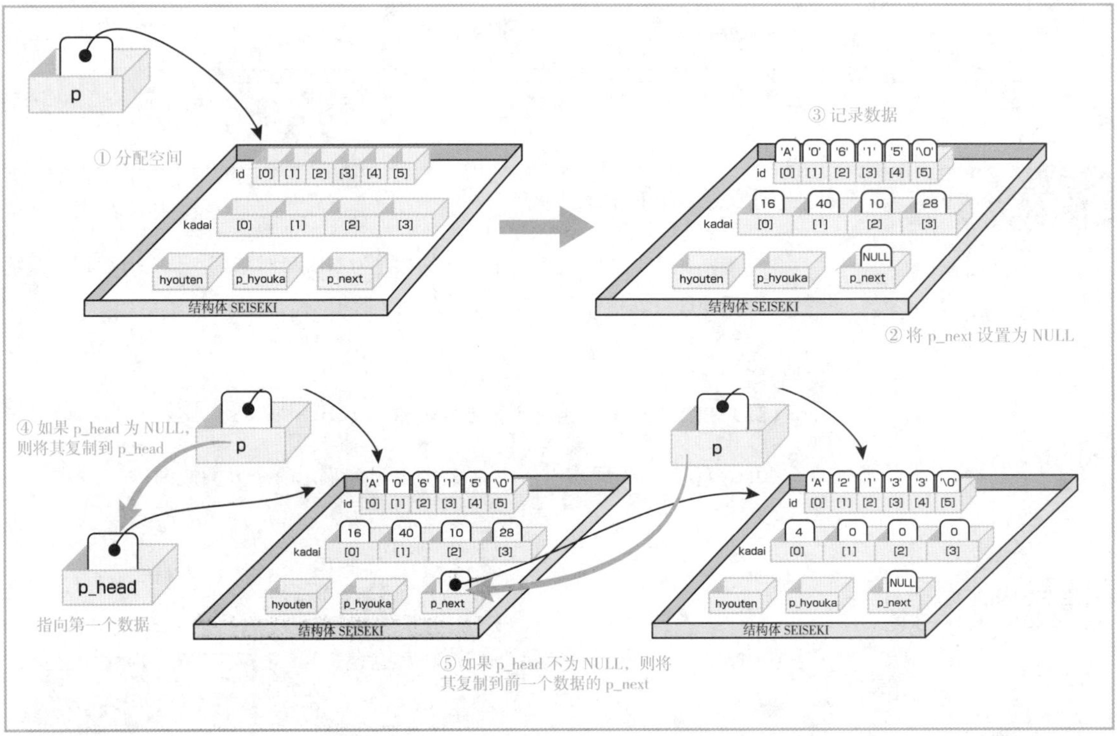
p
① 分配空间
id [0] [1] [2] [3] [4] [5]
kadai [0] [1] [2] [3]
hyouten
p_hyouka
p_next
结构体 SEISEKI
③ 记录数据
'A' '0' '6' '1' '5' '\0'
16 40 10 28
NULL
② 将 p_next 设置为 NULL
④ 如果 p_head 为 NULL，则将其复制到 p_head
p_head
指向第一个数据
'A' '2' '1' '3' '3' '\0'
4 0 0 0
⑤ 如果 p_head 不为 NULL，则将其复制到前一个数据的 p_next

STEP 11 释放列表结构

列表是从前面开始依次连接的，因此，如果释放了前一个空间，就不知道下一个空间的地址了。必须先复制指向下一个空间的指针。

释放列表结构的步骤如图 39 所示。

① 将 p_head 的内容复制到指针 p，p 指向第一个数据。接着，将 p-> p_next 的内容复制到指针 p_next。p_next 指向下一个数据。

② 释放 p 指向的目标。

③ 将指针 p_next 的内容复制到指针 p，并将 p-> p_next 的内容复制到指针 p_next。由此，p 指向第二个数据，p_next 指向第三个数据。

④ 重复步骤②和③，当 p 变为 NULL 时，所有的空间被释放。

⑤ 将 p_head 设置为 NULL。

图 39 释放列表结构

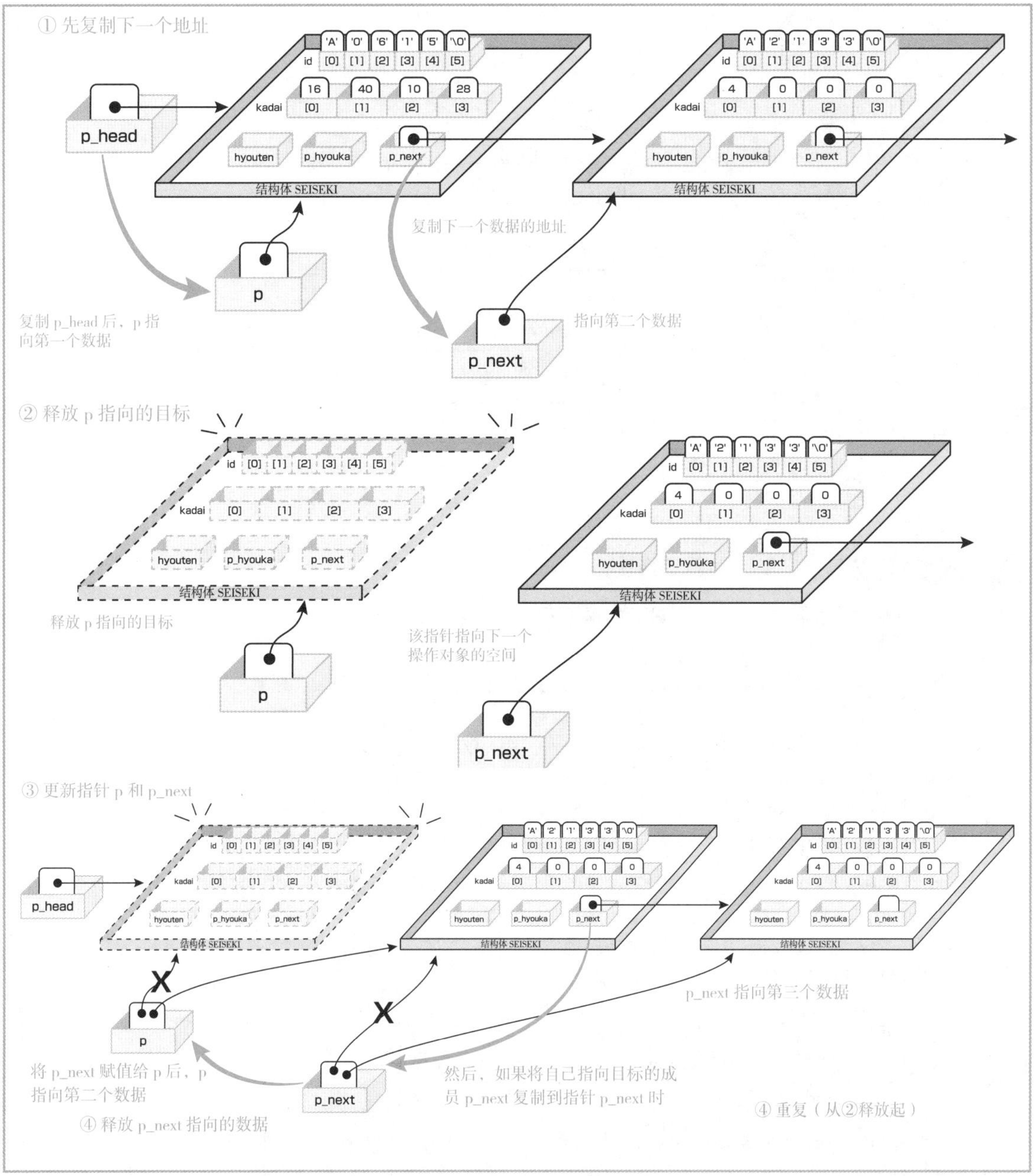
① 先复制下一个地址
'A' '0' '6' '1' '5' '\0'
id [0] [1] [2] [3] [4] [5]
16 40 10 28
kadai [0] [1] [2] [3]
hyouten
p_hyouka
p_next
结构体 SEISEKI
'A' '2' '1' '3' '3' '\0'
4 0 0 0
p_head
p
复制下一个数据的地址
复制 p_head 后，p 指向第一个数据
p_next
指向第二个数据
② 释放 p 指向的目标
释放 p 指向的目标
该指针指向下一个操作对象的空间
③ 更新指针 p 和 p_next
X
p_next 指向第三个数据
将 p_next 赋值给 p 后，p 指向第二个数据
然后、如果将自己指向目标的成员 p_next 复制到指针 p_next 时
④ 释放 p_next 指向的数据
④ 重复（从②释放起）

此过程可以通过递归函数实现。创建释放一个空间的函数，将指向释放对象空间的指针作为参数。删除一个后，将 p_next 作为参数调用自身。如果接收到的地址为 NULL，则退出递归，如图 40 所示。

▶有关递归调用，请参照第5章的扩展部分（P279）。

▼ 图 40　释放空间的递归流程图

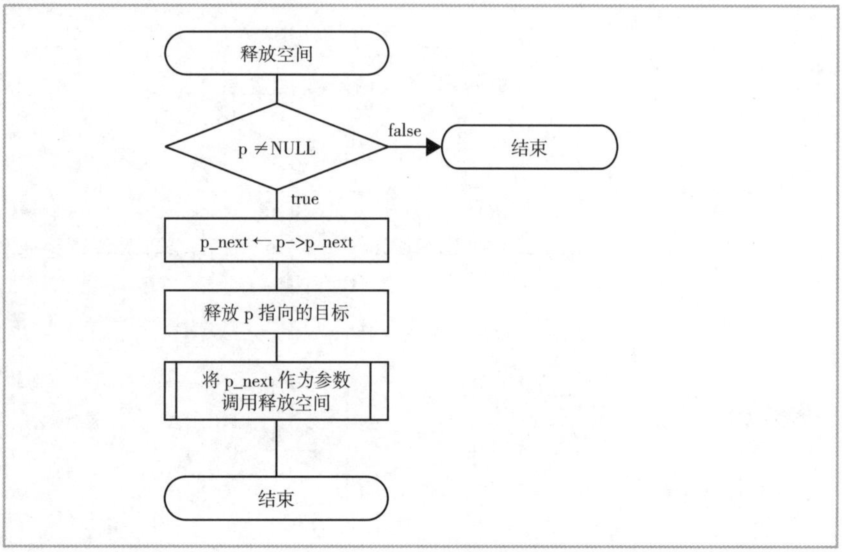
释放空间
p ≠NULL
false
结束
true
p_next ← p->p_next
释放 p 指向的目标
将 p_next 作为参数
调用释放空间
结束

配套资源

原始文件……sample7_5k.c
完成文件……sample7_5o.c

程序示例

终于是最后的程序了。下面来完成程序。

```
/**********************************************
    完成程序
**********************************************/
#include <stdio.h>
#include <string.h>
#include <stdlib.h>
#define    ID_N          5                    //将学号位数定义为常量
#define    KADAI_N       4                    //将课题数定义为常量

//将一个人的成绩信息集中定义为结构体
typedef struct seiseki
{
    char   id[ID_N + 1];                      //学号
    int    kadai[KADAI_N];                    //课题分数
    int    hyouten;                           //得分（课题总分）
    char   *p_hyouka;                         //指向评价字符串的指针
    struct seiseki *p_next;                   //指向下一个数据的指针
}SEISEKI;
```

```
//在结构体中定义从得分求评价时的指标
typedef struct hyouka_set
{
    int  limit;                                   //如果在这个分数以上
    char *p_hyouka;                               //这个评价
}HYOUKA_SET;

//全局变量的声明和初始化
HYOUKA_SET    hyoukaList[] = {
    { 90 , "优" },{ 80 , "良" },{ 70 , "中" },{ 60 , "合格" },{ 0 , "不合格" }
};

//函数的原型声明
void    disp_title(int kadai_n);                  //显示标题的函数
void    disp_one(SEISEKI *p_data);                //显示一个人的函数
int     get_gokei(int *p_data, int n);            //求得分的函数
char    *get_hyouka(int hyouten);                 //求评价的函数
SEISEKI *setData(char *p_buf);                    //解析输入字符串的函数
void    trim(char *pd, char *ps, int n);          //删除空格的函数
double  get_heikin(SEISEKI *p_head);              //求所有学生的得分平均值的函数
SEISEKI *get_max(SEISEKI *p_head);                //求得分最高的学生的函数
void    free_area(SEISEKI *p);                    //释放成绩信息空间的函数
SEISEKI *read_file(char *p_fileName);             //构建列表的函数

int main(void)
{
    //声明变量
    SEISEKI *p_head;                              //指向开头数据的指针
    char    fileName[256];                        //存放文件名的变量

    //从文件读入
    printf("文件名:");                             //显示输入提示信息
    fgets(fileName, sizeof(fileName), stdin);//输入文件名
    fileName[strlen(fileName) - 1] = '\0'; //删除'\n'

    //从文件读取数据构建列表
    p_head = read_file(fileName);

    //读取确认
    if (p_head == NULL)
    {
        //文件不存在时
        printf("文件不存在\n");
        return 0;
    }

    //显示到命令提示符界面上
    disp_title(KADAI_N);                          //显示标题
```

```

    //按照列表显示数据
    for (SEISEKI *p = p_head; p != NULL; p = p->p_next)
    {
        disp_one(p);                            //显示一个人
    }

    //在命令提示符界面上显示所有学生的平均分和最高分
    printf("\n  平均分:%5.1f分\n", get_heikin(p_head));
    printf("\n最高分\n");
    disp_one(get_max(p_head));

    //释放空间
    free_area(p_head);

    return 0;
}

/*********************************************
    从文件读取并设置数据
    p_fileName : 指向文件名的指针
    返回值:指向开头数据的指针
*********************************************/
SEISEKI *read_file(char *p_fileName)
{

    char    buf[256];                           //从文件读取缓冲区

    //打开文件
    FILE *fp = fopen(p_fileName, "r");
    if (fp == NULL)
    {
    //文件不存在时
        return NULL;
    }

    //从文件输入
    fgets(buf, sizeof(buf), fp);                //读入并跳过第一行

    SEISEKI *p_head = NULL;                     //指向开头数据的指针
    SEISEKI *p_pre  = NULL;                     //指向前一个数据的指针

    //从文件读取数据构建结构体
    while (fgets(buf, sizeof(buf), fp) != NULL)
    {
        SEISEKI *p = setData(buf);              //将一行数据构建成结构体

        //连接指针
        if (p_head == NULL)
```

```
        {
            //p_head为NULL时为第一行
            p_head = p;
            p_pre  = p;
        }
        else
        {
            //如果在p_head中已经存储了地址,则是第二行以后
            p_pre->p_next = p;
            p_pre = p;
        }
    }
    fclose(fp);                                     //关闭文件

    //返回开头的地址
    return p_head;
}

/*********************************************
    一个人数据的集合
    p_buf : 一行输入字符串
    返回值:指向一个人数据的指针
*********************************************/
SEISEKI *setData(char *p_buf)
{

    SEISEKI *p_data;                                //指向成绩数据的指针
    char *p_start = p_buf;                          //输入缓冲区的起始地址
    char *p;                                        //指向字符串的指针

    //分配空间
    p_data = (SEISEKI *)malloc(sizeof(SEISEKI));   //分配一个人的空间

    //提取学号
    p = strchr(p_start, ',');                       //搜索','
    *p = '\0';                                      //将','替换为'\0'
    trim(p_data->id, p_start, ID_N);                //消除空格获得学号

    //提取课题分数
    for (int i = 0; i < KADAI_N; i++)
    {
        p_start = p + 1;                            //从','的下一个字符开始
        p = strchr(p_start, ',');                   //搜索','
        if (p != NULL)                              //最后一个分数之后没有','
        {
            *p = '\0';                              //将','替换为'\0'
        }
        p_data->kadai[i] = atoi(p_start);           //转换为整数后赋值
    }
```

```
    //求得分和评价
    p_data->hyouten  = get_gokei(p_data->kadai, KADAI_N); //求得分
    p_data->p_hyouka = get_hyouka(p_data->hyouten);       //求评价

    //还没有下一个数据
    p_data->p_next = NULL;

    return p_data;                                        //返回指向一个人数据的指针
}


/*************************************************
    去掉空格,复制字符串
    pd: 指向复制目标字符串的指针
    ps: 指向复制源字符串的指针
    n: 复制目标的空间中可以存储的最大字符数
*************************************************/
void trim(char *pd, char *ps, int n)
{
    char *p_start;                                        //字符串的开头
    char *p_end;                                          //字符串的结尾
    int  len;                                             //字符数

    //从前面找非空白字符的位置
    for (p_start = ps; *p_start != '\0' && *p_start == ' '; p_start++);

    //检查字符数
    len = strlen(ps);

    //找最后一个非空白字符位置
    for (p_end = ps + len - 1; *p_end == ' '; p_end--);
    *(p_end + 1) = '\0';

    //复制
    strncpy(pd, p_start, n);
    *(pd + n) = '\0';
}

/***************************************
    显示标题
    kadai_n : 课题数
***************************************/
void disp_title(int kadai_n)
{

    printf("学号  ");
    for (int i = 0; i < kadai_n; i++)
    {
```

```
        printf("课题%d ", i + 1);
    }

    printf("  得分    评价\n");

}

/*************************************
    在命令提示符界面上显示一个人
    p_data:指向一个人数据的指针
*************************************/
void disp_one(SEISEKI *p_data)
{
    printf("%-10s", p_data->id);                  //显示学号

    //显示课题分数
    for (int i = 0; i < KADAI_N; i++)
    {
        printf("%5d ", p_data->kadai[i]);         //各课题分数
    }

    //显示得分和评价
    printf(" %3d分    %s\n", p_data->hyouten, p_data->p_hyouka);
}

/*****************************************
    计算数组元素的总分
    p_kadai : 数组
    n : 数组元素数量
    返回值 : 数组元素的总分
*****************************************/
int    get_gokei(int kadai[], int n)
{
    //声明变量
    int    gokei;                                 //求总分的变量

    gokei = 0;                                    //初始化总分
    for (int i = 0; i < n; i++)
    {
        gokei += kadai[i]                         //总分累加
    }

    return gokei;                                 //求得总分作为返回值返回
}

/********************************************
    计算评价
    hyouten :  得分
    返回值 : 指向评价字符串的指针
```

```
***********************************************/
char *get_hyouka(int hyouten)
{
    //声明变量
    char     *p_kekka;                              //指向评价字符串的指针
    int n = sizeof(hyoukaList) / sizeof(HYOUKA_SET); //评价基准数组的元素数量

    //求评价
    p_kekka = hyoukaList[n - 1].p_hyouka;           //初始化指针
    for (int i = 0; i < n - 1; i++)
    {
        if (hyouten >= hyoukaList[i].limit)         //如果得分在基准值以上
        {
            //评价是超出评价基准的地方
            p_kekka = hyoukaList[i].p_hyouka;       //指向相应字符串的指针
            break;                                  //循环结束
        }
    }
    return p_kekka;
}

/***********************************************
    求所有学生得分的平均分
    p_head : 指向开头数据的指针
    返回值:得分的平均分
***********************************************/
double    get_heikin(SEISEKI *p_head)
{
    int gokei = 0;                                  //初始化求总分的变量
    int n = 0;                                      //人数计数

    //按照列表求得分的总分
    for (SEISEKI *p = p_head; p != NULL; p = p->p_next, n++)
    {
        gokei += p->hyouten;                        //依次相加
    }

    //求得平均并返回
    return (double)gokei / n;
}

/***********************************************
    最高分是谁?
    p_head : 指向开头数据的指针
    返回值:指向最高分学生数据的指针
***********************************************/
SEISEKI *get_max(SEISEKI *p_head)
{
    SEISEKI *p_max = p_head;                        //指向最高分数据的指针
```

```

    //遍历列表
    for (SEISEKI *p = p_head->p_next; p != NULL; p = p->p_next)
    {
        if (p_max->hyouten < p->hyouten)
        {
            //当得分较高时,更换指向数据的指针
            p_max = p;
        }
    }

    //返回指向得分最高的数据的指针
    return p_max;
}

/***********************************
    释放空间(递归)
    p:指向成绩信息的指针
***********************************/
void free_area(SEISEKI *p)
{
    if (p != NULL)
    {
        SEISEKI *p_next = p->p_next;        //保留下一个空间的地址
        free(p);                            //释放该空间
        free_area(p_next);                  //将下一个空间的地址作为实际参数传递
    }
        //当p为NULL的时候,退出递归
}
```

以这个程序为目标，通过整本书一边增加技能，一边学习，变成了这样真正的程序。不仅学习了 C 语言的语法，还穿插了重要的算法。而且，不仅如此，在开发程序时，也获得了逐步构建的开发方法。但仍然有一些领域离实践还很远，如异常处理等，所以希望以这个经验为基础，继续深入学习。

总 结

- 结构体是将不同的数据集中起来，像一个变量一样进行处理的方法。
- 可以将相同类型的结构体排列成结构体数组。
- 可以使用指向结构体的指针。
- 结构体的定义。

```
typedef    struct    结构体标签 {
    类型      成员名;
    类型      成员名;
         ...
} 类型名
```

- 结构体运算符。

运 算 符	说 明
.	指定结构体成员
->	指定指针指向的结构体成员

- 结构体类型可以用作函数的参数或返回值。
- 指向结构体的指针可以用作函数的参数或返回值。
- 由 malloc() 函数分配的空间，即使函数结束也不会消失，所以如果不再需要，必须释放它。
- 自引用结构。

结构体包含指向与自身类型相同的结构体的指针，并且该指针指向下一个数据的数据结构称为列表结构。

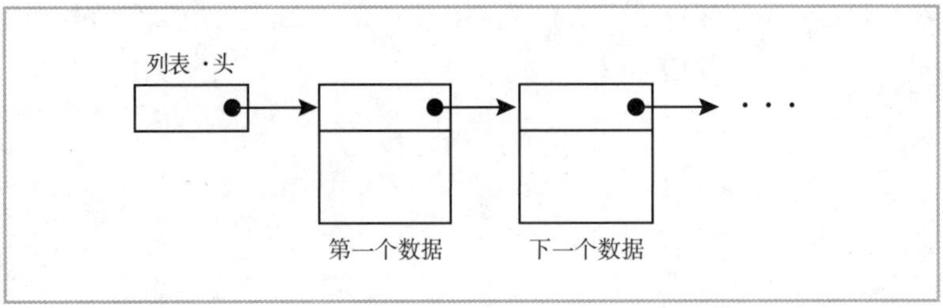
列表 ·头
第一个数据
下一个数据